I FONDAMENTI DELLA RELATIVITÀ

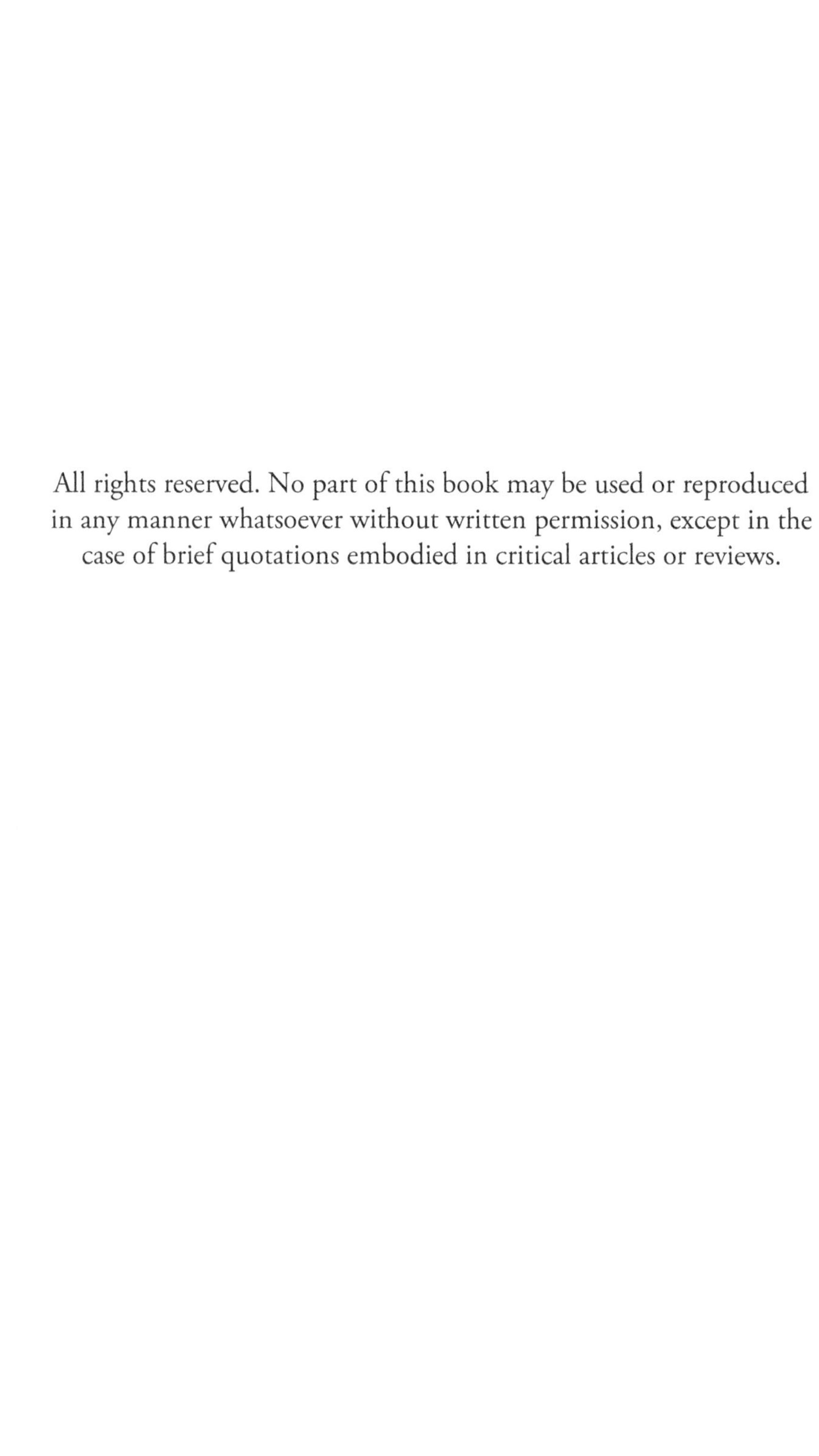

Rocco Vittorio Macrì

(a cura di)

I FONDAMENTI DELLA RELATIVITÀ

I PUNTI CRITICI DEL PENSIERO DI EINSTEIN

© YCP - 2016

Titolo | I fondamenti della Relatività
Sottotitolo | I punti critici del pensiero di Einstein
Autore | Rocco Vittorio Macrì

ISBN | 978-88-92612-84-6

Youcanprint Self-Publishing
Via Roma, 73 – 73039 Tricase (LE) – Italy
www.youcanprint.it
info@youcanprint.it
Facebook: facebook.com/youcanprint.it
Twitter: twitter.com/youcanprintit

INDICE

PREFAZIONE

Onde gravitazionali, espansione dell'Universo, morte dell'etere, dilatazione del tempo, universi paralleli, torsioni dello spaziotempo, cunicoli spaziotemporali, viaggi nel tempo, principio di equivalenza, esperimenti mentali di Einstein... All'interno dell'*atanor* einsteiniano, dove la magia dell'impossibile e dell'inverosimile sostituisce quella alchemica originaria, tutto ribolle di mistero ed attrae ogni mente assetata di conoscenza: da quella scientifica a quella filosofica, dalla mente matematica a quella ingegneristica. Appare tutto così strano in questo einsteiniano mondo alato che, visto il funzionamento perfetto di ogni formula nell'impatto con la realtà, la fiducia nel *buon senso* traballa e vien messo in discussione. Si assiste così ad una sottomissione verso il fantastico, l'inattendibile, l'assurdo.

Eppure ogni singolo concetto nato dalla fervida immaginazione di Einstein può essere ripensato e fatto oggetto di critica e revisione, come questo volume intende dimostrare, partendo da una disamina dei fondamenti.

La questione sulla veridicità della celebrata rivelazione delle onde gravitazionali, che nel fare il giro del mondo ha elevato la sua dignità al rango di scoperta del secolo, viene esaminata e smascherata nel primo contributo di Rocco Vittorio Macrì (capitolo I), dove la problematica viene posta all'interno di un quadro concettuale estremamente più vasto e complesso, tanto da inquadrarla al suo interno come un punto rispetto a un piano cartesiano. In questo modo si ha la possibilità di collocare la questione su uno sfondo epistemico dove finalmente ottenere le coordinate conoscitive, filosofiche, scientifiche e fenomeniche. Essa, in effetti, fa parte di una rete relazionale più ampia, dove i livelli esplicativi delle teorie fisiche giocano un ruolo cruciale. Conoscere il magma oceanico che sta sotto la singola teoria porta a comprenderne il significato pieno e reale, altrimenti illusorio.

Il secondo saggio dell'autore (capitolo V) restituisce il vero rapporto epistemologico tra scienza e filosofia, il quale da un secolo si era pericolosamente ribaltato, costringendo la seconda ad un passo dal collasso dopo la nascita della Relatività. All'affermazione di un Stephen Hawking che «la filosofia è morta, non avendo tenuto il passo degli sviluppi più recenti della scienza, e in particolare della fisica», viene risposto che la filosofia non è un sottoinsieme della scienza. Al contrario: la scienza è stata nel passato un *subset*, una parte della filosofia, e questo sarà il suo destino anche per il futuro. La filosofia è madre, la scienza è figlia. Questo rapporto non può essere rovesciato. Di ciò era convinto Ettore Majorana e questo saggio ne dà una dimostrazione. Esaminando la struttura intima degli esperimenti mentali di Einstein che hanno cambiato l'immagine del mondo dopo essersi espansi nelle sue teorie, essi riemergono adesso come dei relitti pieni di falle, sommersi e occultati fino ad oggi dal pitagorico oceano dei simboli matematici. Ecco la rivincita di un Aristotele su un Galileo, di un Cartesio su un Newton, di un Bergson su un Einstein, di un Majorana su un Hadamard. L'invito del fisico Michele La Rosa di provare «a spogliare la teoria di Einstein della ricca veste matematica ed a tradurre in linguaggio concreto, cioè in idee e concetti, i mirabolanti risultati nascosti nelle formule abbaglianti» qui è stato preso sul serio. E il risultato è sublime e inquietante allo stesso tempo, come il lettore potrà vagliare dall'elaborato.

Il terzo lavoro (capitolo VI) è stato già presentato con il titolo *Regarding the Theoretical and Experimental Foundations of Special Relativity*, al convegno *Galileo Back in Italy II*, 26-28 maggio 1999, tenuto a Bologna con la presenza di grandi esperti sulla Teoria della Relatività e con la partecipazione dell'autore in qualità di membro del Comitato Scientifico. L'elaborato affronta un'analisi dettagliata della discrepanza fenomenologica tra la teoria di Einstein, quella di Lorentz-Poincaré e quella classica pre-lorentziana. Il verdetto è sorprendente: la teoria di Einstein ne esce sconfitta. La fenomenologia

8

emergente è infatti ineccepibile e la simmetria fenomenologica invocata dalla relatività di Einstein risulta infranta, non riuscendo a recuperare quella specularità sulla scena dei fenomeni per la quale era nata. Il tentativo di Einstein di operare una *simmetrizzazione* con la sua relatività appare quindi disperato: se in un primo tempo sembrava essere riuscito nell'ardua impresa per i più, alla luce delle recenti considerazioni appare invece privo di ogni fattualità. La sua tentata simmetrizzazione appare *forzata* alla luce dei fatti: una sconfitta del suo pensiero, della sua logica e del consenso unanime che ha avuto lungo il secolo che abbiamo alle spalle. Una sconfitta altresì della *mathesis* che non solo non è riuscita ad opporsi ai fondamenti bucati della teoria ma ha addirittura espanso potentemente il suo potere coercitivo. Avevano visto giusto dunque la lunga schiera dei Bergson, dei Dingle, dei Maritain, dei Majorana: era certamente possibile porre in discussione la Relatività dal punto di vista della coerenza interna, nonostante l'altolà dei matematici che si erano sforzati di notificare come ciò fosse insensato in quanto *teoria matematicamente formalizzata*. Come ci ricorda Franco Selleri, uno dei grandi fisici del nostro tempo scomparso recentemente: «La correttezza del formalismo matematico non è sufficiente a omologare una struttura scientifica come coerente e non contraddittoria. Aggiungo che neanche centinaia di fisici incondizionatamente favorevoli a una data teoria costituiscono una garanzia sufficiente dell'assenza di problemi irrisolti, perché quasi sempre i pensieri vengono orientati fin dagli studi universitari verso un'accettazione acritica della teoria dominante. Razionalità e consenso sono due cose diverse anche nel mondo della ricerca». Adesso la porta è aperta…

La disamina dei fondamenti curata da Umberto Bartocci (capitolo II) è una perla di rara chiarezza e semplicità esplicativa. Centrare l'argomento e la problematica associata con una simile eleganza e trasparenza, senza assottigliarne minimamente lo spessore scientifico e filosofico, è un miracolo che pochi cervelli al mondo possono permettersi. In queste pagine il fortunato lettore "rischia" di percepire finalmente il significato profondo della relatività e del processo attuato da Einstein, cosa che generalmente viene avvertito solo in modo parziale e squilibrato anche nei migliori testi divulgativi. In particolare l'indagine sulla problematica che i fondamenti hanno lasciato affiorare è raramente rintracciabile in altri saggi, dove normalmente viene inciso il percorso einsteiniano con un'interpretazione di parte, concedendo enfasi ai successi della teoria ma occultando i punti deboli e i suoi fallimenti. L'onestà intellettuale del prof. Bartocci è invece indiscutibile, come si evince dalla sua ammissione da matematico verso la stessa matematica: «Che certe teorie siano espresse nel linguaggio della matematica non vuol dire assolutamente nulla in ordine alla loro eventuale significatività, o al loro maggiore valore nei confronti di altre teorie che non hanno la stesse credenziali formali, dal momento che la matematica è come il cappello di un prestigiatore, da cui può uscire fuori qualsiasi cosa vi sia stata messa dentro prima. Chi è abile nel suo trattamento può utilizzarla per sostenere tesi di qualsiasi tipo, anche se naturalmente spesso attraverso contaminazioni occulte tra diversi livelli del discorso. Non c'è nulla di così assurdo che un buon matematico non sarebbe capace di descrivere… Una matematica che si trasforma, con grande dolore del presente autore che è un matematico di formazione, in una sorta di *latinorum* per diversi moderni don Abbondio, che la utilizzano come espediente retorico per giustificare mode culturali o ben di peggio, confondendo la testa alla gente ed allontanando gli intelletti più sensibili dalla 'scienza'». All'amico Umberto Bartocci e alla sua incessante ricerca effettuata lungo una vita intera, alla sua capacità di rimettersi continuamente in gioco arrivando alla visione di una scienza come sistema aperto (l'equivalente di un'«open source» per la scienza), sono dedicate – oltre che l'intero volume – le righe finali di questa prefazione che il lettore incontrerà più avanti.

Il lavoro centrato sui fondamenti assiomatici delle moderne teorie fisiche (capitolo III) esce dalla penna di uno dei più importanti fisici sperimentali italiani. Fabio Cardone è nato a Chieti, nel 1960. Laureato in fisica, perfezionatosi in fisica delle particelle elementari, ha studiato a Pisa, L'Aquila, Ginevra, Roma, e lavorato tra l'altro presso i Laboratori di Fisica dell'INFN, del CERN, della Wisconsin University. Docente di fisica presso la Syracuse University, le Università della Tuscia (Viterbo) e L'Aquila, le Università Gregoriana e San Tommaso. Vincitore del Premio Nazionale della Fisica Galileo Galilei, è attualmente membro del Gruppo Nazionale Fisica Matematica dell'INDAM ed è stato consulente di uno dei gruppi parlamentari presso la VII Commissione, Istruzione e Ricerca, del Senato della Repubblica e osservatore scientifico per il Ministero della Difesa. È salito alla ribalta internazionale negli ultimi tempi per i suoi esperimenti "piezo-nucleari". Il suo contributo all'interno del presente volume non è di immediata accessibilità: si tratta di un lavoro d'avanguardia teoretica che ha bisogno di una certa base d'appoggio scientifico-culturale per essere compreso. Pur tuttavia, il linguaggio è comprensibile e volutamente sintetico: il lettore che voglia addentrarsi nella tematica, con qualche piccolo sforzo riuscirà a coglierne il nocciolo. Si tratta di una panoramica dell'assetto assiomatico delle teorie fisiche che si è dilatato nel Novecento seguendo le orme della visione hilbertiana della matematica.

Il dialogo tra Socrate ed Einstein (capitolo IV) è un saggio avvincente di ben centocinquanta pagine elaborate da una delle menti più indipendenti del pianeta. Ardeshir Mehta ha già nel suo stesso nome – inciso addirittura dall'indimenticabile politico, filosofo e avvocato indiano Mahatma Gandhi, amico intimo dei genitori di Ardeshir – il senso della sua missione: la ricerca della verità. La figura di Gandhi fu basilare nella fanciullezza e nello sviluppo di Mehta. Ecco le sue parole in una lettera che mi indirizzò qualche anno fa: «Le persone, scienziati compresi, possiedono una "world-view", ossia una "visione del mondo" che non permette loro di poter accogliere comodamente delle idee che vanno in direzione opposta. È molto difficile modificare la propria *world-view*. Come mio padre diceva spesso, una tale "modifica" implica che la persona venga colpita nel suo cuore dal "dolore del pensiero nuovo" ("pain of new thought"). E questo "dolore" è molto difficile da superare, almeno per la maggior parte delle persone. Nel caso mio, l'unica cosa che mi ha permesso di superare questo "dolore", e quindi riuscire a modificare la mia world-view, è stato un voto fatto intorno all'età di trent'anni: quello di cercare sempre la verità, a prescindere da dove possa arrivare, dal mio personale grado di gradimento, dal possibile ribaltamento delle conclusioni delle mie ricerche, o no. (In questo sono stato ispirato da Mahatma Gandhi – che mi aveva anche dato il mio nome da bambino: i miei genitori erano stati suoi amici intimi per decenni – il quale sosteneva che la disciplina umana più importante e primaria è quella che egli designava con un neologismo sanscrito coniato da lui: "satyāgraha", che si può tradurre approssimativamente come "stretta aderenza alla verità"). C'era un periodo infatti, nella mia adolescenza, nel quale anch'io ero un sostenitore della teoria della relatività e di Einstein: senza, però, averla esaminata con rigore analitico-logico». Ardeshir Mehta lasciò l'India all'età di ventun anni per toccare i posti più importanti d'Europa, in particolare l'Italia, dove visse per qualche anno. Subito dopo fece un lungo soggiorno in Israele, ben nove anni di studi e ricerche, per poi approdare definitivamente in Canada. Tutta questa esperienza accumulata gli valse una conoscenza approfondita di otto lingue che parla fluentemente e la comprensione di ben altre dodici! A sentirlo in italiano è una musica (ama questa lingua!) e nella scrittura… il lettore avrà modo di giudicarlo in questo Dialogo che "rischia" di diventare un classico per il prossimo futuro.

Ringrazio infine Alberto Bolognesi per il suo meraviglioso contributo conclusivo. L'autore è nato a Bologna nel 1944. Mente autorevole e incondizionata, autore di numerosi articoli e libri, è stato membro onorario della Società Astronomica del Pacifico negli anni '80. Nessuno conosce meglio di lui il celebre astronomo statunitense Halton Arp e le questioni ad esso collegate: dalle quasar ai buchi neri, dal modello cosmologico del big bang a quello dello stato stazionario. Come Arp, Fred Hoyle, Jayant Narlikar, Geoffrey Burbidge, Bolognesi è critico verso un'accettazione incondizionata di quello che è diventato il *pensiero unico* della scienza dei nostri tempi. La *Big Science* è al "volante del disco volante" con il quale si programmano i panorami stellari da vedere e le scie particellari da interpretare. Non parliamo poi delle famigerate onde gravitazionali: «Completamente plagiato dal sistema dei Tech Giant, il Popolo Bue trova del tutto plausibile che "onde di shock" si siano prodotte nella "fusione catastrofica di due buchi neri", da qualche parte "out there" nello spazio profondo. La gente non ha la minima idea che i ricercatori del LIGO pretendono invece di aver captato le onde degli autocrati del Tempo e dello Spazio (!!), provenienti dall'insaccato geometrico del teorico Hermann Minkowski, inventato alcuni anni prima della formulazione della Teoria della Relatività Generale... È come mettersi all'orecchio la comunicazione scritta da Einstein all'Accademia Prussiana delle Scienze e sentire il rumore dello spazio che si incurva». Fornito di grande senso critico e di un'imponente capacità di scrittura, trasparente, brillante, ironica, Bolognesi riesce non solo a smascherare le buche dell'establishment e dei media, ma anche a renderle visibili alle masse, come in uno specchio. Con lo stile brillante che gli appartiene, ammiccando con l'intelligenza dell'ironia e spesso del gioco di parole, riesce a demistificare gli odierni miti della massificazione e del facile scientismo. Questo e molto altro in questa sua postilla finale che il lettore è pregato di non perdersi.

* * *

Nel congedare questo volume mi è doverosa una nota di ringraziamento all'amico Umberto Bartocci, docente di Geometria e

Storia delle Matematiche al Dipartimento di Matematica dell'Università di Perugia dal 1976 al 2005, dopo aver insegnato nelle Università di Roma e di Lecce. La carriera accademica di Bartocci inizia con la sua laurea in matematica presso l'Università di Roma nel febbraio 1967 conseguita con lode, per poi proseguire studi e ricerche nel campo della geometria algebrica e della teoria dei numeri al Trinity College dell'Università di Cambridge come borsista del Consiglio Nazionale delle Ricerche (CNR). Nel 1969 diventa assistente, presso l'Università di Roma, di Beniamino Segre, presidente dell'Accademia Nazionale dei Lincei e titolare della cattedra di Istituzioni di geometria superiore. Sarà in seguito consulente (*referee*) di diverse riviste matematiche e fisiche, come *Physics Essays*, *Foundations of Physics*, *Apeiron* ecc., e nel quinquennio 2000-2004 curerà la pubblicazione del giornale Episteme.

Mente profonda e geniale, di grande acume matematico e scientifico e al contempo di potenti capacità filosofiche, capace di interloquire alla pari con i grandi matematici del passato, come Gauss, Lobachevsky, Bolyai, Riemann fino a porre in dubbio il valore delle geometrie non-euclidee (si veda, ad esempio, *Asimmetrie antirelativistiche*, di questa stessa collana), Bartocci non ha rivali nel campo dei fondamenti. Le sue finissime indagini spaziano dal campo matematico a quello fisico, dal campo filosofico a quello storico. In campo prettamente matematico ha difeso la necessità di un ritorno a una "fondazione classica", basata sulle categorie mentali di spazio e tempo secondo l'impostazione trascendentale di Kant, contro il più comune e "comodo" approccio formalistico; così come le sue ricerche nella storia del pensiero scientifico e nei fondamenti della fisica e della matematica, lo hanno portano ad un giudizio critico riguardo l'immagine del mondo fornita dalle attuali teorie fisiche: egli sostiene la necessità di un autentico pluralismo anche in campo scientifico.

Il nostro matematico non solo auspica una *open science* che segua l'analogo filo logico dell'*open source* nel campo informatico, che venga cioè sottratta dalla logica del profitto e del potere – e dal pensiero unico dominante – ma ha già attuato nell'ateneo perugino una simile realtà. Il prof. Bartocci è stato il centro del vortice epistemico per un'intera generazione di scienziati e di studiosi che hanno trovato sotto la sua apertura mentale e il suo entusiasmo, insieme alla sua immensa umanità e alla sua preziosissima guida scientifico-filosofica, la via per entrare nello *stargate* del risveglio di una nuova immagine del mondo. Il suo gruppo di ricerca "*geometria e fisica*" – di cui chi scrive ha fatto parte – ha riflesso e rifranto una nuova *world-view* come in un prisma "epistemico" pronto a colorare il mondo di nuove sfumature. È sotto la sua scuola di pensiero (nel senso platonico-aristotelico), in controtendenza, se abbiamo potuto alzare gli occhi al cielo e vedere nuovi orizzonti dietro la Via Lattea, nuove possibilità conoscitive. Una nuova Atene del XX secolo, un polo di attrazione per il pensiero divergente. È grazie a questo crocevia di scienziati indipendenti se chi scrive ha potuto arricchirsi dall'incontro e dallo scambio di idee con i cervelli più originali e sublimi del pianeta, come Stefan Marinov, Roberto Monti, Marco Mamone Capria, Franco Selleri, Giancarlo Cavalleri, Fabio Cardone, Giuliano Preparata, Federico Di Trocchio, Ardeshir Mehta, Paul Marmet, J. Barretto Bastos Jr., Silvio Bergia, Emilio Del Giudice, Ludwig Kostro, W.A. Rodrigues, James Paul Wesley, George Galeczki, A.G. Kelly, André Assis, Francisco Müller, Patrick Cornille, … Neanche il grande Niels Bohr, con la sua scuola di Copenaghen, potrebbe vantare una così tale concentrazione di intelligenza divergente ed "esplosiva". Il mio debito intellettuale è poi doppio, perché ho avuto l'onore e la fortuna di condividere idee e opinioni in modo massiccio e continuativo col nostro matematico, fino ad elevarlo a mio interlocutore interiore in tutti i miei lavori scientifico-filosofici. Questo stesso volume non sarebbe mai venuto alla luce senza le lunghe riflessioni saturanti i lustri passati in un incessante confronto e scambio di idee con Umberto Bartocci. L'opera è a lui dedicata.

Rocco Vittorio Macrì

Perugia, giugno 2016

INTRODUZIONE

EINSTEIN'S IPSE DIXIT.
REPLICA AD UN INGEGNERE NUCLEARE

ROCCO VITTORIO MACRÌ

«Premetto che sono un ingegnere nucleare ed ho studiato la fisica atomica e nucleare». Con queste parole iniziali l'esimio ing. Attilio Pianese mi inviava una nota di obiezione a pochi giorni di distanza da una mia conferenza tenuta a Roma nel 2010 intitolata *Relativismo e pensiero debole: la perdita del fondamento*. Persona colta e distinta, di grande onestà intellettuale e finezza d'animo, operativo professionalmente su importanti incarichi da parte dello Stato, l'ingegnere mi invitava alla prudenza: non è neanche pensabile criticare Einstein, «l'uomo del secolo» – come lo proclamò il settimanale americano *Time* – è fuori da ogni discussione. Da ingegnere nucleare di alto livello egli aveva toccato con mano la corrispondenza delle formule relativistiche con la sua esperienza quotidiana: tutto sembra combaciare alla perfezione. Di una cosa che funziona è forse lecito recriminare qualcosa in merito? Perché intestardirsi sulle sterili questioni di principio se le formule in mano alle menti fisico-matematiche nella pratica funzionano? Sono in fondo le stesse parole che il grande Enrico Fermi rivolse alle preoccupazioni filosofiche di Ettore Majorana: «non è il caso che due osservatori si mettano a litigare per risultati strani e paradossali» scaturenti dalla relatività di Einstein: il fatto è che funziona! Così, per spiegare all'ingegnere che la «funziolatria» – come la chiama il sottoscritto – non ha una corrispondenza biunivoca con la verità, ho fornito una mia replica toccando più di un punto epistemico scottante. «*Verum sequitur ad quodlibet*», dettava la logica antica e medioevale: il vero può conseguire dal falso e dal contraddittorio. Una verità lapalissiana secoli fa, diventata invece nella nostra epoca una perla perduta. Persino un orologio guasto e fermo – si diceva una volta – segnala per ben due volte al giorno l'ora giusta. «Ma in virtù di un duplice mancamento – ammoniva il vescovo e filosofo irlandese George Berkeley (1685–1753) – voi arrivate, sebbene non alla scienza, alla verità». Dinanzi alla mia replica la reazione dell'ingegnere fu meravigliosa: ammise con grande umiltà e nobiltà d'animo di non aver mai pensato che le "variazioni sul tema" potessero essere così tante e così grandi. Si vide di fronte un panorama molto più ampio di quanto potesse immaginare. Ma la sua grandezza d'animo si manifestò appieno quando mi esortò a rendere pubblico questo nostro carteggio, al fine di poter essere utilizzato con profitto da altri: «Le sue opinioni possono essere certamente utili e costruttive per una scienza più consapevole: sarà mia cura cercare di approfondirle anche attraverso i suoi libri». Ringrazio di cuore l'ingegner Pianese, il quale ci lascia un insegnamento socratico importante: la conoscenza non ha mai fine. Questo volume è il frutto della ricerca socratica incessante e della consapevolezza che, come Socrate stesso affermò nella sua *Apologia* scritta da Platone, «una vita senza ricerca non è degna di essere vissuta».

Nota del 7 novembre 2010 dell'Ing. Attilio Pianese:

«Le scrivo qualche riga perché non ritengo che sia sostenibile affermare che la teoria della relatività non è vera. Vi sono fenomeni del mondo particellare che possono essere spiegati solo assumendo le correlazioni derivate dalla teoria di Einstein, ed inoltre una gran quantità di risultati sperimentali può essere interpretata, in modo sufficientemente esaustivo solo facendo uso della teoria della relatività. Ad esempio si consideri la radiazione beta, (come esemplificazione un fascio di elettroni accelerati all'interno di un tubo a raggi x), che interagendo con la materia (il bersaglio di tungsteno dell'apparecchio) perde energia (e produce i raggi x inviati al paziente). Gli elettroni perdono energia, come noto, per due fenomeni: perdita per collisioni con gli atomi e perdita di energia per irraggiamento. I coefficienti che descrivono i fenomeni, sono chiamati

rispettivamente potere frenante lineare da collisione, e potere frenante lineare per irraggiamento, e rappresentano l'energia perduta dalla radiazione per unità di percorso. I valori di tali coefficienti possono essere ricavati sperimentalmente, o giustificati da modelli teorici in funzione dell'energia dell'elettrone. Un modello chiamato "semiclassico" ma che contiene la correzione relativistica, consente di interpretare abbastanza bene ed in modo relativamente semplice i suddetti dati sperimentali. La teoria matematica completa, si può trovare sul libro di Ugo Amaldi "Fisica delle Radiazioni" al capitolo 8, ed è evidente la presenza delle correzioni relativistiche per le lunghezze ed i tempi che si riflettono nel fattore relativistico, che compare nelle relative formule matematiche (ad esempio formule VIII-17 ed VIII-22 del libro di Amaldi).

Un altro fenomeno che le cito riguarda l'interazione della radiazione elettromagnetica gamma con la materia. Potrei far riferimento anche qui ai coefficienti di trasferimento di energia di massa (simbolo μ_{tr}/ρ) o all'analogo coefficiente di assorbimento di energia di massa (indicato con μ_{en}/ρ), la cui conoscenza è fondamentale ad esempio per gli schermaggi, in quanto anche per giustificare l'andamento con l'energia di tali coefficienti si ricorre o alla meccanica quantistica o a modelli classici con correzioni relativistiche. Sarei però in definitiva ripetitivo. È interessante invece osservare che uno dei fenomeni principali delle interazioni dei raggi gamma con la materia è l'effetto di materializzazione di coppie ossia la formazione, in presenza di un campo elettrico nucleare, di due elettroni, uno positivo e uno negativo, equivale dire la formazione di due masse che prima non esistevano, a spese dell'energia del quanto gamma. Tale effetto, tipicamente relativistico ci spinge a riflettere sul concetto di massa, che la teoria della relatività modifica integrandolo con quello di energia, e conducendo più esattamente ad una perfetta equivalenza delle due grandezze secondo la famosa equazione: $E=mc^2$.

Anche qui i fenomeni del mondo particellare confermano la teoria relativistica, inoltre le esperienze sulla fissione e sulla fusione controllata hanno dimostrato che vi è una differenza tra le masse dei composti iniziali e quelle dei prodotti finali della reazione nucleare, e che la differenza tra le suddette masse coincide con l'energia sviluppata dalla reazione secondo la surrichiamata equazione di Einstein. In definitiva una gran quantità di fenomeni e di dati confermano la validità della teoria della relatività. Si consideri inoltre che secondo il metodo galileiano la "bontà" di una teoria sta proprio nella sua capacità di interpretare i fenomeni fisici ed i dati sperimentali, più che in una sua perfetta consequenzialità logica, che non manca peraltro nella teoria della relatività, almeno per quanto a me noto e riportato sui libri. In conclusione ritengo che le sue affermazioni, sulla teoria della relatività, almeno come le ha rivolte in assemblea nella passata conferenza, siano state quanto meno affrettate ed azzardate».

Replica del 19 novembre 2010 del presente autore:

Egregio Ingegnere, ho letto con attenzione la Sua nota riguardo alle mie considerazioni critiche sulla teoria della relatività di Einstein espresse durante la mia conferenza sul tema del Relativismo, nota che mi è stata inoltrata tramite e-mail dal gent.mo e coltissimo Don Mario Pio. Le Sue perplessità non solo sono giustificate, ma non suscitano in me alcuna sorpresa o meraviglia: anzi, erano in un certo senso attese. Si ripete ormai da anni questo rituale di chiarificazione allo scandalo suscitato dall'«*Einstein è in errore*» che lo studioso accademico accusa di primo acchito in interventi critici sulla Relatività come il mio: non ci hanno insegnato a scuola e all'università che Einstein è l'autorità più indiscussa e intoccabile nel campo della fisica? Non ci hanno forse fatto "toccare con mano" la quantità smisurata di esperimenti che confermano le sue formule? Lei nella Sua nota ha toccato, da ingegnere nucleare, i noti fenomeni di *Stopping Power* e *Bremsstrahlung*, dove all'interno di alcune espressioni matematiche compare il familiare *fattore relativistico*, per poi ribadire la centralità nella fisica nucleare della famosa equazione $E=mc^2$, equazione che ha reso Einstein leggendario, e che viene confermata quotidianamente in tutti i centri di sperimentazione particellare, dal Fermilab di Chicago al Cern di Ginevra – dove si ottiene tra l'altro, come Lei giustamente sottolinea, la formazione di coppie elettrone -

antielettrone (e addirittura protone - antiprotone) a partire dalla radiazione gamma (cioè massa a spese dell'energia) – oltre che dai ben noti effetti delle Bombe sganciate su Hiroshima e Nagasaki. L'amico Silvio Bergia, insigne professore di Relatività e Epistemologia e Storia della Fisica all'Università di Bologna, suole far sentire, a questo riguardo, l'entità della sperimentazione relativistica in una frase lapidaria e "cruenta": «Un milione di conferme sperimentali all'anno»! Non si dovrebbe, allora, restare intimoriti dalla mole, dalla precisione dei risultati, dalla raffinatezza della sperimentazione adottata? E non si dovrebbe, dunque, ammettere con il noto fisico Clifford Will che la Relatività è fuori discussione – «beyond a shadow of a doubt» – e con il premio nobel Wolfgang Pauli che «la cosiddetta relatività ristretta è oggi un capitolo chiuso»? Non dovremmo forse essere compatti con scienziati del calibro di Paul Davies e John Gribbin quando scrivono che «ci sono persone che credono che sia solo una teoria... ma sono in errore», che in realtà la Relatività – similmente alla teoria di Darwin – non è una teoria ma «è un fatto»? E seguendo il grande Isaac Asimov non dovremmo ammettere che «nessun fisico che sia sano di mente potrebbe mai dubitare della validità della Relatività», cioè che in fondo dubitare della teoria di Einstein – come scrive Gribbin – sarebbe come credere che «la terra possa essere piatta» o meglio ancora, come scrive il fisico Tullio Regge, che «la probabilità che un dubbio su tale teoria possa essere accolto è la stessa che avrebbe un dubbio sul sistema copernicano»?

Anzi, e qui viene il bello, rigirando la frase appena citata di Regge si dovrebbe ammettere per onestà intellettuale che se un giorno, per assurdo, la Relatività dovesse crollare, allora sarebbe ragionevole dubitare persino della assolutezza della teoria copernicana! Quel giorno potrebbe essere l'inizio di una nuova rivoluzione scientifico-filosofica, all'interno della quale potrebbero nascere nuovi dubbi su gran parte delle teorie fisiche e matematiche che sono state "tronizzate" a Regine nella nostra epoca: dai *numeri immaginari* ai *transfiniti* di Cantor, dalle *geometrie non euclidee* agli *iperspazi cronotopici*, dalla *meccanica quantistica* all'*elettrodinamica* e *cromodinamica*, dalla *cosmologia* contemporanea alla *teoria delle stringhe*. Naturalmente Lei mi dirà, caro ingegnere, che un tale fantomatico giorno rimane nei versi di una possibile fiaba, in una favola stile *Alice nel paese delle meraviglie* di Lewis Carroll, in uno degli infiniti *universi paralleli* ritenuti possibili dalla scienza ufficiale dei nostri giorni.

Eppure, se volesse accettare la mia "provocazione", potrebbe levare il camice da ingegnere per un istante, per percepire la scena da un piano differente attraverso la "pupilla del filosofo": scorgerebbe allora le molteplici possibilità che la mente ha di parametrizzare il reale, di "appiccicare" formule ad ogni angolo fenomenico, di come sia possibile creare teorie «intellettualmente poco soddisfacenti cercando l'accordo alla settima cifra decimale con i dati sperimentali!» (René Thom), di come «un accordo numerico può non bastare se non è corretto il significato della predizione teorica con cui gli esperimenti concordano» (Franco Selleri) o, per dirla con le parole del premio nobel Richard Feynman, di come «MANY PHYSICAL PICTURES CAN GIVE THE SAME EQUATIONS»!

Significherebbe liberarsi dal collare di *Matrix* per un attimo lungo un'eternità, per usare la metafora del celebre film fantascientifico del 1999, per potersi guardare intorno senza condizionamenti, per scrollarsi di dosso la perfida logica del «funziona!» e – con le parole di Benedetto XVI – «andare oltre il positivismo e l'esperimento».

È, in fondo, quanto mi è accaduto una trentina di anni fa durante la lettura di un libro scritto da un meraviglioso scienziato italiano: da accanito sostenitore di Einstein, completamente affascinato dalla tematica fino ad aver divorato intere collane di libri già prima della maggior età, mi ritrovai con la salvifica "pulce nell'orecchio"; il dubbio si impossessò di me in modo lento e inesorabile e, goccia dopo goccia, lungo lustri di ricerche e combattimenti – proprio come la scena del "risveglio" di Neo dalla condizione di larva nel film appena citato – potei "risvegliarmi" dal *sonno dogmatico* di kantiana memoria, cioè dal condizionamento subito dal pensiero scientifico imposto dall'*establishment* della nostra epoca, dalla *Weltanschauung* dominante che ci si trova a «succhiare con il latte materno» (frase di Einstein) già dal primo stadio piagetiano, quello *sensomotorio*. Mi accorsi allora della profondità delle parole di Cartesio e di come fosse vera la riflessione di Benedetto Croce.

Cartesio, in effetti, era convinto che la maggior parte delle persone, studenti e docenti compresi, «spesso si astengono dall'esaminar molte cose [...] poiché stimano che possano esser comprese da altri forniti di maggior intelligenza, abbraccian[d]o il parere di coloro sulla cui autorità maggiormente confidano» (*Regulae ad directionem ingenii*). Così, come al tempo di Pitagora, la selezionata classe degli "esperti" della nostra epoca – dei *mathematicoi* – viene innalzata sull'Olimpo di coloro che "sanno ma non si esprimono", mentre l'ammassato gruppo degli *acousmaticoi* – cioè coloro che ascoltano – si accascia ai bordi delle corsie preferenziali del pensiero scientifico, affidandosi ciecamente ai cosiddetti "esperti": una sorta di *filosofia del rimando* «di cui sono preda non solo tanti studenti, ma anche tanti docenti» (U. Bartocci - R.V. Macrì, *Il linguaggio della matematica*). Ed ecco il richiamo a Benedetto Croce: «La maggior parte dei professori hanno definitivamente corredato il loro cervello come una casa nella quale si conti di passare comodamente tutto il resto della vita. Da ogni minimo accenno di dubbio vi diventano nemici velenosissimi, presi da una folle paura di dover ripensare il già pensato e doversi rimettere al lavoro. Per salvare dalla morte le loro idee preferiscono consacrarsi, essi, alla morte dell'intelletto».

Come sarebbe possibile per un docente universitario di Relatività entrare nella spirale del dubbio mettendo a rischio la sua carriera? Prendiamo come esempio paradigmatico la vicenda di Herbert Dingle, esperto riconosciuto di spettroscopia e professore di Storia e Filosofia della Scienza a Londra, il quale combatté fin dagli anni '50 un'epica battaglia contro più di un aspetto della teoria della relatività. La sua eredità è conservata in quel prezioso testo del '72 (*Science at the Crossroads*) che non finiremo mai di apprezzare, dove, tra critiche argute alla teoria di Einstein e descrizioni minuziose di comportamenti socio-accademici alquanto sleali della stessa collettività scientifica, racconta l'ostracismo di cui fu fatto oggetto quando si decise a rendere pubbliche le proprie obiezioni. «In particolare egli trovò che illustri fisici aventi posizioni di responsabilità nella comunità scientifica si rifiutarono di appoggiare la sua campagna di 'smascheramento' della relatività, pur ammettendo di non aver mai capito molto della teoria» (Marco Mamone Capria). Insomma, Dingle riuscì a far uscire allo scoperto le crepe di un pensiero basato su un'apparente erudizione scientifica dietro l'involucro del formalismo matematico, realizzando così la conferma che "il re è nudo". Da qui il passo è breve per una reale comprensione del perché «gli studenti sono stati educati, consciamente o inconsciamente, a credere che criticare la relatività ristretta sia un sicuro segno di ignoranza, per non dire di stupidità, da parte del critico» (Herbert Dingle). «La difficoltà è una moneta che i sapienti usano, come i giocolieri di passamano, per non scoprire la vanità della loro arte, e con la quale l'umana stoltezza si lascia appagare facilmente» (Michel De Montaigne).

A questo punto, volendo, potrei terminare qui questa mia replica alle Sue obiezioni e rimandarLa alla lettura dei miei seguenti lavori, dove troverebbe ogni risposta alle questioni trattate: 1) *Cent'anni di Relatività. Un punto di vista filosofico*, «Sapienza», LIX, 4, 2006; 2) *Che cos'è il tempo? Bergson, Maritain, Dingle a confronto con Einstein*, «Sapienza», LXI, I, 2008; 3) *I FLOP nella trattazione relativistica del tempo*, in *La natura del tempo*, a cura di Franco Selleri, Ed. Dedalo 2002; 4) *Da Duhem a Feyerabend - Il messaggio che l'epistemologia lancia alla scienza*, «Vertigo Fil Rouge», Anno 1, N. 2, 2009. Ma così facendo rischierei di fare la fine dell'accademico che non ha tempo e voglia di "rimboccarsi le maniche", che teme di scendere nei particolari per poter restare più "oscuro" e, quindi, più trincerato nelle sue posizioni. Scendiamo dunque volentieri nei particolari, sapendo di fare cosa gradita anche ad altri possibili lettori meno esperti, anche se certo non potremo esaurire tutta la problematica in qualche paginetta. Si tratta allora di selezionare gli argomenti per importanza ed elencare qui almeno i punti cruciali ineludibili.

[1] La perfida logica del «funziona!». Credo che non si possa anteporre nulla, in ordine di importanza, a questo punto capitale. Mi capita a volte di invidiare la *forma mentis* dell'ingegnere: egli non ha bisogno di vagliare la veridicità della teoria che sta dietro le formule. Per impiegare la sua genialità ha bisogno in effetti solo di queste ultime, insieme alla loro applicabilità al reale-concreto, al piano dell'*empiria*, come usava denominarlo Jacques Maritain. «Datemi un'equazione e vi ricostruirò il mondo!» potrebbe esclamare l'ingegnere, parafrasando la famosa frase di Archimede. Il *successo della formula* non deve però indurlo nell'errore di credere di poter invertire il ragionamento. «Visto che la formula funziona allora significa che la teoria che le sta dietro è corretta»: questa è un'inferenza tanto diffusa quanto fallace, che la logica medioevale aveva saputo tuttavia arginare. Le errate applicazioni del *modus ponens* e del *modus tollens*, così denominate da secoli, sono alla base degli errori della scienza moderna, come dimostra il famoso esperimento di Wason (1966). In un articolo di Owen Gingerich (*L'affare Galileo*, «Le Scienze», n. 170, ottobre 1982), professore emerito di *Astronomia e Storia della Scienza* all'università di Harvard, troviamo riportata un'osservazione di questo tipo sul ragionamento che Galileo avrebbe usato a conferma della natura eliocentrica del sistema planetario: 1) se il sistema planetario è eliocentrico Venere presenta le fasi; 2) Venere presenta le fasi; 3) perciò il sistema planetario è eliocentrico. La struttura sillogistica di questo ragionamento è la seguente: [se p allora q], → [q quindi p] : niente di più errato! Ma è un fatto che ci cadano tutti, scienziati compresi. L'inferenza giusta, chiamata in termini medioevali *Modus tollens*, è la seguente: [se p allora q], → ['non q' quindi 'non p']. Esiste una serie di esperimenti ormai classici ideati da Wason che dimostrano come "l'errore di Galileo" sia comunissimo nelle inferenze di persone di ogni tipo e cultura. Ma il problema della "funziolatria" epistemologica è ancora più esteso. Si chiedeva il nostro Maritain già nel '23: «Saprà essa [l'intelligenza comune] comprendere, che una teoria e delle formule possono perfettamente combaciare o coincidere coi fatti, senza darci, per ciò, il reale fisico in se stesso?» Oggi sappiamo che Maritain aveva ragione. Dopo gli studi di pensatori e filosofi come Duhem, Poincaré, Hanson, Popper, Kuhn, Lakatos, Quine, Feyerabend, sappiamo che una teoria scientifica può essere falsa e funzionare "perfettamente"! A questo punto non posso fare altro, ingegnere, che invitarLa a leggere un mio piccolo lavoro: *Da Duhem a Feyerabend - Il messaggio che l'epistemologia lancia alla scienza*, «Vertigo Fil Rouge», Anno 1, N. 2, 2009, e a tenere presente che l'acclamato successo della teoria di Einstein per via del *funzionamento* delle sue formule, dopo quanto abbiamo detto, è ingiustificato, visto che le stesse vengono alla luce non solo da altre teorie alternative (ad esempio, quella di Lorentz-Poincaré, come è dimostrato dai numerosi e meritevoli lavori dell'amico Franco Selleri), ma anche da innumerevoli altre mai formulate.

[2] La "funziolatria" dirachiana. Fa parte ormai della mentalità scientifica comune che, «le grandi teorie raramente sono semplici» (Michael Polanyi) e per comprenderle, ci assicura il premio nobel Paul Adrien Maurice Dirac, «c'è bisogno di un livello davvero elevato nella conoscenza della matematica». «La scienza moderna si fonda quasi per intero sulla matematica» (John Barrow). Raffinati modelli matematici hanno assunto la guida non solo durante la creazione dei modelli fisici, ma addirittura durante il relativo processo ermeneutico, ridando splendore a Pitagora e all'affermazione del suo discepolo Filolao: «Senza il numero non sarebbe possibile pensare né conoscere alcunché». «La cultura occidentale è caratterizzata da una sorta di mito della matematica, dalla fede, forse dovuta a Pitagora, in una sua virtù esplicativa e quasi trascendente. A molte persone, descrivere in termini matematici una struttura sintattica o delle relazioni di parentela sembra già una "spiegazione" sufficiente» (J.P. Changeux - A. Connes, *Pensiero e materia*). In effetti, c'è un motivo potente sotto la "divinizzazione" della la matematica nella nostra epoca: usando le parole del premio nobel Eugene Wigner, esiste una «*irragionevole efficacia della matematica nelle scienze naturali*». In altri termini, *funziona!* Non sappiamo perché, ma funziona. Diventa un problema invece chi deve assumere la guida nella fisica: la matematica o la teoria/modello? Dirac non ha alcun dubbio: «Il più potente metodo di avanzamento che può essere suggerito oggi è quello di impiegare tutte le risorse della matematica pura, nel tentativo di perfezionare e generalizzare il formalismo matematico che costituisce la base esistente della fisica teorica, e, dopo ogni successo in questa direzione, di tentare di interpretare le nuove forme matematiche in termini di entità fisiche». Ecco come si consuma, in conclusione, il più importante dei «Four Outstanding Errors» analizzati da Dingle: il «mastery, instead of the servitude, of mathematics in relation to physics». Appare, cioè, sottovalutato nella nostra epoca il pericolo di una matematica "cabalistica" che – usando i termini di Bacone – «generi» e «procrei» la scienza stessa. Dirac è stato il promotore, più di ogni altro, di questa tendenza contemporanea nella scienza. Le sue parole appaiono paradigmatiche: bisogna «scoprire prima le equazioni e poi, dopo averle esaminate, gradualmente imparare ad applicarle». Non è quello che sta succedendo, ad esempio, nella *Teoria delle stringhe*? Non stiamo forse costruendo una «Physics in the shadow of Mathematics», come sottolinea Pyenson? D'altra parte, come armonizzare queste affermazioni con quella autorevole di un matematico come Bertrand Russell?: «La matematica può essere definita come la materia nella quale non sappiamo mai di che cosa stiamo parlando, né se ciò che stiamo dicendo è vero».

[3] La tecnologia come test di verifica della teoria. L'aspetto strumentalistico-previsionale delle teorie scientifiche nell'orizzonte efficientista e pragmatista dell'epoca contemporanea porta al risultato di convogliare le invenzioni e le scoperte tecnologiche sotto il vincolo di inconfutabilità parentale con le teorie madri, cioè come prova evidente della bontà del modello scientifico in vigore. Qui, spesso, la *forma mentis* dell'ingegnere – come quella del fisico in generale – cade in errore. Scrive un noto fisico italiano in una corrispondenza privata del 27.11.2001: «Che la meccanica quantistica funzioni è dimostrato dal fatto che Lei riceve questo messaggio in posta elettronica (come pensa che si sarebbero potuti costruire i circuiti integrati senza una quasi completa comprensione della struttura della materia?). Che la relatività funzioni è dimostrato dai malati curati con la TAC, PET e altre simili meravigliosi strumenti (come pensa che si sarebbe potuto farlo senza una buona comprensione della fisica nucleare?)». Qui il termine "funziona" è visto come prova evidente della bontà (veridicità) delle due teorie fisiche (MQ e Relatività). Si tratta di un errore grossolano ed estremamente diffuso. Spesso è dovuto ad un vero e proprio analfabetismo nel campo della storia del pensiero scientifico. All'interno del Credo dello scienziato, così come dell'uomo di strada, esiste una stretta relazione tra *teoria* e *scoperta tecnologica*. Ad esempio, la maggior parte delle persone – scienziati compresi – credono che esista un rapporto di causa ed effetto tra la teoria di Dirac e la scoperta delle antiparticelle, la teoria di Einstein e la scoperta e costruzione della bomba atomica, la teoria di Heisenberg e la scoperta e costruzione del laser, e così via… Niente di più falso! La tecnologia e le teorie scientifiche viaggiano su due binari paralleli. L'una non traina l'altra. È vero, però, che esistono momenti di "interazione" tra i due binari, dove l'una fa da "coadiuvante" all'altra e viceversa. Su questo punto sarebbe opportuno (e urgente) scrivere un intero libro (in effetti ci sto pensando da parecchio…); tuttavia, nell'attesa, non sarebbe male sfogliare quello di un grande storico, Federico di Trocchio, *Le bugie della scienza. Come e perché gli scienziati imbrogliano*, Milano 1993.

[4] L'analfabetismo filosofico. A mio modesto avviso, una parte considerevole della problematica che abbiamo toccato va imputata, al progressivo impoverimento filosofico della classe degli scienziati (dove sta il corso di filosofia nel piano di studi di fisica?), ad un analfabetismo così "sferico" da far pensare a «un indebolimento e un generale decadimento della ragione» (J. Maritain, *Antimoderno*. Maritain ha denunciato con enfasi e in più passaggi il dramma di come si sia oramai arrivati al punto di non saper «più tirar la conclusione di un sillogismo». Scrive il grande pensatore francese: «Il mondo moderno produce e consuma una straordinaria quantità di derrate intellettuali. Non ci sono mai stati tanti autori, tanti professori, tanti ricercatori, tanti laboratori e strumenti, tanto talento, tanta carta. Ma se vogliamo stimare le cose dalla qualità, e non dal peso, si vedrà ciò che esso in realtà è, e si rimarrà spaventati dalla diminuzione dell'intelligenza. L'Intelligenza in senso comune, l'agilità nell'agitar parole, è ben presente, e regna; ma l'intelligenza vera è soltanto una mendicante scacciata da ogni luogo». Tant'è che secondo la profonda analisi di Maritain bisogna addirittura difendere la stessa ragione dal contagio dominante della scienza: «Qualche anno fa ci si divertiva a dire: *Difendi la tua pelle contro il tuo medico. Il mondo moderno è costretto ora di dire a se stesso, e con maggior ragione: Difendi la tua ragione contro gli scienziati*»). In altri termini, quello che manca negli attuali curricola scientifici è – per dirla con le parole di Jacques Maritain – la «mancanza di solida base filosofica», che a sua volta avvelena quel «clima di interesse reciproco fra fisici e filosofi che oggi sicuramente non c'è – almeno dei primi verso i secondi» (Marco Mamone Capria). È chiaro che per un ingegnere ciò non è essenziale. Lo stesso Richard Feynman afferma: «La ricchezza filosofica, la facilità, la ragionevolezza di una teoria sono tutte cose che non interessano». Ma, d'altra parte, non si può pensare di avere il quadro completo della situazione guardandolo dal solo punto di vista funzionale. Il grande Ettore Majorana aveva già analizzato con profondità la questione, scrivendo con amarezza: «Intanto le scienze, specializzatissime, ritengono di non aver da preoccuparsi minimamente di tali questioni [le basi concettuali, i fondamenti] che con disprezzo dichiarano psicologiche. Né hanno da preoccuparsi di questioni logiche e di problematiche filosofiche». E ancora: «Quel ch'è certo è che i nostri docenti non colgono mai l'essenziale delle questioni e infilzano un teorema dietro l'altro, senza minimamente preoccuparsi di chiarire criticamente quel che di mutante sta avvenendo nella concezione della scienza moderna. Ma se andassi a esporre queste cose all'Università, potrei solo fare, se ne avessi il coraggio, la fine di Boltzmann: suicidarmi». «C'è nella filosofia della scienza d'oggi quasi un'immensa diffidenza della natura. Forse, direbbe Federico Nietzsche, un nuovo spirito apollineo che ha paura della verità naturale, e vuole costruire qualcosa di puro, di razionale, di immateriale, per cui il rigore logico, la dimostrazione matematica, il calcolo sublime darebbero la misura del vero. In questo modo si riduce il problema della scienza a mera costruzione ipotetico-deduttiva, la quale conduce a conclusioni necessarie e forzose sulla base di asserzioni ipotetiche ritenute sicure e incontestabili». Diceva Platone che «chi vede l'intero è filosofo, chi no, no», contrariamente al sentire contemporaneo, il quale sembra voler spezzare in modo tanto deciso quanto irresponsabile il nesso storico ed epistemologico tra scienza e filosofia, dimenticando che la prima è figlia della seconda: «La filosofia e la scienza sono assai più intimamente legate che non credano gli scienziati che disprezzano la prima e i filosofi che ignorano la seconda», scrive uno dei rari fisici non deprivato delle conoscenze filosofiche (A. Garbasso, *Scienza realistica*).

[5] La presunta monoliticità della scienza. Generalmente i manuali scientifici presentano la Scienza come lineare e monolitica. Ma chi studia storia e filosofia della scienza sa bene che una tale visione della realtà assomiglia più ad una favoletta per bambini che non ad una verità indiscussa. Il noto epistemologo Thomas Kuhn si è sforzato di spiegare (ma gli scienziati sembrano essere sordi da questo lato) che una siffatta rappresentazione è solo l'immagine "volgare" di una Scienza monolitica e solida nella sua marcia, quando invece – basta una occhiata alla Storia – non lo è. Basterebbe leggere il suo capolavoro, *La struttura delle rivoluzioni scientifiche*, per comprendere che le cose non possono essere dispiegate in modo semplicistico su un fazzoletto, come pretenderebbe – nell'ammaestrarci – la comunità scientifica. E si noti che Kuhn non era "semplicemente" un filosofo: ha iniziato la sua carriera come fisico (ottenne la laurea in fisica nella prestigiosa università di Harvard con lode nel 1943, la specializzazione nel 1946 e il Ph.D. nel 1949), motivo d'orgoglio per il padre ingegnere, per poi allargare il suo angolo di visuale e di analisi indagatrice, finendo col diventare insigne professore di filosofia all'università di Princeton prima e al MIT di Boston successivamente. La storia della Scienza è molto più articolata e "sfrangiata" rispetto alle semplificazioni dei manuali. Prendiamo, ad esempio, la favola-mito della rivoluzione copernicana riportata in tutti i manuali: si legge che c'era una volta un orco cattivo – ma ingenuo, superficiale e cadente – chiamato "Sistema Tolemaico", castigato dai tre cavalieri Copernico-Keplero-Galileo – non ingenui, non superficiali – i quali diedero all'orco una lezione di precisione e "scientificità sperimentale", confinandolo nel popperiano Mondo 3 delle teorie malconce e decadute. Questo è quanto l'inconscio collettivo ha recepito durante i secoli. Adesso mi permetta ingegnere, per contrasto, indirizzarLa alla lettura del lodevole lavoro dell'amico Umberto Bartocci, docente di Geometria II e Storia delle Matematiche all'università di Perugia, dove riuscirà a toccare con mano l'asimmetria "ufficiale – non ufficiale" di quanto stiamo dicendo: *Una rotta templare alle origini del mondo moderno*, Capitolo XV: *Dove si discute del "caso Galileo", e si cerca di comprendere se, date le conoscenze dell'epoca, le differenze tra il sistema tolemaico e quello copernicano fossero tali da giustificare, sotto il profilo esclusivamente scientifico, tanta accesa polemica*, (pure U. Bartocci - L. Rossi, *La scienza come strumento ideologico - Il caso Galilei e la falsificazione della cosmologia tolemaica*, «Episteme», 4, 2001), oppure alla magistrale lezione di Owen Gingerich, autorità indiscussa in questo campo: *Four Myths of the Copernican Revolution*, 3 Nov. 2007, University of Michigan, dove Gingerich riesce ad evincere di come il quadro imposto di una scienza che procede per esperimenti, prove e confutazioni sia un inganno: la Scienza avanza attraverso una ricercata *coerenza* sul piano delle teorie, coerenza che può sempre essere smontata o superata dalla successiva. Di esempi "contrastanti" come questi si potrebbero cercare in ogni angolo e campo della scienza; per stare all'interno del nostro tema di partenza consiglierei il seguente, sempre del prof. Bartocci: *Albert Einstein e Olinto De Pretto - La vera storia della formula più famosa del mondo*. A tutto questo c'è da aggiungere una nota di capitale importanza: nonostante la comunità scientifica appaia come omogenea e compatta, è solo un involucro di facciata. All'interno dell'alveare costituito dai cervelli dal camice bianco si hanno contrasti, scontri e battaglie incessanti, opinioni divergenti, modi di vedere incommensurabili. Ecco perché il premio nobel Max Planck, stanco di sentirsi spinto qua e là dal vento vorticoso all'interno della comunità, ad un certo punto "sbuffa" con queste parole: «Una nuova verità scientifica non trionfa convincendo i suoi oppositori e facendo loro vedere la luce, ma piuttosto perché i suoi oppositori alla fine muoiono, e cresce una nuova generazione che è abituata ad essa». Riguardo alla teoria di Einstein potrei aggiungere una lista interminabile di scienziati che si sono opposti o che non la hanno digerita: Lorentz, Poincaré, Michelson, Larmor, Silberstein, Dingle, Severi, Enriques, Giorgi, Ettore e Quirino Majorana, … se volessimo soffermarci solo su alcune figure gigantesche. Solo che i loro pensieri sono stati "resettati" dalla comunità. Cerchiamo, per fare un esempio, di ridare voce al "file cancellato" di Ettore Majorana: «Il mio giudizio sulla coerenza dei ragionamenti di Einstein in fatto di cinematica relativistica è piuttosto negativo…»; «Io so che dovrò rivedere radicalmente le false idee esposte da Einstein a fondamento della Relatività Ristretta…». D'altra parte era consapevole del rischio che comportava avere una tale opinione: «Certe cose, oggi, non si possono dire esplicitamente! […] Einstein gode di un tale sicuro prestigio che nessun dubbio può essere sollevato circa la giustezza delle sue impostazioni concettuali, senza correre il rischio di dover essere considerato un improvvisatore». Ecco perché molti scienziati contemporanei che avrebbero qualcosa da insegnare ad Einstein devono procedere mascheratamente, come Cartesio (il cui motto era «larvatus prodeo»). Fra i tanti, mi piace ricordare qui il maestro indiscusso dei fisici italiani, l'amico Gianfranco Cavalleri, insigne docente di Relatività all'Università Cattolica del Sacro Cuore di Brescia. Non potendo ufficialmente opporsi alla concezione einsteiniana dominante, è riuscito ad "assemblare" la sua teoria con quella di Einstein, come se la prima fosse un semplice perfezionamento della seconda. Altri hanno pagato a loro spese l'opposizione all'"ipse dixit", come capitò a Louis Essen (1908-1997), l'inventore dell'orologio atomico, che perse il Nobel per aver fatto due lavori antirelativistici. E che dire dell'amico Roberto Monti, fisico e ricercatore di alte capacità, uno dei cervelli più indipendenti che esistano sul pianeta, costretto a lasciare la Ricerca della fisica italiana per aver osato opporsi alle idee di Einstein?

[6] La mancata consapevolezza della nostra miseria. Più che ad ogni altra cosa, nella mia vita devo essere grato alla lunga esperienza come programmatore informatico. Chi, come me, scrive programmi utilizzando un linguaggio di programmazione sa bene quanto sia fallace la mente umana e come venga continuamente "bacchettata" dalla macchina, in modo inesorabile e impietoso. Non c'è alcun modo di vincere con il computer: si può essere sicuri quanto si vuole, ma dopo un centinaio di linee di programma – diciamo dopo aver progettato e costruito una *subroutine* o *procedura* – la macchina ti segnala l'ineluttabile errore alla riga *xyz* del codice. E anche dopo anni, lustri, decenni di programmazione, dopo che hai fatto decine e centinaia di programmi, l'errore è ancora lì, dietro l'ultimo *enter*, al click del comando RUN! Eppure ci sono momenti in cui ti senti sicuro, sicurissimo: scommetteresti qualunque cosa che questa volta il programma funzionerà al primo colpo! Ma l'elaboratore pare fatto apposta per smentirti, per farti rientrare nella tua miseria di essere umano non-onnipotente: come se ti volesse ricordare che sei affetto dal peccato originale, che sei prigioniero dell'"errore vagante". *Errare humanum est* dicevano i Latini, una proprietà che risulta più ontologica che epistemologica dopo quanto detto. Lo storico della scienza George Dyson, figlio del grande fisico Freeman Dyson, riporta la significativa testimonianza di uno dei pionieri del computer, Maurice Wilkes, durante la verifica di un programma a Cambridge: «Fu in uno dei miei tragitti fra la stanza dell'EDSAC e i dispositivi per la perforazione, mentre indugiavo all'angolo delle scale, che mi resi conto improvvisamente e appieno che avrei passato buona parte del resto della mia vita a trovare errori nei programmi che io stesso scrivevo». Lo stesso Dyson ammette: «Da tempo i programmatori hanno abbandonato la speranza di prevedere se una certa porzione di codice funzionerà effettivamente come previsto». Questa è la "lezione di vita" che un programmatore impara dall'interazione con la macchina. Lezione, ahimè, sconosciuta dallo scienziato. E quanto ne avrebbe bisogno! Ecco da dove viene, allora, l'apparente sicurezza e spavalderia dell'uomo di scienza che si fa garante della correttezza della teoria di Einstein o della teoria di Darwin o di altre ancora. Gli innumerevoli errori di previsione che abbiamo pagato a caro prezzo, dalla vicenda del Titanic fino al disastro ambientale dei nostri giorni attraverso lo sversamento massivo di petrolio nelle acque del Golfo del Messico dalla piattaforma petrolifera Deepwater Horizon non sono serviti a molto. Nella sua mente lo scienziato sente di essere una sorta di divinità, il suo potere baconiano lo rende ubriaco: «L'uomo nella prosperità non comprende, è come gli animali che periscono», ci ricorda il salmo 49. Eppure, sotto il suo camice sovente si nasconde un bambino. Il celebre fisico Erwin Schrödinger, in un brillante saggio del 1948 dal titolo *La natura e i Greci*, porta alla luce «il grottesco fenomeno di menti allenate scientificamente, di gran competenza, che hanno vedute filosofiche incredibilmente infantili, non sviluppate o atrofizzate». Ma già nel 1768 il grande matematico Eulero aveva messo in guardia l'opinione pubblica, scrivendo che «in generale la grandezza dell'ingegno non garantisce mai dall'assurdità delle opinioni abbracciate». Ecco i "cocci" che rimangono una volta tolto il camice, come ci fa vedere un grande ammiratore di Einstein: «Verso la fine della sua vita confessò che i suoi legami personali più forti, compresi quelli con la moglie e i figli, erano stati altrettanti fallimenti. Quando la figlia che la sua seconda moglie Elsa aveva avuto da un precedente matrimonio – quella stessa Ilse che un tempo aveva pensato di sposare – morì di cancro a Parigi nel 1934, alla verde età di trentasette anni, si rifiutò di accompagnare la moglie a Parigi per assisterla. La giovane prima moglie, Mileva Maric, morì da sola a Zurigo, disperatamente infelice, senza essersi riconciliata con l'uomo che l'aveva abbandonata. La figlia che Einstein aveva avuto da lei, Lieserl, nata prima del matrimonio, sparì nelle brume del tempo. Il suo primo figlio, Eduard, un bambino dotato, fu colpito da schizofrenia e fu rinchiuso in una clinica psichiatrica, dove rimase per il resto della sua vita, senza che il padre gli facesse mai visita. Il suo secondo figlio, Hans Albert, rimasto sempre lontano dal padre, non ebbe rapporti col genitore nemmeno dopo essere emigrato anche lui in America. Infine, anche il secondo matrimonio di Einstein, come il primo, fu un fallimento, anche se gli fornì almeno un esile radice in un'esistenza del tutto sradicata» (Palle Yourgrau, *Un mondo senza tempo*). Se lo scienziato potesse riconoscere la propria umana miserabilità, la parzialità della sua mente, allora potrebbe esclamare con Pascal: «L'uomo è grande poiché si riconosce miserabile». Lo strascico di tale vulnerabilità e debolezza non può non contagiare ogni parte della nostra esistenza, compresa la scienza. Abbiamo davanti un caso paradigmatico: John von Neumann, «uno dei più grandi matematici del nostro secolo». Il nobel Eugene Wigner lo ha descritto come «la mente più brillante mai conosciuta su questa Terra»! Nel suo libro *I fondamenti matematici della meccanica quantistica* del 1932 egli presenta una lucida formulazione della teoria che diventerà un fermo punto di riferimento «per tutti coloro che ritengono il rigore logico e matematico un ingrediente irrinunciabile di ogni schema che aspiri ad avere dignità scientifica» (Gian Carlo Ghirardi, *Un'occhiata alle carte di Dio*). Sulla scia delle ricerche di Bohr, Heisenberg, Pauli, Born, Jordan e Dirac che permettevano di edificare un imponente edificio teorico basato su una concezione positivistica e pragmatistica della fisica, von Neumann esibisce la dimostrazione matematica che il programma delle teorie a variabili nascoste è condannato a fallire, vale a dire che nessuna teoria predittivamente equivalente alla meccanica quantistica può assegnare a tutte le osservabili valori precisi (anche se non conosciuti). La "impossibility proof" «assunse ben presto (grazie all'immenso prestigio del suo autore) il ruolo di un dogma che venne usato dai paladini dell'ortodossia contro gli "eretici": risulta perfettamente inutile che vi affanniate a cercare qualcosa che "ipse (von Neumann) dixit (cioè dimostrò)" non essere possibile». Per più di trent'anni, *il teorema di impossibilità* di von Neumann, venne considerato come esempio emblematico di teoria matematicamente formalizzata, perfettamente scientifico e coerente. Ne era garante il matematico celebre per «la sua velocità di pensiero e la sua memoria… tanto leggendarie che Hans Bethe (premio Nobel per la fisica nel 1967) si chiese se esse non fossero la prova di appartenenza ad una specie superiore»: «Von Neumann fu un bambino prodigio: a sei anni conversava con il padre in greco antico; a otto conosceva l'analisi; a dieci aveva letto un'intera enciclopedia storica; quando vedeva la madre assorta le chiedeva che cosa stesse calcolando; in bagno si portava due libri, per paura di finire di leggerne uno prima di aver terminato» (P. Odifreddi). Poi qualcuno aprì gli occhi, come ci racconta il prof. Franco Selleri: «Il FLOP più famoso è quello del teorema di J. von Neumann che "dimostrava" l'impossibilità di una riformulazione causale della meccanica quantistica. Formulato nel 1932, il teorema era matematicamente rigoroso, ma aveva una fondamentale debolezza di impostazione (insufficiente generalità degli assiomi) che ha dovuto aspettare le ricerche di Bohm e Bell (1966) per essere smascherata. Per più di trent'anni c'era una buca logica, ma nessuno se n'era accorto! E tuttavia il grande prestigio di von Neumann, aiutato dalle esplicite dichiarazioni di altri grandi personaggi, ottenne in pratica, per molto tempo, il risultato di proibire l'attività scientifica nella direzione della causalità e del realismo. Ecco dunque dei fattori extralogici al lavoro, in accordo con la tesi di Macrì. Quando Bohr, Heisenberg, Born e Pauli dichiaravano che il teorema di von Neumann rendeva impossibile un completamento causale della teoria dei quanti, andavano al di là di ciò che comprendevano razionalmente, altrimenti avrebbero visto i gravi limiti del teorema. Le loro affermazioni nascevano dalla convenienza e non da un processo logico ineccepibile. Oggi il teorema è superato e il re è nudo…» (Franco Selleri, *La natura del tempo*). Non possono mancare, a questo punto, le parole di un grande filosofo dei nostri tempi, il compianto Carmelo Ottaviano: «Non dispiacerà al candido lettore che io cominci questo articolo con una confessione di carattere personale, e vorrei aggiungere umano, con l'espressione cioè di una delusione, una delle più singolari della mia vita. [...] Ora la delusione di cui dicevo mi è stata causata da quella categoria di persone che nella nostra lingua sono chiamati "scienziati", cioè cultori della matematica e della fisica. [...] Per quanti ne abbia conosciuti e frequentati, salvo pochissime eccezioni, quante asserzioni infondate, quanto dogmatismo nei punti di partenza, quanta pertinacia nell'affermare, quante conclusioni arbitrarie e ingiustificate, quanti salti di deduzione, quante contraddizioni tra l'uno e l'altro settore di idee! Pare proprio che l'abito deduttivo procuri una specie di cecità mentale, di meccanicità del pensare, per cui i suoi cultori finiscono con l'acquistare la duplice deformazione professionale di non riuscire a sottoporre a critica i postulati da cui partono e di non riuscire a sistemare tutte le loro idee in un quadro armonico. Per questo li ho veduti sempre abbandonarsi ad affermazioni di cui non danno la dimostrazione, e ad asserzioni in un settore che fanno a pugni con le asserzioni di un altro settore. Né a questo quadro fa eccezione Alberto Einstein [...] Con ogni rispetto parlando, par di sentire parlare un bambino...».

Sarò lieto di incontrarLa alla mia prossima conferenza, ingegnere, dove potrò rispondere in modo "più tecnico" ad ogni Sua domanda o perplessità.

Cordiali saluti

Rocco Vittorio Macrì

I TRE LIVELLI DELLE TEORIE FISICHE

Rocco Vittorio Macrì

[I] – Introduzione

Non tutti sanno che prima dell'autunno del 1919 Einstein era completamente sconosciuto al grande pubblico e totalmente ignorato dai mezzi d'informazione. Anche fra gli addetti ai lavori nel campo della fisica teorica il suo nome era poco popolare. La sua Teoria della Relatività non era molto venerata e, anzi, era guardata con sospetto. Venne poi il 6 novembre 1919, il giorno della sua "canonizzazione", quando i membri della Royal Society e della Royal Astronomical Society analizzarono i dati concernenti la deviazione dei raggi luminosi da parte del Sole che la spedizione capitanata dall'astronomo inglese Eddington registrò durante l'eclisse totale del 29 maggio 1919; cosa che contribuì in maniera decisiva all'affermarsi non solo della teoria della relatività generale ma anche della relatività speciale. Commenta con fervore Abraham Pais, il più celebre biografo di Einstein: «Quel giorno la messa in scena, con i membri della Royal Society e della Royal Astronomical Society in riunione congiunta, era da congregazione dei riti. Dyson faceva la parte del postulatore, abilmente coadiuvato da Crommelin ed Eddington come procuratori. Parlò per primo, concludendo le sue osservazioni con le seguenti parole: "Dopo un attento studio delle lastre, sono pronto a dichiarare che esse confermano la previsione di Einstein. Il risultato ottenuto è ben preciso: la luce viene deflessa in accordo con la legge di gravitazione di Einstein"»[1]. Le parole di Dyson rimangono, oggi, scolpite nella storia della scienza – «Il risultato ottenuto è ben preciso» – come una specie di telegramma che annuncia la nascita di una nuova stella nella costellazione delle pietre miliari della conoscenza, tanto

---

[1] A. Pais, *«Sottile è il Signore…»: la scienza e la vita di Albert Einstein*, Torino 1991, p. 326.

importante storicamente quanto falso scientificamente[2]. Il famoso filosofo e matematico britannico Alfred North Whitehead che era

<hr>

[2] Il cosmologo Herman Bondi, noto per la sua teoria del cosiddetto *stato inflazionario* dell'Universo e autorità indiscussa della Relatività Generale, 41 anni dopo la "canonizzazione" di Einstein mise in ridicolo l'affermazione precisa e perentoria di Dyson: «La previsione di Einstein può essere pertanto verificata solo nelle rare occasioni in cui, come durante un'eclisse, alcune stelle luminose si trovano nella direzione del Sole. L'effetto è difficile da studiare, anche quando le circostanze sono particolarmente favorevoli. Le indicazioni sono *per la maggior parte* a favore della teoria di Einstein, ma *sarebbe prematuro dichiarare conclusivi i risultati*» (H. BONDI, *The Universe at Large*, New York 1960, p. 120, corsivo aggiunto). Commenta acutamente al riguardo Gianfranco Benegiamo: «Se era prematuro per Bondi esprimere un giudizio definitivo, probabilmente questa cautela sarebbe stata ancora più motivata per Eddington [e Dyson] con i pochi e incerti dati a sua disposizione» (G. BENEGIAMO, *Un'eclisse molto relativa*, «L'Astronomia», anno XXIX n. 296). Se l'effetto, come afferma Bondi, «è difficile da studiare, anche quando le circostanze sono particolarmente favorevoli», figuriamoci quanto sarà difficile, se non impossibile, quando non lo sono, come nel caso della spedizione del 1919: «L'esito della spedizione è però compromesso, in buona parte, dal maltempo… L'anno dopo, nel rievocare "l'evento più emozionante che io ricordi della mia connessione con l'astronomia", [Eddington] ammetterà molto schiettamente (e senza mostrare segni di pentimento) di non essere stato "del tutto imparziale"» (M. MAMONE CAPRIA, *La crisi delle concezioni ordinarie di spazio e di tempo: la teoria della relatività*, in M. MAMONE CAPRIA (a cura di), *La costruzione dell'immagine scientifica del mondo*, Napoli 1999, pp. 339-340). «I risultati della spedizione furono diffusi con grande clamore. Peccato per l'obiettività della scienza che sia meglio stendere un velo pietoso sull'imparzialità dimostrata dall'astronomo inglese in tale occasione, e sul modo con il quale selezionò accuratamente le poche misure favorevoli alle previsioni di Einstein, ignorando tutte le altre» (U. BARTOCCI, *Albert Einstein e Olinto De Pretto: la vera storia della formula più famosa del mondo*, Bologna 1999, pp. 10-11). Le polemiche intorno alla correttezza dell'esperimento del 1919 sulla deflessione della luce al passaggio in prossimità del Sole, concepito per discriminare fra la teoria classica della gravità di Newton e la nuova relatività generale di Einstein non si sono mai sopite. «La deviazione dei raggi luminosi da parte del Sole, confermata sperimentalmente durante l'eclisse totale del 29 maggio 1919, contribuì in maniera decisiva all'affermarsi della Teoria della relatività generale. La cosa davvero strana, però, fu che *i dati su cui si fondò il successo di una delle più influenti prove sperimentali del Ventesimo secolo avevano una precisione insufficiente, … per distinguere se la deflessione della luce coincideva con il valore*

presente alla seduta di "canonizzazione" del 6 novembre, la ricordò successivamente con il pathos di un dramma greco: «Ho avuto la fortuna di essere presente alla seduta della Royal Society a Londra nella quale l'"astronomo reale" d'Inghilterra [Dyson] annunciò che le lastre fotografiche della celebre eclissi avevano, secondo le misurazioni fatte dai suoi colleghi dell'Osservatorio di Greenwich, confermato la previsione di Einstein relativa all'inflessione dei raggi luminosi nel loro passaggio nelle vicinanze del sole. L'atmosfera d'interesse teso e

---

calcolato applicando le leggi della fisica classica dell'epoca oppure quello previsto da Albert Einstein» (G. BENEGIAMO, *Un'eclisse molto relativa*, op. cit., corsivo aggiunto). «Si noti che il lavoro scientifico di Dyson ed Eddington fu pubblicato solo nel 1920. Costoro senza alcuna prova sperimentale avanzarono l'ipotesi che l'indice di rifrazione dell'atmosfera solare ha un valore costante: n= 1,00000212. Ipotesi semplicemente ridicola se si osserva la variabilità dell'atmosfera solare. I risultati di Sobral furono trascurati. Il trionfo di Einstein fu decretato dalla stampa prima ancora che i risultati sperimentali fossero noti. [...] Non si capisce, ma il motivo deve esserci, come una balla così grossolana, come di fatto fu quella di Eddington, abbia potuto affermarsi a livello mondiale, pur non essendo mai più stata verificata negli anni successivi» (R.A. MONTI, *Il grande Bluff di Albert Einstein*, Ravenna 2011, pp. 25-26). Lo scienziato canadese Paul Marmet, nel suo *Einstein's Theory of Relativity versus Classical Mechanics*, Ontario, Canada 1997, affronta uno studio minuzioso e non superficiale delle dinamiche sociologiche e scientifiche legate alla spedizione di Eddington. Viene fuori un quadro generale a dir poco allarmante sulla reale onestà intellettuale dell'establishment, e non solo dell'epoca. All'interno della Royal Astronomical Society, le voci fuori coro di esperti e autorevoli scienziati come Lodge, Silberstein e altri che gridavano allo scandalo, furono azzittite, così come furono silenziate le risposte di Dyson alle domande fatte a bruciapelo da Sir Oliver Lodge riguardo all'effettiva possibilità di misurare deviazioni così piccole sulle lastre fotografiche: «I do not think that it would be possible to measure so small a quantity»! All'interno dell'*Appendix II - The Deflection of Light by the Sun's Gravitational Field: An Analysis of the 1919 Solar Eclipse Expeditions*, è riportata la seguente frase che riesce a ben sintetizzare quanto riportato in questa nota: «So now we find that the legend of Albert Einstein as the world's greatest scientist was based on the Mathematical Magic of Trimming and Cooking of the eclipse data to present the illusion that Einstein's general relativity theory was correct» (P. MARMET, *Einstein's Theory of Relativity versus Classical Mechanics*, op. cit. pp. 194-195).

palpitante era esattamente quella del dramma greco: noi eravamo il coro che commentava i decreti del destino, rivelati dallo svolgersi di avvenimenti straordinari. La stessa scenografia aveva elementi di drammaticità: il cerimoniale tradizionale e, sullo sfondo, il ritratto di Newton a ricordarci che la più grande delle generalizzazioni scientifiche riceveva ora, dopo più di due secoli, la sua prima modificazione»[3]. Come è possibile che parole così poetiche e appassionate siano appese più ad un'illusione che alla realtà? Eppure quest'ultima ha dalla sua l'analisi storica e scientifica col senno del poi: «Rifrazione atmosferica, dilatazione termica del telescopio, distorsioni dell'emulsione fotografica, variazioni di scala tra le lastre impressionate in occasione dell'eclissi e quelle di confronto della medesima regione celeste, solo per rammentare le principali cause di errore, condizionarono notevolmente la precisione delle misurazioni. Riconoscere variazioni intorno al secondo d'arco nella posizione di poche stelle, nonostante le limitazioni imposte dalle tecniche di ripresa impiegate, generò qualche perplessità già all'epoca dei fatti: una distaccata rivisitazione critica, però, arrivò solo parecchi anni dopo e a quel punto la teoria si era oramai pienamente affermata. La grande fama così conquistata da Einstein contribuì a smorzare sul nascere le critiche dei colleghi e quindi limitò la ricerca di ipotesi fisiche alternative capaci di descrivere altrettanto bene, o forse addirittura meglio, come funziona l'universo»[4]. Si noti che del resto Eddington

---

[3] A.N. WHITEHEAD, *La scienza e il mondo moderno*, Torino 1979, p. 28. Il brano originale in lingua inglese si trova in G.J. WHITROW (a cura di), *Einstein. The man and his achievement*, New York 1973, pp. 43-44. Non tutti riuscirono a resistere a lungo a quella sorta di commedia – così come la vedeva uno dei più illustri scienziati presenti in quel memorabile giorno –, come non manca di rimarcare Whitrow: «In accordo al rapporto del Times del giorno successivo, dopo l'intervento del Presidente della Royal Society che ha sentenziato che ciò che avevano appena udito era "una delle sentenze più epocali del pensiero umano", Sir Oliver Lodge, il cui contributo alla discussione era atteso con impazienza, ha abbandonato l'incontro!» (Ivi, p. 44).

[4] G. BENEGIAMO, *Un'eclisse molto relativa*, op. cit.

aveva idee molto chiare sulla finezza epistemologica che *è la teoria che determina ciò che osserviamo*, in sintonia con Einstein:

> Uno scienziato comunemente professa di basare le sue convinzioni sulle osservazioni, non sulle teorie. Le teorie, si dice, sono utili a suggerire nuove idee e nuove linee di investigazione per lo sperimentatore; ma i "fatti duri" sono la sola base appropriata per concludere. Non ho mai incontrato nessuno che metta in pratica questa professione [...] L'osservazione non è sufficiente. Noi non crediamo ai nostri occhi a meno che non ci siamo prima convinti che ciò che appaiono dirci è credibile. [...] *Non ci sono fatti puramente osservazionali circa i corpi celesti*[5].

Lo scienziato – e questo Eddington lo aveva ben interiorizzato – non è neutro nella sua valutazione, nella sua osservazione. Non c'è osservazione pura, griderà Hanson nel '58 (*Patterns of Discovery*): i pretesi termini osservativi sono «carichi di teoria»[6]. Bisogna prendere atto della conseguente pregnanza teorica delle nostre osservazioni. Nella scienza si vede solo «ciò che si vuole o si aspetta di vedere»[7]. A questo punto, come acutamente osserva Mamone Capria, ci si può chiedere: «Che cosa sarebbe successo se... le registrazioni dei dati... fossero stati sistematicamente affidati a persone competenti che però non avessero avuto la minima idea di quale fosse la previsione 'favorita' e quale (o quali) quelle di controllo? Come la storia di

---

[5] A.S. EDDINGTON, The Expanding Universe, Cambridge 1987, p. 17, trad. it. in M. MAMONE CAPRIA, La crisi delle concezioni ordinarie di spazio e di tempo: la teoria della relatività, op. cit., p. 344.

[6] Il termine originale usato da Russell Hanson è «theory-loaded». Cfr. N.R. HANSON, *Patterns of Discovery: An Inquiry Into the Conceptual Foundations of Science*, Cambridge 1958, pp. 54 sgg.

[7] Un approfondimento dimensionato su quest'aspetto si trova in R.V. MACRÌ, *Da Duhem a Feyerabend: Il messaggio che l'epistemologia lancia alla scienza*, «Vertigo Fil Rouge», Anno 1, num. 2, 2009, p. 85.

Eddington alle prese con la deflessione dei raggi luminosi indica, è probabile che la risposta giusta non sia quella più rassicurante»[8].

La mattina del 7 novembre 1919 Albert Einstein si svegliò a Berlino con l'eco di tutti i giornali del pianeta che avevano ricevuto l'input dal Times di Londra: «Rivoluzione nella scienza. Nuova teoria dell'universo. La concezione newtoniana demolita», «Euclide al tappeto», «Notizia sconvolgente, che farà sorgere i dubbi perfino sull'affidabilità della tavola pitagorica», «Tempi duri per persone colte», «All'assalto dell'assoluto», ecc. In Italia fu il "Corriere della Sera" «a dare la notizia dell'evento con le seguenti parole: "la divinazione di uno scienziato". Cominciava così la fama mondiale di Einstein»[9].

Tre settimane dopo, il 28 novembre, il padre della Relatività sentì il dovere di ringraziare il *Times* e la collettività scientifica londinese con un plauso "sull'imparzialità" della scienza inglese, la quale aveva avuto l'onestà di deporre dal trono il grande Isaac Newton, inglese, per sostituirlo con la figura di Einstein, tedesco. Queste parole di ringraziamento furono inglobate su un articolo appositamente composto, che apparve in quello stesso giorno col titolo *My theory*, nel quale Einstein si espresse in veste di filosofo ed epistemologo sullo status generale delle teorie fisiche. Elaborazione che vogliamo ora

---

[8] M. Mamone Capria, *La crisi delle concezioni ordinarie di spazio e di tempo: la teoria della relatività*, op. cit., pp. 343-344. Nella stessa pagina l'autore riporta un brano significativo di uno dei più grandi scienziati contemporanei: «A proposito delle osservazioni sulle eclissi dal 1919 al 1952, così scrive il noto astrofisico e cosmologo D. W. Sciama: "È difficile valutare il loro significato, perché altri astronomi hanno dedotto da una ridiscussione del medesimo materiale risultati differenti. Inoltre, si può a buon diritto sospettare che se gli osservatori *non avessero saputo prima quale valore 'dovevano' ottenere*, i risultati da loro pubblicati avrebbero avuto *un campo di variabilità molto più vasto*; vi sono casi in astronomia in cui la conoscenza della risposta 'giusta' ha portato a risultati che più tardi si sono rivelati *al di fuori delle possibilità dell'apparecchio usato per rilevarli*"».

[9] S. Linguerri – R. Simili, *Einstein parla italiano. Itinerari e polemiche*, Bologna 2008, p. 17.

44

approfondire al fine di rintracciare una prima divisione tra teoria di tipo 1 e teoria di tipo 2.

[II] – Le due teorie-tipo einsteiniane

Nell'articolo apparso sul Times del 28 novembre 1919 col titolo *My theory*[10], Einstein lanciò delle questioni epistemologiche ancora aperte, formulando la tesi che esistano due tipologie di teorie e interrogandosi a quale appartenga la sua Teoria della Relatività. La discussione einsteiniana ruota intorno a una distinzione concettuale, quella tra "teorie di principio"[11] e "teorie costruttive". Le *teorie-tipo*, i modelli generali delle teorie scientifiche, per Einstein sono due: alcune teorie rientrano nella struttura canonica di *tipo 1*, detta "di principio", le altre cadono all'interno della struttura canonica di *tipo 2*, ossia quella delle "teorie costruttive". Ma quali sono le prime, e quali le seconde? Seguiamo la spiegazione di Einstein:

> Possiamo distinguere vari tipi di teorie nella fisica. Per la maggior parte sono costruttive. Tentano di ricavare un quadro dei fenomeni più complessi dai materiali di uno schema formale relativamente semplice, da cui prendono le mosse. Così la teoria cinetica dei gas cerca di ridurre i processi meccanici, termici e di propagazione a movimenti di

---

[10] A. EINSTEIN, *My Theory*, «The Times», London, 28 Novembre 1919, p. 13; ristampato con il titolo *Time, Space and Gravitation*, in «Optician, the British optical journal», vol. 56, London 1919, p. 187; successivamente come *What Is the Theory of Relativity?* in *Ideas and Opinions*, New York 1954, pp. 227-228; trad. it., *Che cos'è la teoria della relatività?* in *Idee e opinioni*, Milano 1957, p.216-217; anche in *Come io vedo il mondo*, Roma 1988, p. 74; o anche in *Pensieri, idee, opinioni*, Roma 1996, pp. 56-57; successivamente anche come *Tempo, spazio e gravitazione*, in *Opere scelte*, a cura di E. Bellone, Torino 1988, p. 580.

[11] «*Theory of principle*», l'espressione originale di Einstein, può essere tradotta in italiano come *teoria di principio, teoria di princìpi* o come *teoria dei princìpi*. Usare la prima forma ci è sembrato più appropriato, ma più soventemente nella letteratura scientifica italiana vengono privilegiate le ultime due.

molecole, cioè a ricavarli dalle ipotesi del moto molecolare. Quando diciamo che siamo riusciti a comprendere un insieme di processi naturali, invariabilmente intendiamo dire che abbiamo trovato una teoria costruttiva che copre i processi in questione. Insieme a questa classe di teorie assai importante ne esiste una seconda, che chiamerò delle "teorie dei principi". Queste impiegano il metodo analitico, anziché quello sintetico. Gli elementi che ne costituiscono la base e il punto di partenza non sono stati costruiti per via ipotetica, ma vi si è giunti in modo empirico; essi sono caratteristiche generali di processi naturali, principi che danno origine a criteri formulati in modo matematico, che i processi separati o le loro rappresentazioni teoriche devono saper soddisfare. Così la scienza della termodinamica cerca di dedurre con mezzi analitici i nessi necessari – che gli eventi separati devono soddisfare – dal fatto universalmente provato che il moto perpetuo è impossibile. I vantaggi della teoria costruttiva sono la completezza, l'adattabilità e la chiarezza, quelli della teoria dei principi sono la perfezione logica e la sicurezza dei fondamenti. La teoria della relatività appartiene a quest'ultima classe[12].

Le *teorie costruttive* si sviluppano fornendo un modello di causa-effetto che si propone di spiegare un insieme di fenomeni complessi in termini di strutture più semplici e fondamentali: l'esempio riportato da Einstein è quello della teoria cinetica, capace di spiegare i principali fenomeni termodinamici riconducendoli sotto l'ipotesi del moto molecolare. Ma la maggior parte delle teorie scientifiche pendono sotto lo stesso ombrello. Il ricorso al principio di causalità è potentemente primario e primordiale per la *forma mentis* di ogni scienziato. Solo trovando il perché, il motivo ultimo di un certo effetto, spogliando la sua fenomenologia in termini di un rapporto causa-effetto con un retroscena nascosto, la mente umana trova la sua pacificazione epistemica. «Il monossido di carbonio non è velenoso

---

perché possiede una certa *facultas deleteria,* ma semplicemente perché prende il posto dell'ossigeno nella macromolecola dell'emoglobina: un meccanismo elementare di causa ed effetto, un'idea chiara e distinta, per dirla alla Cartesio, movimenti di una *res extensa* che possono apparire complessi solo per numero, quantitativamente»[13]. Si noti che la peripatetica *facultas deleteria,* in questo caso dovrebbe considerarsi come una *teoria di principio,* così come lo era la *perfezione del cerchio,* il *fascino della circolarità* nella costruzione celeste tolemaica formata da *deferenti* ed *epicicli*[14]. La teoria dinamica dell'elettrone di Lorentz e buona parte delle teorie nella storia del pensiero scientifico sono *costruttive.* Mentre la teoria della Relatività di Einstein è una *teoria di principio,* parte da due postulati ricavati da un dato empirico: l'impossibilità di reperire un sistema di riferimento privilegiato. Per

---

[13] R.V. MACRÌ, La fisica unifenomenica cartesiana e il punto debole dell'IA forte, «Episteme», 4, 2001, p. 195.

[14] Con *epiciclo* si indica una circonferenza il cui centro è collocato sulla circonferenza di un cerchio di raggio maggiore detto *deferente.* Il termine ha origine greca, *epì* (= sopra) e *kyklos* (= cerchio), cioè, letteralmente, *cerchio che sta sopra.* Tale schema fu ideato nel III secolo a.C. da Apollonio di Perga per descrivere il moto apparente dei pianeti sulla volta celeste. Egli ritenne che le loro orbite fossero dovute al moto composto della rivoluzione del pianeta lungo l'epiciclo e di quest'ultimo lungo il deferente. Lo schema epiciclo/deferente fu utilizzato da quasi tutti gli astronomi greci successivi e definitivamente adottato dall'*Almagesto* di Claudio Tolomeo. Anche Copernico vi fece ricorso, ad esempio per descrivere il moto della Luna tramite un deferente e due epicicli. Da ciò, e da molto altro, la celebre affermazione dell'eminente studioso Alexandre Koyré: «Copernico non era copernicano». Così come anche Galileo subì il "fascino della circolarità". Essa ebbe una notevole influenza non soltanto sul suo rifiuto delle orbite planetarie ellittiche ma anche, secondo la più recente storiografia della scienza, sulla sua fisica, non permettendogli di formulare correttamente il principio d'inerzia. Secondo tale lettura, infatti, Galileo avrebbe asserito che il "moto naturale", cioè quello in assenza di una forza esterna, è un moto uniforme circolare, e non esclusivamente rettilineo come invece vuole il principio d'inerzia nella formulazione che ne diede Isaac Newton nei suoi *Philosophiae naturalis principia mathematica.* Seguendo tale sentiero diventa legittimo affermare che Newton avrebbe più debiti intellettuali verso Cartesio che verso Galileo.

questo assomiglia fortemente nella sua struttura assiomatica alla termodinamica, la quale deriva i suoi princìpi dal dato empirico riguardante l'impossibilità di reperire il cosiddetto *moto perpetuo*.

[III] – Il principio di minima azione

Le *teorie di principio* vengono percepite anche come teorie finalistiche. Si prenda come prototipo paradigmatico, ad esempio, il cosiddetto *principio di minima azione*. Per entrare nell'argomento attraverso la sua genesi seguiremo l'introduzione del premio nobel Richard Feynman, che vede nel concetto di "tempo minimo" – introdotto dal matematico francese Pierre de Fermat per spiegare il cammino della luce – il seme gravido di futuro: «Il primo ragionamento che rese evidente la legge sul comportamento della luce fu scoperto da Fermat nel 1650 circa, ed è chiamato *il principio del tempo minimo*, o *principio di Fermat*. La sua idea è questa: di tutti i possibili cammini che la luce può seguire per andare da un punto ad un altro, essa segue il cammino che richiede il *tempo più breve*»[15]. La luce può scegliere di percorrere una distanza fisica più lunga se il tempo impiegato per percorrerla e più breve. La deviazione della luce nel passare dall'aria all'acqua, cioè la rifrazione, è un caso in cui la luce segue un percorso più lungo come spazio, ma più breve come tempo.

Erone di Alessandria, duemila anni fa, aveva trovato una delle prime formulazioni riguardo il meccanismo di riflessione: un raggio di luce che provenendo da un punto S si riflette su uno specchio e giunge su un dato punto P, segue nello spazio il percorso più breve possibile. Si tratta di una formulazione che è vera solo quando si parla di riflessione in un mezzo omogeneo. Mediante il principio di Fermat del tempo minimo e senza la necessità di conoscere ulteriori nozioni geometriche oltre a quelle possedute da Erone, ulteriormente raffinate da Cartesio e Snell, è stato possibile giungere alla legge della rifrazione.

---

[15] R. FEYNMAN, La fisica di Feynman, Bologna 2001, vol. I, cap. 26, par. 3: Il principio di Fermat del tempo minimo.

La legge di Snell (detta anche legge di Cartesio, in onore alla sua sistematizzazione rigorosa) mostra che per passare da un punto A ad un punto B situati in due mezzi caratterizzati da differenti velocità di propagazione (ovvero da differenti indici di rifrazione) un fronte d'onda in generale non percorre il cammino geometrico più breve, ossia la linea retta (anche se in realtà, anche la linea retta si realizza a volte, quando cioè i raggi luminosi sono perpendicolari alla superficie di separazione tra i due mezzi). Nell'attraversare la superficie di separazione i raggi luminosi vengono in generale deviati, avvicinandosi o allontanandosi dalla normale alla superficie di separazione a seconda che il rapporto tra le velocità di propagazione nei due mezzi sia maggiore o minore di 1. Succede però che, nonostante il cammino geometrico non sia quello più breve, il percorso seguito dal fronte d'onda per andare da A a B è quello che comporta il minimo tempo di percorrenza.

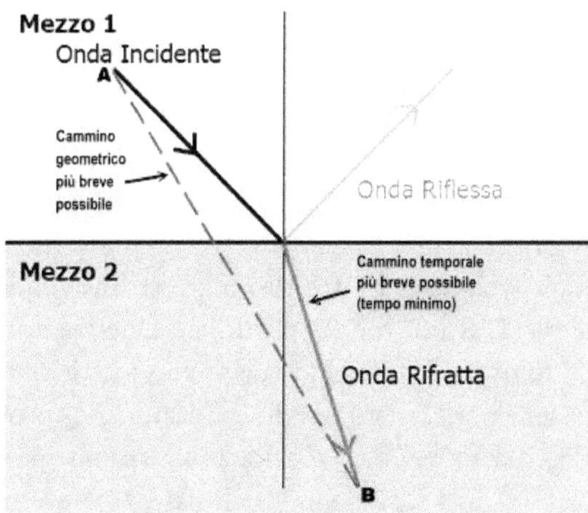

Secondo Fermat, un raggio di luce invece di seguire il cammino più corto sceglie il più rapido. Pertanto, se la luce si propaga con diverse velocità in diversi mezzi, essa sceglierà la via più breve per passare da un punto all'altro: questa non coinciderà con una retta, ma sarà tale che la luce compia il massimo percorso nel mezzo in cui procede più velocemente, e il minimo percorso in quello in cui procede più lentamente: «Pertanto, per Fermat, la legge di rifrazione deve essere ricavata dal principio che la luce rende minimo il tempo di percorrenza (a sua volta riflesso del principio per cui la Natura sceglie le vie più semplici). In definitiva, Fermat determinava il cammino della luce come quello in cui è minima la somma dei tempi impiegati a percorrere i due mezzi: tali tempi sono dati dai rapporti fra gli spazi percorsi, l_1 e l_2, e le rispettive velocità di percorrenza v_1 e v_2, e la somma è data da $l_1/v_1 + l_2/v_2$. In tal modo, Fermat ottenne la legge corretta della rifrazione: *sin i / sin r = v_1/v_2*»[16].

Un secolo dopo, lo scienziato e filosofo francese Pierre Louis Moreau de Maupertuis tentò di generalizzare il principio di Fermat con un colpo di scena. In un intervento memorabile del 15 aprile del 1744 *all'Académie Royale des Sciences* di Parigi, affrontò il problema da un punto di vista finalistico, proprio come aveva fatto Fermat con la sua *teoria di principio*. Ma, scagliandosi contro quest'ultima, *dimostrò che anche le teorie di principio potevano essere false, anche se il loro funzionamento apparente poteva indurre a pensare il contrario.* «Iniziò sbeffeggiando la pretesa di Fermat di asserire che la luce corra più velocemente nei mezzi meno densi, [...] per cui "tutto l'edificio che Fermat aveva costruito è distrutto"»[17]. Egli asserì che le soluzioni precedenti erano viziate dal fatto di non aver individuato la corretta quantità che la Natura rende minima. Questa non è, secondo Maupertuis, il tempo: «in effetti, quale preferenza dovrebbe esservi del tempo sullo spazio?». Al contrario: «L'azione è proporzionale al prodotto della massa per la velocità e lo spazio. Ecco dunque il principio così saggio, così degno dell'Essere Supremo: appena si verifica un qualche cambiamento nella Natura, la quantità d'azione

---

[16] G. ISRAEL, Il principio di minima azione e il finalismo in meccanica, «Le Scienze», 346, 1997, pag. 72.

[17] *Ivi*, pag. 73.

impiegata per questo cambiamento è sempre la minore possibile»[18]. La conclusione della sua memoria merita un'enfasi; sarà utile stigmatizzare qui l'inganno potenziale che ogni *teoria di principio* può nascondere al suo interno: «Conosco la ripugnanza che molti Matematici hanno per le cause finali applicate alla Fisica, e fino a un certo punto l'approvo; *confesso che non è senza pericolo che le si introduce: l'errore in cui sono caduti degli uomini come Fermat seguendole, dimostra ampiamente quanto il loro uso sia pericoloso*»[19].

Il cosiddetto *principio di minima azione*, così come fu subito battezzato, salì sul podio prima occupato dal principio del tempo minimo: quest'ultimo, fu spiegato, discende come forma particolare dal principio madre. «L'errore nel quale... era caduto Fermat non consisteva tanto nell'aver introdotto un principio metafisico come "la Natura segue sempre la via più breve", quanto nella "precipitazione con cui si è preso per principio ciò che non era che una conseguenza"»[20]. La formulazione che dette Maupertuis fu in seguito estesa da William Rowan Hamilton, ampliandola in maniera tale da inglobare il cosiddetto *principio del minimo sforzo* messo in luce da Eulero nelle sue *Riflessioni su alcune leggi generali della natura* del 1748[21]. A differenza delle leggi "differenziali" della fisica che specificano per ogni istante successivo le forze agenti su una particella in movimento, il principio di minima azione pare operare sul percorso

---

[18] P.L.M. DE MAUPERTUIS, Principe de la moindre quantité d'action pour la mécanique, «Mem. de l'Acad.», 1744, p. 417.

[19] *Ibidem*, corsivo aggiunto.

[20] U. BOTTAZZINI, La meccanica razionale, in P. ROSSI, Storia della scienza moderna e contemporanea, Torino 1988, Vol. I, p. 513.

[21] Cfr. i lavori di Bailey al riguardo: C.D. BAILEY, *A New Look at Hamilton's Principle*, «Foundations of Physics» 5 (3):433-451 (1975); *On a More Precise Statement of Hamilton's Principle*, «Foundations of Physics» 11 (3-4):279-296 (1981); *Hamilton's Law or Hamilton's Principle*, «Foundations of Physics» 13 (5):539-544 (1983); *The Unifying Laws of Classical Mechanics*, «Foundations of Physics» 32 (1):159-176 (2002); *Hamilton and the Law of Varying Action Revisited*. «Foundations of Physics» 34 (9):1385-1406 (2004).

indiviso e totale. Proprio per questo Max Planck considerava questo principio come depositario di una verità particolarmente importante: «Col principio di azione viene introdotto nell'idea di causalità un concetto del tutto nuovo; alla causa efficiente, detta anche causa semplicemente, la quale agisce dal passato verso il futuro e che fa apparire gli stati posteriori come condizionati da quelli precedenti, si associa la causa finale, che viceversa pone come presupposto il futuro, cioè un fine determinato da raggiungere, e deduce da ciò il corso del processo, che conduce a questo fine»[22]. Così anche il famoso matematico italiano Vito Volterra nel 1937, dopo aver trovato una formulazione variazionale della sua trattazione diretta per equazioni differenziali proclamava: «Queste equazioni [...] possiamo [...] ricondurle a un principio generale unico, che è quello che si ritrova in un gran numero di casi, come principio supremo della natura. È il principio di minimo secondo cui la natura agisce in modo da risparmiare il più possibile. Fermat l'aveva intravisto come base della propagazione della luce, Maupertuis come fondamento della meccanica ed evolvendo, dopo Hamilton, Jacobi e altri scienziati, esso sta penetrando in tutti i campi della filosofia naturale»[23].

Tale visione finì con l'improntare anche la fisica moderna, con Richard Feynman che nel 1945 riformulò l'intera meccanica quantistica secondo un nuovo principio di minimo, introducendo i cosiddetti *"cammini di Feynman"*. Secondo questa concezione, che appare la più elegante ed armonica delle formulazioni della teoria quantistica, una particella quantistica, di materia o di luce, percorre tutte le strade possibili. Se considerati nella loro totalità, i vari possibili

---

[22] M. PLANCK, *Religion und Naturwissenschaft* (1938), tr. it. in M. PLANCK, *Scienza, filosofia e religione*, Milano 1965, p. 252. Poco prima aveva scritto: «Ciò che noi dobbiamo riguardare come la meraviglia più grande, è il fatto, che la formulazione più esatta di questa legge suscita in ogni persona imparziale l'impressione, come se la natura fosse retta da un volere razionale, conscio del fine» (Ibidem, p. 251).

[23] Cit. in G. ISRAEL, Il principio di minima azione e il finalismo in meccanica, op. cit., p. 76.

percorsi si riducono solo a quello la cui azione è minima. In buona sostanza, secondo questa visione, i corpi si muovono "scegliendo" il loro percorso (e la velocità ad ogni istante) in maniera tale per cui l'azione assume un valore estremo (minimo o massimo, o anche un flesso). Verrebbe voglia di esclamare, a questo punto, che «tutte queste formulazioni, da Fermat in avanti, hanno in comune il vecchio principio metafisico che "la Natura ha un fine, uno scopo" finanche in ambito quantistico! Non c'è nulla di nuovo sotto il sole. Il vecchio principio teleologico aristotelico viene rimesso a nuovo e riusato»[24]. Sennonché la manovra compiuta da Feynman, che gli valse parte del premio nobel, va in direzione opposta al *finalismo* e al *principio*: si tratta di uno sforzo per *esplicare* ciò che "il principio" teneva occultato. È un tentativo (riuscito a metà) di trasformare una teoria *di principio* in una *costruttiva*, così come il *calorico* si trasformò in seguito nella *teoria cinetica*. Questo perché è il sogno di ogni scienziato trovare la spiegazione ultima *non-assiomatica* dei fenomeni. Significa, come vedremo più avanti, *saltare di livello* esplicativo. Scrive Henri Poincaré a tal proposito: «L'enunciato stesso del principio di minima azione ha qualcosa che sciocca la mente. [...] È chiaro che sarebbe meglio sostituire questo enunciato con uno meno scioccante, e nel quale, come direbbero i filosofi, le cause finali non sembrerebbero sostituirsi alle cause efficienti» [25].

Per riassumere quanto detto fino a questo punto, le *teorie di principio* sembrano possedere un "sapore" normativo: le *Tavole della Legge* per ciò che concerne l'Universo e la sua fisica. Nel prossimo paragrafo cercheremo di rintracciare i motivi principali che hanno polarizzato il pensiero di Einstein verso questa scelta.

---

[24] M. CAMARCA - A. BONANNO - P. SAPIA, *Nascita e crisi del metodo scientifico*, in R. CIRINO – A. GIVIGLIANO (a cura di), *Oggetti e metodo*, Roma 2012, p. 31.

[25] J.H. POINCARÉ, *Le idee di Hertz sulla meccanica*, in J.H. POINCARÉ, *Scritti di fisica-matematica*, a cura di U. Sanzo, Torino 1993, p. 193.

[IV] – Perché Einstein sceglie la teoria-tipo 1

Martin Jesse Klein, autorevole storico della fisica contemporanea, ha posto in essere – più di ogni altro studioso – la relazione parentale a livello epistemologico tra Relatività e Termodinamica. In particolare ha insistito sull'importanza che la distinzione tra "teorie di principio" e "teorie costruttive" ha avuto nel pensiero di Einstein, un ruolo cruciale, tanto da fungere da suo "pensiero inconscio". Come scrive in un suo fondamentale contributo del 1967, *Thermodinamics in Einstein's thought*, il modello che Einstein aveva in mente per la sua Relatività, «stava nelle leggi della termodinamica. La termodinamica non esplicita nessuna dichiarazione netta sulla struttura della materia, invece dà una risposta sistematica alla domanda: "Come devono essere le leggi della natura affinché sia impossibile costruire un perpetuum mobile di prima o di seconda specie?". Allo stesso modo Einstein sollevò la domanda: "Come devono essere le leggi della natura affinché non esistano osservatori privilegiati?"… L'analisi della simultaneità, le trasformazioni di Lorentz e l'intera struttura della relatività speciale formano la risposta a questo quesito»[26].

> I principi base della termodinamica erano particolarmente illuminanti per lo scopo della ricerca di Einstein. La termodinamica si differenzia in modo essenziale dalle altre teorie fisiche generali. Non è una "teoria costruttiva" che cerca, con le parole di Einstein, "di costruire un quadro di fenomeni complessi derivandoli dallo schema di premesse semplici". Non è come la teoria cinetica dei gas, per esempio, la quale offre una spiegazione delle proprietà osservabili dei gas basata su assunzioni concernenti la loro struttura fondamentale. La termodinamica è invece ciò che Einstein chiama una "teoria di principio", la quale parte "dall'osservazione empirica delle proprietà generali dei

---

[26] M.J. Klein, *Thermodinamics in Einstein's thought*, «Science», vol. 157, n. 3788, 1967, p. 515.

fenomeni", come la non esistenza del moto perpetuo, deducendo da questi risultati "la possibilità di essere applicata in tutti i casi dove essa è presente", senza la necessità di porre alcuna assunzione sui "costituenti ipotetici". Precisamente, data la natura non costruttiva della termodinamica, la sua indipendenza da particolari modelli, essa poteva fare da guida sicura a Einstein nel superamento delle difficoltà altrimenti insuperabili della fisica del Novecento. Il successo della termodinamica vista come "teoria di principio" suggeriva la possibilità di altre possibili teorie simili…[27].

La tesi di Klein ha dalla sua la testimonianza dello stesso Einstein. Più di una volta egli ha richiamato la termodinamica come un modello mirabile: «Una teoria è tanto più convincente quanto più semplici sono le sue premesse, quanto più varie sono le cose che essa collega, quanto più esteso è il suo campo di applicazione. Per questo la termodinamica classica mi fece un'impressione così profonda. È la sola teoria fisica di contenuto universale che, sono certo, non sarà mai sovvertita entro i limiti in cui i suoi concetti fondamentali sono applicabili»[28]. D'altra parte sappiamo che la somiglianza tra le teorie di principio – in particolare Termodinamica e Relatività – e le teorie assiomatiche della geometria e dei moderni sistemi formalizzati è molto forte. Partendo da assiomi o postulati si procede per deduzione e analisi. E sappiamo altresì che anche le teorie di principio possono crollare[29], così come ormai non sono più credute inviolabili le teorie assiomatiche della matematica. Scrive un autorevole matematico

---

[27] Ivi, op. cit., p. 510.

[28] EINSTEIN A., *Autobiografia scientifica*, Torino 1970, p. 24; anche in *Opere scelte*, a cura di E. Bellone, Torino 1988, p. 76. Originariamente in P.A. SCHILPP, *Albert Einstein, scienziato e filosofo*, Torino 1958, p. 39.

[29] «La teoria della relatività ristretta, ad esempio, è una classica teoria di princìpi, ma anche recentemente si è ipotizzata la possibilità che in certe specifiche condizioni può essere violata» (V. FANO, *Comprendere la scienza. Un'introduzione all'epistemologia delle scienze naturali*, Napoli 2005, p. 124).

come Morris Kline nel suo capolavoro *Matematica - La perdita della certezza*:

> Gli assiomi e le strutture di base dell'aritmetica e della geometria vengono suggeriti dall'esperienza e le strutture di queste discipline hanno una validità limitata. Solo l'esperienza può determinare i casi in cui esse sono applicabili[30].

Addirittura, spiega Kline, la stessa matematica può trasformarsi da mongolfiera in zavorra per le medesime teorie fisiche: «Perciò anche gli scienziati che non si occupano in prima persona del problema dei fondamenti devono nondimeno porsi il problema di quale matematica possano utilizzare con sicurezza se non vogliono sprecare anni di lavoro servendosi di una matematica priva di salde basi. [...] Malgrado lo stato insoddisfacente della matematica, la molteplicità delle scuole, il disaccordo sugli assiomi da accettare, e il pericolo che nuove contraddizioni, qualora scoperte, possano invalidare gran parte della matematica, alcuni matematici applicano tutt'ora questa scienza ai fenomeni fisici»[31]. Insomma, come approfondiremo più avanti, la perfezione immaginata da Einstein sulle *teorie di principio*, è appesa a un filo, e nonostante sia «risaputo che importanti elementi della distinzione avanzata da Einstein fra teorie costruttive e dei principi sono contenuti negli scritti di Poincaré»[32], stella polare delle ricerche relativistiche del giovane Albert, nell'agganciarsi alla teoria-tipo 1 inseguì con ogni probabilità, la scia epistemologica di Ernst Mach, come testimonia Paul Feyerabend: «La preferenza di Einstein per le "teorie basate su principi" rispetto alle "teorie costruttive" (le teorie legate a modelli meccanici), che lo guidò sulla via della relatività

---

[30] M. KLINE, Matematica: la perdita della certezza, Milano 1985, p. 106.

[31] *Ivi*, pag. 15.

[32] J. STACHEL, L'anno memorabile di Einstein. I cinque scritti che hanno rivoluzionato la fisica del Novecento, Bari 2005, p. 36.

speciale, era interamente nello spirito di Mach»[33]. Si tratta di capire, adesso, se la messa in guardia di Pierre Louis Moreau de Maupertuis riguardo alle teorie-tipo 1 – di «quanto il loro uso sia pericoloso» – abbia un contatto con la realtà.

[V] – La "scatola nera" della teoria-tipo 1

Il fascino emanato da una teoria di principio come la termodinamica, secondo Einstein, si poggia sul fatto che tale tipologia non entra nei particolari del meccanismo nascosto, del retroscena velato: essa ha bisogno solo dell'"involucro" formale (o *gruppale*, per usare un termine di Wolfgang Pauli[34]), esente da ogni modellizzazione o congettura, figlia in qualche modo di quella «*hypotheses non fingo*» di newtoniana memoria «alla quale la stessa relatività appartiene di diritto»[35]. Esempio perfetto di "scatola nera" in stile gardneriano[36]. Lo

---

[33] P. FEYERABEND, *Addio alla ragione*, Roma 1990, p. 177.

[34] W. PAULI, *Teoria della Relatività*, Torino 1974, pp. X-XI.

[35] U. BARTOCCI, *Albert Einstein e Olinto De Pretto: la vera storia della formula più famosa del mondo*, op. cit., p. 64.

[36] Howard Gardner, celebre psicologo e pedagogo statunitense, ha combattuto per decenni, con passione e tenacia, la metafisica della *scatola nera* dei *comportamentisti*. I "behavioristi", nel campo della valutazione scolastica, assumono l'argomento essenzialistico della "scatola nera". All'*input* di chi formula la domanda segue l'*output* di colui che risponde: ebbene, proprio il punto più importante e interessante – il "cammino/algoritmo di risposta" – rimane del tutto opaco al valutatore che, come nel caso di una *scatola nera*, "vede" soltanto la "cruda" emissione dell'*output*. E quest'ultimo, cosa ancor più importante, *può risultare corretto nonostante il procedimento sia errato!* Non per niente Gardner sottolinea quanto sia essenziale «penetrare la mente» del discente, mentre una serie sempre più crescente di esperti rimarca l'urgenza di una consapevolezza che «*la valutazione non produce certezze, formula solo ipotesi e congetture per rivestirle di senso*» (N. SERIO, *L'attuale ricerca sulla valutazione*, in F. BERTOLDI, N. SERIO (a cura di), *Oltre la valutazione. Idee e ipotesi a confronto*, Roma 1999, p. 34). «È molto più facile osservare e misurare ciò che un bambino o un adulto *sanno fare* che non scoprire *perché* lo fanno» (P.E. VERNON, *Antropologia culturale dell'intelligenza*, Firenze 1975, p. 4). In altre parole, un *output* corretto ammette solo come *possibile* – e non

scienziato potrà utilizzarla così come un ingegnere esperto in *teoria dei sistemi* utilizza la cosiddetta *funzione di trasferimento* nel controllo automatico di un dato *sistema dinamico*. Modificando il suo comportamento – ovvero i valori in uscita – attraverso la manipolazione delle grandezze d'ingresso, ad ogni *input* corrisponderà un *output*, che interpretato nelle sue generalità darà le informazioni sufficienti a classificare l'apparato in esame senza minimamente entrare al suo interno. In questo modo, il fisico non si sporcherà "le mani della mente" a trovare la catena causale del perché si verifichi ciò: basterà recuperare un grafico, una funzione matematica che esprima la legge di comportamento e predizione.

Ma, a ben vedere, non è stato forse questo il programma epistemologico di Heisenberg? La sua meccanica delle matrici abbandonerà di fatto la nozione di orbita elettronica e partendo esclusivamente da quantità fisicamente osservabili la teoria assocerà ad ogni quantità fisica una certa matrice. «Nella meccanica quantistica lo stato di un sistema può venir caratterizzato matematicamente da un vettore in uno spazio pluridimensionale... Una descrizione oggettiva del sistema, in senso tradizionale, è però impossibile»[37]. Il ruolo epistemologico del pensiero di Einstein sulla nascita della teoria quantistica sarà rimarcato più volte dallo stesso Heisenberg: «Il positivismo giocò un ruolo essenziale nell'invenzione della relatività e della meccanica quantistica. [...] Queste idee hanno certamente reso più facile ad Einstein abbandonare il tempo assoluto della fisica precedente, ed esse hanno aiutato ad abbandonare le orbite elettroniche nell'atomo in meccanica quantistica»[38]. «L'analogia [della

---

probabile o, ancor meno, probante – una cognizione esatta: «La "correttezza" delle risposte non preclude affatto la presenza di una comprensione vera; semplicemente non la garantisce»! (H. GARDNER, *Educare al comprendere,* Milano 2001, pp. 18-19). «Uno dei motivi di ciò è la possibilità di dare una risposta giusta per una ragione sbagliata» (H.G. FURTH, *Pensiero senza linguaggio,* Roma 1993, p. 101).

[37] W. HEISENBERG, *La tradizione nella scienza,* Milano 1982, p. 29.

[38] W. HEISENBERG, Lo sfondo filosofico della fisica moderna, Palermo 1999, p. 50.

teoria della relatività] con la teoria dei quanta è evidente. Le leggi della teoria dei quanta sono tali che i "parametri ignoti" inventati ad hoc non possono mai venire osservati»[39]. Non abbiamo fatto altro – avrebbe rilevato Max Born, uno degli artefici della meccanica delle matrici – che «avere fedelmente proseguito sulla via che egli [Einstein] ci aveva indicato nei suoi giorni migliori»[40]. È stato «Einstein – confermerà Gamow – ad abbandonare le vecchie idee di "senso comune" sul computo del tempo, la misura della distanza e la meccanica, … [arrivando] alla riformulazione della "insensata" Teoria della Relatività. [...] Heisenberg ne dedusse che la stessa situazione esistesse nel campo della Teoria dei Quanti»[41]. Quando nella primavera del 1926 Einstein chiese ad Heisenberg «i motivi che l'hanno spinto ad abbracciare questa bizzarra posizione» riguardo la bizzarra collocazione epistemologica della teoria dei quanti, questi rispose: «Ma… così ha fatto anche lei con la teoria della relatività… Lei stesso ha affermato che non ha senso parlare di tempo assoluto proprio perché il tempo assoluto non è osservabile; lei stesso ha detto che solo il tempo indicato dall'orologio, misurato in un sistema sia in moto sia in quiete, ha valore per la determinazione del tempo»[42].

Ecco da dove nasce, dunque, quella che il noto fisico Franco Selleri focalizza come «epistemologia della rassegnazione verso i limiti, reali o supposti, della conoscenza scientifica»[43]. Scrive Heisenberg: «Il concetto di universo che deriva dall'esperienza quotidiana è stato per la prima volta abbandonato nella teoria della relatività di Einstein. [...] Le esperienze sul mondo atomico ci costringono a una rinuncia

---

[39] W. Heisenberg, *Fisica e filosofia*, Milano 1994, p. 161.

[40] Cit. in F. Selleri, La fisica del novecento. Per un bilancio critico, Bari 1999, p. 94.

[41] G. Gamow, Trent'anni che sconvolsero la fisica, Bologna 1966, p. 108.

[42] W. Heisenberg, *Fisica e oltre*, Torino 1984, p. 73.

[43] F. Selleri, La causalità impossibile - L'interpretazione realistica della fisica dei quanti, Milano 1987, p. 13.

ancor più profonda...»[44]. «Solo rinunciando a stabilire che cosa siano, nella loro essenza ultima, corpo, materia, energia, ecc., la fisica può giungere a conoscere singole proprietà dei fenomeni»[45]. Heisenberg, dopo la "catalisi einsteiniana" tenterà la cruda riduzione della realtà fisica degli atomi ad espressioni di puro formalismo matematico. Ma la visione epistemologica di *scatola nera*, come abbiamo avuto modo di vedere, appartiene innanzi tutto alle teorie di principio, in particolare alla teoria della relatività, così come lo stesso Einstein l'aveva agognata[46]. Egli innescherà, in questo modo e non senza pentimento[47], un effetto valanga che travolgerà tutte le nascenti teorie, a partire dalla quantistica. Si spiegherebbe così il rinforzo dei tratti positivistici che tappezzarono buona parte delle nuove idee del primo

---

[44] W. HEISENBERG, I princìpi fisici della teoria dei quanti, Torino 1987, p. 74.

[45] W. HEISENBERG, *Natura e fisica moderna*, Milano 1985, p. 201.

[46] «Della teoria della relatività speciale è stato detto che avrebbe "sostituito le realtà apparentemente più evidenti con costruzioni matematiche e che le avrebbe dissolte in queste"» (E. CASSIRER, *La teoria della relatività di Einstein. Considerazioni gnoseologiche*, Roma 1997, p. 156). «L'aspetto esplicativo manca del tutto nel lavoro di Einstein» (P.W. BRIDGMAN, *La logica della fisica moderna*, Torino 1965, p.163); «Una lezione filosofica importante da trarre dalla teoria della relatività speciale è che non tutte le spiegazioni scientifiche, per essere accettabili, devono essere in grado di esibire un meccanismo causale» (G. BONIOLO - M. DORATO, *Dalla relatività galileiana alla relatività generale*, in G. BONIOLO [ed.] *Filosofia della fisica*, Milano 1997, p. 78).

[47] «Tutta questa pretesa difficoltà deriva dal fatto che si postula come "reale" una cosa che non è osservabile. (Questa sarebbe la risposta del teorico quantistico.) Quello che non mi piace, in questo tipo di ragionamento, è l'atteggiamento positivistico fondamentale, che dal mio punto di vista è insostenibile, e che a mio parere si riduce ad essere la stessa cosa del principio di Berkeley, *esse est percipi*» (A. EINSTEIN, *Replica alle osservazioni dei vari autori*, 1949, in P.A. SCHILPP (ed.), *Albert Einstein, scienziato e filosofo*, Torino 1958, p. 613). Vano fu il tentativo dello stesso Einstein, durato una vita intera, di rimediare al proprio errore epistemologico riversato nella meccanica quantistica, come il suo amico Paul Ehrenfest gli fece capire: «Einstein, mi vergogno di te: stai attaccando la nuova teoria dei quanti esattamente nello stesso modo in cui i tuoi avversari attaccano la teoria della relatività» (cit. in W. HEISENBERG, *Fisica e oltre*, op. cit., p. 91).

Novecento: si tratta, a ben vedere, dell'eredità del primo Einstein e della sua *Weltanschauung*, una metafisica che avrà ricadute multiple su tutto il XX secolo, fino ad arrivare ai nostri giorni. Un prototipo paradigmatico di ciò si trova, ad esempio, nell'epistemologia del cosiddetto "test di Turing" (si veda *Il test di Turing a testa in giù* del presente autore per un approfondimento dimensionato su tale argomento[48]). Daniel Dennett parla senza mezzi termini di "scatola nera", tanto che «il test di Turing sembra uniformarsi dogmaticamente a una qualche forma di comportamentismo o (peggio) di operazionismo o (peggio ancora) di verificazionismo»[49]. Per di più, i vapori di questa «linea isoemozionale» – per usare il termine usato da un illustre sociologo della scienza in un volume degno della massima attenzione[50] – si espanderanno fino ai nostri giorni, tanto da far consumare la *res cogitans* cartesiana in una manciata di chip di silicio.

Il programma di dissoluzione della realtà fisica in costrutto matematico viene omaggiata da Heisenberg come una sorta di "ritorno a Platone". Dopo aver convissuto con il "miraggio di

---

[48] R.V. MACRÌ, *Il Test di Turing a testa in giù*, «Vertigo Fil Rouge», Anno 1, N. 3, 2009.

[49] D.R. HOFSTADTER, D.C. DENNETT (a cura di), *L'Io della mente*, Milano 1985, p. 97. «Il test di Turing è criticabile perché impostato sull'idea della "scatola nera"?... L'ideologia della scatola nera è in ogni caso l'ideologia di tutta la ricerca scientifica» (*Ivi*, pp. 98-99).

[50] L.S. FEUER, *Einstein e la sua generazione. Nascita e sviluppo di teorie scientifiche*, Bologna 1990. Ma che cos'è una *linea isoemozionale*? «Essa consiste di una classe di teorie o idee isoemozionali. Un'idea è isoemozionale con un'altra o con qualsiasi manifestazione culturale quando è l'espressione, il riflesso, il risultato o la proiezione della stessa emozione. [...] Una grande varietà di linee emozionali interseca l'universo culturale di una data società, allo stesso modo con cui le linee isobare (che collegano le località aventi la stessa pressione barometrica) e le linee isoterme (che collegano le località aventi la stessa temperatura) dividono in sezioni un campo metereologico.» (*Ivi*, p. 106). L'opera di Feuer è preziosa dal punto di vista epistemologico in quanto riesce a portare "per mano" il lettore dietro le quinte dell'impalcatura scientifica, spogliando lo Scienziato dal "camice bianco" e mettendo a nudo l'"uomo" con le sue emozioni, paure, passioni e sentimenti.

Democrito", lo scienziato del Novecento si sarebbe arreso davanti all'evidenza del dissolvimento dell'"atomo sostanziale" in "atomo matriciale". Si passerà così dal «*Nihil certi habemus in nostra scientia nisi nostram mathematicam*» del Cusano al *programma di Dirac*. Si tratta di una vittoria del freddo costrutto matematico – esterno e alieno alla sfera dell'*evidenza*, dell'*intuizione*, del *senso comune* – che finalmente trionferà sui detriti delle *categorie kantiane*, «completamente annichilite – come postillerà Heisenberg – dalle scoperte del nostro secolo»[51]. Platone – in realtà il *neopitagorismo* – si prenderà in questo modo la rivincita su Democrito[52].

---

[51] W. HEISENBERG, *Fisica e filosofia*, op. cit., p. 107.

[52] Spiega magistralmente Heisenberg al riguardo: «La dottrina atomica, fondata da Leucippo e Democrito, considerava le particelle minime della materia come "ciò che esiste" nel senso più stretto della parola. Queste particelle erano considerate indivisibili e invariabili, le eterne, ultime unità. Perciò ebbero il nome di atomi. Esse non erano suscettibili di ulteriori precisazioni. Del resto non se ne sentiva nemmeno la necessità. Esse avevano, secondo i filosofi, unicamente proprietà geometriche; possedevano dunque una forma, erano separate una dall'altra dallo spazio vuoto e, con i loro vari raggruppamenti o movimenti nel vuoto, suscitavano la molteplice varietà dei fenomeni; ma non avevano né colore né odore né gusto né temperatura né altre proprietà fisiche a noi, in altri casi, familiari. Le qualità degli oggetti che noi percepiamo erano provocate indirettamente dalla diversa disposizione e dal movimento degli atomi. Come la tragedia e la commedia possono essere scritte con l'aiuto delle medesime lettere dell'alfabeto, anche gli avvenimenti più diversi nel mondo erano, secondo la dottrina di Democrito, provocati dai medesimi atomi. Gli atomi erano dunque il vero nocciolo oggettivamente reale della materia e perciò di tutti i fenomeni. Essi erano, come abbiamo detto, "ciò che esiste" nel senso più stretto della parola, mentre la complessità variopinta dei fenomeni era prodotta solo indirettamente dagli atomi. Perciò questa concezione ha avuto il nome di materialismo. In Platone, d'altra parte, le particelle ultime della materia sono in un certo qual modo pure forme geometriche. Platone identifica le particelle degli elementi coi corpi regolari della geometria. Come Empedocle, egli ammette l'esistenza di quattro elementi: terra, acqua, aria e fuoco. Egli concepisce le particelle dell'elemento terra come cubi, dell'elemento acqua come icosaedri; similmente presenta le particelle del fuoco come tetraedri, quelle dell'aria come ottaedri. La forma è caratteristica per le proprietà dell'elemento. Però, contrariamente a Democrito, in Platone queste particelle non sono invariabili e indistruttibili; al

[VI] – Il "vuoto assoluto" della Relatività

Formalizzare matematicamente un apparato concettuale non significa necessariamente eliminare il modello sottostante. Il passo cruciale che invece fece arditamente Einstein fu proprio quello di eliminare di netto il retroscena e applicare i postulati alla sua teoria fisica, quasi fosse una nuova teoria assiomatica hilbertiana[53]. Si arrivò

---

contrario, esse possono esser scomposte in triangoli ed esser ricostituite da triangoli. Perciò in questa dottrina esse non si chiamano atomi. I triangoli stessi non sono più materia, perché non hanno un'estensione spaziale. Perciò al limite inferiore degli enti materiali, in Platone, non si trova più in realtà qualche cosa di materiale, ma una forma matematica; dunque, se vogliamo, una struttura spirituale. L'elemento primordiale che ci permette di comprendere unicamente il mondo è, in Platone, la simmetria matematica, l'immagine, l'idea; perciò questa concezione è denominata idealismo. È quanto mai interessante il fatto che quest'antica antitesi di materialismo e di idealismo è stata resa nuovamente attuale, in una forma ben precisa, dalla fisica atomica moderna, in particolare dalla teoria dei quanti. [...] Questo carattere, rivelato dal quanto d'azione, fece pensare che tanto la discontinuità, quanto anche l'esistenza degli atomi, fossero manifestazioni comuni d'una legge fondamentale della natura, d'una struttura matematica insita nella natura, e che la sua formulazione potesse condurre a un'unificazione delle nostre idee sulla struttura della materia. È proprio ciò che avevano tentato i filosofi greci. Dunque l'esistenza degli atomi non era forse un fatto primordiale, non suscettibile di ulteriori spiegazioni. Quest'esistenza poteva anzi esser ricondotta, come in Platone, all'azione di leggi naturali formulabili matematicamente, dunque all'azione di simmetrie matematiche» (W. HEISENBERG, *La scoperta di Planck e i problemi filosofici della fisica atomica*, in W. HEISENBERG – M. BORN – E. SCHRÖDINGER – P. AUGER, *Discussione sulla fisica moderna*, Torino 1980, pp. 5-7). Per un approfondimento si rimanda a R.V. MACRÌ, *Neopitagorismo e Relatività*, «Episteme», 6, 2002.

[53] Il prezzo dell'*unificazione* – la «ciliegina sulla torta» – apportata da Einstein fu la rinuncia ad ogni modello: inghiottì ogni residuo fisico e concettuale. Scrive uno dei più valenti fisici italiani recentemente scomparso, l'amico Roberto Monti: «Durante un colloquio con Regge, all'inizio del 1983, ho sottolineato, tra le altre cose, quest'ultima in particolare. Che nessuna delle leggi sperimentalmente provate comunemente attribuite ad Einstein e considerate "prove indirette" della validità della teoria einsteiniana, era in realtà di Einstein: Trasformazioni? Di Lorentz; E = mc^2? Mosengeil, Hasenöhrl, Giorgi e prima ancora Maxwell-Poynting. Variazione

così al vuoto assoluto: vuoto nel senso di eliminazione del retroscena cosmico, di nullificazione della sostanza primordiale e della sua ontologia, di annientamento del "contatto", di indebolimento dell'umana intuizione. Il completamento di quell'*hypotheses non fingo* di Isaac Newton. Come acutamente rileva il matematico Umberto Bartocci, «la TRR [Teoria della Relatività Ristretta] non è in realtà del tutto "rivoluzionaria", nel senso che lo è soltanto nella misura in cui porta alle estreme conseguenze l'eventualmente assurda concezione di uno spazio vuoto, omogeneo e isotropo, fisicamente inattivo, incapace di offrire resistenza ai moti, utilizzato come tale da tutti i padri fondatori della meccanica, a partire da Galileo ma soprattutto da Newton»[54]. Il punto qui è che questo «spazio vuoto, omogeneo e isotropo» mal si adatta con la realtà del campo, come il presente autore ha cercato ripetutamente di spiegare in più lavori[55]. Ma andiamo per ordine. Max Born, nel suo capolavoro *La sintesi einsteiniana*, esplica con chiarezza i punti cruciali che portano al vuoto einsteiniano: «Il vuoto, lo spazio completamente privo di materia, non può essere oggetto di osservazione. Tutto ciò che noi possiamo sapere è che un segnale parte da un corpo e ne raggiunge un altro dopo un certo

---

di massa con la velocità? Kaufmann, Lorentz, Lewis. Doppler traverso? Larmor-Lorentz… e via di questo passo. Regge mi replicò che era al corrente di questo fatto che anzi, durante le sue lezioni, riassumeva molto efficacemente in questi termini: Albert Einstein aveva messo la ciliegina su una torta che altri avevano preparato. […] Sapere che la legge per la quale è universalmente noto gli appartiene solo per… "diritto di ciliegina"…» (R. MONTI, *Il grande bluff*, «Seagreen», nov. 1984, p. 64). Scrive Whitehead: «la teoria della relatività, sotto una forma o sotto un'altra, sembra il mezzo più semplice per spiegare un gran numero di fatti che senza di ciò richiederebbero ciascuno una spiegazione particolare» (A.N. WHITEHEAD, *La scienza e il mondo moderno*, Milano 1945, p. 141).

[54] U. BARTOCCI, Albert Einstein e Olinto De Pretto: la vera storia della formula più famosa del mondo,, op. cit., p. 43.

[55] Si veda R.V. MACRÌ, *Asimmetrie antirelativistiche del campo*, 1999, in R.V. MACRÌ (a cura di), *Asimmetrie antirelativistiche*, Lecce 2015, per un approfondimento fondamentale su questa tematica. Cfr. pure, nello stesso volume, R.V. MACRÌ, *Simmetrie forzate e simmetrie infrante nella Relatività Speciale*.

intervallo di tempo; [...] Da questo momento l'etere come sostanza materiale scompare dalla teoria e viene sostituito dal campo elettromagnetico, inteso come un utile strumento matematico per la descrizione dei processi che avvengono nella materia e delle loro relazioni»[56]. Ma già un secolo e mezzo prima il concetto di vuoto era stato immaginato con maggior rigorosità da Kant come corollario alla relatività del moto. Nel suo lavoro *Nuova concezione teorica del moto e della quiete* del 1758, Kant esplicita le caratteristiche del vuoto assoluto e ontologico: «Non devo mai dire che un corpo è in quiete, senza aggiungere riguardo a quali cose, e neppure affermare mai che esso si muova, senza dire, nello stesso tempo, gli oggetti riguardo ai quali esso muta relazione. E per quanto io volessi immaginarmi anche uno spazio matematico, vuoto di ogni cosa creata, come ricettacolo dei corpi (*Behältinis der Körper*), pur non ne sarei aiutato in nulla. Giacché come ne distinguerei le parti e i luoghi diversi, non occupati da nulla di corporeo?»[57].

Con Einstein si raggiungerà il culmine del vuoto "ontologico", *condicio sine qua non* del relativismo di Mach. Ma la perdita della *trama nascosta*, del *reticolato* esplicativo, del *plenum* celato, equivale ad aver gettato via il bambino con l'acqua sporca. Con la scomparsa del

---

[56] M. BORN, *La sintesi einsteiniana*, Torino 1969, p. 268.

[57] I. KANT, *Neue Lehrbegriff der Bewegung und Ruhe*, 1758, tr. It. *Nuova concezione teorica del moto e della quiete*, in *Scritti precritici*, Bari 1953, p. 77. Kant, però, modificherà in seguito la sua posizione. Nel 1763, tramite il suo *Tentativo per introdurre nella filosofia il concetto delle quantità negative*, incomincerà a seguire le orme di Eulero verso la validità dei concetti di spazio e tempo assoluti, mentre nel 1768, nel saggio *Sul primo fondamento della distinzione delle regioni dello spazio*, un ampliamento del saggio di Eulero del 1748 (*Réflexions sur l'espace et le temps*), Kant tenterà una dimostrazione geometrico-filosofica dell'esistenza dello spazio assoluto tramite i concetti di *incongruenza* e *chiralità*. È solo nel 1770 – nella sua fondamentale *Dissertazione* – che il problema dello spazio e del tempo viene riconvertito e "ridistanziato" sia dalla posizione di Newton che da quella di Leibniz e posto per la prima volta su basi logico-trascendentali, le quali – come per «ritrascrizione» (L. SCARAVELLI, *L'analitica trascendentale. Scritti inediti su Kant*, Firenze 1980, p. 25) – risulteranno pressoché identiche in seguito nella sua *Critica*.

sostrato e della *catena causale* è stata offesa l'intera affannosa ricerca del mondo greco antico: l'*acqua* di Talete, l'*aria* di Anassimene, l'*apeiron* di Anassimandro, il *vortice* di Anassagora, la *chora* di Platone, l'*hyle* di Aristotele. Nel 1716 Leibniz faceva osservare al newtoniano Clarke che «se lo spazio (che l'autore immagina) privo di tutti i corpi non è totalmente vuoto, di che cosa è pieno? Esso è pieno forse di spiriti estesi, o di sostanze immateriali, capaci di estendersi e di contrarsi, che si muovono in esso e si compenetrano sulla superficie di un muro?»[58]. Clarke stesso, sotto i colpi di Leibniz, era arrivato ad ammettere: «Che un corpo debba attrarne un altro senza alcun mezzo intermedio è di fatto non un miracolo ma una contraddizione, equivalendo a supporre che qualcosa agisca dove non è»[59]. Pur tuttavia, similmente allo spirito dei moderni formalisti, egli credeva che «il mezzo attraverso il quale si attirano l'un l'altro, può essere invisibile ed intangibile e di una natura differente da un meccanicismo; ciò non toglie che un'azione regolare e costante possa essere chiamata naturale»[60]. La risposta di Leibniz è quanto di meglio, in base a chiarezza e profondità, si possa desiderare: «Avevo obiettato che un'attrazione propriamente detta, o alla scolastica, sarebbe un'azione a distanza, senza un mezzo. Si risponde che un'attrazione senza mezzo sarebbe una contraddizione. Benissimo: ma come la s'intende allora, quando si vuole che il sole, attraverso uno spazio vuoto, attiri la terra?»[61]. «Un tale mezzo di comunicazione (egli dice) è invisibile, intangibile, non meccanico. Egli avrebbe potuto aggiungere anche inesplicabile, inintelligibile,

---

[58] *Carteggio Leibniz-Clarke*, "quinto scritto di Leibniz", agosto 1716, § 48, in LEIBNIZ, *Scritti filosofici*, 2 voll., Torino 1967, vol. I, p. 351 (abbiamo preferito tuttavia qui, la traduzione presente in M.B. HESSE, *Forze e campi. Il concetto di azione a distanza nella storia della fisica*, Milano 1974, p. 188).

[59] *Carteggio Leibniz-Clarke*, "quarta replica di Clarke", maggio-giugno 1716, § 45, in LEIBNIZ, *Op. cit.*, p. 337 (traduzione presente in M.B. HESSE, *Op. cit.*, p. 188).

[60] *Ibidem* (trad. in LEIBNIZ, *Op. cit.*).

[61] *Carteggio Leibniz-Clarke*, "quinto scritto di Leibniz", agosto 1716, § 118 (in LEIBNIZ, *Scritti filosofici*, op. cit., vol. I, p. 370).

precario, privo di ragione e senza precedenti»[62]. Attacca con padronanza ancora Leibniz: «Ma si dice, è regolare, costante e, per conseguenza, naturale. Rispondo che non potrebbe essere regolare, senza essere conforme a ragione; e che non potrebbe essere naturale, senza essere spiegabile per mezzo della natura delle creature. Se questo mezzo, che determina un'attrazione vera e propria, è costante e nello stesso tempo è inspiegabile per mezzo delle forze delle creature, e se con tutto ciò esiste veramente, è un miracolo perpetuo; se poi non è un miracolo, è falso; è una cosa chimerica, una qualità scolastica occulta»[63].

In altri termini, il matematico filosofo-scienziato e logico tedesco, evidenzia che qualunque retroscena che sia «regolare e costante» è direttamente trattabile come un meccanismo naturale, e solo in questo senso eliminerà la sua «inesplicabilità, inintelligibilità, precarietà, ecc.»[64]. Purtroppo, con l'avvento della relatività speciale, il fisico erede del pensiero di Einstein, incurante del monito di Cartesio che non può «esservi alcuno spazio interamente vuoto»[65], si dà licenza di immaginare un vuoto assoluto congiunto alla realtà del campo. Il pericolo di aver eliminato ogni residuo di dubbio nella comprensione di un simile concetto di campo smaterializzato e virtuale è analogo a quello della persuasione per perdita di forze, di sfiancamento, di «imitazione» inconsapevole, simile a quella «del neonato»: insomma, il pericolo di una «familiarizzazione» – per usare un termine di

---

[62] *Ivi*, § 120, in LEIBNIZ, *Op. cit.*, p. 370 (riportato in M.B. HESSE, *Op. cit.*, p. 189).

[63] *Ivi*, §§ 121-122, p. 370.

[64] Persino Voltaire, famoso per aver optato per la fisica newtoniana, durante la sua decennale iniziazione a quest'ultima, in una delle sue caratteristiche esitazioni fece presente che: «Se anche l'attrazione fosse vera non ne risulterebbe il minimo vantaggio, il minimo aiuto per la meccanica. Eppure Newton ha passato tutta la sua vita alla ricerca di quasta scoperta, e migliaia di uomini nel tentativo di apprenderla» (VOLTAIRE FRANÇOIS-MARIE AROUET, *Notebooks*, 2 voll., Ginevra 1968, vol. I, p. 76 [trad. italiana in P. CASINI, *Newton e la coscienza europea*, Bologna 1983, p. 83]).

[65] Cartesio, *lettera a Chanut del 6 giugno 1647*, cit. in J. COTTINGHAM, *Cartesio*, Bologna 1991, p. 114.

Bridgman[66] – come quella avvenuta sul concetto di azione a distanza sedimentato nei secoli[67].

[VII] – Il "postulato di impotenza" di Whittaker

Edmund Whittaker, matematico britannico e celebre storico della scienza per aver scritto nel 1910 il suo capolavoro *A History of the Theories of Aether and Electricity*, lavoro che fornisce una descrizione molto dettagliata delle teorie dell'etere da Cartesio a Lorentz, scrisse nel '49 un libro fondamentale quanto il primo, anche se meno conosciuto: *From Euclid to Eddington: A Study of Conceptions of the External World*. In questo modo Whittaker chiuse il capitolo aperto con il primo: dagli spazi euclidei arriverà a quelli contorti della relatività generale di Einstein. Qualche anno dopo queste nuove ricerche approderanno in parte nell'edizione riveduta ed estesa del

---

[66] «Ogni volta che l'esperienza ci conduce in regioni nuove o poco familiari, dobbiamo sempre attenderci una nuova crisi. Cosa dobbiamo fare in casi del genere? A me sembra che la sola cosa da farsi sia imitare esattamente il neonato, cioè aspettare fino a che abbiamo accumulato tanta esperienza del nuovo tipo da familiarizzarci con essa» (BRIDGMAN, *La logica della fisica moderna*, op. cit., p. 66).

[67] Quello che appariva come una formulazione temporanea in stile *top-down*, puramente matematica, di un meccanismo nascosto, finì col tempo per cristallizzarsi: «Il sospetto, fondato o meno, che la concezione dell'attrazione o gravitazione universale, maggior gloria della filosofia di Newton, implicasse un'azione a distanza, le impedì di ottenere universale approvazione. Infatti, nella prima recensione ai *Principia* che apparve in Francia, si trova, accanto a un appassionato elogio del suo valore in quanto "meccanica", una condanna piuttosto dura in quanto "fisica": "L'opera di Newton è una meccanica, la più perfetta che si possa immaginare, non potendosi fornire dimostrazioni più precise e più esatte di quelle che egli propone nei primi due libri dell'opera ... Ma si deve confessare che queste dimostrazioni non vanno altrimenti considerate che in modo meccanico; infatti l'autore stesso riconosce, alla fine della pagina quattro ed all'inizio della cinque, di aver preso in esame i loro principî non da fisico, bensì semplicemente da geometra. [...] Per conferire alla sua opera la massima perfezione, basterebbe che Newton ci desse una fisica esatta come la sua meccanica"» (A. KOYRÉ, *Studi newtoniani*, Torino 1983, p. 127).

primo libro in due volumi[68]. Qui affronterà uno studio sulla *Teoria della Relatività di Poincaré e Lorentz*, dove egli attribuisce a questi due scienziati lo sviluppo della teoria della relatività ristretta e riconosce all'articolo di Albert Einstein del 1905 soltanto un ruolo secondario. Perfino la celeberrima formula $E=mc^2$, secondo Whittaker, è da attribuire a Poincaré. Parleremo approfonditamente più avanti degli studi sull'etere trattati nel suo lavoro dedicato. Adesso dobbiamo esaminare un concetto cruciale che compare all'interno del suo volume del '49: il *postulato di impotenza*[69]. Ecco come viene delineato: «*A postulate of impotence, is not the direct result of an experiment, or of any finite number of experiments; it does not mention any measurement, or any numerical relation or analytical equation; it is the assertion of a conviction, that all attempts to do a certain thing, however made, are bound to fail*»[70].

Il fatto universalmente accettato che il moto perpetuo sia impossibile (dal quale nasce la termodinamica) e l'impossibilità di reperire un sistema di riferimento privilegiato (da ciò la genesi della relatività speciale) non solo hanno in comune delle teorie "riparatrici" appartenenti alla classe delle *teorie di principio*, come vorrebbe Einstein, ma rientrano altresì all'interno della categoria delle teorie marchiate con il *postulato di impotenza*. Si noti che tale "impotenza" è demandata esclusivamente al carattere gnoseologico – epistemologico – e mai a quello ontologico. Altrimenti le due *teorie-tipo 1* appena citate potrebbero saltare di livello, come *teorie-tipo 2*, perché verrebbe recuperato il carattere esplicativo, la catena causale. Non si tratterebbe più dell'«asserzione di una convinzione», direbbe Whittaker. Questo rivela il vero significato del *falsificazionismo* di Popper: «La scienza non posa su un solido strato di roccia. L'ardita

---

[68] E.T. WHITTAKER, A History of the Theories of Aether and Electricity, 2 voll., New York 1953.

[69] E.T. WHITTAKER, From Euclid to Eddington: A Study of Conceptions of the External World, Cambridge 1949, pp. 58 sgg.

[70] *Ivi*, p. 59.

struttura delle sue teorie si eleva, per così dire, sopra una palude. È come un edificio costruito su palafitte. Le palafitte vengono conficcate dall'alto, giù nella palude: ma non in una base naturale o "data"; e il fatto che desistiamo dai nostri tentativi di conficcare più a fondo le palafitte non significa che abbiamo trovato un terreno solido»[71]. In effetti Karl Popper nella sua *Autobiografia*[72] ha sottolineato che il proprio criterio di falsificazione dovette molto, per quanto concerne le sue origini, alla metafisica verificazionista einsteiniana[73].

Scendendo a ritroso, un altro *postulato di impotenza* può essere rintracciato nelle difficoltà di Maxwell di trovare un "retroscena" dinamico adeguato al suo sistema di equazioni. Contrariamente all'opinione comune però, egli non sceglie un formalismo matematico per ragioni estetico-paradigmatiche, ma accetterà invece soltanto una resa temporanea, come ci fa capire nel suo *Trattato*: «Deve essere tenuto ben presente che abbiamo fatto solamente un passo nella teoria dell'azione del mezzo. Abbiamo supposto che esso si trovi in uno stato di sforzo, ma non abbiamo in alcun modo dato spiegazione di questo sforzo o di come esso venga mantenuto ... *Non sono stato capace di compiere il passo successivo, cioè di spiegare per mezzo di considerazioni meccaniche* questi sforzi nei dielettrici»[74]. Spiega Evandro Agazzi: «Nel rifiutare la teoria dell'azione a distanza per sostituirvi una teoria dell'azione attraverso un mezzo non si poteva certo dire che si intendeva proporre un mezzo inesistente, o sfornito di proprietà fisiche ipotizzabili. Bene o male, quindi, un etere andava ammesso e il massimo che si potesse fare era quello di lasciarne la struttura fisica il più possibile imprecisata, limitandosi a dire, come fa appunto Maxwell, di quali proprietà generiche dovrebbe godere e ad asserire

---

[71] K.R. POPPER, *Logica della scoperta scientifica*, Torino 1970, pp. 107-108.

[72] K.R. POPPER, La ricerca non ha fine. Autobiografia intellettuale, Roma, 1974.

[73] Cfr. G. HOLTON, Einstein e la cultura scientifica del XX secolo, Bologna 1991, p. 19.

[74] J.C. MAXWELL, *Trattato di elettricità e magnetismo*, a cura di E. Agazzi, Torino 1973, §§ 110-111, corsivo aggiunto.

che è "soggetto ai principi della dinamica"»[75]. E ancora: «Ciò indica con sufficiente chiarezza che il "mezzo", la "sostanza" eterea costituente il campo, doveva essere, agli occhi di Maxwell, un opportuno "meccanicismo"»[76].

Eppure Hertz, nell'introduzione alla sua raccolta di memorie *Untersuchungen über die Ausbreitung der elektrischen Kraft* (1892), dopo aver parlato dei vari sforzi da lui compiuti per comprendere la teoria di Maxwell, scrive: «Questo, e non già le particolari concezioni o i particolari metodi di Maxwell, io chiamerei la teoria di Maxwell. Alla domanda "che cos'è la teoria di Maxwell?" io non ho saputo dare risposta più breve e più precisa di questa: *la teoria di Maxwell è il sistema delle equazioni di Maxwell*. Ogni teoria che conduca a queste equazioni, e quindi domini i medesimi possibili fenomeni, io la considererei come una forma o un caso particolare della teoria di Maxwell; ogni teoria che conduca ad equazioni diverse, e quindi a possibili fenomeni diversi, è una teoria diversa»[77]. Da questo punto di vista, il "sistema delle equazioni di Maxwell" potrebbe essere visto come il primo esempio di un sopravvento del costrutto matematico sulla realtà fisica, il cui successo avrebbe aperto le porte alla possibilità epistemologica della relatività di Einstein e conseguentemente della

---

[75] E. AGAZZI, Introduzione, in MAXWELL, Trattato di elettricità e magnetismo, op. cit., p. 55.

[76] *Ivi*, p. 68.

[77] Cit. in AGAZZI, *op. cit.*, pp. 66-68. Commenta Agazzi: «Naturalmente, questo carattere eminentemente formale della teoria maxwelliana del campo elettromagnetico non significa che essa fosse totalmente formale. In altri termini, Maxwell ha sempre avuto il problema del significato fisico delle sue equazioni, ha sempre inteso che esse parlassero di un mezzo effettivamente esistente (anche se difficile da caratterizzare) e che non si riducessero a un semplice costrutto matematico quale appariva, almeno allora, la teoria classica del potenziale. [...] Il minimo che si possa dire, quindi, è che il campo elettromagnetico maxwelliano è per lo meno un campo di energia, la quale è presente ovunque, anche là dove non esiste materia ponderabile, e consente perciò di conferire "esistenza fisica" al campo anche nel cosiddetto spazio vuoto» (*Ibidem*).

meccanica quantistica, come appare dalle affermazioni di Herbert Dingle: «The first serious example of the *mastery*, instead of the *servitude*, of mathematics in relation to physics came with Maxwell's theory of the electromagnetic field, and that, as would be expected, only in a very tentative way and not without resistence»[78], così che: «It was a short step from acceptance of the physically unintelligible to the physically absurd, but the description of this must be postponed until we come to the origin of the special relativity theory itself»[79]. Sotto questa prospettiva fa forse bene Leopold Infeld a ricordarci, in un'implicita analogia tra l'anno di morte di Galileo e quello della nascita di Newton, che «James Clerk Maxwell morì nel 1879, l'anno in cui nacque Albert Einstein»[80]. Bisogna qui aggiungere che la stessa posizione epistemologica di Maxwell può essere vista evolutivamente approdante ad una «formalizzazione della teoria», al fine di evitare di «perdersi nei dettagli delle modellizzazioni»[81], anche se, come abbiamo avuto modo di vedere, ciò deve essere visto più come una "resa" – una *rinuncia* – di fronte alle «complesse e artificiose procedure di confronto tra modelli eterei diversi»[82] che non l'evidenza di un "modello" che «non serve mai a niente» se non quello di ricavare "la legge fisica", come vorrebbe un Feynman[83]. D'altra parte ci sembra di poter affermare insieme a Evandro Agazzi che: «Del tutto fuori posto ci sembrano quindi quelle interpretazioni della teoria maxwelliana che, con la preoccupazione di liberare il grande scienziato dal neo di aver creduto all'esistenza fisica dell'etere, vorrebbero far credere che questa convinzione, presente come incastellatura provvisoria e di comodo nelle prime memorie, scompaia nel pensiero più maturo

---

[78] H. DINGLE, *Science at the Crossroads*, London 1972, p. 130.

[79] *Ivi*, p. 132.

[80] L. INFELD, *Albert Einstein*, Torino 1952, p. 22.

[81] G. PERUZZI, Maxwell: dai campi elettromagnetici ai costituenti ultimi della materia, Milano 1998, p. 70.

[82] Ibidem.

[83] R. FEYNMAN, *La legge fisica*, Torino 1971, p. 63.

72

dell'autore. Al contrario, come abbiamo cercato di chiarire, tale concezione è assente in *Faraday's lines*, affiora con crescente convinzione in *Physical lines*, campeggia in *Dynamical theory* ed è affermata senza esitazioni nel *Trattato*»[84].

Einstein fu fortemente condizionato dal destino del percorso epistemico della teoria di Maxwell: «Per poter ancora considerare la meccanica come il fondamento della fisica, bisognava interpretare meccanicamente anche le equazioni di Maxwell. Si tentò di farlo con molto impegno, ma senza risultato, mentre i risultati delle equazioni si dimostravano sempre più fecondi... Ci si abituò a usare questi campi come cose a sé, senza sentire la necessità di darne una spiegazione di natura meccanica; così la meccanica come base della fisica stava per essere abbandonata, quasi inavvertitamente, perché la speranza di poterla adattare ai fatti si era alla fine dimostrata vana... La fisica è entrata così in uno stato di transizione, in cui manca una base unitaria per tutto l'insieme; stadio che – sebbene insoddisfacente – è lungi dall'essere stato superato»[85].

Nelle sue ricerche da giovane ventenne, Einstein si trovò in breve tempo a dover affrontare una situazione simile alla vicenda di Maxwell. Così, ad un certo punto, prenderà la decisione cruciale che lo porterà alla sua prima relatività: «A poco a poco incominciai a disperare della possibilità di scoprire le vere leggi attraverso tentativi basati su fatti noti. Quanto più a lungo e disperatamente provavo, tanto più mi convincevo che solo la scoperta di un principio formale universale avrebbe potuto portarci a risultati sicuri. Davanti a me avevo l'esempio della termodinamica»[86]. E con gli anni arriverà alla

---

[84] E. AGAZZI, Introduzione, in MAXWELL, Trattato di elettricità e magnetismo, op. cit., p. 61.

[85] A. EINSTEIN, *Autobiografia scientifica*, Torino 1970, p. 21; anche in *Opere scelte*, a cura di E. Bellone, Torino 1988, pp. 72-73. Originariamente in P.A. SCHILPP, *Albert Einstein, scienziato e filosofo*, Torino 1958, p. 36.

[86] A. EINSTEIN, *Autobiografia scientifica*, op. cit., p. 34; anche in *Opere scelte*, cit., pp. 85-86. P.A. SCHILPP, *Albert Einstein, scienziato e filosofo*, op. cit., p. 49.

posizione epistemologica di Maxwell: passo dopo passo prenderà consapevolezza di aver gettato il bambino con l'acqua sporca ed ammetterà l'errore. La sua ammissione di impotenza, del tutto simile al postulato di Whittaker, rimarrà però inascoltata dalla comunità scientifica: le formule della sua teoria funzionano troppo bene, così come le matrici di Heisenberg. La *forma mentis* ingegneristica della collettività competente ha bisogno di quelle formule, ad ogni costo. In fondo basta la logica del successo, del "funziona!", per coprire le contraddizioni nascoste al suo interno[87]. Lo sottoscrive con disinvoltura il grande Feynman: «La ricchezza filosofica, la facilità, la ragionevolezza di una teoria sono tutte cose che non interessano»[88]. Solo il *successo del funziona!* – della formula – è utile e indispensabile per far funzionare un acceleratore, un ciclotrone, una centrale nucleare o una rete di satelliti in orbita. Come spiega Enrico Fermi a Ettore Majorana, «non è il caso che due osservatori si mettano a litigare per risultati strani e paradossali»[89] scaturenti dalla relatività di Einstein: il fatto è che funziona! «Chiudi gli occhi e calcola»[90] si dirà col tempo all'interno delle nuove teorie fisiche. Bisogna «ingoiare il rospo» delle stranezze della relatività perché in fin dei conti funziona, risponderà l'illustre membro dell'Accademia Nazionale dei Lincei Bruno Finzi, rettore del Politecnico di Milano negli anni sessanta, alle pressanti domande dello scienziato bergamasco e amico d'infanzia Marco Todeschini[91] . E di «rospi ripugnanti» da ingoiare – per usare

---

[87] Cfr. R.V. MACRÌ, *La "funziolatria" epistemologica e l'esperimento di Wason*, «Vertigo Fil Rouge», Anno 3, n. 7, 2011.

[88] R.P. FEYNMAN, QED: la strana teoria della luce e della materia, Milano 1989, p. 24.

[89] V. TONINI, Il taccuino incompiuto. Vita segreta di Ettore Majorana, Roma 1984, p. 59.

[90] R. GILMORE, *Alice nel paese dei quanti*, Milano 1996, p. 93.

[91] I due affezionati amici d'infanzia divennero in seguito figure luminose per la scienza, seguendo un percorso fatto di studi al Politecnico di Milano per il primo, al Politecnico di Torino per il secondo. Ambedue docenti di Meccanica Razionale, in seguito arricchirono i loro studi con altre lauree e altre specializzazioni, né si

le parole dell'esimio Giovanni Giorgi, celebre per il sistema di misure da lui ideato – la relatività ne offrirà in quantità: «La frase di Giorgi è diventata famosa ancor più del suo sistema, in quanto definisce lo stato d'animo ed il pensiero che anche i più autorevoli ed entusiasti sostenitori di Einstein hanno nei riguardi della sua teoria verso la quale sentono una sorda ribellione per la montagna di "rospi" che essa ha fatto loro ingoiare durante 50 anni»[92]. È il prezzo da pagare per avere una collezione di formule funzionanti come output dalla scatola nera della teoria. Le menti scientifico-filosofiche di grande levatura, come Henry Poincaré, Quirino ed Ettore Majorana, presto scompariranno dalla scena, cosicché si dileguerà pure il loro disaccordo, che mai muterà, fino alla fine dei loro giorni[93]. Ma lo stesso Einstein arriverà alla posizione epistemologica di Maxwell, consapevole di aver gettato via il bambino con l'acqua sporca, solo dopo la seconda relatività, come vedremo fra poco.

---

perderanno mai di vista. Il loro confronto si focalizzerà fin da subito sull'opera di Einstein, con Finzi – esperto relativista fino a comparire nella rosa dei nomi del prestigioso volume che festeggerà i cinquant'anni della teoria di Einstein (M. PANTALEO (a cura di), *Cinquant'anni di relatività (1905-1955)*, Firenze 1955) – che cercherà di giustificare e attutire i colpi e le critiche che partiranno dal Todeschini. Il loro carteggio è oggi custodito dalla figlia di quest'ultimo, Antonella. Alcune importanti citazioni si trovano in M. TODESCHINI (a cura di), *Einstein o Todeschini? Qual è la chiave dell'universo?*, Bergamo 1960, pp. 14 e 126 sgg. Si veda pure, ad esempio, M. TODESCHINI, *Psicobiofisica*, Torino 1979, p. XXXVI. Per un resoconto dei lavori todeschiniani si rimanda a U. BARTOCCI - R.V. MACRÌ, *Le interpretazioni intuitive della Fisica tra metafora dello spazio pieno e metafora dello spazio vuoto: un ricordo di Marco Todeschini*, Atti Conv. Internaz. "Cartesio e la scienza", Perugia 4-7 sett. 1996.

[92] F. TABASSO, *Einstein scienziato*, in M. TODESCHINI (a cura di), *Einstein o Todeschini?*, op. cit., p. 77.

[93] Si veda il capitolo IX, pp. 106 sgg., R.V. MACRÌ, *La realtà del tempo e la ragnatela di Einstein*, Lecce 2015.

[VIII] – Il "plenum eterico" come "terzo livello esplicativo"

«Nulla è rimasto di tutte le proprietà dell'etere, eccetto quella per la quale esso venne inventato, ovvero la facoltà di trasmettere le onde elettromagnetiche. E poiché i nostri tentativi per scoprirne le proprietà non hanno fatto che creare difficoltà e contraddizioni, *sembra giunto il momento di dimenticare l'etere e di non pronunciarne più il nome*. Diremo dunque che il nostro spazio possiede la facoltà fisica di trasmettere talune onde, e *cesseremo di usare una parola ormai inutile*»[94]. Queste parole di Einstein e Infeld sembrano perentorie e irremovibili. Tant'è che si parlò di un "eterecidio", della «*morte dell'etere*»[95], senza appello. «Don't Bring Back the Ether», intimerà l'autorevole rivista *Nature* con tono spazientito al vecchio amico di Einstein Herbert Dingle nel titolo dell'editoriale del 14 ottobre del '67 per aver rispolverato l'etere[96]. Ogni scienziato sa che con la rivoluzione einsteiniana, la «prima vittima fu il mezzo che doveva servire alla propagazione delle onde luminose»[97]. Fin dal suo lavoro germinale del 1905, Einstein mise subito in evidenza la sua posizione riguardo all'etere: «L'introduzione di un "etere luminifero" si manifesterà superflua»[98]. È bene notare che tale *esclusione* non è arbitraria: la presenza di un *plenum eterico*, infatti, elimina alla base la possibilità teoretica di porre in essere la stessa relatività speciale. Come spiega Max Jammer: «Dato che un tale mezzo definisce un sistema di riferimento preferenziale o assoluto, Einstein avrebbe potuto

---

[94] A. EINSTEIN - L. INFELD, *L'evoluzione della fisica*, Torino 1965, pp. 184-185, corsivo aggiunto.

[95] É. KLEIN, *Le strategie di Crono*, Roma 2005, p. 79.

[96] Nature, *Don't Bring Back the Ether*, 14 oct. 1967. Cfr. H. DINGLE, *Science at the Crossroads*, London 1972, pp. 74, 211-212, 224-227.

[97] A. EINSTEIN - L. INFELD, *L'evoluzione della fisica*, op. cit., p. 207.

[98] A. EINSTEIN, *L'elettrodinamica dei corpi in movimento (1905)*, in A. EINSTEIN, *Opere scelte*, a cura di E. Bellone, op. cit., p. 149.

rigettarlo non solo come *superfluo* ma persino come *incompatibile* con la sua teoria della relatività speciale»[99].

Einstein, pertanto, è considerato dalla collettività scientifica come il *distruttore dell'etere*. «Albert Einstein divenne la figura più rappresentativa della fisica moderna tagliando il nodo della questione dell'etere con la acutezza della sua logica e gettando i frammenti contorti dell'etere cosmico dalla finestra del tempio della fisica», stilerà George Gamow[100]. E Abraham Pais autorevolmente confermerà:

---

[99] M. JAMMER, Prefazione, in L. KOSTRO, Einstein e l'etere. Relatività e teoria del campo unificato, Bologna 1988, pp. 5-6.

[100] G. GAMOW, *Biografia della fisica*, Milano 1998, 171. La teoria della relatività speciale non si limitò a distruggere il concetto di etere come in un match da pari a pari tra newtoniani e cartesiani, ma arrivò ad infierire sul suo "cadavere" con i denti di un mastino, mettendo alla berlina la teoria dell'etere fino a bandirla come una qualità occulta di aristotelica memoria. Un esempio emblematico si trova in un altro testo di George Gamow – *La mia linea di universo*, Bari 2008, p. 106 – dove viene riportata una lettera canzonatoria scritta da illustri fisici russi (tra cui lo stesso Gamow) indirizzata al «"direttore rosso" dell'Istituto di Fisica dell'Università di Mosca», dove nel burlarsi del concetto d'etere la lettera terminava con queste parole: «Contiamo molto sulla sua guida per la ricerca del fluido calorico, elettrico e del flogisto». Un dileggio potentemente offensivo che scatenò l'ira dell'Accademia Comunista di Mosca che, scrive Gamow, «ci accusò di aperta rivolta» (ibdem). Siamo nel 1925, negli anni successivi all'apoteosi del successo di Einstein per la sua Relatività Generale, la quale – come si evince da questa testimonianza – è riuscita sempre a nascondere la «resurrezione dell'etere» (espressione di Einstein del 1921) che portava in grembo fin dal '16 e che Einstein sussurrava all'orecchio dei suoi amici. Esamineremo la tematica nel prossimo paragrafo, intanto l'intero capitolo quarto del libro citato può servire per ulteriori approfondimenti sull'argomento (pp. 101-115). Come ulteriore conferma del fatto che la nascita della Relatività Generale di Einstein non riuscì a scalfire minimamente il credo ormai varato dall'intero establishment in un etere morto e sepolto per sempre, fissiamo la nostra attenzione sulla prima pagina del capitolo intitolato *La teoria einsteiniana della gravitazione* di un altro testo famoso di Gamow: «Einstein rifiutò il concetto di moto uniforme assoluto, *fece piazza pulita della nozione antiquata e ambigua di "etere universale"* e costruì quella teoria della relatività che finì per rivoluzionare il mondo della fisica» (G. GAMOW, *Gravità. La forza che governa l'universo*, pref. di Gino Segrè – postf. di Silvio Bergia, Bari 2010, p. 95, corsivo aggiunto). Siamo nel 1962 e la fisica

«Solo Einstein vide la novità cruciale: l'etere dinamico doveva essere abbandonato in favore di una nuova cinematica basata su due nuovi postulati»[101]. «È chiaro che nella teoria che Einstein sta costruendo non c'è posto per l'etere», sottoscriverà l'amico Silvio Bergia[102]. «Albert Einstein è considerato dalla maggioranza dei fisici e dei filosofi come colui che ha eliminato dalla fisica l'idea dell'etere, quel mezzo ottocentesco che doveva riempire lo spazio (o che gli era equivalente) e che aveva lo scopo di spiegare la propagazione delle interazioni elettromagnetiche, gravitazionali, ecc. Questa opinione è contenuta in manuali di fisica e filosofia, in enciclopedie e libri, in pubblicazioni scientifiche e divulgative»[103].

Sennonché, come si esprimerà più di uno studioso nei cento anni trascorsi dal big bang relativistico, le contraddizioni di Einstein non finiscono mai: ad un certo punto della sua vita viene a galla il suo logorio interiore, il ripensamento, il pentimento, del tutto simile al rimorso dell'assassino, con una serie di tentativi di recupero dell'etere fino alla fine dei suoi giorni. Nella biografia di Einstein di Philipp Frank viene citata una frase "maliziosa" che riesce a tastare però il polso sull'argomento: «Per molto tempo sono stati fatti degli sforzi per convincerci del fatto sensazionale che l'etere era stato eliminato,

---

ufficiale non sembra possedere il benché minimo dubbio sulla morte dell'etere. Tale credo resisterà fino ai nostri giorni. Ma qui si tratta di ammettere che «positivismo», «sopravvalutazione della misura», «fuga verso il formalismo matematico», abbiano operato «un vero lavaggio di cervello» (J. BARRETTO BASTOS FILHO, *La dissoluzione della realtà: irrealismo e indeterminismo nella fisica del microcosmo*, in M. MAMONE CAPRIA (a cura di), op. cit., pp. 448-9).

[101] A. PAIS, *«Sottile è il Signore...». La scienza e la vita di Albert Einstein*, op. cit., p. 34. E a pagina 45 rimarca con maggior enfasi: «Non avrei obiezioni a definire passi sorprendenti, sbalorditivi, audaci, coraggiosi, temerari... e, perché no, rivoluzionari l'abbandono dell'etere e il rifiuto della simultaneità assoluta».

[102] S. BERGIA, *Einstein e la relatività*, Roma-Bari 1980, p. 95.

[103] L. KOSTRO, Einstein e l'etere. Relatività e teoria del campo unificato, op. cit., p. 9.

ed ora lo stesso Einstein lo reintroduce; quest'uomo non deve essere preso sul serio, si contraddice costantemente»[104].

Si tratta di un vero e proprio colpo di scena. D'altronde eravamo stati abituati fin dai tempi di Newton ad una simile "messa in scena": «Non fingo ipotesi fantasiose come l'etere, lo elimino di giorno ma lo sogno e l'accarezzo di notte»! Lo stesso Einstein guarda disilluso a tale *modus operandi* del padre della Meccanica Classica: «Fortunato Newton, beata fanciullezza della Scienza»[105]. E ancora più apertamente: «Nel diciannovesimo secolo, molti credevano ancora che la fondamentale regola newtoniana "hypotheses non fingo" dovesse essere alla base di tutta la sana scienza naturale»[106]. In effetti Newton si astenne solo "ufficialmente" dal prendere alcuna ipotesi di spiegazione fluidodinamica della gravità, facendo uscire allo scoperto il suo discepolo Roger Cotes nell'Introduzione a una delle successive edizioni dei *Principia* con la frase di rito: «Non ci sarà assolutamente luogo per i movimenti delle comete, se quella materia immaginaria non viene completamente rimossa dai cieli»[107]. Newton si astenne *ufficialmente* ma non *ufficiosamente*: egli, nel privato, all'interno del laboratorio della sua mente, tentò senza sosta di trovare un

---

[104] P. FRANK, *Einstein*, Roma 2015, cap. VIII. Qui abbiamo però preferito la trad. italiana del brano presente in L. KOSTRO, *Einstein e l'etere. Relatività e teoria del campo unificato*, op. cit., p. 9. Per i "travagli", i ripensamenti e le metamorfosi del pensiero einsteiniano su tale concetto si rimanda al prezioso lavoro dell'amico Ludwik Kostro appena citato.

[105] Cit. in A. PAIS, *«Sottile è il Signore...»*. *La scienza e la vita di Albert Einstein*, op. cit., p. 26.

[106] Ibidem.

[107] R. COTES, *Prefazione dell'editore alla seconda edizione*, in I. NEWTON, *Principi matematici della Filosofia naturale*, a cura di A. Pala, Torino 1989, p. 79. In realtà alla fine della sua Opera, nello *Scolio Generale*, Newton stesso ammette che «l'ipotesi dei vortici è soggetta a molte difficoltà. [...] Le comete sono trasportate con moti fortemente eccentrici in tutte le parti del cielo, il che non potrebbe essere fatto se non si eliminano i vortici» (ivi, p. 797). Ma una cosa è eliminare i vortici, un'altra è eliminare la natura fluidodinamica alla base degli stessi, come invece fa Cotes.

meccanismo nascosto per la sua gravità. Così si spiegano le parole poste alla fine della sua opera: «Fin qui ho spiegato i fenomeni del cielo e del nostro mare mediante la forza di gravità, ma non ho mai fissato la causa della gravità. [...] In verità non sono ancora riuscito a dedurre dai fenomeni la ragione di questa proprietà della gravità»[108]. Ed in una delle sue lettere a *Richard Bentley*, precisamente la seconda del 17 gennaio 1693, scrive: «Voi parlate a volte della gravità come essenziale e inerente alla materia. Vi prego di non attribuirmi una simile nozione, infatti la causa della gravità è ciò che io non pretendo di conoscere». E nella lettera successiva, si esprime con la massima chiarezza: «È inconcepibile che la materia bruta e inanimata possa, senza la mediazione di qualcosa di diverso che non sia materiale, operare ed agire su altra materia senza contatto reciproco, come dovrebbe appunto accadere se la gravitazione nel senso epicureo fosse essenziale o inerente alla materia stessa. E questa è la ragione per cui desidero che non mi si attribuisca la gravità come innata. Che la gravità possa essere innata, inerente e essenziale alla materia, così che un corpo possa agire su un altro a distanza e attraverso un vuoto, senza la mediazione di qualcosa grazie a cui e attraverso cui l'azione e la forza possano essere trasportate dall'uno all'altro, ebbene, tutto ciò è per me un'assurdità così grande, che io non credo che un uomo il quale abbia in materia filosofica una capacità di pensare in maniera reale, possa mai cadere in essa. La gravità deve essere causata da un agente che agisca sempre secondo certe leggi; e ho lasciato alla considerazione dei miei lettori il problema se quell'agente è materiale o immateriale».

In realtà Newton, così come farà in seguito Maxwell, si arrovellerà la mente nel cercare di trovare la spiegazione fluidodinamica della gravità, fino ad arrendersi. Così si spiegano le parole impresse in una lettera del 1678 che Newton spedì a Robert Boyle: «Io suppongo che vi sia, diffusa ovunque, una sostanza eterea, capace di contrarsi e di dilatarsi, fortemente elastica e, in breve, del tutto simile all'aria da ogni

---

[108] Ivi, p. 801.

punto di vista, pur essendo molto più sottile di essa»[109]. Ma con il passare degli anni emergerà sempre più l'esigenza di un plenum eterico che spieghi il perché dei fenomeni, come dichiarerà nelle nuove *Quaestiones* aggiunte alle ultime edizioni della sua *Opticks*[110].

Dobbiamo dunque ammettere, con le parole del grande matematico René Thom, medaglia Fields nel 1958: «Descartes, con i suoi vortici e i suoi atomi uncinati, spiegava tutto e non calcolava nulla; Newton con la legge di gravitazione in $1/r^2$ calcolava tutto e non spiegava nulla»[111]. Il potere esplicativo delle teorie fisiche ai livelli 1 e 2 – teoria-tipo 1 e teoria-tipo 2 – risulta lacunoso: il grado massimo di completezza si ha col terzo livello, che è la meta dell'affannosa ricerca delle teorie eteriche. Ciò è dimostrato dalla ricerca incessante che i massimi cervelli di ogni tempo hanno dedicato. Abbiamo visto come Maxwell cercò una spiegazione di tipo eterico per una vita intera, mentre le sue famose equazioni rimasero alla fine denudate, nonostante fossero sorte come *epifenomeno* sopra la valanga di modellizzazioni rincorse dalla sua immaginazione. Vedo e accarezzo lo Stregatto di Alice, ma quando mi chiedi di disegnarlo ti lascio solo il «sorriso del gatto del Cheshire privo del gatto stesso», per usare le parole di Dingle[112]. Eppure «Maxwell ha sempre avuto il problema del significato fisico delle sue equazioni, ha sempre inteso che esse parlassero di un mezzo effettivamente esistente (anche se difficile da caratterizzare) e che non si riducessero a un semplice costrutto matematico quale appariva»[113]. «Si è soliti attribuire la legittima

---

[109] Cit. in E. BELLONE, Caos e armonia : storia della fisica moderna e contemporanea, Torino 1990, p. 69.

[110] I. NEWTON, *Scritti di Ottica*, a cura di A. Pala, Torino 1978, in particolare p. 295 e la sezione intitolata "Libro terzo dell'ottica", pp. 537 sgg.

[111] R. THOM, Parabole e Catastrofi. Intervista su matematica, scienza e filosofia, a cura di G. Giorello e S. Morini, Milano 1980, p. 8.

[112] H. DINGLE, *Science at the Crossroads*, op. cit., p. 155.

[113] E. AGAZZI, Introduzione, in MAXWELL, Trattato di elettricità e magnetismo, op. cit., p. 67.

ascendenza proprio a Maxwell, ossia l'idea di *campo*. [...] Ma che significato aveva scegliere, per così dire, di trattare un settore della fisica mediante una teoria di campo? La risposta è interessante: tale scelta comportava l'ammissione che, in quel settore della realtà fisica, si fosse in presenza di azioni attraverso un mezzo»[114]. Così Agazzi sottolinea un particolare di capitale importanza per la comprensione del concetto di campo, ma che oggi sembra essere svanito insieme al concetto di etere: *la presenza indispensabile di un mezzo*.

D'altra parte basterebbe vedere cosa dice lo stesso Maxwell in *On the dynamical evidence of the molecular constitution of bodies*: «Quando un fenomeno fisico può essere completamente descritto come un mutamento nella configurazione e nel movimento di un sistema materiale, si dice che la spiegazione dinamica di quel fenomeno è completa. Noi non possiamo concepire che sia necessaria, desiderabile o possibile, una qualunque spiegazione ulteriore, poiché basta che noi sappiamo che cosa si intende con le parole configurazione, movimento, massa e forza, per vedere che le idee da esse rappresentate sono talmente elementari da non poter essere spiegate per mezzo di nient'altro»[115]. Evidente, dunque, il suo anelito ai «chiari principi della meccanica»[116], desiderando non travalicare quei «limiti della vera e

---

[114] E. AGAZZI, *op. cit.*, pp. 65-66.

[115] *Papers* II, p. 418 (cit. in AGAZZI, *op. cit.*, p. 78). Commenta Agazzi: «Come si vede, è qui espressa con tutta chiarezza la convinzione secondo cui la "spiegazione dinamica" di un fenomeno fisico costituisce (quando sia possibile giungervi) una spiegazione ultimativa, una comprensione totale di esso, il che è appunto il nocciolo concettuale della posizione meccanicista. [...] Non pare corretto, quindi, dubitare che Maxwell aspirasse, tutte le volte che gli fosse possibile, a mettere le mani su una "spiegazione meccanica"» (*Ibidem*).

[116] «[Newton] ama pensare al peso come a una qualità intrinseca ai corpi e far rivivere le screditate idee delle qualità occulte e dell'attrazione... Noi desideriamo filosofare sempre sulla base dei chiari principi della meccanica; se li abbandoniamo, tutta la luce che possiamo raggiungere si estinguerà e noi torneremo a essere immersi nelle antiche tenebre del peripatetismo, dalle quali ci salvi il cielo» (SAURIN, *Histoire de l'Académie Royale des Sciences*, 1709, p. 148 [cit. in M.B. HESSE, *Forze e campi. Il concetto di azione a distanza nella storia della fisica*, Milano 1974, p. 183]).

82

sana filosofia» ben marcati da Huygens[117]. Come spiega Maupertuis: «Nulla è più bello dell'idea di Descartes, che voleva che si spiegasse tutto in fisica con la materia e il moto»[118].

Se è vero che Maxwell sembra essersi valso spesso dei modelli soltanto come fonti di analogie, è pur vero che «questa è stata, più che una scelta deliberata, una situazione subita. Non disponendo di verifiche indipendenti per i suoi modelli del campo elettromagnetico, egli non aveva, per così dire, fondamenti adatti per conferire loro "realtà fisica" e doveva quindi accontentarsi di far loro svolgere l'utile funzione di suggerire analogie, da sfruttare sapientemente dal punto di vista matematico. *In nessun caso, però, egli sarebbe stato disposto ad ammettere che la spiegazione ultima dei fatti elettromagnetici dovesse essere cercata fuori dalla meccanica*»[119]. Il *Treatise*, spesso superficialmente portato a prova di un superamento della posizione meccanicistica da parte di Maxwell, rivela invece, ad un'analisi obiettiva, quella fiducia di poter un giorno «spiegare fisicamente i fatti fisici» così come aveva esternato in *Faraday's lines*: «Anche se non riesce a mettere a nudo l'autentico "meccanismo" che, secondo Maxwell, sottostà alle manifestazioni del campo elettromagnetico, si riesce a dare di quest'ultimo almeno una "teoria meccanica", ossia una illustrazione che chiama in causa solo concetti meccanici e che nel *Trattato* (grazie al ricorso ai metodi langragiani, che permettono di sviluppare una trattazione rigorosa anche in assenza di conoscenze sui dettagli del meccanismo) potrà addirittura assumere la forma canonica cui sono in generale sottoponibili tutte le branche della meccanica. A questo punto possiamo dire che Maxwell era pervenuto a giustificare la sua

---

[117] C. HUYGENS, *Discours de la cause de la pesanteur*, 1690, in Oeuvres XXI, 1891, p. 446 (cit. in E.J. DIJKSTERHUIS, *Il meccanicismo e l'immagine del mondo*, Milano 1980, p. 619).

[118] P.L.M. DE MAUPERTUIS, *Discours sur les différentes figures des astres*, in *Oeuvres*, nouv. éd., 4 voll., Lyon 1756, vol. I, p. 164 (cit. in P. CASINI, *Newton e la coscienza europea*, op. cit., p.73).

[119] AGAZZI, op. *cit.*, p. 77 (corsivo aggiunto).

convinzione, secondo cui una struttura meccanica sottostante il campo elettromagnetico *c'è*, anche se egli non era in grado di dire esattamente *quale è*»[120].

Ma nonostante la spinta meccanicista da parte di Maxwell[121], i fisici successivi si arresero e lasciarono il posto al puro formalismo matematico. Spiega Max Born: «Fu Heinrich Hertz ad allontanarsi deliberatamente da qualsiasi speculazione meccanicistica. [...] Questa esplicita rinuncia a una spiegazione meccanicistica fu di estrema importanza da un punto di vista metodologico e aprì la strada ai grandi progressi delle ricerche di Einstein»[122]. Ma, allora, come spiegare la conversione all'etere da parte di Einstein?

[IX] – La conversione di Einstein e la resurrezione dell'etere

Partiamo dalla genesi del concetto di etere. Il termine "aither", deriva dal sanscrito "aidh" e denota un fuoco che brucia intensamente. Esso era pure usato nel linguaggio mitologico e poetico degli antichi Greci, per i quali era l'elemento cristallino con cui era fatto l'universo. Aristotele ne diede una trattazione sistematica, sostenendo che l'etere costituiva l'essenza del mondo celeste, diversificandolo in questo modo dai quattro elementi di cui riteneva composto il mondo terrestre: terra, acqua, aria e fuoco. Il Filosofo riteneva che l'etere fosse eterno, immutabile, senza peso e trasparente. Queste qualità di eternità e staticità dell'etere erano esse stesse causa dell'immutabilità del cosmo, in contrapposizione alla Terra, luogo in continuo divenire.

---

[120] *Ivi*, pp. 79-80.

[121] Tanto che chiude il suo *Trattato* con le seguenti parole: «Perciò tutte queste teorie portano al concetto di un mezzo in cui si verifica la propagazione e, se si ammette questo mezzo come ipotesi, io penso che dovrebbe occupare un posto preminente nelle nostre ricerche, e che dovremmo tentare di costruire una rappresentazione mentale di tutti i dettagli della sua azione, il che è stato lo scopo costante di questo mio trattato» (§ 866).

[122] MAX BORN, *La sintesi einsteiniana*, Torino 1969, p. 232.

«A partire da Cartesio, seguito da Newton e Boerhaave, l'etere diventò parte integrante della filosofia meccanicistica e raggiunse l'acme nelle diverse teorie dell'etere del secolo diciannovesimo. Per Oliver Lodge, ad esempio, uno dei più rumorosi difensori dell'etere, serviva come mezzo non solo per la propagazione delle onde elettromagnetiche ma anche per la trasmissione dei pensieri nei fenomeni extrasensoriali e telepatici»[123].

Alla fine dell'Ottocento la realtà dell'etere era più che una speranza, si era vicini ad una solida certezza, come ogni fisico presagiva facendo sua la dichiarazione del grande Lord Kelvin: «Di una cosa insomma siamo sicuri, e cioè della realtà e della sostanzialità dell'etere luminifero»[124]. Kelvin, «che i suoi contemporanei onoravano come un secondo Newton»[125], nello stesso anno in cui Einstein pubblicò il suo lavoro fondamentale sulla relatività – e che da lì a poco avrebbe portato i fisici dei quattro continenti a ritornare indietro al vuoto di Leucippo, Democrito e Lucrezio – «ottantunenne, lavorava all'interazione tra modello atomico ed etere»[126]. Egli rimase sempre convinto, fino alla fine dei suoi giorni, che l'etere fosse la vera chiave della fisica: esso avrebbe potuto assumere la veste di *chora* platonica, di *hyle* aristotelico o di sostrato ultimo della materia. La sua idea di *atomo-vortice*[127] riecheggerà fino ai primi anni del Novecento, e sarà

---

[123] M. JAMMER,, op. cit., p. 7.

[124] E. BELLONE, *Introduzione*, in *Opere di Kelvin*, Torino 1971, p. 36.

[125] Ivi, p. 39.

[126] Ibidem.

[127] KELVIN, *L'atomo-vortice*, «Proceedings of the Royal Society» di Edinburgo, 1867, in KELVIN, *Opere*, a cura di E. Bellone, op. cit., pp. 525-546. Cfr. pure E.T. WHITTAKER, *A History of the Theories of Aether and Electricity*, op. cit., pp. 324-336. Affascinato dal *Wirbelbewegung* [moto vorticoso] scoperto da Helmholtz, Kelvin ricostruirà una teoria degli *atomi-vortici* intessuti e immersi in un superfluido. In questo modo potrà vantare un superamento dell'atomo democriteo: «L'atomo di Lucrezio non ha, *prima facie*, alcun vantaggio rispetto all'atomo di Helmholtz» (ivi, p. 526). Persino le proprietà "orbitaliche", comprese le spettroscopiche, che Erwin Schrödinger apporterà decenni dopo con la sua

ritenuta sorpassata solo col successo della relatività di Einstein prima e con l'avvento della meccanica quantistica poi, per essere ripresa infine, in modo sublimato, dallo scienziato bergamasco Marco Todeschini nel suo monumentale trattato del '49[128].

Le speranze di una spiegazione eterico-fluidodinamica dei fenomeni fisici nei primi anni del Novecento erano immense. Fino a quando sulla scena non apparve la figura di Einstein come quella di un supereroe che, attorcigliando la trama eterica dello spazio con dei blocchi di *kriptonite* e scaraventandoli nell'oltre-spazio, ripulì il vuoto sporcato dagli scienziati *visionari* di stampo cartesiano. Sennonché, se

---

meccanica ondulatoria sembravano essere a portata di mano e anticipate con la teoria di Kelvin: «L'autore ha richiamato l'attenzione su una proprietà veramente importante dell'atomo-vortice, in riferimento a quel tipo di analisi spettrale di cui si celebrano ora i pregi e che è dovuta alle scoperte ed ai lavori di Kirchhoff e di Bunsen, i quali l'hanno fondata praticamente. La teoria dinamica vertente su tale argomento, che il professor Stokes ha insegnato all'autore della presente comunicazione prima ancora del settembre del 1852, e che egli stesso ha insegnato nelle sue lezioni all'Università di Glasgow a partire da allora, rendeva necessario che la costituzione intima ed ultima dei corpi semplici fosse tale da avere uno o più periodi fondamentali di vibrazione, analogamente a quanto si ha nel caso di uno strumento musicale con una o più corde, oppure in quello di un solido elastico costituito da uno o più diapason rigidamente interconnessi. L'ipotizzare una simile proprietà nell'atomo di Lucrezio… [sarebbe difficile, mentre] l'atomo-vortice, invece, come illustrano le esperienze mostrate alla Società, possiede dei modi fondamentali di vibrazione perfettamente definiti che dipendono unicamente da quel tipo di movimento la cui esistenza stessa costituisce l'atomo-vortice» (ivi, pp. 533-535). Kelvin fa pure intravvedere che future ricerche potranno spiegare con il suo vortice i fenomeni magnetici ed elettromagnetici, in quanto il *Wirbelbewegung* costituente l'atomo potrebbe fare da sostrato e rappresentare il meccanismo nascosto di un tipico campo di forze. Il merito di tale sintesi però, cioè di una *unificazione qualitativa della materia e dei suoi campi di forze*, spetterà al Todeschini, qualche decennio dopo. Cfr. la nota successiva, e anche M. TODESCHINI, *L'unificazione qualitativa della materia e dei suoi campi di forze continui ed alterni*, in «Atti dell'Ateneo di Scienze Lettere ed Arti di Bergamo», Rendiconti della Classe di Scienze Fisiche, Vol. XXIX, Anni 1955-1956, Bergamo 1957.

[128] M. TODESCHINI, La teoria delle apparenze - Spazio-dinamica e psico-bio-fisica, Bergamo 1949.

questo fosse il primo capitolo di un fumetto, il secondo capitolo parlerebbe in termini contrapposti, un vero colpo di scena alla Agatha Christie. Con la seconda Relatività Einstein fa risuscitare l'etere! Naturalmente lo scienziato tedesco starà attento a non farsi scoprire troppo, mimetizzando spesso il termine etere con quello molto più tollerato di *spaziotempo*. Siamo nel 1919 quando il padre della Relatività sussurra all'orecchio del fisico eterista più celebre del momento le seguenti parole: «Sarebbe stato più corretto se nelle mie prime pubblicazioni mi fossi limitato a sottolineare l'irrealtà *della velocità* dell'etere, invece di sostenere la sua totale non esistenza. Ora comprendo che colla parola etere non si intende niente altro che la necessità di rappresentare lo spazio come portatore di proprietà fisiche»[129]. E due anni più tardi, nel *Manoscritto Morgan* del 1921 egli preciserà: «Nel 1905 ero del parere che in generale non si potesse più parlare di etere in fisica. Questa opinione era però troppo radicale, come vedremo con le seguenti considerazioni sulla teoria di relatività generale. Resta permesso *proprio come prima* di accettare un mezzo che riempia lo spazio, nei cui stati si possano riconoscere i campi elettromagnetici (e quindi anche la stessa materia)»[130]. Super colpo di scena! Per almeno tre motivi notevoli: 1) il conflitto irriducibile della realtà di uno spazio pieno con la teoria precedente avallante uno spazio vuoto, come approfondiremo in seguito; 2) l'incoerenza della nuova teoria con la metafisica relazionale di Mach invocata dallo stesso Einstein, cioè che l'inerzia dei corpi agisca solo in funzione della disposizione relativa delle masse degli altri corpi dell'universo; 3) lo spazio vuoto ontologico della prima relatività che ancor oggi viene osannato diventa a questo punto una bolla di sapone, un bluff, visto che le pareti che rinchiudevano gli ultimi giorni della vita di Einstein

---

[129] A. EINSTEIN, *Lettera a H.A. Lorentz,* 15-11-1919, EA 16 494, tr. it. riportata in L. KOSTRO, *Einstein e l'etere. Relatività e teoria del campo unificato,* op. cit., p. 12.

[130] A. EINSTEIN, *Grundgedanken und Methoden der Relativitàtstheorie in Hirer Entwicklung dargestellt* (Manoscritto Morgan), EA 2070, tr. it. riportata in L. KOSTRO, op. cit., p. 12, corsivo aggiunto.

hanno vibrato all'unisono sotto l'espressione del suo pensiero più profondo: «Non esiste alcuno spazio "vuoto"»[131]!

Einstein avrebbe potuto usare la denominazione «etere relativistico» per mascherare il conflitto tra le due teorie della relatività, ma lo usò solo una volta in una lettera indirizzata ad Arnold Sommerfeld, usando il chimerico modello dell'*ultrareferenzialità*[132]. Nessun etere può essere "relativistico" o "ultrareferenziale", perché lo sarebbe solo dal lato epistemologico e non da quello ontologico. E questo Einstein lo sapeva bene. Sarebbe stato un altro *postulato di impotenza* di Whittaker. Più facile fu per Einstein mascherare la sostanzialità dell'etere con lo stesso spazio. Ma come avverte Kostro, in questo modo si può ingannare solo il profano[133], infatti «ancora una volta lo spazio "vuoto" appare così dotato di proprietà fisiche, dunque non più vuoto dal punto di vista fisico come sembrava essere secondo la relatività speciale. *Si può anche dire che l'etere è nuovamente resuscitato nella relatività generale*, anche se in forma sublimata»[134].

[X] – Le Onde Gravitazionali appartengono all'etere

Da quando è stato dato l'annuncio della scoperta delle *onde gravitazionali* registrate il 14 settembre 2015, alle 10:50:45 ora italiana (09:50:45 UTC, 05:50:45 am EDT), i media e i servizi d'informazione di tutto il mondo hanno fatto brillare le loro antenne su ogni angolo del pianeta. Una notizia che ha ulteriormente potenziato la leggendaria figura di Einstein a cento anni esatti dalla nascita della sua Relatività Generale. Il messaggio viene ripetuto a tamburo battente da giornali, riviste scientifiche, documentari, news:

---

[131] A. EINSTEIN, *Prefazione*, in M. JAMMER, *Storia del concetto di* spazio, Milano 1981, p. 12.

[132] Cfr. L. KOSTRO, op. cit., p. 13.

[133] Ibidem.

[134] A. EINSTEIN, *Manoscritto Morgan*, op. cit., § 22, tr. it. riportata in L. KOSTRO, op. cit., p. 153, corsivo aggiunto.

«Einstein aveva ragione!» Quel centesimo di secondo registrato dagli interferometri statunitensi LIGO, saturato da una forma d'onda che ricorda uno smorzamento invertito, è quanto basta per la stupefacente deduzione fatta dalla collettività dei cervelli dal camice bianco: si tratta – dicono – del residuo cosmico di un'onda prodotta nell'ultima frazione di secondo del processo di fusione di due buchi neri, i quali, prima di fondersi, hanno spiraleggiato, per poi scontrarsi a una velocità di circa 150.000 km/s, la metà della velocità della luce.

«L'onda di Einstein» – così è stata battezzata – avrebbe rivelato l'eco di un evento lontano nel tempo, un miliardo e trecento milioni di anni fa, anche se si rimane stupiti dalla precisione di questa seconda deduzione, visto che contrariamente ai telescopi che possono osservare solo una piccola porzione del cielo alla volta, capaci di essere direzionati lungo la volta celeste, i rivelatori di onde gravitazionali sono per loro natura non direzionali e sono quindi in ascolto di un grande volume di universo, il cui raggio è ovviamente determinato dalla sensibilità dei rivelatori[135]. Anche perché esiste un dibattito aperto circa il tempo di transito delle onde gravitazionali e la sua supposta uguaglianza con quello dei bagliori luminosi provenienti dalla stessa origine, cosa che mette in dubbio il valore di garanzia della bontà delle deduzioni data dall'entusiasmo di aver registrato anche un bagliore provenire da una certa regione del cielo, nello stesso momento della rivelazione dell'«onda di Einstein». Inoltre non è detto che non si siano scambiate per esoteriche onde gravitazionali delle

---

[135] Anche il numero dei rivelatori è importante, così come la loro dislocazione sulla superficie del pianeta al fine di recuperare la direzione dell'onda tramite un'analisi del ritardo tra un interferometro e l'altro. Con due soli dispositivi in funzione, come è avvenuto il 14 settembre del 2015, non è possibile eseguire misure accurate sul transito dell'onda, a meno che quest'ultima non si propaghi lungo la retta di congiunzione dei due rivelatori. Per un minimo di precisione sono necessari almeno tre, allineati ai vertici di un triangolo. Peccato che l'interferometro Virgo, situato in Italia nei pressi di Pisa, non fosse attivo in quel momento magico della rilevazione.

entità più innocenti, semplici "distorsioni" del campo magnetico prodotto da una o più *magnetar* al posto dei buchi neri[136].

Ma qui la fretta di arrivare a nuovi traguardi e a nuove frontiere è tanta: un secolo di tentativi falliti avevano scoraggiato la comunità scientifica fino adesso, l'ultimo dei quali è stato il falso "Eureka!" dell'esperimento BICEP2[137]. Lawrence Krauss, cosmologo di fama internazionale, prendendo le distanze dai fallimenti assicura che presto, la misura del fondo stocastico gravitazionale che può essere originato da sorgenti cosmologiche oltreché astrofisiche, porterà informazioni sull'universo primordiale a un tempo molto prossimo al momento del Big Bang. Ma non si accontenta di tutto ciò, egli porta la novità all'estremo: le onde gravitazionali potrebbero dare la conferma sperimentale al «multiverso», un numero infinito di universi scollegati tra loro, con infinite copie di noi stessi! «Anche se forse non riusciremo mai a osservare direttamente altri universi, ci convinceremmo della loro esistenza allo stesso modo in cui i nostri predecessori agli inizi del XX secolo erano convinti dell'esistenza degli atomi senza essere ancora in grado di osservarli direttamente»[138]. Sarà opportuno notare che a ciò non è stato dato il nome di *fantascienza* romanzata, ma di *scienza contemporanea*. Si tratta del credo scientifico

---

[136] Una *magnetar* (contrazione dei termini inglesi *magnetic star*, stella magnetica) è una stella di neutroni che possiede un enorme campo magnetico, milioni di miliardi di volte quello terrestre. Si comporta come un magnete superpotente, fino all'estremo valore di diecimila miliardi di tesla (= cento milioni di miliardi di gauss). Se confrontato col campo magnetico terrestre – valore minore di un gauss – si riesce forse a catturare con l'immaginazione la grandezza smisurata del campo magnetico di un tale oggetto celeste. Ulteriori informazioni al riguardo si trovano in R.V. MACRÌ, *Simmetrie forzate e simmetrie infrante nella Relatività Speciale*, in R.V. MACRÌ (a cura di), *Asimmetrie antirelativistiche*, op. cit.

[137] Cfr. L. KRAUSS, *Un messaggio dal big bang*, «Le Scienze», 554, 2014, pp. 33 sgg; A. BALBI, *La lezione di BICEP2*, «Le Scienze», 553, 2014, p. 22; M. CATTANEO, *Le onde della discordia*, «Le Scienze», 554, 2014, p. 7; G. SPATARO, *Sempre più ombre su BICEP2*, «Le Scienze», 555, 2014, p. 12.

[138] Ivi, p. 41.

più profondo di buona parte della comunità scientifica mondiale. Tra i sostenitori dell'esistenza del multiverso ci sono i nomi più grandi del panorama accademico-scientifico del nostro tempo: Stephen Hawking, Steven Weinberg, Brian Greene, Michio Kaku, Neil Turok, Lee Smolin, Max Tegmark, Andrej Linde, Alex Vilenkin. Ma l'elenco potrebbe continuare a lungo. Oggi non desta più meraviglia, d'altra parte, che le novità einsteiniane siano riuscite ad intessere il substrato "fabulatrico" e fantascientifico dell'intera società. Per intere classi di intellettuali, uomini di pensiero, studiosi, lo spaziotempo einsteiniano è stato un incontro fatale, uno "stargate" per entrare «nella possibilità di dimensioni addizionali»[139]. Così, se i fisici di oggi si sono stancati di giocare col "gatto di Schrödinger", è in arrivo il *ponte di Einstein-Rosen* con tanto di «passeggiate tra universi paralleli». La letteratura scientifica contemporanea sta vivendo un momento aureo sotto l'insegna dell'incredibile addomesticato, del chimerico conquistato, dell'inverosimile reso attendibile, dell'assurdo finalmente concepibile. Tra i filoni più gettonati compaiono i "fotoni coscienti", gli "universi paralleli" e i "viaggi nel tempo". I modelli fisici proposti, scrivono a grande lettere gli autorevoli scienziati Everett e Roman nel loro testo più recente destinato a diventare un best seller – *Come viaggeremo nel tempo : Una guida scientifica alle scorciatoie del nostro universo* – «gettano luce su come potrebbero apparire macchine del tempo nel contesto della relatività generale»[140].

---

[139] L. KRAUSS, Dietro lo specchio. Il misterioso fascino delle dimensioni addizionali, da Platone alla teoria delle stringhe e oltre, Torino 2007, p. 81.

[140] A. EVERETT – T. ROMAN, Come viaggeremo nel tempo. Una guida scientifica alle scorciatoie del nostro universo, Milano 2016, p. 289. Cfr. pure, ad esempio, R. RUCKER, La quarta dimensione. Un viaggio guidato negli universi di ordine superiore, Milano 1995. E anche, J. GRIBBIN, Costruire la macchina del tempo. Viaggio attraverso i buchi neri e i cunicoli spazio-temporali, Roma 1996; M. KAKU, Iperspazio. Un viaggio scientifico attraverso gli universi paralleli, Cesena 2002; M. KAKU, Mondi paralleli. Un viaggio attraverso la creazione, le dimensioni superiori e il futuro del cosmo, Torino 2006. «Quindi il futuro è davvero là fuori, ed è possibile visitarlo. Per disporre di una macchina del tempo funzionante basta avere

Il lettore dovrebbe rimanere atterrito dal processo in atto: la nebulizzazione dell'empiria e del buon senso in confezione spray, una fragranza eterea che accompagna come una nuvoletta qua e là i piatti sostanziosi di una dieta esclusivamente pitagorica a base di costrutti matematici e matrici, «una specie di ricettario dunque, una manipolazione di simboli formali come nel famoso esempio della "stanza cinese" di John Searle[141], senza criptotipi[142], o semantica nascosta»[143]. Virtuosismi matematici intessuti su una fenomenologia forzata e spesso vuota di realtà. Appare, cioè, sottovalutato nella nostra epoca il pericolo di una matematica "cabalistica" che – usando i

---

un'astronave in grado di viaggiare a una velocità molto prossima a quella della luce oppure capace di resistere alle condizioni letali che sussistono nelle vicinanze di una stella di neutroni» (P. DAVIES, Come costruire una macchina del tempo, Milano 2003, p. 39). «Se cercassimo di seguire esattamente una linea di tempo chiusa (detta CTC, closed timelike curve) per tutta la lunghezza, andremmo a urtare contro noi stessi nel passato e a causa di quest'urto verremmo estromessi dal nostro stesso passato; seguendo invece solo parte di una CTC torneremmo nel passato e potremmo partecipare agli eventi che vi si svolgono: potremmo stringere la mano a una versione più giovane di noi stessi o, se il cappio fosse abbastanza grande, far visita ai nostri antenati» (D. DEUTSCH E M. LOCKWOOD, La fisica quantistica del viaggio nel tempo, «Le Scienze», 309, 1994, p. 62). Ma potremmo in linea di principio saltare nel passato, «a ritroso in un universo parallelo e là uccidere i nostri genitori prima che ci concepiscano»? (J. BARBOUR, La fine del tempo. La rivoluzione fisica prossima ventura, Torino 2003, p. 335). E pensare che tutto iniziò con l'incontro storico tra Einstein e Gödel (cfr. P. YOURGRAU, Un mondo senza tempo. L'eredità dimenticata di Gödel e Einstein, Milano 2006). Il più grande logico del Novecento dichiarò: «Sono possibili i viaggi nel tempo ma nessuno cercherà mai di uccidere se stesso nel passato»! (Gödel, cit. in R. RUCKER, La mente e l'infinito, Padova 1991, p. 200).

[141] J. SEARLE, *Menti, cervelli e programmi*, Milano, 1984, pp. 48-51; o anche, sempre dello stesso autore, *Mente cervello intelligenza*, Milano, 1988, pp. 24-28.

[142] Un *criptotipo* è «un significato sommerso, sottile ed elusivo, che non corrisponde a nessuna parola reale, ma di cui pure l'analisi linguistica mostra l'importanza funzionale nella grammatica» (B.L. WHORF, *Linguaggio pensiero e realtà*, Torino 1970, p. 55).

[143] U. BARTOCCI – R.V. MACRÌ, *Il linguaggio della matematica*, «Episteme», n. 5, 2002, p. 170.

termini di Bacone – «generi» e «procrei» la scienza stessa. «Ho scoperto molto tempo fa che ogni cosa può essere dimostrata con un'equazione matematica. Nota bene, voglio dire tutto; dagli unicorni ai draghi sputafuoco… Niente di tutto questo è vero. Io ed i pochi che sanno la verità l'abbiamo utilizzata per cavalcare l'onda della celebrità», ha confessato in un intervista un autorevole scienziato contemporaneo[144].

---

[144] Vale la pena citare l'intera intervista fatta dalla W.W.News al Fisico quantistico teorico Amit Goswami dell'Università dell'Oregon, in data 10 febbraio 2015: «THEORETICAL Quantum Physicist Dr. Amit Goswami admitted today that he, and his peers, have absolutely 'no fucking idea' what they're doing, and claims they were no nearer than prehistoric man to figuring out the Universe. "We have been just winging it to tell you the truth," explained the 78-year-old in an exclusive interview with WWN. "Seriously, I haven't a clue what's going on. Either does anyone else in my field. We keep proving stuff that never actually happened". "Our cover is blown, what can I say? He added. Dr. Goswami's comments came after yet another alleged breakthrough in quantum mechanics which claims the universe has existed forever, as opposed to being created by a 'big bang'. "Over the years there have been just a handful of us pretending to know something about the universe that no one else does," he went on. "But this is all lies to feed the charade. I've had some great times during the years; travelling the world, and giving talks on our pretend finds". When asked how he got away with it for so long, he replied: "I found out a long time ago that everything can be proven with a mathematical equation. Now, I mean everything; from unicorns, fire-breathing dragons, God and even the G-spot. None of it is true. Me and the handful that know the truth have been riding the Quantum Physicist celebrity wave for quite some time now, but it must end – before someone gets hurt". The University of Oregon professor warned that the European Organisation for Nuclear Research, known as CERN, could potentially wipe out the entire planet if the project is not put to a halt. "Seriously, when myself, Higgs and Ben (Benjamin Lockspeiser CERN's first president) first pitched the idea, we never thought it would get funding. It was gonna cost billions for Christs sake," he recalled. "Fuck knows what the thing does – no one does. Firing particles at each other at the speed of light can't end well. I'm just worried now we took the joke too far". Ending the interview, professor Goswami apologised for "spoofing" everybody over the years. "I'm coming near the end of my days now and I just want to get this off my chest," he said. "I just hope the world can forgive us"».

Come diagnosticò nel lontano '47 il grande genio e matematico von Neumann, inventore della struttura del computer moderno: «Quando una disciplina matematica si allontana di molto dalla sua fonte empirica o, il che è ancora peggio, se per due o tre generazioni viene ispirata solo indirettamente dalla "realtà", essa corre pericoli estremamente gravi. Diventa sempre più un'attività puramente estetica, sempre più *l'art pour l'art*…, esiste il pericolo che la disciplina si sviluppi lungo la linea che offre minor resistenza; è possibile che la corrente così lontana dalla sua fonte, si separi in una moltitudine di diramazioni insignificanti e quella disciplina diventi una massa disorganizzata di dettagli e nozioni complesse»[145].

Nel nostro tempo, tale profezia si è avverata. Lo scienziato contemporaneo è accecato dal formalismo, infetto da un'epidemia della matematica. Egli appare letteralmente "drogato" dalla *libertà cantoriana*[146] della regina delle scienze. Dimentico dell'invito alla cautela espresso dal padre stesso della Relatività, si stordisce ripetutamente con formalismi esotici. Eppure lo stesso Einstein aveva più volte cercato «di impedire che l'apparato matematico (per il quale aveva alta considerazione, particolarmente quando lo usò per formulare la teoria della relatività generale) [arrivasse a oscurare] il contesto fisico. Il senso fisico era per lui qualcosa di veramente fondamentale; credeva che un atteggiamento di questo tipo dovesse essere adottato da ogni fisico, e per questo motivo lodava questa

---

[145] Cit. in F. SELLERI, *Fisica senza dogma*, Bari 1989, pp. 59-60. Il grande Ettore Majorana era già del tutto consapevole di questo stato di cose al suo tempo: «C'è nella filosofia della scienza d'oggi quasi un'immensa diffidenza della natura. Forse, direbbe Federico Nietzsche, un nuovo spirito apollineo che ha paura della verità naturale, e vuole costruire qualcosa di puro, di razionale, di immateriale, per cui il rigore logico, la dimostrazione matematica, il calcolo sublime darebbero la misura del vero. In questo modo si riduce il problema della scienza a mera costruzione ipotetico-deduttiva, la quale conduce a conclusioni necessarie e forzose sulla base di asserzioni ipotetiche ritenute sicure e incontestabili» (cit. in U. BARTOCCI, *La scomparsa di Ettore Majorana: un affare di stato?*, Bologna 1999, p. 88).
[146] Cfr. *Neopitagorismo e Relatività*, del presente autore, op. cit.

94

capacità nei suoi colleghi ogni volta che ne trovava uno che ne fosse dotato. Per esempio egli scrisse al rinomato fisico Paul Ehrenfest, suo amico personale: "Tu sei uno dei pochi teorici che non sono stati privati della loro intelligenza naturale dall'epidemia di matematica"»[147]. Insiste Kostro: «Einstein voleva solo far capire che persino quando dei bravi specialisti manovrano con facilità le formula matematiche, creando spesso l'illusione di una loro profonda comprensione dei contenuti fisici, ciò può invece non essere vero. Può infatti accadere che una persona sia in grado di padroneggiare in modo eccellente il formalismo matematico di una data teoria senza comprenderne il significato fisico profondo»[148].

«Privati della loro intelligenza naturale»: sono le parole di Einstein rivolte alle menti matematiche sature di formalismo. Non esisterà forse anche con il linguaggio della matematica quel processo ben

---

[147] L. KOSTRO, op. cit. , pp. 20-21.

[148] Ivi, p. 22. A conferma di ciò ci sembra gravida di significato la riflessione di Evandro Agazzi riguardo la pericolosità del tentativo contemporaneo di eliminare l'analisi filosofica da ogni campo della conoscenza scientifica, per arrivare ad un riduzionismo matematico di stampo hilbertiano: «La fecondità della trattazione matematica dipende strettamente dall'esattezza e dalla pertinenza dell'analisi filosofica preliminare, senza la quale essa può addirittura ingarbugliare le questioni e condurre fuori strada. Nulla di strano in tutto questo: accade così per la trattazione matematica di un qualunque problema che non sia matematico per sua natura, nel tradurlo matematicamente si celano molti più rischi di errore che nella successiva trattazione matematica, come ciascuno di noi sa fin dall'esperienza della scuola elementare. La logica non fa eccezione a questa regola e si possono citare esempi famosi di cantonate prese da studiosi illustri nel matematizzare questioni e teorie logiche, pur disponendo di tutti gli strumenti matematici (ossia logico-matematici) adatti. Si pensi al pieno fraintendimento della sillogistica aristotelica contenuto nel modo con cui Whitehead e Russell la tradussero nei Principia Mathematica, incolpandola di errori che essa non contiene. Questi furono chiariti nella ben più adeguata simbolizzazione che ne diede Lukasiewicz, non già perché disponesse di un calcolo migliore, ma perché era stato capace di una più esatta comprensione delle questioni logiche trattate da quella sillogistica e aveva così potuto tradurle matematicamente in modo corretto» (E. AGAZZI, *Ragioni e limiti del formalismo. Saggi di filosofia della logica e della matematica*, Milano 2012, p. 141).

conosciuto in linguistica denominato *ipotesi di Sapir-Whorf* (o *Sapir-Whorf Hypothesis*, in sigla SWH[149]), altresì conosciuto come *ipotesi della relatività linguistica*? La SWH afferma che lo sviluppo cognitivo di ciascun essere umano è influenzato dalla lingua che parla. Nella sua forma più estrema, questa ipotesi diventa un assioma per il quale la lingua ha effetti di controllo sul pensiero e ammette che il modo di esprimersi determini il modo di pensare. Si spiegherebbe in questo modo il motivo, fino ad oggi sconosciuto, del perché è così difficile l'integrazione delle «due culture» in un'unica mente, cioè della cultura scientifica e di quella umanistica, per citare Charles Snow, chimico per educazione e romanziere per vocazione[150]. Le menti scientifico-matematico-ingegneristiche, a questo punto, sarebbero destinate – tranne rare eccezioni – a non essere interessate ad approfondire argomentazioni di carattere filosofico, e viceversa. Se le cose stavano in un rapporto diverso prima del Novecento, ciò sarebbe da imputare a una matematica dell'epoca meno formalizzata e non hilbertiana, ed a una contaminazione estremamente minore con il curriculum di studi fisici e ingegneristici.

Tutto questo ha dei collegamenti importanti con le centrate ponderazioni dell'amico Ludwik Kostro. C'è da sottolineare che quasi sempre il «significato fisico profondo» è legato a una "costellazione filosofica", una base concettuale di tipo filosofico. Ed è quello che manca, ad esempio, alle elucubrazioni dei fisici sulle onde gravitazionali. Ci limiteremo qui solo ad un paio di esempi, ma ciò sarà sufficiente ad avvalorare quanto asserito fino adesso. Andiamo per punti.

[a] – *L'errore di Galileo*. Si tratta dell'errore più comune commesso quasi quotidianamente dalla comunità scientifica. Esso viene a volte denominato "l'errore di Galileo", etichetta attribuita da Owen Gingerich, professore emerito di astronomia e storia della scienza

---

149 Cfr. L. WHORF, Linguaggio pensiero e realtà, op. cit.
150 C.P. SNOW, *Le due culture*, Venezia 2005.

all'università di Harvard[151]. Andiamo per gradi. Cosa hanno in comune le affermazioni seguenti?: 1) se piove allora ci sono nuvole in cielo; 2) se il sistema planetario è eliocentrico allora Venere presenterà delle fasi come la Luna; 3) se le masse curvano lo spazio circostante come vorrebbe la teoria della relatività generale allora la luce delle stelle dietro il nostro sole deve curvare anch'essa e la spedizione capitanata da Eddington deve poter registrare ciò; 4) se la relatività generale di Einstein è corretta allora deve essere possibile rivelare con apparecchiature particolari l'esistenza di onde gravitazionali; 5) se la relatività speciale è esatta allora dobbiamo rilevare la cosiddetta dilatazione del tempo, in particolare gli orologi (o qualunque evento ciclico come le oscillazioni atomiche) devono rallentare con la velocità.

Le cinque affermazioni ipotetiche hanno tutte la forma del "se... allora..." e vengono denominati negli studi di *logica* come *sillogismi ipotetici*. Questi erano già conosciuti da Aristotele, anche se su questo particolare aspetto non fece mai uno studio approfondito, mentre furono investigati minuziosamente dagli Stoici e dai logici medievali. Aristotele non li trattò sistematicamente perché non rispondevano al suo criterio di verità (semantico e non formale). Ad esempio, l'affermazione numero 4 è corretta solo formalmente, ma non implica alcuna verità basilare. Se la relatività generale è corretta non è detto che debbano esistere le cosiddette onde gravitazionali: esse appaiono nella teoria per *accidens* – direbbe Aristotele – e non aderiscono a una *condicio sine qua non* sostanziale. Tant'è vero che Einstein tra il 1936 e il '37 cambiò idea sulla sua teoria. In un lavoro congiunto con Nathan Rosen, Einstein «credette... di aver mostrato che le equazioni di campo relativistiche rigorose non prevedono l'esistenza di onde gravitazionali»[152]. Il manoscritto (ricorretto) fu posto in forma definitiva e spedito alla rivista scientifica specialistica "Physical

---

[151] O. GINGERICH, *L'affare Galileo*, «Le Scienze», 170, 1982.

[152] A. PAIS, «*Sottile è il Signore...*». *La scienza e la vita di Albert Einstein*, op. cit., p. 524.

Review" con il titolo *Do Gravitational Waves Exist?*[153]. Sappiamo per certo che all'epoca Einstein aveva cambiato radicalmente idea sull'esistenza delle onde gravitazionali: era arrivato a un ripensamento, a un «non esistono» deciso, come appare da una lettera scritta a Max Born nel '36:

> Insieme con un giovane collaboratore sono giunto all'interessante risultato che non esistono onde gravitazionali, nonostante che la loro esistenza apparisse certa in prima approssimazione. Ciò dimostra che le equazioni di campo non lineari della relatività generale ci dicono di più – ossia stabiliscono più vincoli – di quanto non si pensasse finora[154].

Inversione di marcia presa non solo da Einstein, quindi, ma anche da altri illustri scienziati e collaboratori, come Rosen, Infeld, Eddington...[155]. E questo in barba allo slogan dei nostri giorni: «Einstein aveva ragione!»

Ma torniamo all'*errore di Galileo*. Gingerich nella sua profonda ricerca storica arrivò a scoprire che Galileo aveva fatto il seguente errore nel ragionamento usato a conferma della natura eliocentrica del sistema planetario: 1) se il sistema planetario è eliocentrico Venere presenta le fasi; 2) Venere presenta le fasi; 3) perciò il sistema planetario è eliocentrico. Si tratta di una fallacia ben conosciuta nella logica medievale, denominata *affermazione del conseguente*. La struttura sillogistica di questo ragionamento in logica matematica è la seguente:

---

[153] «Although the original version of the paper no longer exists, Einstein's answer to the title question, to judge from his letter to Born, was "No." It is remarkable that at this stage in his career Einstein was prepared to believe that gravitational waves did not exist, but he also managed to convince his new assistant, Leopold Infeld, who replaced Rosen in 1936, that his argument was valid» (D. KENNEFICK, *Einstein versus the Phisical Review*, «Phisics Today», 58, 2005, p. 43).

[154] A. EINSTEIN, *Lettera a Max Born*, 1936, in A. EINSTEIN – M. BORN, *Einstein – Born : Scienza e vita. Lettere 1916-1955*, Torino 1973, p. 149.

[155] Eddington «era convinto che le onde fossero fasulle e si propagassero "con la velocità del pensiero"» (A. PAIS, op. cit., p. 302).

[se p allora q], → [q quindi p] : niente di più errato! Ma è un fatto che ci cadano tutti, scienziati compresi. L'inferenza giusta, chiamata in termini medioevali *Modus tollens*, è invece: [se p allora q], → ['non q' quindi 'non p']. Esiste una serie di esperimenti ormai classici ideati dallo psicologo inglese Peter Wason che dimostrano come *l'errore di Galileo* sia comunissimo nelle inferenze di persone di ogni tipo e cultura[156].

La fallacia di Galileo se applicata ai 5 sillogismi citati porta alle seguenti conclusioni erronee: 1) ci sono nuvole in cielo, allora piove; 2) Venere presenta delle fasi come la Luna, allora il sistema planetario è eliocentrico; 3) la spedizione capitanata da Eddington ha osservato che la luce delle stelle dietro il nostro sole si incurva, dunque le masse curvano lo spazio circostante dimostrando la fondatezza della teoria della relatività generale; 4) delle apparecchiature particolari hanno rivelato l'esistenza di onde gravitazionali, dunque «Einstein aveva ragione»; 5) il rallentamento degli orologi è stato riscontrato (in verità il calo di frequenza delle oscillazioni atomiche), dunque la cosiddetta dilatazione del tempo è stata appurata, e quindi la relatività speciale è verificata.

Come si vede, sono frasi che scorgiamo sui giornali e che sentiamo dagli stessi scienziati. Nonostante siano passati 4 secoli, le fallacie logiche di oggi sono identiche a quelle perpetrate da Galileo. L'aver verificato l'esistenza delle onde gravitazionali (delle curve di interferenza nella realtà), ad esempio, non è una prova a sostegno della teoria di Einstein. Dal contingente non può essere inferito il necessario. In una implicazione logica, dal *conseguente* non è possibile inferire o derivare alcunché inerente al piano dell'*antecedente*, se non che se è negato il primo è negato pure il secondo (questo però, a rigore, solo all'interno della logica, ma non necessariamente all'interno della fisica). Decine di teorie potenziali alternative a quella di Einstein

---

[156] Cfr. R.V. MACRÌ, *La «funziolatria» epistemologica e l'esperimento di Wason*, «Vertigo Fil Rouge», anno 3, 7, 2011, pp. 82 sgg.; e anche H. GARDNER, *La nuova scienza della mente*, Firenze 1988.

possono ammettere l'esistenza delle onde gravitazionali, mentre verificando l'esistenza di queste ultime non si arriva a decidere quale sia la teoria corretta. Ma c'è di più. L'ipotetica esistenza delle onde gravitazionali sarebbe una prova a sfavore delle due Relatività di Einstein, come vedremo al prossimo punto.

[b] – *La bacchettata di Poincaré*. Jules Henri Poincaré può essere definito non solo come maestro di Einstein a tutti gli effetti[157], ma

---

[157] «No Poincaré? No Einstein!» potrebbe essere uno slogan dei nostri giorni. Nel senso che se non fosse mai esistito il primo, il secondo non avrebbe mai dato alla luce la sua relatività. Nelle "Repliche" agli autori, che concludono il famoso volume ideato da P. A. Schilpp in onore ad Einstein, apparso nel 1949, *Albert Einstein filosofo-scienziato*, Einstein si trova a dover rispondere a delle incalzanti osservazioni epistemologiche formulate da Reichenbach (uno dei più grandi filosofi ed epistemologi dell'epoca, amico e collaboratore di Einstein, nonché propagatore irriducibile delle idee einsteiniane) sul pensiero di Poincaré. Nella sua replica Einstein sembra precipitarsi con piacere a rispondere all'invito: «Qui trovo il bel lavoro di Reichenbach che, per la precisione delle deduzioni e per l'acutezza delle tesi proposte, m'invita irresistibilmente a un breve commento». Einstein comincia immaginando un dialogo fra Poincaré e Reichenbach, ma abbandona subito la finzione perché non «lo permette» il suo «rispetto [...] per le superiori qualità di Poincaré come pensatore e come scrittore» (A. EINSTEIN, *Replica alle osservazioni dei vari autori,* in P.A. SCHILPP (a cura di), *Albert Einstein, scienziato e filosofo*, op. cit., pp. 621-2; o, anche, A. EINSTEIN, *Autobiografia scientifica*, op. cit., pp. 219-220). Per quel che riguarda l'importanza che la figura di Poincaré ha avuto nei confronti di Einstein, Marco Mamone Capria nel suo lodevole lavoro sottolinea: «ed è non meno noto che fra le letture più importanti nella sua formazione di fisico furono quelle di Henri Poincaré e di Ernst Mach, ambedue scienziati-filosofi, e che da questi autori egli trasse ispirazione per costruire le due teorie fisiche per cui è oggi famoso» (M. MAMONE CAPRIA, *La crisi delle concezioni ordinarie di spazio e di tempo: la teoria della relatività*, op. cit., p. 373). Si veda la lunga nota sul rapporto Einstein – Poincaré in R.V. MACRÌ, *Cent'anni di relatività. Un punto di vista filosofico*, «Sapienza», LIX, 4, 2006, pp. 396-8, n. 61. Pure interessanti sono le osservazioni di un illustre sociologo della scienza, in un volume degno della massima attenzione: L.S. FEUER, *Einstein e la sua generazione. Nascita e sviluppo di teorie scientifiche*, op. cit., pp. 98, 122-126; e quelle di C.J. BJERKNES, *Albert Einstein: the incorregible plagiarist*, Illinois 2002, pp. 155 sgg.. Cfr., infine, D. GILLIES - G. GIORELLO, *La filosofia della scienza nel XX secolo*, Roma-Bari 2006, pp. 82-3 e 396;

100

come uno dei cervelli massimi di ogni tempo. C'è chi l'ha denominato «il cervello vivente delle scienze razionali»[158]. L'«elezione di Poincaré quale membro di tutte le società scientifiche internazionali, dimostrano l'estensione delle sue capacità. Lo si può considerare come l'ultimo dei grandi scienziati universali»[159]. I suoi capolavori più celebri, cioè le pagine che hanno nutrito la mente di Einstein fin dalla sua giovinezza, hanno sempre "dato spazio al concetto di spazio", ai concetti di *relatività dello spazio e del tempo*. *La Science et l'Hypothèse* (1902), *La valeur de la Science*, (1905), *Science et Méthode* (1908), *Dernières pensées* (1913), tradotti in tutte le lingue che ricoprono importanza scientifica, rappresentano, ancor oggi, dei classici e dei modelli insuperabili. Einstein aderì come un'edera all'albero della genialità di Poincaré. E non poté ignorare la sua voce sullo spazio: «Gli esperimenti non ci fanno conoscere che i rapporti dei corpi fra loro. Nessuno di essi ci porta, né ci può portare, a conoscere i rapporti dei corpi con lo spazio, o i rapporti reciproci delle diverse parti dello spazio»[160]. Cosa significa ciò? Scmplicemente che – verità banale per chiunque abbia una minima capacità filosofica – lo spazio non può essere sottoposto ad esperimenti. E... naturalmente... *neanche lo spaziotempo di Einstein*! Domandiamoci: com'è possibile immaginare un'onda gravitazionale fatta di spaziotempo che riesca a innescare una fenomenologia emergente dalla perturbazione di un apparato materiale come un interferometro *collocato nello stesso spazio*? È chiaro che gli stiramenti e le contrazioni dell'onda si trasferiranno inalterate in tutti i corpi materiali e su qualunque entità fisica collocata nello spazio, come le onde luminose, gli specchi dell'interferometro, i tunnel e ogni singola particella. Lo spazio stesso si accorcerà e si

---

e U. BOTTAZZINI, *Poincaré, Einstein e il principio di relatività*, in «Nuova Civiltà delle Macchine», XXIV, 4, 2006.

[158] U. BOTTAZZINI, Poincaré: il cervello delle scienze razionali, Milano 1999, p.1.

[159] J. VUILLEMIN, *Prefazione e biografia*, in J.H. POINCARÉ, *La scienza e l'ipotesi*, Bari 1989, p. 17.

[160] J.H. POINCARÉ, *La scienza e l'ipotesi*, op. cit., p. 97.

allungherà all'interno dello strumento: l'azione totale in termini di frange d'interferenza nell'ottica terminale sarà uguale a zero. «Le conseguenze di un mutamento del genere – scrive Hans Reichenbach – sono, secondo le condizioni stabilite, *inosservabili*, e quindi *manca ogni possibilità* di attingere indizi che lo confermino o no»[161]. Si tratta di una conclusione banale, per niente esoterica. Ma diamo ancora voce all'autorità per eccellenza:

> Si è spesso osservato che, se tutti i corpi dell'Universo si dilatassero simultaneamente e in ugual proporzione, non avremmo alcun mezzo per accorgercene, in quanto anche tutti i nostri strumenti di misura subirebbero un ingrandimento relativo analogo a quello degli stessi oggetti da misurare. Dopo la dilatazione il mondo procederebbe allo stesso modo senza alcuna prova tangibile che un evento così importante si sia verificato.
>
> In altri termini, due mondi simili tra loro (intendendo la parola similitudine nel senso del 3° libro di geometria) sarebbero assolutamente indistinguibili. Inoltre, non soltanto saranno indistinguibili mondi uguali o simili, per i quali cioè sia possibile passare dall'uno all'altro cambiando gli assi delle coordinate o la scala a cui sono riferite le lunghezze, ma saranno ancora indistinguibili mondi per i quali sia possibile passare dall'uno all'altro per mezzo di una qualunque «trasformazione puntuale». Mi spiego. Supponiamo che ad ogni punto dell'uno corrisponde uno e un solo punto dell'altro, e viceversa; inoltre che le coordinate di un punto siano funzioni continue, *peraltro del tutto arbitrarie,* delle coordinate del punto corrispondente. Supponiamo infine che la corrispondenza realizzata all'istante iniziale si conservi indefinitamente. Non avremo alcun mezzo per distinguere i due mondi l'uno dall'altro. Quando si parla della *relatività dello spazio* non la si intende abitualmente in

---

[161] H. Reichenbach, *La nascita della filosofia scientifica*, Bologna 1972, p. 132, corsivo aggiunto.

un senso così ampio, anche se è questo il modo giusto di intenderla[162].

Ebbene, ciò che accadrebbe realmente in una situazione dove degli interferometri fossero investiti da un'onda gravitazionale fatta di spaziotempo, sarebbe una variazione di tutta la metrica dello spazio intorno ai dispositivi, compresa la "stoffa" di ogni singolo oggetto materiale e/o ondulatorio. Si tratterebbe di una deformazione spaziale integrale, omnicomprensiva e non esclusivamente materiale, come viene attribuita dai fisici contemporanei. Variazione non *nello spazio*, ma *con lo spazio*. Una «trasformazione puntuale» – direbbe Poincaré – che non permette alcuna indagine e nessuna fenomenologia emergente. La distanza tra i due specchi dell'interferometro in effetti si accorcerebbe e si allungherebbe alternativamente, così come vorrebbero i fisici, ma ciò non potrebbe essere sfruttato per portare a galla i prodotti di interferenza aspettati: anche lo spazio subirebbe le stesse deformazioni, compresa la lunghezza d'onda della luce navigante in esso.

Dunque si tratta di un esperimento che se confermato demolirebbe lo spaziotempo di Einstein. Crollerebbe l'intera teoria, a meno che… non entri in scena l'etere! Certo, con la dinamica dell'etere – e non dello spazio – si arriverebbe ad una spiegazione convincente della fenomenologia, qualora accertata. E non solo delle onde gravitazionali. Ad esempio, prendendo in prestito la teoria del già citato Marco Todeschini (ma possiamo immaginare più di una variante, da Lord Kelvin in avanti), la cosiddetta *dilatazione del tempo* altro non sarebbe che un rallentamento di tutti gli stati ciclico-periodici degli atomi e dei nuclei data dall'interazione di questi con la densità dell'etere durante la loro corsa in relazione a quest'ultimo. Quindi, *non il tempo si dilata*, ma *il periodo* di ogni evento rotazionale.

Andando avanti in questo modo potremmo spiegare facilmente gli effetti relativistici del cosiddetto potenziale gravitazionale, senza

---

[162] J.H. POINCARÉ, *Il valore della scienza*, Bari 1992, pp. 59-60.

scomodare le astruse geometrie non-euclidee e le contorsioni dello spaziotempo einsteiniano. Un "orologio" – cioè un atomo, una particella o qualunque evento rotazionale – non rallenta per effetto della deformazione spaziotemporale presente in prossimità delle masse, ma semplicemente perché l'etere roteante intorno ad esse gli si impatta contro. Si tratta si un effetto identico dato da due cause simmetriche e reciproche: il periodo ciclico di una particella dotata di spin può aumentare o perché essa è in moto rispetto all'etere, o equivalentemente perché investita da una corrente d'etere. Ambedue le dinamiche portano alla medesima fenomenologia dell'apparente stiramento del tempo, perché, in fondo, la causa è la stessa: il moto relativo tra particelle ed etere. In questo modo tutta una fenomenologia che sembrava in apparenza appartenere alle categorie ontologicamente primarie dello spazio e del tempo, relativizzandole, diviene esplicativamente lampante come solo il terzo livello delle teorie fisiche sa fare. Invece di *due teorie della relatività* ne basta una di livello 3 per spiegare i fenomeni[163].

---

[163] Simili spiegazioni alternative dei fenomeni relativistici possono essere portate avanti esaustivamente. Ad esempio, con un modello eterico del tipo immaginato da Rienmann è altrettanto immediata la spiegazione dell'allungamento del periodo di rotazione (l'einsteiniana dilatazione del tempo) in un campo gravitazionale, essendo la densità e la velocità eterica proporzionale al potenziale, nella direzione e verso del campo. Questo spiegherebbe tra le tante cose anche gli ultimi esperimenti interferometrici *à la* Michelson con responso positivo: se Michelson e Morley avessero direzionato il loro interferometro su un piano perpendicolare a quello usato avrebbero avuto lo shock di vedere lo spostamento tanto agognato delle frange d'interferenza! In questo modo ogni predizione della Relatività può essere riconquistata dalla fisica classica, con il recupero della causalità e della geometria euclidea prima perdute (Cfr. R.V. MACRì (a cura di), *Asimmetrie antirelativistiche*, op. cit.). Scrive Poincaré su questo punto: «O supponiamo che questa materia volgare è formata da atomi i cui movimenti interni ci sfuggono, ed il cui solo spostamento d'insieme resta accessibile ai nostri sensi, oppure immaginiamo l'esistenza di qualcuno di quei fluidi sottili che, sotto il nome di etere, o sotto altri nomi, hanno svolto da sempre un ruolo così importante nelle teorie fisiche. A volte ci si spinge più in là, e si considera l'etere come la sola materia originaria o anche come la sola materia reale. I più moderni considerano la materia volgare come etere

Ma possiamo andare ancora più avanti e chiederci a questo punto cosa sia mai l'etere, se non un *superfluido*[164]. Ebbene, due valenti ricercatori

condensato, fatto, questo, che non ha nulla di sconcertante. Ma altri ne riducono ancora l'importanza, e non vi vedono più che il luogo geometrico delle singolarità dell'etere. Per Lord Kelvin, ad esempio, ciò che chiamiamo materia non è che il luogo dei punti in cui l'etere è animato da movimenti vorticosi. Per Riemann è il luogo dei punti in cui l'etere è costantemente distrutto. Per altri autori più moderni, Wiechert o Larmor, è il luogo dei punti in cui l'etere subisce una sorta di torsione di natura particolarissima» (J.H. POINCARÉ, *La scienza e l'ipotesi*, op. cit., p. 173). Per un approfondimento sulle spiegazioni alternative alla Relatività, cioè sulla reale possibilità di fare a meno di quest'ultima, si rimanda al testo in preparazione del presente autore, *Einstein a testa in giù*.

[164] Il presente autore porta avanti l'ipotesi di un *medium superfluido* dal lontano 1979, cioè da quando si imbatté nella concezione fluidodinamica dell'Universo di Marco Todeschini.

Questi si presentò davanti alla mia mente come un novello *Morpheus* con la sua pillola rossa, riuscendo a rompere il collare di *Matrix* per un attimo lungo un'eternità, per usare la metafora del capolavoro fantascientifico del 1999 scritto e diretto dai fratelli Wachowski. Il dubbio si impossessò di me in modo lento e inesorabile e, goccia dopo goccia, lungo lustri di ricerche e combattimenti – proprio come la scena del *risveglio* di Neo dalla condizione di larva nel film appena citato – potei "risvegliarmi" dal *sonno dogmatico* di kantiana memoria, cioè dal condizionamento subito dal pensiero scientifico imposto dall'*establishment* della nostra epoca, dalla *Weltanschauung* dominante che ci si trova a «succhiare con il latte materno» – per citare un'espressione di Einstein – già dal primo stadio piagetiano, quello *sensomotorio*. Il recupero della piena consapevolezza di aver respirato fino allora all'interno di un quadro concettuale intelaiato intorno alla classe delle teorie di "tipo 1 e 2" mi portò a considerarne l'elevata differenza a livello esplicativo. L'impatto con la visione fluidodinamica del Todeschini fu per questo sconvolgente: entrai per la prima volta nello scenario del "tipo 3", una visione così dettagliata del retroscena che mi sembrò di essere all'interno della Géode di Parigi – il cinema più grande del mondo con una visione di 180 gradi e uno schermo di 1000 metri quadri – in confronto ad un miserabile schermo da pc a bassa risoluzione. Il valore intrinseco dell'opera di Todeschini è, anche per questo, irriducibile, proprio per il suo livello esplicativo superiore e per la sintesi unitaria che riesce a recuperare, al di là del reale funzionamento dei singoli meccanismi eterici o delle singole formule ricavate. La critica potenziale ai singoli pezzi della sua opera, per quanto arguta e argomentata possa essere, non potrà cancellarne i meriti d'insieme e di sintesi emergente. Una *sintesi cosmica* di questo tipo, la più grande italiani, Stefano Liberati e Luca Maccione, professore della Scuola Internazionale Superiore di Studi Avanzati (SISSA) di Trieste il primo e ricercatore dell'Università Ludwig Maximilian di Monaco il secondo, hanno ultimamente avanzato l'idea di trattare lo spaziotempo einsteiniano come un fluido, precisamente come un superfluido[165]. In questa inedito quadro di riferimento teorico, «la Relatività Generale sarebbe l'analogo dell'idrodinamica per i liquidi». «La conclusione dei due ricercatori è che lo spazio-tempo si comporta in realtà come un superfluido, a viscosità bassissima»[166]. Un'ulteriore

---

mai concepita dall'umanità di ogni tempo, possiede un surplus di significato che non può essere estinto opponendosi alla sua vulnerabilità potenziale. Al contrario, può essere continuamente arricchita e perfezionata da nuove scoperte e nuovi concetti, come quello di *superfluido*. Molti fenomeni, come l'inerzia dei corpi, l'aumento della massa con la velocità, il fenomeno della cosiddetta *dilatazione del tempo* (allungamento del periodo), e tanti altri anche non contemplati dalle teorie di Einstein, vengono risolti all'istante con l'ipotesi di un superfluido eterico. Ernst Mach ebbe un'intuizione simile: «Il mezzo, dunque, eserciterebbe la stessa funzione dello spazio assoluto newtoniano. Si può obiettare che questa è un'idea ben diversa da quella di Newton… Dovremmo allora immaginare che quasi tutto lo spazio sia riempito da un mezzo, sulla cui natura e sulla cui relazione con i corpi in esso immersi non possediamo conoscenze sufficienti. Tuttavia la cosa in sé non è impossibile. Recenti studi d'idrodinamica hanno mostrato infatti che un corpo solido, immerso in un fluido senza attrito, trova resistenza solo *se la sua velocità cambia*. Questo fenomeno può essere dedotto per via teorica dal concetto di inerzia, ma lo si potrebbe invece considerare come il fatto primario. Anche se la rappresentazione di un ipotetico mezzo non avesse per ora alcuna utilità pratica, si potrebbe sempre sperare che col tempo aumentino le nostre conoscenze sperimentali su di esso. In questo caso l'idea di un mezzo quale sistema di riferimento potrebbe avere un valore scientifico maggiore che non quella dello spazio assoluto, che tante difficoltà porta con sé. (E. MACH, *La meccanica nel suo sviluppo storico-critico*, Torino 1977, p. 248).

[165] S. LIBERATI – L. MACCIONE, *Astrophysical Constraints on Planck Scale Dissipative Phenomena*, «Phys. Rev. Lett.», 112, 151301, 2014.

[166] E. RICCI, *Un superfluido spazio-temporale*, «Le Scienze», 550, 2014, p. 27. «Nonetheless, the very tight constraints here obtained are already providing the very important information that any viable emergent spacetime scenario should provide

106

conferma, se ce ne fosse bisogno, di come il concetto di *medium eterico* sia ineliminabile dalla fisica: se lo si fa uscire dalla porta esso rientra dalla finestra. Scrive un noto fisico dei nostri giorni: «I fisici insegnano abitualmente che i costituenti della natura sono particelle discrete come l'elettrone o i quark. È una bugia. I costituenti delle nostre teorie non sono le particelle, sono i campi: oggetti continui e fluidi distribuiti nello spazio. I campi elettrico e magnetico sono esempi familiari, ma c'è anche un campo dell'elettrone, i campi dei quark, un campo di Higgs e vari altri. Gli oggetti che chiamiamo particelle fondamentali non sono fondamentali. Sono increspature di campi continui»[167]. La Relatività Generale di Einstein, dunque, nasconde uno scheletro nell'armadio: l'etere. Senza di esso, con uno spaziotempo vuoto e inerte, le cose non funzionano. La seconda teoria della relatività di Einstein ha bisogno di un etere sostanziale per poter funzionare. E questo Einstein lo sapeva bene. Peccato che questo stesso etere infranga la purezza e cristallinità della prima: proprio con la sua presenza, col suo porsi in essere, la Relatività Speciale non può più rimanere coerente[168].

---

a hydrodynamical description of the spacetime close to that of a superfluid» (S. LIBERATI – L. MACCIONE, op. cit.).

[167] D. TONG, *Il quanto non quantico*, «Le Scienze», 534, 2013, p. 43.

[168] Il presente autore ha fatto notare fin dal '99 che la seconda relatività non può essere apparentata con la prima: un processo questo contraddittorio, rendendo incoerente la stessa relatività nel suo "pacchetto" completo. Una delle due relatività deve cadere. Una, infatti, è "illusionista", discendente dello *spazio vuoto*, mentre l'altra è "visionaria", vive in uno *spazio pieno*. Una è figlia di Newton, l'altra è figlia di Cartesio. Il pieno dell'una disturba il vuoto dell'altra. Disturba e contraddice. L'etere non è semplicemente "superfluo" nella prima relatività, come aveva dichiarato inizialmente Einstein, esso è irrefutabilmente "incompatibile", come è stato messo in evidenza da chi scrive (R.V. MACRÌ, *Asimmetrie antirelativistiche del campo*, in R.V. MACRÌ (a cura di), *Asimmetrie antirelativistiche*, op. cit.) e riecheggiato da più di un pensatore e fisico illustre, come il compianto Franco Selleri, docente di fisica teorica all'Università di Bari (vedi nota 220 in R.V. MACRÌ, *La realtà del tempo e la ragnatela di Einstein*, op. cit., p. 90). Selleri era entusiasta delle novità concettuali di *Asimmetrie* (cfr. R.V. MACRÌ (a cura di), *Asimmetrie*

E così siamo arrivati a questo grande dilemma: o distinguiamo le due relatività come due teorie indipendenti e opposte – così se dovesse cadere la prima potremmo tentare di salvare la seconda – o rimaniamo ancorati alla visione storica della seconda come ampliamento della prima, con la conseguenza che se cade la prima deve cadere pure la seconda. Nel primo caso, e ciò va rilevato con la massima enfasi possibile, la teoria non potrebbe più avvalersi delle costruzioni teoriche impiantate sulle (false) conquiste fatte dalla relatività speciale: la dilatazione del tempo, il futuro congelato, le contorsioni dello spaziotempo, i viaggi nel tempo, i cunicoli spaziotemporali, le congetture di Gödel, e così via… Si salverebbero in verità tutti i tentativi einsteiniani di "modellizzazione dell'etere", ovvero i costrutti matematici della sua geometrizzazione. Ma anche all'interno di quest'ultima ipotesi, la teoria gravitazionale di Einstein non potrebbe abbandonarsi a sonni tranquilli.

---

antirelativistiche, op. cit., p. 9). La stessa realtà del campo è incompatibile con la prima relatività. Si cfr. ad esempio P.W. BRIDGMAN, *Le teorie di Einstein e il punto di vista operativo*, in P.A. SCHILPP (a cura di), *Albert Einstein, scienziato e filosofo*, op. cit., in particolare le pp. 298 e 301. Lasciamo alle considerazioni del lettore se la seconda relatività possa sopravvivere in uno scenario dove la prima rimane negata.

[XI] – Conclusioni: dallo spazio vuoto allo spazio pieno

Il viaggio attraverso l'etere negli ultimi secoli è una storia ricca e fittissima di ricerche, tentativi, immagini, speranze, costruzioni. Nessun altro concetto ha mai catturato così tanto e così a lungo l'attenzione dei fisici[169]. E nessun altro concetto è mai stato così essenziale e primario per costruire la base della conoscenza fisica del mondo. In fondo, l'intera storia della fisica, a partire dall'*acqua di Talete* per arrivare ai nostri giorni, potrebbe essere fotografata con con la più essenziale delle immagini per l'umana mente: il pieno e il vuoto. Scrive il padre dell'etere contemporaneo – l'erede di Cartesio per eccellenza – in una delle pagine più memorabili della sua *Psicobiofisica*: «Lo spazio è vuoto o è pieno? Questa è la domanda che ha assillato da secoli i più grandi filosofi e scienziati. È inutile cercare di aggirarla, mascherarla od ignorarla; questa è la questione principale della fisica, la più importante da risolvere, poiché senza dare ad essa risposta chiara ed esauriente non è possibile spiegare l'Universo ed i suoi fenomeni [...] – C'è il pieno o c'è il vuoto? questo è il problema! – direbbe Amleto»[170]. Dire che c'è il pieno significa ammettere l'esistenza di un *plenum* che riempia ogni spazio interplanetario e interstellare. Con le parole di Maxwell: «Per quante difficoltà possiamo incontrare nella formulazione di una valida teoria della struttura dell'etere, non vi può essere dubbio che gli spazi interplanetari e interstellari non sono vuoti, ma sono occupati da una sostanza o corpo materiale, che è certamente il corpo più esteso e probabilmente il più uniforme che si conosca»[171].

---

[169] Per un approfondimento si rimanda al testo già citato di Whittaker, *A History of the Theories of Aether and Electricity*. Ulteriori ricerche si trovano nel più recente G.N. CANTOR – M.J.S. HODGE (a cura di), *Conceptions of ether: Studies in the History of Ether Theories 1740-1900*, Cambridge 1981.

[170] M. TODESCHINI, *Psicobiofisica*, op. cit., p. 30.

[171] J.C. MAXWELL, 1873, On Action at a Distance, in The Scientific Papers of James Clerk Maxwell [1890], New York, Dover, 1965, p. 323.

Dunque, parafrasando il celebre monologo di Shakespeare dal suo *Amleto*, tra i versi più noti della letteratura di tutti i tempi: «Etere o non etere, questo è il dilemma». «Lo spazio è vuoto o è pieno?» Non può esserci dubbio che questa sia la domanda centrale. La profonda ricerca storica del Todeschini lo guidò a far emergere la caratteristica più fondamentale e velata all'interno del pensiero scientifico-filosofico che attraversa i millenni. Egli portò alla luce una linea di confine epistemica fondamentale: la collettività dei grandi nomi della fisica durante i secoli è ripartibile in due grandi blocchi cardinali. Due schiere di scienziati che egli denominò con i termini «Geni Illusionisti e Geni Visionari»[172]. La via dei «Geni Visionari» è il sentiero di coloro che «spiegano tutto e non calcolano nulla», per citare ancora una volta René Thom. L'altra via, quella dei «Geni Illusionisti», è lo schema usato da coloro che «calcolano tutto e non spiegano nulla»[173], la via della *formula*, della *legge*, dell'*unificazione formale*. Vale la pena ripercorrere una delle più belle pagine dell'opera dello scienziato bergamasco:

> È vero che con ciò noi potremmo fare la figura dei «visionari» che immaginano cose non esistenti, ma è anche vero che noi a tale accusa potremmo sempre obiettare che se l'etere non si vede ben si vedono i movimenti della materia che esso produce, e che se sinora non si è potuto stabilire che essi sono dovuti al movimento dell'etere, domani con più acute indagini ciò potrebbe essere provato. Ci conforterebbe in questa nostra convinzione il sapere che alla schiera dei «visionari» fu caposcuola Anassagora, seguito da Platone col suo spazio pieno, da Aristotele coll'etere, da Cartesio con i suoi vortici eterei astronomici, da Faraday e l'Hertz con le onde elettromagnetiche, da lord Kelvin con i suoi vortici

---

[172] M. Todeschini, *La teoria delle apparenze*, op. cit., pp. 11 sgg.

[173] «Descartes, con i suoi vortici e i suoi atomi uncinati, spiegava tutto e non calcolava nulla; Newton con la legge di gravitazione in $1/r^2$ calcolava tutto e non spiegava nulla» (René Thom, fr. cit.).

atomici, da Fresnel con le sue onde luminose. Potremo quindi dire che anche sostenendo questa tesi con noi vi è una schiera di formidabili cervelli che non possono aver sbagliato[174].

La schiera dei «Geni Illusionisti», spiega Todeschini, nonostante segua una «epistemologia della rassegnazione», usando i termini di Selleri, cioè un percorso di forzata rinuncia e di resa, contiene al suo interno nomi altrettanto grandi:

> Sostenendo che i corpi si muovono a distanza senza l'azione di mezzi interposti, noi verremmo a fare la figura di quegli illusionisti che sul palcoscenico vogliono far credere a simili magie, ma è anche vero che a tale accusa noi potremo sempre obiettare che se le forze che muovono quei corpi non si vedono con l'occhio, tuttavia si sentono col tatto e che oltre le formule matematiche che ci danno le relazioni tra queste forze ed il moto dei corpi, noi non vediamo che deduzioni arbitrarie. Ci conforterebbe in questa nostra convinzione il sapere che alla schiera degli illusionisti fu caposcuola il Newton, che fu il primo ad ammettere le forze agenti a distanza nello spazio vuoto; il sapere inoltre che a lui si è accodato il Weber sostenendo le azioni elettromagnetiche propagantesi a distanza nel vuoto, il Planck per giustificare l'energia variante a salti, il Michelson col suo celebre esperimento che ci ha confermato che l'etere non esiste, l'Einstein col suo spazio-tempo vuoto e distorto, il Bohr con il vuoto ammesso tra il nucleo e gli elettroni, l'Heisenberg con la sua meccanica quantistica senza etere, lo Schrödinger con le sue onde di probabilità di trovare energia nello spazio vuoto, e tutta la serie dei moderni fisici[175].

---

[174] M. Todeschini, *Psicobiofisica*, op. cit., p. 36.
[175] M. Todeschini, *Psicobiofisica*, op. cit., p. 35.

Ma qui la cosa paradossale è che ogni nome citato, lasciato libero di seguire le sue attese e il suo credo più intimo, avrebbe scommesso su un futuro realizzato da una scienza del pieno e non del vuoto. Non c'è un solo nome della lista dei «Geni Illusionisti» che non sia morto con la speranza che un giorno avrebbe prevalso la logica del pieno[176]. Tranne rare eccezioni, tutti i grandi sostenitori del *vuoto* infatti, da Newton fino ai cervelli dei nostri giorni, possono essere definiti a livello socio-epistemologico come pensatori dalla "doppia personalità": alla luce del sole, analogamente alla figura del dottor Jekyll di Stevenson, fanno intendere che non bisogna ammettere ipotesi che non siano positivisticamente sperimentabili e non abbiano un corrispondente formalismo matematico, mentre al chiaro di luna si sdoppiano come dei Mr. Hyde, assetati di fluidi cosmici, di *modelli intelligibili e decifrabili*. Isaac Newton, ad esempio, pur riconosciuto e celebrato come il «distruttore del sistema cartesiano»[177], come colui che eliminò l'ipotesi della "materia sottile" di Cartesio sostituendola col vuoto, «usava l'etere per spiegare la trasmissione delle interazioni gravitazionali e diversi fenomeni ottici. Newton costruì vari modelli e versioni dell'etere, di cui però non riusciva mai ad essere soddisfatto. L'idea dell'etere era sempre presente nella sua mente e nei suoi articoli, perché non poteva credere che le interazioni gravitazionali potessero

---

[176] Solo per fare un piccolo esempio estremamente riduttivo, ma altrettanto significativo: raccogliendo la testimonianza di alcuni grandi nomi della fisica e della matematica che incoraggiarono le teorie di Einstein in Italia (e senza citare i massimi cervelli come Eulero, Poincaré, Quirino ed Ettore Majorana, Giorgi, ecc.) viene a galla che nella seconda fase della loro vita avrebbero puntato più sull'etere di Todeschini che non sul vuoto e lo spaziotempo del genio tedesco. Nomi illustri come Tullio Levi-Civita, Gaetano Castelfranchi, Enrico Medi, dopo aver scritto volumi interi sulla relatività ed essere stati in prima fila per il suo potenziamento, rimasero folgorati dall'incontro con l'etere todeschiniano, tanto che la loro esistenza terrena si chiuse con dei loro contributi rivolti alla visione fluidodinamica dell'Universo. Si cfr. M. TODESCHINI, *Psicobiofisica*, op. cit., p. XXXVI, e anche, dello stesso autore, *Einstein o Todeschini? Qual è la chiave dell'universo?*, op. cit. p. 14.

[177] VOLTAIRE, *Lettere inglesi*, Torino 1958, XIV lettera.

essere trasmesse dal vuoto. Newton creò anche la prima teoria duale (corpuscolare e ondulatoria) della luce, in cui le vibrazioni delle particelle luminose creavano onde nell'etere, e la usò per spiegare molti fenomeni ottici»[178].

Diventa facile capire, a questo punto, come le teorie-tipo 2 (secondo livello) nascano da una resa o incapacità esplicativa dopo lunghe ricerche e vani tentativi di trovare una rosa di soluzioni all'interno del livello esplicativo 3 (teoria-tipo 3). Se lo sbocco esplicativo non si manifesta neanche al livello 2 allora non rimane che la possibilità offerta dal primo livello (teoria-tipo 1). Si tratta di rese incondizionate, di fare cioè come la volpe con l'uva nella favola di Esopo: sappiamo che la teoria finale è sicuramente di tipo 3, cioè di tipo cartesiano-leibniziano come asserisce Lord Kelvin quando invita «a non ritenere spiegato nessun fenomeno se non ne vediamo chiaramente il meccanismo», ma siccome non siamo riusciti a elevare il retroscena a scienza, allora la fisica deve rimanere confinata in una *physis* di livello 2, o addirittura di livello 1, per impotenza della mente umana. È questa l'epistemologia della rassegnazione.

Einstein, al pari di Newton, si mostrò di giorno come il grande "distruttore dell'etere", e di notte come il suo amante segreto. Max

---

[178] L. KOSTRO, *Einstein e l'etere. Relatività e teoria del campo unificato*, op. cit., pp. 14-15. E aggiunge: «Newton non era certo il solo a considerare l'etere necessario per trasmettere l'interazione gravitazionale: come ha mostrato M. Jammer, anche Leibniz era dello stesso parere». In effetti Jammer offre un esposizione approfondita sull'argomento (M. JAMMER, *Storia del concetto di* spazio, op. cit., pp. 100-109). Per la teoria eterea di Leibniz si veda pure A. MORETTI, *L'universo intellegibile, ovvero, la gravità descritta da Leibniz* , «Episteme», 3, 2001. Pure interessante è il recente lavoro di P. BUSSOTTI, *The Complex Itinerary of Leibniz's Planetary Theory*, Basilea 2015. Ma non sarebbe esagerato affermare, come abbiamo visto, che la maggior parte dei geni che si sono occupati di fisica durante i secoli hanno sempre avuto davanti agli occhi della mente la concezione eterica o fluidodinamica dell'universo. Un esempio per tutti: il sommo Eulero, che «reintrodusse quel fluido pervadente l'intero universo che la teoria dell'attrazione aveva reso superfluo» (A. MORETTI, *Presentazione*, in L. EULER, *De causa gravitatis*, «Episteme», 1, 2000).

Jammer riesce a racchiudere il senso di quanto fin qui esposto in una frase lapidaria: «Il termine "etere" è unico nella storia della fisica non solo per via dei tanti diversi significati con cui è stato adoperato, ma anche perché è il solo termine che sia stato eliminato e successivamente reintrodotto dallo stesso fisico». Einstein sacrificò il concetto di etere sull'altare della sua prima relatività per farlo poi risorgere un decennio dopo con la seconda. Scrive Jammer: «Non fu certo un incidente fortuito che proprio nel 1916 Einstein abbia reintrodotto l'etere che aveva precedentemente messo da parte. In quel momento egli abbandonò la filosofia positivistica di Mach nonostante il fatto che durante il processo di costruzione della teoria generale fosse stato affascinato dalla sua idea che la resistenza inerziale agisca non come un'accelerazione relativa allo spazio assoluto ma come un'accelerazione relativa alle masse degli altri corpi dell'universo»[179]. Naturalmente Einstein cercò di occultare, almeno nella prima fase, la resurrezione dell'etere nella sua nuova teoria. Un mascheramento che funzionò con la quasi totalità della collettività dei fisici. Ancor oggi, i fisici non sanno che Einstein aveva posto i fondamenti della sua teoria sulle onde dell'oceano dell'etere. Ma ci fu chi riuscì a fiutare il travestimento, come Hermann Weyl:

> Anche Hermann Weyl, nell'edizione tedesca del 1919 del suo trattato di relatività *Raum-Zeit-Materie* espresse l'opinione che – dato che i coefficienti del tensore metrico fondamentale determinano quali punti di universo interagiscano l'uno con l'altro, ossia costituiscono una *Wirkungszusammenhang* – il termine «campo gravitazionale» dovesse essere sostituito da «etere». Se inoltre ricordiamo che nel 1951 anche Paul Dirac nel suo articolo «Esiste un etere?» pubblicato su «Nature», volume 168, dichiarò, sia pure per motivi legati alla teoria dei campi quantizzati, che «possiamo ora vedere che può benissimo esistere un etere…», diventa

---

[179] M. JAMMER, in KOSTRO, op. cit., p. 9.

chiaro che, contrariamente all'opinione più ampiamente accettata, il concetto di etere è lontano dall'essere defunto[180].

A questo punto possiamo comprendere il dramma che Einstein deve aver vissuto nel suo spazio interiore più intimo alla fine dei suoi giorni: l'etere che aveva tentato di uccidere all'età di 26 anni si era poi vendicato nella sua maturità. Da *accidens* da nullificare esso era col tempo diventato *substantia* da magnificare. Nonostante il tentativo di chiudere la bocca alla sua relatività generale, pensando all'etere nel suo intimo ma traducendolo quasi sempre con *spaziotempo* per non farsi tradire, la sua coscienza non poteva stare tranquilla. Quel "grillo parlante" di Paul Ehrenfest, il suo amico scienziato più leale, sembrava riecheggiare ciò che sentiva dentro l'anima: «Ora non si può più dire che si muovono rispetto al nulla, perché si muovono rispetto a un enorme qualcosa! ... Einstein, il mio stomaco disturbato odia la tua teoria – quasi odia anche te! Come posso educare i miei studenti? E cosa posso rispondere ai filosofi?!!»[181]. Einstein lo aveva sempre saputo: «Un etere esiste, e anzi uno spazio privo di etere è inconcepibile, perché non solo la propagazione della luce vi sarebbe impossibile, ma neppure avrebbe senso, per un tale spazio, parlare di regoli di misura e di orologi e neppure, di conseguenza, di distanze spazio-temporali nel senso della fisica»[182]. Ma non poteva rivelare il suo segreto apertamente: ne avrebbe fatto le spese la sua prima relatività. Ecco

---

[180] M. JAMMER, in KOSTRO, op. cit., p. 6.

[181] «Now one can no longer say that they move with respect to nothing, for now they move with respect to an enormous something! ... Einstein, my upset stomach hates your theory - it almost hates you yourself! How am I to provide for my students? What am I to answer to the philosophers?!!» (M.J. KLEIN, *Paul Ehrenfest: The Making of a Theoretical Physicist. Biography of Paul Ehrenfest*, Amsterdam 1970, p. 315). Si noti quel punto interrogativo finale seguito da due punti esclamativi: tre simboli che ben contrassegnano l'eccezionalità del significato.

[182] A. EINSTEIN, *L'etere e la teoria della relatività*, 1920, in *Opere scelte*, a cura di E. Bellone, op. cit., p. 516.

perché sentiva che le sue due teorie prima o poi avrebbero collassato impattando l'una con l'altra. Era una questione solo di tempo.

Ci ricorda Franco Selleri che l'ultimo lavoro di Einstein, pubblicato dopo la sua morte, «terminava affermando che la fisica era ben lontana dal possedere una base concettuale in qualche modo affidabile. Si può parlare di solenne dichiarazione di fallimento, [...] giunto alla fine, dichiarava ai posteri: "non ce l'ho fatta"»[183]. «La sensazione del fallimento mi viene da dentro»[184]. E possiamo ben capire lo stato d'animo di Einstein, ricordando da quale professione di fede era partito, riguardo le teorie di primo livello come la termodinamica:

> «È la sola teoria fisica di contenuto universale che, sono certo,
> non sarà mai sovvertita entro i limiti in cui i suoi concetti
> fondamentali sono applicabili»[185].

Fede mal riposta dunque, se alla fine della sua esistenza consegnò le seguenti parole:

> «Lei immagina che io guardi con serena soddisfazione
> all'opera della mia vita. Vista da vicino, però, la realtà è ben
> diversa. Non c'è una sola idea di cui io sia convinto che sia
> destinata a durare, e neppure sono sicuro d'essere sulla buona
> strada»[186].

---

[183] F. SELLERI, Lezioni di relatività. Da Einstein all'etere di Lorentz, Bari 2003, p. VII.

[184] A. EINSTEIN, *Lettera a Solovine del 28 marzo 1949*, in *Opere scelte*, a cura di E. Bellone, op. cit., p. 737.

[185] EINSTEIN A., *Autobiografia scientifica*, op. cit., p. 24; anche in *Opere scelte*, a cura di E. Bellone, op. cit., p. 76. Originariamente in P.A. SCHILPP, *Albert Einstein, scienziato e filosofo*, op. cit., p. 39.

[186] A. EINSTEIN, *Lettera a Solovine del 28 marzo 1949*, in *Opere scelte*, a cura di E. Bellone, op. cit., p. 737.

Bibliografia

AGAZZI E., *Introduzione*, in MAXWELL, *Trattato di elettricità e magnetismo*, a cura di E. Agazzi, Torino 1973

AGAZZI E., *Ragioni e limiti del formalismo. Saggi di filosofia della logica e della matematica*, Milano 2012

BAILEY C.D., *A New Look at Hamilton's Principle*, «Foundations of Physics» 5 (3):433-451 (1975)

BAILEY C.D., *On a More Precise Statement of Hamilton's Principle*, «Foundations of Physics» 11 (3-4):279-296 (1981)

BAILEY C.D., *Hamilton's Law or Hamilton's Principle*, «Foundations of Physics» 13 (5):539-544 (1983)

BAILEY C.D., *The Unifying Laws of Classical Mechanics*, «Foundations of Physics» 32 (1):159-176 (2002)

BAILEY C.D., *Hamilton and the Law of Varying Action Revisited.* «Foundations of Physics» 34 (9):1385-1406 (2004)

BALBI A., *La lezione di BICEP2*, «Le Scienze», 553, 2014

BARBOUR J., *La fine del tempo. La rivoluzione fisica prossima ventura*, Torino 2003

BARRETTO BASTOS FILHO J., *La dissoluzione della realtà: irrealismo e indeterminismo nella fisica del microcosmo*, in M. MAMONE CAPRIA (a cura di), *La costruzione dell'immagine scientifica del mondo*, Napoli 1999

BARTOCCI U., *Albert Einstein e Olinto De Pretto: la vera storia della formula più famosa del mondo*, Bologna 1999

BARTOCCI U., *La scomparsa di Ettore Majorana: un affare di stato?*, Bologna 1999

BARTOCCI U. - MACRÌ R.V., *Le interpretazioni intuitive della Fisica tra metafora dello spazio pieno e metafora dello spazio vuoto: un ricordo di Marco Todeschini*, Atti Conv. Internaz. "Cartesio e la scienza", Perugia 4-7 sett. 1996

BARTOCCI U. - MACRÌ R.V., *Il linguaggio della matematica*, «Episteme», n. 5, 2002

BELLONE E., *Introduzione*, in *Opere di Kelvin*, Torino 1971

BELLONE E., *Caos e armonia: storia della fisica moderna e contemporanea*, Torino 1990

BENEGIAMO G., *Un'eclisse molto relativa*, «L'Astronomia», anno XXIX n. 296

BERGIA S., *Einstein e la relatività*, Roma-Bari 1980

BERTOLDI F. - SERIO N. (a cura di), *Oltre la valutazione. Idee e ipotesi a confronto*, Roma 1999

BJERKNES C.J., *Albert Einstein: the incorregible plagiarist*, Illinois 2002

BONDI H., *The Universe at Large*, New York 1960

BONIOLO G. (a cura di), *Filosofia della fisica*, Milano 1997

BONIOLO G. - DORATO M., *Dalla relatività galileiana alla relatività generale*, in BONIOLO G. (a cura di), *Filosofia della fisica*, Milano 1997

BORN M., *La sintesi einsteiniana*, Torino 1969

BOTTAZZINI U., *La meccanica razionale*, in P. ROSSI, *Storia della scienza moderna e contemporanea*, Torino 1988

BOTTAZZINI U., *Poincaré: il cervello delle scienze razionali*, Milano 1999

BOTTAZZINI U., *Poincaré, Einstein e il principio di relatività*, in «Nuova Civiltà delle Macchine», XXIV, 4, 2006

BRIDGMAN P.W., *La logica della fisica moderna*, Torino 1965

BRIDGMAN P.W., *Le teorie di Einstein e il punto di vista operativo*, in P.A. SCHILPP (a cura di), *Albert Einstein, scienziato e filosofo*, Torino 1958

BUSSOTTI P., *The Complex Itinerary of Leibniz's Planetary Theory*, Basilea 2015

CAMARCA M. - BONANNO A. - SAPIA P., *Nascita e crisi del metodo scientifico*, in R. CIRINO - A. GIVIGLIANO (a cura di), *Oggetti e metodo*, Roma 2012

CANTOR G.N. - HODGE M.J.S. (a cura di), *Conceptions of ether: Studies in the History of Ether Theories 1740-1900*, Cambridge 1981

CASINI P., *Newton e la coscienza europea*, Bologna 1983

CASSIRER E., *La teoria della relatività di Einstein. Considerazioni gnoseologiche*, Roma 1997

CATTANEO M., *Le onde della discordia*, «Le Scienze», 554, 2014

CIRINO R. - GIVIGLIANO A. (a cura di), *Oggetti e metodo*, Roma 2012

COTES R., *Prefazione dell'editore alla seconda edizione*, in I. NEWTON, *Principi matematici della Filosofia naturale*, a cura di A. Pala, Torino 1989

COTTINGHAM J., *Cartesio*, Bologna 1991

DAVIES P., *Come costruire una macchina del tempo*, Milano 2003

DEUTSCH D. - LOCKWOOD M., *La fisica quantistica del viaggio nel tempo*, «Le Scienze», 309, 1994

DIJKSTERHUIS E.J., *Il meccanicismo e l'immagine del mondo*, Milano 1980

DINGLE H., *Science at the Crossroads*, London 1972

EDDINGTON A.S., *The Expanding Universe*, Cambridge 1987

EINSTEIN A., *My Theory*, «The Times», London, 28 Novembre 1919

EINSTEIN A., *Time, Space and Gravitation*, in «Optician, the British optical journal», vol. 56, London 1919

EINSTEIN A., *Grundgedanken und Methoden der Relativitùtstheorie in Hirer Entwicklung dargestellt* (Manoscritto Morgan), EA 2070

EINSTEIN A., *What Is the Theory of Relativity?* in *Ideas and Opinions*, New York 1954

EINSTEIN A., *Che cos'è la teoria della relatività?* in *Idee e opinioni*, Milano 1957

EINSTEIN A. - INFELD L., *L'evoluzione della fisica*, Torino 1965

EINSTEIN A., *Autobiografia scientifica*, Torino 1970

EINSTEIN A. - BORN M., *Einstein – Born : Scienza e vita. Lettere 1916-1955*, Torino 1973

EINSTEIN A., *Lettera a Max Born*, 1936, in A. EINSTEIN - M. BORN, *Einstein – Born : Scienza e vita. Lettere 1916-1955*, Torino 1973

EINSTEIN A., *Prefazione*, in M. JAMMER, *Storia del concetto di spazio*, Milano 1981

EINSTEIN A., *Lettera a H.A. Lorentz*, 15-11-1919, EA 16 494, tr. it. riportata in L. KOSTRO, *Einstein e l'etere. Relatività e teoria del campo unificato*, Bologna 1988

EINSTEIN A., *Come io vedo il mondo*, Roma 1988

EINSTEIN A., *Opere scelte*, a cura di E. Bellone, Torino 1988

EINSTEIN A., *L'elettrodinamica dei corpi in movimento (1905)*, in A. EINSTEIN, *Opere scelte*, a cura di E. Bellone, Torino 1988

EINSTEIN A., *L'etere e la teoria della relatività*, 1920, in *Opere scelte*, a cura di E. Bellone, Torino 1988

EINSTEIN A., *Lettere a Maurice Solovine (1930-1952)*, in *Opere scelte*, a cura di E. Bellone, Torino 1988

EINSTEIN A., *Pensieri, idee, opinioni*, Roma 1996

EINSTEIN A., *Tempo, spazio e gravitazione*, in *Opere scelte*, a cura di E. Bellone, Torino 1988

EVERETT A. - ROMAN T., *Come viaggeremo nel tempo. Una guida scientifica alle scorciatoie del nostro universo*, Milano 2016

FANO V., *Comprendere la scienza. Un'introduzione all'epistemologia delle scienze naturali*, Napoli 2005

FEUER L.S., *Einstein e la sua generazione. Nascita e sviluppo di teorie scientifiche*, Bologna 1990

FEYERABEND P., *Addio alla ragione*, Roma 1990

FEYNMAN R.P., *La legge fisica*, Torino 1971

FEYNMAN R.P., *QED: la strana teoria della luce e della materia*, Milano 1989

FEYNMAN R.P., *La fisica di Feynman*, Bologna 2001

FRANK P., *Einstein*, Roma 2015

FURTH H.G., *Pensiero senza linguaggio*, Roma 1993

GAMOW G., *Trent'anni che sconvolsero la fisica*, Bologna 1966

GAMOW G., *Biografia della fisica*, Milano 1998

GAMOW G., *La mia linea di universo*, Bari 2008

GAMOW G., *Gravità. La forza che governa l'universo*, pref. di Gino Segrè – postf. di Silvio Bergia, Bari 2010

GARDNER H., *La nuova scienza della mente*, Firenze 1988

GARDNER H., *Educare al comprendere*, Milano 2001

GILLIES D. - GIORELLO G., *La filosofia della scienza nel XX secolo*, Roma-Bari 2006

GILMORE R., *Alice nel paese dei quanti*, Milano 1996

GINGERICH O., *L'affare Galileo*, «Le Scienze», 170, 1982

GRIBBIN J., *Costruire la macchina del tempo. Viaggio attraverso i buchi neri e i cunicoli spazio-temporali*, Roma 1996

EINSTEIN A., *Replica alle osservazioni dei vari autori*, 1949, in P.A. SCHILPP (ed.), *Albert Einstein, scienziato e filosofo*, Torino 1958

HANSON N.R., *Patterns of Discovery: An Inquiry Into the Conceptual Foundations of Science*, Cambridge 1958

HEISENBERG W. - BORN M. - SCHRÖDINGER E. - AUGER P., *Discussione sulla fisica moderna*, Torino 1980

HEISENBERG W., *La scoperta di Planck e i problemi filosofici della fisica atomica*, in W. HEISENBERG - BORN M. - SCHRÖDINGER E. - AUGER P., *Discussione sulla fisica moderna*, Torino 1980

HEISENBERG W., *La tradizione nella scienza*, Milano 1982

HEISENBERG W., *Fisica e oltre*, Torino 1984

HEISENBERG W., *Natura e fisica moderna*, Milano 1985

HEISENBERG W., *I princìpi fisici della teoria dei quanti*, Torino 1987

HEISENBERG W., *Fisica e filosofia*, Milano 1994

HEISENBERG W., *Lo sfondo filosofico della fisica moderna*, Palermo 1999

HESSE M.B., *Forze e campi. Il concetto di azione a distanza nella storia della fisica*, Milano 1974

HOFSTADTER D.R., D.C. DENNETT (a cura di), *L'Io della mente*, Milano 1985

HOLTON G., *Einstein e la cultura scientifica del XX secolo*, Bologna 1991

HUYGENS C., *Discours de la cause de la pesanteur*, 1690, in Oeuvres XXI, 1891

INFELD L., *Albert Einstein*, Torino 1952

ISRAEL G., *Il principio di minima azione e il finalismo in meccanica*, «Le Scienze», 346, 1997

JAMMER M., *Storia del concetto di* spazio, Milano 1981

JAMMER M., *Prefazione*, in L. KOSTRO, *Einstein e l'etere. Relatività e teoria del campo unificato*, Bologna 1988

KAKU M., *Iperspazio. Un viaggio scientifico attraverso gli universi paralleli*, Cesena 2002

KAKU M., *Mondi paralleli. Un viaggio attraverso la creazione, le dimensioni superiori e il futuro del cosmo*, Torino 2006

KANT I., *Scritti precritici*, Bari 1953

KANT I., *Neue Lehrbegriff der Bewegung und Ruhe*, 1758, tr. It. *Nuova concezione teorica del moto e della quiete*, in *Scritti precritici*, Bari 1953

KELVIN, *On Vortex Atoms*, «Proceedings of the Royal Society» di Edinburgo, 6: 94–105, 1867; reprinted in «Phil. Mag.», Vol. XXXIV, 1867, pp. 15-24

KELVIN, *Opere*, a cura di E. Bellone, Torino 1971

KENNEFICK D., *Einstein versus the Phisical Review*, «Phisics Today», 58, 2005

KLEIN É., *Le strategie di Crono*, Roma 2005

KLEIN M.J., *Thermodinamics in Einstein's thought*, «Science», vol. 157, n. 3788, 1967

KLEIN M.J., *Paul Ehrenfest: The Making of a Theoretical Physicist. Biography of Paul Ehrenfest*, Amsterdam 1970

KLINE M., *Matematica: la perdita della certezza*, Milano 1985

KOSTRO L., *Einstein e l'etere. Relatività e teoria del campo unificato*, Bologna 1988

KOYRÉ A., *Studi newtoniani*, Torino 1983

KRAUSS L., *Dietro lo specchio. Il misterioso fascino delle dimensioni addizionali, da Platone alla teoria delle stringhe e oltre*, Torino 2007

KRAUSS L., *Un messaggio dal big bang*, «Le Scienze», 554, 2014

LEIBNIZ, *Scritti filosofici*, 2 voll., Torino 1967

LEIBNIZ, *Carteggio Leibniz-Clarke*, 1716, in LEIBNIZ, *Scritti filosofici*, 2 voll., Torino 1967

LIBERATI S. - MACCIONE L., *Astrophysical Constraints on Planck Scale Dissipative Phenomena*, «Phys. Rev. Lett.», 112, 151301, 2014

LINGUERRI S. - SIMILI R., *Einstein parla italiano. Itinerari e polemiche*, Bologna 2008

MACH E., *La meccanica nel suo sviluppo storico-critico*, Torino 1977

MACRÌ R.V., *La fisica unifenomenica cartesiana e il punto debole dell'IA forte*, «Episteme», 4, 2001

MACRÌ R.V., *Neopitagorismo e Relatività*, «Episteme», 6, 2002

MACRÌ R.V., *Cent'anni di relatività. Un punto di vista filosofico*, «Sapienza», LIX, 4, 2006

MACRÌ R.V., *Da Duhem a Feyerabend: Il messaggio che l'epistemologia lancia alla scienza*, «Vertigo Fil Rouge», Anno 1, 2, 2009

MACRÌ R.V., *Il Test di Turing a testa in giù*, «Vertigo Fil Rouge», Anno 1, 3, 2009

MACRÌ R.V., *La "funziolatria" epistemologica e l'esperimento di Wason*, «Vertigo Fil Rouge», Anno 3, 7, 2011

MACRÌ R.V., *La realtà del tempo e la ragnatela di Einstein*, Lecce 2015

MACRÌ R.V. (a cura di), *Asimmetrie antirelativistiche*, Lecce 2015

MACRÌ R.V., *Asimmetrie antirelativistiche del campo*, 1999, in R.V. MACRÌ (a cura di), *Asimmetrie antirelativistiche*, Lecce 2015

MACRÌ R.V., *Simmetrie forzate e simmetrie infrante nella Relatività Speciale*, in R.V. MACRÌ (a cura di), *Asimmetrie antirelativistiche*, Lecce 2015

MACRÌ R.V., *Einstein a testa in giù*, preprint

MAMONE CAPRIA M. (a cura di), *La costruzione dell'immagine scientifica del mondo*, Napoli 1999

MAMONE CAPRIA M., *La crisi delle concezioni ordinarie di spazio e di tempo: la teoria della relatività*, in M. MAMONE CAPRIA (a cura di), *La costruzione dell'immagine scientifica del mondo*, Napoli 1999

MARMET P., *Einstein's Theory of Relativity versus Classical Mechanics*, Ontario, Canada 1997

MAUPERTUIS P.L.M., *Principe de la moindre quantité d'action pour la mécanique*, «Mem. de l'Acad.», 1744

MAUPERTUIS P.L.M., *Discours sur les différentes figures des astres*, in *Oeuvres*, nouv. éd., 4 voll., Lyon 1756

MAXWELL J.C., 1873, *On Action at a Distance*, in *The Scientific Papers of James Clerk Maxwell* [1890], New York, Dover, 1965

MAXWELL J.C., *Trattato di elettricità e magnetismo*, a cura di E. Agazzi, Torino 1973

MONTI R., *Il grande bluff*, «Seagreen», nov. 1984

MONTI R., *Il grande Bluff di Albert Einstein*, Ravenna 2011

MORETTI A., *Presentazione*, in L. EULER, *De causa gravitatis*, «Episteme», 1, 2000

MORETTI A., *L'universo intellegibile, ovvero, la gravità descritta da Leibniz* , «Episteme», 3, 2001

Nature (editoriale), *Don't Bring Back the Ether*, 14 oct. 1967

NEWTON I., *Scritti di Ottica*, a cura di A. Pala, Torino 1978

NEWTON I., *Principi matematici della Filosofia naturale*, a cura di A. Pala, Torino 1989

PAIS A., *«Sottile è il Signore…»: la scienza e la vita di Albert Einstein*, Torino 1991

PANTALEO M. (a cura di), *Cinquant'anni di relatività (1905-1955)*, Firenze 1955

PAULI W., *Teoria della Relatività*, Torino 1974

PERUZZI G., *Maxwell: dai campi elettromagnetici ai costituenti ultimi della materia*, Milano 1998

PLANCK M., *Scienza, filosofia e religione*, Milano 1965

POINCARÉ J.H., *La scienza e l'ipotesi*, Bari 1989

POINCARÉ J.H., *Il valore della scienza*, Bari 1992

POINCARÉ J.H., *Scritti di fisica-matematica*, a cura di U. Sanzo, Torino 1993

POINCARÉ J.H., *Le idee di Hertz sulla meccanica*, in POINCARÉ J.H., *Scritti di fisica-matematica*, a cura di U. Sanzo, Torino 1993

POPPER K.R., *Logica della scoperta scientifica*, Torino 1970

POPPER K.R., *La ricerca non ha fine. Autobiografia intellettuale*, Roma, 1974

REICHENBACH H., *La nascita della filosofia scientifica*, Bologna 1972

RICCI E., *Un superfluido spazio-temporale*, «Le Scienze», 550, 2014

ROSSI P., *Storia della scienza moderna e contemporanea*, Torino 1988

RUCKER R., *La mente e l'infinito*, Padova 1991

RUCKER R., *La quarta dimensione. Un viaggio guidato negli universi di ordine superiore*, Milano 1995

SCARAVELLI L., *L'analitica trascendentale. Scritti inediti su Kant*, Firenze 1980

SCHILPP P.A., *Albert Einstein, scienziato e filosofo*, Torino 1958

SELLERI F., *La causalità impossibile - L'interpretazione realistica della fisica dei quanti*, Milano 1987

SELLERI F., *Fisica senza dogma*, Bari 1989

SELLERI F., *La fisica del novecento. Per un bilancio critico*, Bari 1999

SELLERI F., *Lezioni di relatività. Da Einstein all'etere di Lorentz*, Bari 2003

SEARLE J., *Menti, cervelli e programmi*, Milano, 1984

SEARLE J., *Mente cervello intelligenza*, Milano, 1988

SERIO N., *L'attuale ricerca sulla valutazione*, in F. BERTOLDI, N. SERIO (a cura di), *Oltre la valutazione. Idee e ipotesi a confronto*, Roma 1999

SNOW C.P., *Le due culture*, Venezia 2005

SPATARO G., *Sempre più ombre su BICEP2*, «Le Scienze», 555, 2014

STACHEL J., *L'anno memorabile di Einstein. I cinque scritti che hanno rivoluzio-nato la fisica del Novecento*, Bari 2005

TABASSO F., *Einstein scienziato*, in M. TODESCHINI (a cura di), *Einstein o Todeschini? Qual è la chiave dell'universo?*, Bergamo 1960

THOM R., *Parabole e Catastrofi. Intervista su matematica, scienza e filosofia*, a cura di G. Giorello e Morini S., Milano 1980

TODESCHINI M., *La teoria delle apparenze - Spazio-dinamica e psico-bio-fisica*, Bergamo 1949

TODESCHINI M., *L'unificazione qualitativa della materia e dei suoi campi di forze continui ed alterni*, in «Atti dell'Ateneo di Scienze Lettere ed Arti di Bergamo», Rendiconti della Classe di Scienze Fisiche, Vol. XXIX, Anni 1955-1956, Bergamo 1957

TODESCHINI M. (a cura di), *Einstein o Todeschini? Qual è la chiave dell'universo?*, Bergamo 1960

TODESCHINI M., *Psicobiofisica*, Torino 1979

TONG D., *Il quanto non quantico*, «Le Scienze», 534, 2013

TONINI V., *Il taccuino incompiuto. Vita segreta di Ettore Majorana*, Roma 1984

VERNON P.E., *Antropologia culturale dell'intelligenza*, Firenze 1975

VOLTAIRE F.M.A, *Lettere inglesi*, Torino 1958

VOLTAIRE F.M.A., *Notebooks*, 2 voll., Ginevra 1968

VUILLEMIN J., *Prefazione e biografia*, in J.H. POINCARÉ, *La scienza e l'ipotesi*, Bari 1989

WHITEHEAD A.N., *La scienza e il mondo moderno*, Torino 1979

WHITTAKER E.T., *From Euclid to Eddington: A Study of Conceptions of the External World*, Cambridge 1949

WHITTAKER E.T., *A History of the Theories of Aether and Electricity*, 2 voll., New York 1953

WHORF B.L., *Linguaggio pensiero e realtà*, Torino 1970

YOURGRAU P., *Un mondo senza tempo. L'eredità dimenticata di Gödel e Einstein*, Milano 2006

I FONDAMENTI CONCETTUALI DELLA TEORIA DELLA RELATIVITÀ RISTRETTA E LA SUA ALTERNATIVA NATURALE, LA TEORIA DELL'ETERE

Umberto Bartocci

1 – Cosa afferma in sostanza la teoria di Einstein

È nell'anno 1905 che Albert Einstein pubblicò i suoi due primi lavori dedicati alla teoria che avrebbe associato al suo nome una fama duratura, e che è oggi annoverata tra le grandi "rivoluzioni" della storia della fisica, e non soltanto di questo secolo: la teoria della relatività. Essa viene detta, in questa prima fase, *ristretta*, d'ora in avanti TRR, o anche *speciale*, per distinguerla dal successivo completamento che lo stesso scienziato portò a termine negli anni 1915-16, ed alla quale si dà il nome di *teoria della relatività generale* (TRG).

[Nota per lettori più esperti – La teoria della relatività generale dovrebbe dirsi più propriamente una *teoria relativistica della gravitazione*, che era assolutamente necessario per Einstein (e i "relativisti") costruire, dal momento che, se come vedremo la TRR era un tentativo di conciliare la meccanica classica newtoniana dello spazio "vuoto" con l'elettromagnetismo ottocentesco di stampo "eterista", ecco che tale tentativo lasciava fuori del suo nuovo formalismo proprio la celebrata teoria newtoniana della gravitazione! È nella TRG che appaiono *spazi curvi* e *geometrie non euclidee*, mentre la TRR può dirsi al massimo *non pitagorica*.]

Al primo di questi due lavori (al quale ci riferiremo succintamente nel seguito con la lettera A), che era intitolato "Zur Elektrodynamik bewegter Körper", ovvero "Sull'elettrodinamica dei corpi in movimento", pervenuto per la pubblicazione nel mese di Giugno del

1905, e contenuto nel volume N. 17 degli *Annalen der Physik* di quello stesso anno, è stata dedicata una moltitudine di ricerche, che lo hanno analizzato sotto ogni possibile profilo, teorico, sperimentale, storico, filosofico, sociologico.

Il titolo così specialistico di A sta a dimostrare che si tratta di una teoria che ha le sue radici in complesse questioni concernenti la fisica dell'elettromagnetismo, indagare le quali, anche solo per grandi linee, non è qui naturalmente possibile. Per quanto riguarda la sua connessione con questa parte della fisica, ci limiteremo a sottolineare che la teoria della relatività ristretta ha in questo campo l'obiettivo di eliminare alcune "asimmetrie" di trattamento alle quali conduceva la teoria elettromagnetica di Maxwell, senza che a queste asimmetrie teoriche corrispondesse poi (*almeno secondo Einstein*) alcuna reale asimmetria della natura. Einstein fa a questo proposito il celebre esempio dell'induzione elettromagnetica. Tutti annoverano probabilmente tra i loro ricordi scolastici il fatto che quando un magnete si avvicina ad un conduttore – immaginiamo ad esempio una spira di qualche metallo – in esso si genera una corrente; viceversa, se è il conduttore ad avvicinarsi al magnete con la stessa velocità, si ottiene una identica corrente, ed il fenomeno fisico è quindi perfettamente simmetrico. Se si vanno invece a fare i relativi calcoli con le equazioni che James Clerk Maxwell, un fisico scozzese della seconda metà del secolo scorso, pose a base della sua ancora attuale teoria dell'elettromagnetismo, bisogna distinguere accuratamente i due casi, anche se poi il risultato numerico finale è lo stesso[1].

---

[1] La questione è approfonditamente esaminata in Umberto BARTOCCI e Marco MAMONE CAPRIA, "Symmetries and Asymmetries in Classical and Relativistic Electrodynamics", *Foundations of Physics*, 21, 7, 1991, nel quale si dimostra che il fenomeno dell'induzione assunto da Einstein a fondamento paradigmatico per la sua proposta di estensione del principio di relatività all'elettromagnetismo di Maxwell è in realtà soltanto frutto di una mera coincidenza di calcolo, visto che la pretesa simmetria in tanti altri casi teoricamente prevedibili non si verifica. In altre parole, l'elettromagnetismo di Maxwell non è affatto 'relativistico' come i fisici oggi insegnano, ma lo diventa soltanto quando i suoi parametri essenziali vengono

Cose difficili, per la verità, e quale speranza dunque di poterle sintetizzare in poco spazio, soprattutto per dei non esperti di fisica e di matematica? Noi tenteremo questa impresa lo stesso, nella persuasione che il famoso epistemologo Paul K. Feyerabend colga nel segno quando dice che "la metodologia è oggi così affollata da ragionamenti raffinati e vuoti che è estremamente difficile percepire i semplici errori alla base", e che quindi "l'unico modo di conservare il contatto con la realtà è di essere rozzi e superficiali"[2].

Alla base di qualsiasi teoria scientifica infatti, anche la più avanzata, c'è *qualcosa di semplice* che si può spiegare, e giudicare e capire, senza restare troppo intimoriti dai vari ammonimenti che ci provengono dagli scienziati di professione, moderni sacerdoti di una moderna chiesa, che vogliono riservare per sé l'interpretazione delle nuove sacre scritture[3]. "La scienza moderna", ci ammonisce ancora Feyerabend (luogo citato), "non è affatto così difficile e così perfetta come la propaganda scientifica vorrebbe farci credere [...] ci appare difficile solo perché viene insegnata male, perché l'istruzione standard è piena

---

definiti in modo relativistico, il che allora toglie ogni possibilità di confronto tra *due* teorie che sono invece essenzialmente diverse. La comprensione di questo fatto permette invece di poter sperare in qualche smentita (dal punto di vista ovviamente del presente autore!), o in qualche ulteriore conferma dal punto di vista dei *supporters* di Einstein, delle previsioni relativistiche in un ambito puramente elettromagnetico (né ottico né particellare o altro), che sono estremamente rare e poco profondamente analizzate.

[2] Da "Come difendere la società contro la scienza", apparso in *Rivoluzioni scientifiche*, a cura di I. HACKING, AA. VV., Ed. Laterza, Bari, 1984.

[3] Questa analogia è fatta propria dal già menzionato Feyerabend (e nel testo citato), quando sottolinea che "Nella società in generale il giudizio dello scienziato è oggi accolto con la stessa reverenza con cui era accolto non troppo tempo fa quello di vescovi e cardinali", e che "la scienza è diventata oggi non meno oppressiva delle ideologie contro cui dovette un tempo lottare", con la conseguenza che "gli eretici nella scienza devono ancora soffrire le pene più severe che questa società relativamente tollerante può applicare", come abbiamo avuto modo di rilevare anche noi nel capitolo precedente.

di materiale ridondante e perché l'insegnamento delle scienze comincia troppo tardi nella vita". Il matematico Émile Borel ci avverte al contrario che: "Coloro che sono ansiosi di rifiutare o anche solo di discutere la TRR dovrebbero prima assumersi il compito di studiarla attentamente" e "non è discutendo un articolo, o anche un piccolo libro come questo, che si può sperare di demolire una teoria i cui elementi essenziali si possono spiegare soltanto con l'aiuto di numerosi sviluppi e di innumerevoli formule matematiche", sicché "fisici e matematici a prima vista alquanto scettici [...] hanno adottato ora un comportamento più prudente e cessato di scrivere sul soggetto della TRR" (Émile Borel, *Space and Time*, 1926; Dover Pub., New York, 1960, p. 193). E se almeno gli scienziati si mostrassero d'accordo tra di loro, visto che per contro Guido Castelnuovo, un altro matematico tra i primissimi fautori della relatività in Italia, in un suo *Spazio e tempo secondo le vedute di Einstein*, del 1922 (ristampa anastatica: Ed. Zanichelli, Bologna, 1983), sostiene che la TRR è "in gran parte accessibile a chi ricordi i fondamenti della matematica e della fisica che vengono forniti nell'insegnamento secondario"; e questo è vero, se ci si limita almeno, come qui faremo, all'aspetto cinematico – vale a dire alla semplice descrizione del moto in termini di spazio e di tempo – trascurando le questioni dinamiche (ovvero quelle concernenti le *cause* dei moti) e quelle elettromagnetiche.

Proviamo dunque a capire almeno un poco la relatività partendo, come si dovrebbe sempre, da un secolo lontano, il '600, e dai tre grandi geni che ne animarono la vita scientifica, Galileo, Cartesio e Newton. La teoria di Einstein prende l'avvio da una riflessione galileiana, l'argomento della nave, esposto dal celebre scienziato, considerato il fondatore della fisica moderna, nella Giornata II del suo famoso *Dialogo sopra i due Massimi Sistemi del Mondo Tolemaico e Copernicano* (1632; vedi ad esempio Ed. Einaudi, Torino, 1970, pp. 227-228):

"Rinserratevi con qualche amico nella maggiore stanza che sia sotto coverta di alcun gran navilio, e quivi fate d'aver mosche, farfalle e simili animaletti volanti: siavi anco un gran vaso d'acqua, e dentrovi dè pescetti; sospendasi anco in alto qualche secchiello, che a goccia a goccia vada versando dell'acqua in un altro vaso di angusta bocca che sia posto a basso; e stando ferma la nave, osservate diligentemente come quelli animaletti volanti con pari velocità vanno verso tutte le parti della stanza. I pesci si vedranno andar notando indifferentemente per tutti i versi, le stille cadenti entreranno tutte nel vaso sottoposto; e voi gettando all'amico alcuna cosa non più gagliardamente la dovrete gettare verso quella parte che verso questa, quando le lontananze sieno eguali; e saltando voi, come si dice, a piè giunti, eguali spazii passerete verso tutte le parti. Osservate che avrete diligentemente tutte queste cose, benché niun dubbio ci sia che mentre il vascello sta fermo non debbano succedere così: fate muovere la nave con quanta si voglia velocità; ché (pur che il moto sia uniforme e non fluttuante in qua e in là) voi non riconoscerete una minima mutazione in tutti li nominati effetti; né da alcuno di quelli potrete comprendere se la nave cammina, o pure sta ferma".

Abbiamo detto che questa constatazione che una velocità può essere soltanto *relativa*, e che non possono darsi effetti 'fisici' di una velocità uniforme (dal verificarsi dei quali potersi dedurre invece un proprio stato 'assoluto' di quiete o di moto) è considerata storicamente di origine galileiana, anche se in fondo già in Copernico possono trovarsi ovvi accenni di questa concezione, laddove si interroga su quale possa essere l'autentico significato fisico di affermazioni quali: è il Sole (o le stelle) a muoversi rispetto a noi, o noi a muoverci rispetto al Sole (Nicola Copernico, *De Revolutionibus Orbium Caelestium*, Libro I, Capitolo V; si veda ad esempio: Nicola Copernico, *Opere*, a cura di Francesco Barone, Ed. UTET, 1979, pp. 190 e segg.). Si può aggiungere poi che anche l'esempio specifico della nave non è in realtà del tutto originale, essendo stato avanzato per primo da Giordano Bruno, nella sua *Cena de le ceneri* (1583), Dialogo terzo, e che il fatto che Galileo non vi faccia alcun riferimento potrebbe sembrare apparentemente simile all'altro caso di 'debito culturale' non riconosciuto che sarà l'oggetto di questo libro. Nel caso di Galileo però l'assenza di citazione è quasi certamente ascrivibile alla sola circostanza che sarebbe stato assai rischioso menzionare qualcuno bruciato sul rogo soltanto pochi anni prima come eretico. Per uno stesso motivo di 'opportunità politica', forse, Galileo non nomina mai nella sua opera neppure Nicola Cusano, un principe della Chiesa che avrebbe potuto fargli comodo annoverare tra i 'precursori' delle sue tesi, ma a Cusano aveva fatto già riferimento il povero Giordano Bruno, chiamandolo addirittura il "divino Cusano", ed il collegamento ideale che avrebbero potuto fare gli avversari di Galileo mediante citazioni analoghe andava ovviamente evitato. Si può pensare che proprio la possibilità di fare riferimento ai nomi di questi due padri fondatori della scienza moderna, Copernico e Galileo, in ordine alla genesi del principio di relatività – fatto questo che mostra piuttosto il carattere *conservatore* che non rivoluzionario della teoria di Einstein – fornisca a tale principio una autorevolezza che è difficile contrastare. Del resto, al primo dei due grandi scienziati lo stesso Einstein dedicò parole appassionate: "Noi onoriamo oggi, con gioia e gratitudine, la memoria di un uomo che, più di qualsiasi altro, contribuì a liberare il pensiero occidentale dalle catene del predominio clericale [...] Una volta che fu riconosciuto che la Terra non era il centro dell'universo, ma soltanto uno dei più piccoli pianeti, le illusioni sul valore centrale dell'uomo divennero insostenibili. Copernico, perciò, attraverso il suo lavoro e la grandezza della sua personalità, insegnò all'uomo ad essere modesto" (in occasione di una serata commemorativa alla Columbia University, New York, Dicembre 1953).

Per ritornare al nostro discorso principale, diciamo che a questa argomentazione della nave, che ha in fin dei conti un'origine sperimentale, [Ma si tratta ovviamente di un'*induzione* "azzardata", che aveva il solo scopo logico di rispondere all'obiezione dei tolemaici-aristotelici: come mai se la Terra si "muove", il suo movimento non si avverte?] Einstein aggiunge una speculazione *a priori* sulla struttura dell'universo, che possiamo tentare di spiegare nel seguente modo.

Pensiamoci soli nel buio dello spazio, senza alcun 'punto di riferimento' materiale a vista d'occhio, ma dotati di assistenti, strumenti, e quanta altra strumentazione scientifica possiamo desiderare. Immaginiamo ora di inviare un raggio di luce in una certa direzione dello spazio, e di avere inviato in quella direzione, e ad una conveniente distanza, uno dei nostri collaboratori per misurare la velocità di quel raggio, o se preferite il ritardo con cui la luce arriva fino a lui: se ci mettiamo d'accordo di 'sparare' verso di lui la luce in un certa ora precisa, sappiamo che lui vedrà la nostra luce qualche istante più tardi, il tempo necessario alla luce per varcare la distanza alla quale il nostro collaboratore si è allontanato da noi. Si sa invero, e da tempo[4], che la luce non ha una velocità infinita, e che, per quanto veloce per i nostri parametri umani, essa deve comunque impiegare un certo tempo per percorrere dei lunghi tragitti. Così, se abbiamo inviato ad esempio il nostro aiutante a 300.000 Km di distanza, ed abbiamo convenuto di accendere un faro rivolto nella sua direzione alle ore 12 in punto, ecco che lui, che supponiamo avere un orologio sincronizzato con il nostro (e vedremo che proprio questo è uno dei punti "dolenti" del discorso), vedrà la 'nostra' luce alle ore 12 ed un secondo, ammesso appunto che la luce viaggi a 300.000 Km al secondo. Supponiamo poi di inviare un altro assistente in un'altra direzione e di ripetere l'esperimento, oppure, ciò che è lo stesso, di inviare alle 12 in punto due raggi di luce da uno stesso punto in due direzioni diverse, e di misurare la velocità dei due raggi. Ciò premesso, c'è qualche buona ragione che ci consenta di prevedere che si otterrebbero due valori diversi per le dette velocità? (usiamo cioè quello che può dirsi il *principio di ragione insufficiente*). In questo spazio vuoto, buio, privo di segnali di riferimento che non siano legati

---

[4] Le prime stime sul valore della velocità della luce furono effettuate dall'astronomo danese Ole Christensen Roemer nel XVII secolo, attraverso l'osservazione di alcune anomalie nei periodi dei satelliti di Giove, dovute al fatto che il tragitto che la luce impiegava per arrivare da essi alla Terra cambiava in funzione del movimento più veloce della Terra intorno al Sole rispetto a quello di Giove.

a noi ed ai nostri strumenti, potrebbe concepirsi che la luce inviata "di là" sia più veloce della luce inviata "di qua"? Che senso potrebbero mai avere questo "di qua" e questo "di là"? E se ripetessimo questo esperimento ideale in un altro punto dello spazio dovremmo forse aspettarci qualche risultato diverso?

Orbene, la prima delle caratteristiche dello spazio dianzi *congetturate a priori* si dice la sua *isotropia*, mentre la seconda si dice la sua *omogeneità*. Lo spazio non può che essere immaginato isotropo ed omogeneo, affermano Einstein ed i relativisti, e l'essenza della relatività è in fondo tutta qui[5].

Così poco, si dirà, e tante storie per una cosa che è perfettamente accettabile, e che in effetti come tale è stata accettata per secoli prima di Einstein, essendo tali caratteristiche dello spazio ipotesi essenziali per tutto lo sviluppo della meccanica, ovvero delle leggi del movimento dei corpi materiali, a partire dal XVII secolo? Se questa è la relatività, si tratta di una cosa facile a comprendersi, e noi siamo tutti relativisti, sicché non si comprendono bene quelle 'avversioni' di cui si parlava nel capitolo precedente.

Certo, l'inizio è tutto qui, ed era stato accettato per parecchio tempo da tutti i fisici, con le eccezioni di cui presto diremo, ma ecco che Einstein ci costringe a fare un passo in più, nell'identica direzione del precedente argomento di Galileo. Supponiamo, nella stessa condizione precedentemente descritta, di vedere ad un certo punto un'altra persona come noi, con tutti i suoi strumenti ed i suoi collaboratori, che si muove di moto uniforme rispetto a noi, diciamo

---

[5] In realtà, c'è qui una difficoltà teoretica sulla quale non è possibile soffermarsi, concernente il fatto che deve comunque ipotizzarsi l'esistenza di almeno un osservatore, o meglio di un sistema di riferimento, per il quale risultano verificate tali asserzioni (come si dice, nel quale valgono le leggi della meccanica 'classica'). L'esistenza di almeno uno di questi riferimenti, e quindi di una classe intera di essi, che vengono detti *inerziali*, è un'ipotesi appunto della 'fisica classica', quella stessa che Einstein sta cominciando a sconvolgere con il suo ragionamento, in un misto di tradizione e innovazione cui avremo modo di accennare meglio nel seguito.

1 Km al secondo. Noi potremo ben dirgli: "ehi tu, perché ti muovi, dove stai andando?", ma lui potrà con ogni ragione risponderci: "ma dimmi piuttosto tu dove stai andando, perché sei tu che ti stai muovendo, e non io che sto qui fermo e tranquillo!"

In altre parole, e a ben riflettere, possiamo dire in effetti soltanto che il nuovo venuto si sta muovendo rispetto a noi, e noi rispetto a lui, perché finché lui non c'era non avevamo, né potevamo avere, alcuna consapevolezza di un nostro 'moto', e "rispetto a cosa" in effetti? Allo spazio buio e vuoto che ci circondava? Un moto può essere soltanto *relativo*, ci avverte ancora Einstein, ed in nessun senso *assoluto*, ovvero, nessuno dei due protagonisti del nostro apologo avrebbe potuto, in assenza dell'altro, dedurre un proprio particolare stato di moto o di quiete rispetto alla imperturbabile indifferenza dello spazio che lo circonda.

È tutto qui?, mi immagino che molti dei lettori penseranno ora. Einstein ha certamente ragione, un movimento non può che essere relativo, dove sono tutte le annunciate 'stranezze' della teoria della relatività? Ancora una volta Einstein ci costringe a fare un passo in più, fermo restando lo scenario che abbiamo fin qui costruito, e cioè a ritornare ai nostri esperimenti sulla velocità della luce, che abbiamo deciso già, senza neppure farli, debbano darci le richiamate indicazioni di omogeneità ed isotropia. Immaginiamoli però effettuati contemporaneamente dai due osservatori uno in moto rispetto all'altro: detti questi due O ed O', O vedrà ad esempio O' mandare i suoi collaboratori uno da una parte, uno da un'altra, e lo vedrà pervenire alle stesse conclusioni di isotropia alle quali era giunto lui. Ma, attenzione, questo comincia adesso ad essere difficile da credere, perché se i collaboratori di O' sono andati proprio uno davanti ad O' nella stessa direzione del moto che O' ha rispetto ad O, e l'altro sulla stessa retta ma dalla parte opposta, ecco che non potremmo credere che O' ottenga le stesse caratteristiche di isotropia che abbiamo ottenuto noi. Perché l'osservatore che sta nella stessa direzione e nello stesso verso della velocità di O' si sta allontanando dal raggio di luce che gli è stato inviato incontro, e non potrà dire di averlo ricevuto dopo 1 secondo, ma dopo 1 secondo *più* una quantità di tempo proporzionale alla distanza di cui si è allontanato dal punto in cui il raggio di luce era stato spedito. Analogamente, il collaboratore dalla parte opposta, che si stava avvicinando al punto in cui il raggio di luce era stato emesso, dovrebbe dire di averlo ricevuto dopo 1 secondo *meno* la stessa quantità di cui sopra. Eppure tutti e due, lo abbiamo già ammesso, dovrebbero dire di avere ricevuto il raggio di luce dopo 1 secondo, e quindi come la mettiamo?

L'unica via di uscita sarebbe ammettere che la velocità del 'nostro' raggio di luce era uguale in tutte le direzioni perché si riferiva ad una sorgente ferma insieme a noi, che avremmo potuto dire quindi relativamente in quiete, mentre la sorgente di O' si muove rispetto a noi; si potrebbe pensare allora che la velocità della luce da lei emessa (e rispetto a noi) potrebbe variare di conseguenza, ed essere anisotropa. Un po' come accadrebbe per chi vedesse passare un treno davanti a sé, e sul treno ci fosse una persona che spara ad un'altra con una pistola. Noi da terra vedremmo la velocità della pallottola "comporsi" con quella del treno, vale a dire che vedremmo la pallottola più veloce se sparata nello stesso verso con cui procede il treno, più lenta se sparata nell'altra direzione; ovvero, come diremmo, constateremmo una anisotropia. Invece, per un osservatore sul treno, la pallottola avrebbe sempre la stessa velocità nei due versi, vale a dire riscontrerebbe perfetta isotropia. Un'ipotesi di questo genere è stata in effetti contemplata da alcuni fisici per evitare le imminenti sgradevolezze concettuali a cui Einstein costringerà ben presto chi lo ha seguito nei suoi ragionamenti fin qui, e se ne fa riferimento, a causa dell'analogia dianzi presentata, come alla cosiddetta *ipotesi balistica*. Questa viene scartata dal campo delle possibilità reali su una base sperimentale, anche se per la verità con considerazioni non del tutto limpidissime[6]. La velocità della luce, si dice, è come quella del suono: che una sorgente sonora si muova o stia ferma, non fa alcuna differenza per la velocità della perturbazione che essa induce nell'atmosfera. Il suono è veicolato infatti dall'aria interposta tra la sorgente del rumore e l'orecchio dell'osservatore: non c'è nessun reale spostamento di qualcosa, le molecole d'aria oscillano avanti ed indietro intorno alla loro posizione di equilibrio nella stessa direzione in cui il suono si propaga, l'oscillazione di una provoca il movimento di un'altra molecola contigua, e così via, fino ad arrivare al ricevitore. Quando la sorgente ha iniziato a perturbare l'atmosfera in qualche modo, in un certo preciso punto ed in un certo preciso istante, ecco che la perturbazione procede per conto proprio, con caratteristiche fisiche che dipendono esclusivamente dal mezzo in cui si propaga (cioè l'aria, ma potrebbe anche trattarsi dell'acqua, o di altro) e non dalla sorgente, la quale può restare ferma, muoversi, scomparire, o ciò che meglio si preferisce immaginare.

Ciò detto, ecco che si ritorna alla questione di prima, come la mettiamo? Come è possibile che entrambi gli osservatori dicano che lo spazio intorno ad essi è isotropo rispetto alla propagazione luminosa, se è contraddittorio che entrambi affermino la stessa cosa?

A questa domanda Einstein risponde paradossalmente, e certo in modo molto originale, dicendo che se questa velocità della luce deve essere uguale per i due osservatori, e se questo è impossibile rispetto

---

[6] Questa ipotesi fu sostenuta in modo particolare da Walter Ritz, ed essa viene confutata di solito (almeno al livello didattico più evoluto) da delicate osservazioni di tipo astronomico, quali quelle di Willem De Sitter sulle stelle doppie, o l'esperimento di Tomaschek, che usava luce di origine stellare per ripetizioni dell'esperimento di Michelson-Morley (vedi il prossimo capitolo). Sta di fatto che il valore probativo di queste esperienze è stato più volte messo in dubbio, anche se da una parte assai minoritaria in campo scientifico; tra i più vivaci sostenitori dell'ipotesi balistica citiamo il nostro Michele De Rosa, un astronomo di Palermo (per maggiori informazioni si veda ad esempio Gino CECCHINI, *Il Cielo*, Ed. UTET, 1969, Vol. II, pp. 1350 e segg.).

alla concezione del tempo e dello spazio 'naturali', ecco che bisognerà piuttosto mantenere l'assunto della costanza ed isotropia di siffatta velocità "fondamentale", e modificare di conseguenza lo spazio e il tempo dei due osservatori in modo tale che il loro rapporto dia sempre lo stesso valore per la velocità della luce (come si specifica ovviamente, velocità della luce "nel vuoto"), che si indica con la lettera c. La matematica può far tutto[7], o quasi, ed ecco che è possibile invero fare in modo che gli spazi misurati da O ed O' siano così alterati, come i rispettivi tempi, da evitare il precedente paradosso, anche se a scapito dell'introduzione di ben altre difficoltà, dal momento che lo spazio e il tempo così modificati avranno delle caratteristiche del tutto diverse da quelle che siamo abituati di solito a concepire (forzati anche da un 'linguaggio' che su dette caratteristiche è costruito)[8]. Max Born (*La*

---

[7] Che certe teorie siano espresse nel linguaggio della matematica non vuol dire assolutamente nulla in ordine alla loro eventuale significatività, o al loro maggiore valore nei confronti di altre teorie che non hanno la stesse credenziali formali, dal momento che la matematica è come il cappello di un prestigiatore, da cui può uscire fuori qualsiasi cosa vi sia stata messa dentro prima. Chi è abile nel suo trattamento può utilizzarla per sostenere tesi di qualsiasi tipo, anche se naturalmente spesso attraverso contaminazioni occulte tra diversi livelli del discorso. Non c'è nulla di così assurdo che un buon matematico non sarebbe capace di descrivere con qualche struttura, purché naturalmente non contraddittorio: basta battezzare una certa funzione cervellotica con il nome di 'tempo', ed ecco che poi questo tempo può avere un'origine e una fine, e quant'altro si vuole. Una matematica che si trasforma, con grande dolore del presente autore che è un matematico di formazione, in una sorta di *latinorum* per diversi moderni don Abbondio, che la utilizzano come espediente retorico per giustificare mode culturali o ben di peggio, confondendo la testa alla gente ed allontanando gli intelletti più sensibili dalla 'scienza'.

[8] Come dicono nel 1924 due meccanici italiani, Boggio e Burali-Forti: "La filosofia potrà giustificare lo spazio-tempo della relatività, ma la matematica, la scienza sperimentale ed il senso comune non lo giustificano affatto". Oggi di fronte a certe prese di posizione si dice che al tempo non erano ancora disponibili gli straripanti risultati sperimentali a favore della teoria della relatività di cui possiamo al presente disporre, ma è ovvio che chi scrive queste pagine pensa che questa non sia la verità, e che il successo della relatività sia più dovuto all'istaurarsi di una moda di un certo tipo che ad altre più 'obiettive' ragioni.

sintesi einsteiniana, Ed. Boringhieri, Torino, 1969, p. 269) così si esprime in proposito: "Era necessaria una revisione dei concetti di spazio e di tempo, basati nell'accezione corrente su ipotesi non provate dai fatti, ed Einstein formulò una nuova teoria che non tenesse alcun conto di simili nozioni preconcette".

Tanto per fare qualche esempio, supponiamo che O' ritenga che un suo collaboratore sia da lui lontano di una certa distanza L; bene, O non sarà d'accordo in questa valutazione, e dirà che la distanza tra O' ed il suo collaboratore è invece *minore* di questa, in una proporzione che dipende dalla velocità relativa tra i due osservatori (*fenomeno della contrazione delle lunghezze*). Naturalmente, data l'assoluta *simmetria* concettuale tra O ed O' accadrà anche il viceversa, ovvero O' riterrà che sia O a sovrastimare le sue misure di distanza, perché per lui esse risultano invece minori (e nella stessa identica proporzione di O rispetto a O'). Per quanto riguarda il tempo invece, intervalli di tempo misurati da O' risulteranno molto più lunghi per O, ovvero se O' dicesse: "tra il verificarsi questi due fenomeni è trascorsa un'ora", O gli replicherebbe: "ma sei matto, non ti accorgi che ne sono passate due?!" (*fenomeno della dilatazione dei tempi*), ed ancora una volta, ovviamente, varrà anche il viceversa[9]. Ne consegue che nella teoria

---

[9] È questa la base teorica del famoso "paradosso dei gemelli", caro anche a tanto cinema e letteratura di fantascienza, secondo il quale uno di due fratelli gemelli si allontana dall'altro per un giretto nello spazio, e quando ritorna indietro è ancora abbastanza giovane (diciamo che il viaggio gli è durato soltanto qualche annetto), mentre trova il fratello decrepito, se non morto (per quello rimasto sulla Terra sono passati decenni, se non di più). Non è certo questa la sede per approfondire l'aspetto puramente scientifico della questione, ma almeno ad una cosa si vuole qui accennare: quando vi dicono che il fenomeno della "dilatazione dei tempi" è confermato ad esempio dagli esperimenti relativi all'allungarsi della vita media di particelle 'veloci' rispetto alla Terra nei confronti delle stesse particelle invece 'ferme' in laboratorio, pensate che potrebbe essere come se vi parlassero delle variazioni della vita media di un panetto di burro: questa cambia naturalmente assai a seconda che il burro si trovi in un frigorifero o in un forno! (L'autore deve questa battuta al fisico bolognese Roberto Monti, di cui si parla ancora in altri luoghi di questo libro). Interesserà forse il lettore sapere che anche Ettore Majorana considerava questa

della relatività può accadere ad esempio che due eventi che sono simultanei per un osservatore non lo siano più per un altro, o che eventi che stanno nel *futuro* di O siano nel *passato* di O', e via di questo passo. E, si noti bene, non c'è nessun assurdo di natura puramente logica (nonostante molti continuino a ricercarne da cent'anni): misure di tempi e di spazi possono essere pensate dotate di queste strane caratteristiche, dal momento che la teoria si poggia su un trattamento matematico che in quanto tale sfugge a presunte semplici confutazioni.

Tanto per introdurre pochissima matematica, e per di più di tipo assai elementare, diamo la formula che risulta nella teoria della relatività per la cosiddetta "legge di composizione delle velocità". Tutti capiscono che, nel trattamento ordinario dello spazio e del tempo, se Tizio sta correndo a 10 Km all'ora sopra un treno che passa davanti a Caio a 100 Km all'ora (e supponiamo che Tizio stia procedendo nella stessa direzione di marcia del treno), la velocità di Tizio rispetto a Caio sarà di 110 Km all'ora, risultante appunto dalla composizione delle due dette. Se diciamo la prima u (quella di Tizio rispetto al treno), e la seconda v (quella del treno rispetto a Caio), la velocità totale di Tizio rispetto a Caio, diciamola w, sarà semplicemente espressa dalla formula di addizione: $w = u + v$.

Secondo lo spazio ed il tempo relativistici risulterà invece: $w = (u + v)/(1 + uv/c^2)$, e questa formula fornisce con buona approssimazione quella precedente quando u e v sono 'abbastanza piccole' rispetto alla velocità della luce c . In questo caso, infatti, il rapporto u/c sarà un numero abbastanza piccolo, diciamo zero virgola qualcosa, e tale sarà pure il rapporto v/c , sicché il loro prodotto, che è appunto uv/c^2 , sarà ancora più piccolo, ed al denominatore del precedente rapporto si troverà quindi qualcosa che è molto vicina all'unità. In conclusione, la velocità relativistica w è 'quasi uguale' a u + v , il che spiegherebbe

---

argomentazione dei gemelli "una pura bestialità" (citazione dal libro di Valerio Tonini di cui avremo modo di parlare più estesamente nel prossimo capitolo).

perché la relatività sarebbe 'vera' ma nessuno se ne sarebbe mai accorto prima di Einstein: ovvero, proprio perché per le piccole velocità alle quali siamo abituati nell'esperienza ordinaria non c'è quasi nessuna differenza tra le predizioni relativistiche e quelle classiche[10]. Ma vediamo cosa succede se Tizio o il treno sono molto veloci, supponiamo ad esempio che il treno vada proprio alla velocità della luce c , vale a dire poniamo nella formula precedente v = c . Si otterrà con semplici calcoli:

$$w = (u + c)/(1 + uc/c^2) = (u+c)/(1 + u/c) = c(u + c)/(c + u) = c\,!$$

Si è dedotto che, qualsiasi sia la velocità di Tizio rispetto al treno, diciamo anche la velocità stessa della luce, Tizio avrebbe rispetto a Caio sempre la stessa velocità c del treno, ovvero quella che avrebbe se non si muovesse affatto sul treno. Ecco quindi un esempio significativo di come la matematica possa riuscire a fare (quasi)

---

[10] Da questo semplice esempio i fisici sono portati a ritenere che questo sia sempre il caso in generale, ovvero che le previsioni relativistiche coincidano sostanzialmente con quelle classiche tutte le volte che si ha a che fare con 'velocità piccole', ma questa opinione è del tutto errata, come si dimostra nel già citato "Symmetries and Asymmetries...". Il fatto è che la gran parte dei fisici ama molto il concetto che: "l'evoluzione delle scienze è determinata da un continuo affinamento dei modelli. Non è vero che le teorie nuove cancellano quelle vecchie: ad esempio la meccanica Newtoniana è stata estesa (non sostituita) dalla teoria della relatività di Einstein. Per comprendere i fenomeni che si manifestano a velocità vicine a quelle della luce [...] è necessaria la formulazione di Einstein, ma per piccole velocità [...] [questa] coincide esattamente con quella di Newton e Galileo. Per mandare una sonda nel Sistema Solare la meccanica che a tutt'oggi si usa è quella Newtoniana" (tanto per citare uno dei tanti comuni superficiali esempi di divulgazione, dalla rivista *Scienza e Paranormale*, N. 14, 1997, p. 33). Tanto per accennare alla sorgente dell'errore di questa confortante opinione, se è vero che nella formulazione relativistica della II legge della dinamica, ovvero quella che fornisce le equazioni di un moto, F = d(mv)/dt si trova al secondo membro una massa che per piccole velocità non differisce molto da quella 'classica', il problema fisico reale è costituito da quello che si mette al primo membro, visto che in certi contesti l'espressione di una forza può cambiare in modo radicale dall'approccio classico a quello relativistico (tanto da poter essere uguale a zero in un caso e diversa da zero nell'altro).

qualsiasi cosa, salvo ad andare a vedere poi se le nostre 'considerazioni fisiche' sono giuste o no.

Come ci si può aspettare, naturalmente, Einstein cercò di trovare un *fondamento epistemologico* al nuovo modo con cui avrebbero dovuto trattarsi lo spazio ed il tempo, ponendo l'enfasi sulle *convenzioni* per la loro misura sperimentale[11]: il tempo è soltanto ciò che viene misurato in un certo modo da strumenti che per comune accordo i fisici chiamano "orologi", secondo procedure di sincronizzazione tra orologi 'a distanza' molto ben definite, e similmente per lo spazio in ordine alle misure di lunghezze. La nuova teoria guadagnò così il consenso dei fisici sperimentali, che vedevano le regole di misura inserite alla base stessa della fisica; dei matematici (sui quali torneremo nel prossimo capitolo), che vedevano la matematica non convenzionale da essi astrattamente elaborata utilizzata in modo essenziale nella formulazione di una teoria fisica; ma soprattutto ad essa fecero eco tutti coloro che furono lieti di veder così crollare, come non più adeguate alla realtà naturale, le categorie ordinarie (o del senso comune) dello spazio e del tempo, che pure avevano tanto ben servito tutti gli esseri umani per tutto il periodo precedente Einstein ed i suoi *esperimenti mentali* (*Gedankenexperimenten*), allo stesso modo che molti erano stati lieti di veder crollare dopo Darwin la fino allora pretesa 'centralità', o 'diversità', dell'essere umano, con il conseguente suo inserimento nel regno animale.

Comunque si voglia complicare la questione con altre discussioni filosofiche sulla natura e le origini di queste categorie mentali, se a priori o a posteriori, etc., frutto dell'evoluzione oppure no, ci sembra di poter affermare in buona fede che la TRR sia sostanzialmente tutta qui, ovvero nella proposta dell'estensione ad ogni campo della fisica

---

[11] E mettiamo pure l'enfasi sul fatto che, per quanto riguarda i suoi non trascurabili aspetti convenzionali, la teoria della relatività non è così facilmente confutabile come alcuni suoi maldestri critici (comunque sempre più coraggiosi di altri) avrebbero preteso.

della situazione descritta da Galileo. Nessun osservatore nello "spazio vuoto" può essere in grado di stabilire se si stia muovendo o no senza che venga fatto riferimento a qualcosa di tangibile ed esterno; lo spazio vuoto non è tangibile, non esiste alcun modo ragionevole per introdurre una velocità "assoluta", o effetti "assoluti", tutto è soltanto relativo. La validità del discorso galileiano non si deve confinare soltanto a quei fenomeni che vengono studiati nell'ambito della meccanica classica: *tutte* le leggi fisiche debbono assumere la stessa forma se stabilite da un osservatore oppure da un altro in moto uniforme rispetto al primo. Questa è la sostanza del famoso *principio di relatività*, elemento cardine della teoria einsteiniana.

Vediamo tanto per farne un'applicazione come si può interpretare relativisticamente l'esempio del magnete e del conduttore fatto dianzi. Nel caso in cui noi siamo solidali con il conduttore, ed è il magnete a muoversi verso il conduttore, con una data velocità (uniforme), si avrà una certa corrente, la cui intensità sarà funzione di quella velocità. Se invece siamo solidali con il magnete, ed è il conduttore a muoversi verso il magnete, con la stessa velocità di prima, per capire che nel conduttore ci sarà la stessa corrente basta immaginarci in un riferimento solidale con il conduttore. Da questo nuovo punto di vista nulla sarà cambiato rispetto al caso precedente, vedremo il magnete muoversi verso di noi con la velocità di cui parlasi e l'effetto della corrente sarà identico perché si è supposto appunto che sia nel riferimento solidale con il magnete, sia in quello solidale con il conduttore, valgano le stesse leggi della fisica.

Vista la portata delle possibili applicazioni del principio di relatività, invero assai comodo almeno nelle situazioni in cui vale davvero!, dobbiamo informare che in effetti la TRR consta di *due* principi, la seconda sua assunzione riguardando la costanza della velocità di propagazione della luce (nel "vuoto", e rispetto ad una classe di osservatori tutti in movimento uniforme l'uno rispetto all'altro, che vengono detti *inerziali* – un concetto invero non banale, che Einstein prende a prestito immutato dalla meccanica "classica", strategia e concetto sui quale potrebbe discutersi a lungo; qualcosa in proposito verrà detta più avanti). L'enfasi che abbiamo viceversa posto sul primo principio è giustificata dal fatto che il secondo si può considerare in un certo senso come una conseguenza necessaria del primo, come è stato da vari autori successivamente constatato, ed anche qui sostanzialmente evidenziato con i ragionamenti precedenti, che hanno avuto l'effetto di mostrare in che modo entrambi i principi siano in fondo conseguenza dell'assunzione di omogeneità ed isotropia dello "spazio vuoto"[12]. La situazione buffa è che molto spesso da parte dei fisici viene dichiarato, o se si preferisce riconosciuto, che questo secondo principio "è di natura del tutto inesplicabile e dal punto di vista teorico e da quello intuitivo" (vedi ad esempio Osvaldo Barbier, *Tempo e relatività*, Ed. Bizzarri, Roma, 1976), mentre la generalizzazione del principio di relatività dall'ambito puramente meccanico al contesto più generale, comprendente anche l'ottica e l'elettromagnetismo, sarebbe invece "intuitivamente accettabile". Considerazioni del genere sono per i motivi sopra detti evidentemente *errate*, e potremo comprenderne il reale fondamento soltanto nel prossimo capitolo, ma è vero che di fatto ci si rende conto delle difficoltà concettuali inerenti l'eventuale validità del principio di relatività soltanto quando si comincia a ragionare sulle modalità di propagazione della luce, come abbiamo precedentemente illustrato.

A questo punto non ci sono (quasi) alternative: o davvero lo spazio appare omogeneo ed isotropo a *tutti* gli osservatori che si dicono "inerziali", e non è possibile rilevare alcun effetto fisico di una pretesa 'velocità assoluta'; o non è così, e quindi la plausibilità dell'estensione

---

[12] Questa non è naturalmente una 'dimostrazione', ma soltanto un'argomentazione, dal momento che resterebbe comunque da scartare, come abbiamo già detto, l'ipotesi balistica. Citiamo comunque il bel libro di Herbert Dingle *Science at the Crossroads* (Martin Brian & O'Keefe, Londra, 1972, p. 216), il quale afferma correttamente che: "Einstein's second postulate [...] follows wholly and inevitably from the first".

generalizzata del principio di relatività è infondata. Ribadiamo esplicitamente che non si tratta di mettere in discussione la TRR dal punto di vista della sua coerenza interna, che essa evidentemente possiede in quanto capace di assumere vesti di teoria matematica, ma soltanto di discutere la fondatezza sperimentale dell'assunzione di fondo da cui essa trae tutta la sua eventuale credibilità. È sotto tale aspetto che si può ritenere, senza essere necessariamente dei "folli", che forse la teoria è completamente sbagliata, ed in tal caso allora anche responsabile di cento anni di arresto, di mancato progresso, nella conoscenza della natura e della sua reale essenza; per non dire della direzione del tutto fallace in cui avrebbe sospinto le concezioni filosofiche di questo secolo relativamente alle eterne questioni concernenti il 'mistero' dell'uomo e dell'ambiente che lo circonda. Ecco quindi che più approfondite e "serene" discussioni (teoriche e sperimentali) sarebbero caldamente auspicabili, vista l'enorme importanza delle considerazioni di natura antropologica alle quali la teoria di Einstein 'allude'.

È in effetti atteggiamento comune presso i fisici negare ogni coinvolgimento filosofico delle loro teorie, che avrebbero soltanto modeste pretese, ma, come riconosce bene Hans Reichenbach: "Sarebbe un altro errore credere che la teoria di Einstein non sia una teoria filosofica. Essa, che è pure la scoperta di un fisico, ha conseguenze radicali per la teoria della conoscenza: ci costringe a riprendere in esame certe concezioni tradizionali che hanno avuto una parte importante nella storia della filosofia, e dà una soluzione a certe questioni, vecchie come la storia della filosofia, che prima non ammettevano alcuna risposta [...] Se sono filosofiche le dottrine di Platone e di Kant, anche la teoria della relatività di Einstein ha importanza filosofica, e non semplicemente fisica. I problemi di cui essa tratta non sono di carattere secondario, ma d'importanza primaria per la filosofia". ["Il significato filosofico della teoria della relativita", in *Albert Einstein scienziato e filosofo*, AA. VV., Ed. Boringhieri, Torino, 1958].

E non potrebbe essere altrimenti, perché una soltanto è la filosofia, così come una soltanto è la conoscenza, ed erigere specialistici steccati, che garantiscano agli 'esperti' di poter vivere tranquilli nel loro campicello in una situazione di controllato monopolio, è privo di senso, anche se perdonabile tenuto conto delle umane strutturali debolezze.

Comunque sia, e pure allo scopo di capire più profondamente il significato dei principi relativistici – perché ogni cosa si comprende meglio non soltanto per ciò che essa significa, ma anche per ciò che essa *non* significa – cominciamo ad occuparci di qualche possibile concezione alternativa alla teoria della relatività, annunciando che nel fare questo ci troveremo a dover rivisitare una controversia ormai abbastanza vecchia, che vide coinvolti gli altri due protagonisti della storia del pensiero scientifico del XVII secolo che abbiamo già nominato, Cartesio e Newton.

2 – Quali possibili alternative? La concezione fluido-dinamica dell'universo

Vediamo dunque brevemente se ci sono *alternative* possibili alla teoria della relatività [e alla rivoluzione concettuale dalla sua introduzione necessariamente pretesa, se dovesse rivelarsi corretta l'affermazione che l'intuizione ordinaria non è sufficiente per comprendere l'intima struttura dello spazio-tempo fisico], tenendo ben presente che se il principio fondamentale di detta teoria dovesse risultare infondato, allora la sua eliminazione dal campo della "filosofia naturale" coinvolgerebbe non soltanto l'ottica e l'elettromagnetismo, ma anche quella meccanica da cui pretese considerazioni di *indifferenza* del moto uniforme avevano preso origine, come nel caso dell'argomentazione galileiana. Questa premessa dovrebbe cominciare a far capire intanto che la TRR non è in realtà affatto "rivoluzionaria", o meglio che lo è soltanto nella misura in cui porta alle estreme conseguenze l'eventualmente assurda concezione di uno spazio vuoto, omogeneo ed isotropo, fisicamente inattivo, incapace di offrire resistenza ai moti, utilizzato come tale da tutti i padri fondatori della meccanica, a partire da Galileo ma soprattutto da Newton[13] (ed in verità, più dai 'newtoniani' che non da Newton stesso, come avremo modo di vedere).

Il punto di partenza per una concezione alternativa non può essere infatti altro che quell'analogia della luce con il suono, che abbiamo già utilizzato per scartare l'ipotesi balistica nel caso di una sorgente in movimento, quando si tenga conto dell'indispensabile ruolo rivestito dall'atmosfera come *mezzo* di trasmissione delle onde sonore. Come abbiamo già detto, invero, il suono si trasmette da un punto all'altro della superficie terrestre perché tra di essi c'è dell'aria interposta. In assenza di aria non si verifica alcuna propagazione del suono: un campanello messo sotto una campana di vetro nella quale è stato fatto il vuoto all'interno non squilla più, pure se messo regolarmente in funzione.

All'interno dunque di questa 'analogia' non si vede come sia possibile ritenere fisicamente plausibili delle ipotesi, sia pure in prima approssimazione, quali quelle supponenti l'omogeneità e l'isotropia dello spazio rispetto a ciascun osservatore *a prescindere dallo stato di moto o di quiete di questi rispetto allo "spazio" stesso*, qualora si consideri per l'appunto questo ambiente come non realmente "vuoto". In altre parole, in questo caso il nostro primo osservatore del capitolo precedente, anche nel momento in cui si trova del tutto 'solo' nello spazio, non ha alcuna ragione per supporre a priori l'equivalenza di tutte le direzioni in cui lancia il raggio di luce, a meno che non abbia

---

[13] Ed anche a Newton in effetti Einstein dedicò parole appassionate: "Or sono duecento anni, Newton si spegneva. È nostro dovere ricordare la memoria di quello spirito luminoso. Come nessuno prima e dopo di lui, egli ha determinato il corso del pensiero e degli studi in Occidente [...] egli merita la nostra più alta *venerazione*" (da un articolo pubblicato in *Die Naturwissenchaften*, Vol. XV, 1927 - corsivo aggiunto)

qualche particolare motivazione per ritenersi in quiete rispetto allo spazio; in caso contrario, è ovvio ad esempio che la direzione in cui avviene il suo movimento nello spazio può essere una *direzione privilegiata* rispetto alle altre, e si deve aspettare che il comportamento del raggio di luce in questa direzione sia diverso che in altre direzioni.

In verità, lasciando da parte sia il problema della fondatezza sperimentale delle due assunzioni einsteiniane, che quello dell'asserita perfetta corrispondenza delle previsioni relativistiche alla realtà pure sperimentale determinata successivamente al 1905 (tutta quella serie di fenomeni che sono detti "relativistici", tra i quali più famosi quelli cosiddetti della contrazione delle lunghezze e della dilatazione dei tempi, l'aumento della massa di particelle elementari accelerate, l'esistenza di una velocità limite, etc.), da un punto di vista puramente 'logico' la TRR si presenta sin dall'inizio come una teoria sgradevolmente antinomica, visto che il suo primo principio appare fisicamente compatibile soltanto con l'ipotesi dell'inesistenza di un "mezzo" che riempie lo spazio, mentre il secondo riferisce alla luce proprietà che sono fisicamente plausibili al contrario soltanto con l'esistenza di un mezzo nel quale la luce, a somiglianza del suono, possa propagarsi, con una propria velocità caratteristica dipendente appunto dalle caratteristiche fisiche di quel mezzo. In questo caso, infatti, la velocità con cui si propaga una perturbazione del mezzo non dipende dallo stato di moto o di quiete della sorgente perturbatrice, mentre dipende invece, ed in modo ovviamente essenziale, dallo stato di quiete o di moto dell'osservatore rispetto al mezzo. Se noi siamo in automobile e corriamo verso il punto in cui è caduto un fulmine, ecco che il rombo del tuono ci arriverà *prima* che se fossimo rimasti fermi al punto di partenza, mentre se ci allontaniamo dal punto di impatto del fulmine il tuono ci raggiungerà ovviamente qualche istante *dopo*.

Per capire bene la teoria della relatività e le sue premesse bisogna riferirsi al quadro concettuale della fisica della fine del secolo scorso. Da una parte la meccanica, con i suoi grandi trionfi in campo astronomico, che hanno visto la scienza trionfatrice nei confronti delle forze tradizionaliste della Chiesa cattolica dopo il famoso processo a Galileo; dall'altra, la tradizione ottica ed elettromagnetica sviluppatasi nel XIX secolo. Secondo la prima lo spazio è vuoto, non esiste alcuna cosa che possa fare impedimento al libero movimento dei corpi, se uno di questi si muove di moto uniforme in un certo istante (ed in un certo riferimento appunto detto "inerziale") continuerà a conservare questo suo stato di moto indefinitamente (questa è la sostanza del cosiddetto "principio di inerzia"). Verso l'inizio del XIX secolo però alcuni esperimenti con la luce mettono in evidenza un fatto assai curioso, e cioè che diversi raggi di luce sovrapponentisi in un certo punto dello spazio possono dar luogo, anziché a più luce, a buio (i cosiddetti *fenomeni di interferenza* luminosa). La spiegazione per questo tipo di fenomeni venne ascritta ad un mezzo che riempiva lo spazio e che era responsabile della propagazione della luce, il cosiddetto *etere luminifero*, una sorta di particolare 'atmosfera' per la luce, con analogia al ruolo della reale atmosfera terrestre nel caso della trasmissione del suono. Il buio può prodursi dalla somma di luce più luce così come lo stato di quiete può risultare nella superficie di un lago quando due diverse onde tra loro sfasate vengono a sovrapporsi in modo tale che quando una sale l'altra scende, e viceversa. Si introduce così la cosiddetta *teoria ondulatoria* della luce, che si contrappone alla gemella ed antitetica *teoria corpuscolare*, secondo la quale la luce sarebbe composta da minuscole 'particelle' (alle quali ci si riferisce ancora oggi con il termine *fotoni*) emesse dalla sorgente luminosa. La teoria ondulatoria postula un mezzo in cui la propagazione dell'onda possa aver luogo, quella corpuscolare no, anzi postula che nulla possa disturbare e rallentare la corsa dei fotoni.

Già nel *Tractatus de Lumine*, di Christian Huygens, del 1690, troviamo echi della concezione ondulatoria, laddove è scritto: "Non c'è dubbio che la luce arrivi da un corpo luminoso a noi come moto impresso alla materia interposta"[14]; e gli fa eco qualche anno dopo

---

[14] Citazione tratta da V. RONCHI, *Storia della Luce*, Ed. Laterza, 1953.

James Clerk Maxwell, il già nominato creatore della moderna teoria elettromagnetica, il quale, spiegando la luce come un fenomeno elettromagnetico, ricondusse lo studio dell'ottica a quello dell'elettromagnetismo, e cercò di teorizzare il ruolo fondamentale dell'etere luminifero anche in questa disciplina: "Riempire tutto lo spazio con un nuovo mezzo ogni volta che si debba spiegare un nuovo fenomeno, non è certo cosa degna di una seria filosofia, ma se lo studio di due diverse branche della scienza ha suggerito in modo indipendente l'idea di un mezzo, e se le proprietà che si devono attribuire al mezzo per spiegare i fenomeni elettromagnetici sono identiche a quelle che si attribuiscono al mezzo luminifero per spiegare i fenomeni luminosi, si rafforzerà notevolmente il complesso di prove a favore dell'esistenza fisica del mezzo"[15].

Maxwell aveva infatti dimostrato che la velocità che bisognava supporre per la propagazione delle perturbazioni elettromagnetiche era suppergiù la stessa che era stata determinata per via sperimentale dai primi astronomi che avevano effettuato stime della enorme velocità della luce, e tale identità non poteva appunto essere una coincidenza!

Abbiamo parlato di un mezzo fisico, reale, e pertanto suscettibile in linea di principio di poter essere osservato sperimentalmente, e compreso nelle sue proprietà. Presumibilmente non soltanto protagonista passivo delle varie trasformazioni ed interazioni fisiche che avvengono in esso, bensì partecipe in maniera diretta del verificarsi dei fenomeni naturali, quando addirittura non causa prima di essi. Questa era ad esempio la concezione di Michael Faraday, il famoso fisico sperimentale che tra i primi studiò le impreviste relazioni esistenti tra elettricità e magnetismo, e fu anche in qualche modo quella del dianzi ricordato Maxwell, la cui teoria viene oggi

---

[15] Da J.C. MAXWELL, *Opere*, Ed. UTET, p. 781.

paradossalmente considerata quale uno dei punti a favore della teoria della relatività[16].

Una *concezione fluido-dinamica* dell'universo, dunque, come può dirsi quella relativa all'introduzione del concetto di "etere", termine che useremo d'ora innanzi per brevità, la quale si oppone alla concezione dello spazio vuoto, come siamo stati abituati ai giorni nostri a concepire lo spazio in cui sono immersi il Sole, la nostra Terra, i pianeti, le stelle, sin dai primi anni di scuola. Tanti piccoli puntini di materia sparsi, o dispersi, in un enorme spazio vuoto, anziché 'addensamenti' di etere, nel quale ci troveremmo a vivere come pesciolini in un oceano.

Per comprendere bene quello che successe all'inizio del presente secolo, bisogna riflettere sulla circostanza che la fisica si trovava allora in una situazione assai curiosa: da un canto lo spazio era del tutto vuoto per la meccanica, madre fondatrice della fisica, ed era invece tutto pieno per i teorici dell'ottica e dell'elettromagnetismo, che vedevano nelle proprietà fisiche dell'etere la migliore delle spiegazioni possibili per i fenomeni di loro competenza, attraverso l'uso del criterio di *analogia*. Una situazione altamente contraddittoria quindi, anche se relativa a due campi di indagine differenti, per una fisica ancora incapace di escogitare gli artifici dialettici post-relativisti, quando ad un intelletto ormai ridotto a quello di un "povero mammifero primate", manifestamente insufficiente per intuire i profondi misteri della struttura dell'universo, poté parlarsi del dualismo onda-corpuscolo, di una luce che talvolta si manifesta per noi come un'onda, e talvolta come una particella, ma che in realtà non è nessuna delle due: siamo soltanto noi ad essere incapaci di concepire cosa essa realmente sia, al di fuori delle nostre formule matematiche, per la limitatezza dei nostri concetti mentali basati su una assolutamente scarsa esperienza. Riuscire a prevedere di tanto in tanto

---

[16] Ma in realtà a torto, come è provato nel già citato "Symmetries and asymmetries...", vedi il capitolo precedente.

con le nostre formule gli effetti quantitativi di certi fenomeni ci deve bastare, come ammonisce l'illustre fisico Richard P. Feynman, Premio Nobel per questa disciplina nel 1965: "What I am going to tell you about is what we teach our physics students [...] and you think I'm going to explain it to you so you can understand it? No, you are not going to be able to understand it. [...] It is my task to convince you *not* to turn away because you don't understand it. You see, my physics students don't understand it either. That is because *I* don't understand it. Nobody does. [...] It's a problem that physicists have learned to deal with: They've larned to realized that whether they like a theory or they don't like a theory is *not* the essential question. Rather, it is whether or not the theory gives predictions that agree with experiment. [...] The theory of quantum Electrodynamics describes Nature as absurd from the point of view of commn sense. And it agrees full with experiment. So I hope you can accept Nature as She is – absurd" (*QED - The strange theory of light and matter*, Princeton University Press, 1985, pp. 9-10 - corsivi nel testo).

Questo tipo di argomenti – che Feynman ribadisce all'inizio delle sue celebrate lezioni di Meccanica Quantistica (*The Feynman Lectures on Physics*, Addison-Wesley Publ. Co., 1965): "We choose to examine a phenomen which is impossible, *absolutely* impossible, to explain in any classical way, and which has in it the heart of quantum mechanics. In reality, it contains the only mystery"[17] – mostra chiaramente che nasce con la teoria della relatività una fisica che dovrà rinunciare d'ora in poi e per sempre ad ogni tentativo di spiegazione per analogie, e

---

[17] Senza che ci sia ovviamente bisogno di evidenziare quale possa essere l'effetto psicologico su studenti, e professori!, di simili parole provenienti da una tale autorità – se non ci siamo riusciti 'noi' non ci riuscirete certo voi – si potrebbe invece sottolineare che resta la sensazione che tali misteri ed assurdità della natura siano tali soltanto per chi rifiuta la concezione fluido-dinamica dell'universo, come presto vedremo, ed informare che, anche al di fuori di questa, fisici come il Franco Selleri che citeremo ancora al termine del presente capitolo sembrano essere viceversa riusciti a sconfiggere la pretesa impossibilità (circostanza questa della quale però nessuno sembra voler naturalmente prendere atto).

150

quindi ad una fisica qualitativa che si accompagni ad una fisica quantitativa.

Einstein con abilità retorica assai apprezzabile riuscì prima o poi a convincere tutti, o quasi, utilizzando per alcuni il sacrosanto principio di relatività, per altri l'altrettanto sacrosanto principio dell'invarianza della velocità di propagazione di una perturbazione dalla velocità della sorgente perturbatrice, relativamente al mezzo in cui la perturbazione si propaga (ed ecco spiegata la ragione del fenomeno prima descritto per cui alcuni trovano accettabile ed intuitivo un principio della relatività e non l'altro, o viceversa!). Peccato appunto che le due teorie da cui detti principi provenivano fossero tra loro assolutamente antitetiche, e che in realtà l'opzione di Einstein, come abbiamo visto nei discorsi qualitativi di riconduzione del secondo principio relativistico al primo, sia tutta a favore della concezione dello spazio vuoto, omogeneo ed isotropo, comune ai padri fondatori della meccanica, ma non a quelli dell'elettromagnetismo. Una concezione dello *spazio fisico* che si confonde con quella dello *spazio matematico*, il primo una categoria della *realtà*, il secondo una categoria dell'*intelletto*; il primo suscettibile solo di indagini *a posteriori*, per mezzo di esperienze, l'altro analizzabile invece *a priori*, per mezzo di assiomi e ragionamenti deduttivi. Un approccio come si dice "riduzionista" che confonde terribilmente non solo lo spazio ed il tempo, ma addirittura i due ambiti del "reale" e del "pensato", entro i quali si svolge tutta l'esperienza umana. Lo spazio veramente vuoto non ha alcun senso fisico, e si trova come tale, ovvero come idealità astratta, soltanto nello studio della *geometria,* così come lucidamente osservava Ettore Majorana[18]: "E poi veniamo ad Einstein e qui io debbo tacere perché Einstein è diventato un idolo intrasgredibile, un

---

[18] Citazione da *Il taccuino incompiuto - Vita segreta di Ettore Majorana*, di Valerio Tonini, Armando Ed., Roma, 1984, p. 67. Si avverte che questo libro è considerato dagli 'esperti' un falso, ma è questa interessata opinione ad essere falsa, come il presente autore ha modo di argomentare nel libro dedicato alla scomparsa del giovane fisico italiano, *La scomparsa di Ettore Majorana: un affare di stato?*, Bologna 1999.

tabù. Eppure proprio Einstein ci ha messo undici anni, dal 1905 al 1916, a capire che la Relatività Ristretta era una mera e insignificante geometrizzazione euclidea di un impossibile movimento rettilineo in un inesistente spazio supposto vuoto, del tutto uniforme, omogeneo, isotropo [...] "

Nello spazio veramente vuoto non dovrebbe neppure concepirsi la possibilità di fenomeni fisici come quello della luce, sicché gli osservatori immaginari di cui alle nostre discussioni del capitolo precedente non avrebbero alcuna possibilità, neanche teorica, di scambiarsi segnali luminosi, sincronizzare orologi, etc., secondo le convenzioni einsteiniane, perché non avrebbero a disposizione né la luce né tanto meno un principio di costanza per la sua velocità!

Una nuova concezione quella di Einstein, che mostra come si possano conciliare matematicamente quei due principi provenienti da teorie opposte, anche se in modo irrimediabilmente contro-intuitivo[19], e che fa felici per questo ruolo fondante della matematica i cultori di questa disciplina, che non aspettavano altro che vedere la loro teoria indispensabile per l'enunciazione di qualsiasi concetto fisico.

Su questo argomento è stato naturalmente scritto moltissimo, ma un rapido cenno non può in effetti trascurare quali cause dell'affermazione della TRR, oltre le ragioni "filosofiche" che sono state spesso evidenziate, anche la tendenza della fisica di questo secolo di privilegiare l'aspetto 'matematico' delle teorie, e quindi la loro 'bellezza' ed armonia interna. Ad esempio il cosmologo Hermann Bondi ritiene "intollerabile" la possibilità che "tutti i sistemi inerziali siano equivalenti da un punto di vista dinamico ma distinguibili con

---

[19] Alla critica di stampo moderno sul ruolo fondante dell'intuizione è stato dedicato un apposito convegno, svoltosi nel 1989 presso l'Università di Perugia: "I fondamenti della matematica e della fisica nel XX Secolo: la rinuncia all'intuizione", *Proceedings* a cura di U. Bartocci e James Paul Wesley, Benjamin Wesley Publ., 1990.

misure ottiche"[20], ed in effetti la TRR da questo punto di vista è *più semplice* di altre (evitare i problemi è sempre una scelta facile), soprattutto se si tiene conto che la meccanica dei fluidi non ha ancora sviluppato un formalismo matematico che sia del tutto conveniente ad inquadrare la teoria dell'etere e dei suoi movimenti. Ma il riferimento alla matematica non può essere tutto qui, perché anche questa disciplina ha le sue lotte interne, le sue contrapposizioni filosofiche e di gusto, e bisogna allora sottolineare anche come la teoria di Einstein fu immediatamente sentita un forte alleato a favore di quei matematici che da tempo stavano cercando di proporre, evidentemente influenzati dalla crescente affermazione delle teorie darwiniste, una nuova fondazione della matematica, non più basata sulle intuizioni fondamentali dell'essere umano in ordine alle concezioni di spazio (geometria) e tempo (aritmetica). Così si esprime ad esempio a favore della nuova impostazione della fisica Hermann Minkowski (1907), un matematico di Göttingen, ambiente in prima linea nella rivoluzione matematica alla quale si è accennato, e tra i primissimi anche a rendersi conto dell'utilità della teoria di Einstein per certe concezioni di filosofia della matematica e della scienza (Minkowski era anche stato tra i professori di Einstein quando questi era ancora studente a Zurigo)[21]: "Le vedute sullo spazio e sul tempo

---

[20] Citazione da Rudolph RESNICK, *Introduzione alla Relatività Ristretta*, Ed. Ambrosiana, Milano, 1969, p. 37.

[21] A proposito del ruolo di Göttingen nella storia della relatività vedi l'interessantissimo, e ben orientato, testo di Lewis Pyenson, *The young Einstein - The advent of relativity*, A. Hilger Ltd, Bristol and Boston, 1985, nel quale, notando il ruolo fondamentale dei matematici a favore dell'affermazione della teoria di Einstein si parla esplicitamente di "Physics in the shadow of Mathematics" (p. 101). È in questo libro che si trova raffigurato un disegno inquietante (per la prospettiva storica che qui si tenta) conservato presso la Niels Bohr Library, American Institute of Physics, New York, eseguito in occasione del X Anniversario dell'Associazione di Göttingen per la Matematica Applicata e la Fisica, nel quale è rappresentata una fila di professori universitari che si incontra con una analoga fila di industriali (o banchieri): ciascuno di questi reca in mano un paio di sacchetti di denaro, uno dei quali passa nelle mani dei professori, il tutto sotto la supervisione di un altro dei

che desidero esporre davanti a voi sono sorte dal terreno della fisica sperimentale, ed in esso risiede la loro forza. Queste vedute sono radicali. D'ora in poi lo spazio preso a sé stante, e il tempo preso a sé stante, sono condannati a scomparire come pure ombre, e soltanto una sorte di unione dei due conserverà una propria realtà indipendente".

E, si noti bene, con questo famoso saggio in cui si espone per la prima volta la costruzione formalista del *cronotopo* (o spazio-tempo) della teoria della relatività, Minkowski prendeva due piccioni con una fava: da una parte persuadeva i fisici riluttanti ad ingoiare il boccone einsteiniano con il riferimento all'autorità ed al rigore della formulazione matematica che proponeva, dall'altra persuadeva i matematici più conservatori, e restii ad apprezzare le moderne tendenze fondazionali riduzioniste e programmaticamente anti-

---

padri fondatori di Göttingen, Felix Klein, qui raffigurato come un Sole. Per quanto riguarda invece la "rivoluzione" matematica cui si è fatto cenno si vedano ad esempio del presente autore: "La svolta formalista nella fisica moderna", *Quaderni Progetto Strategico del CNR Tecnologie e Innovazioni Didattiche, Epistemologia della Matematica*, a cura di Francesco Speranza, N. 10, 1992; "Riflessioni sui fondamenti della matematica ed oltre", *Synthesis*, 4, Di Renzo Ed., Roma, 1994. Quest'ultimo articolo era stato proposto per la pubblicazione al *Bollettino* dell'Unione Matematica Italiana, visto che le riflessioni in esso contenute erano particolarmente rivolte ai docenti di matematica di ogni ordine e grado, ma i dirigenti della detta rivista lo hanno laconicamente rifiutato. Nella versione successivamente apparsa in *Synthesis* si fa riferimento a questo rifiuto con le seguenti parole: "Questo episodio, ultimo tra tanti dei quali l'autore è al corrente, conferma purtroppo l'impressione che troppi membri della comunità scientifica si siano ormai trasformati in "dotti custodi dell'Ordine", cercando quindi di sfavorire la comunicazione delle informazioni e delle opinioni che possano modificare gli stati di equilibrio culturale che li hanno espressi. Spiega perfettamente il fenomeno l'osservazione di Benedetto Croce secondo la quale 'La maggior parte dei professori hanno definitivamente corredato il loro cervello come una casa nella quale si conti di passare comodamente tutto il resto della vita; da ogni minimo accenno di dubbio vi diventano nemici velenosissimi, presi da una folle paura di dover ripensare il già pensato e doversi mettere al lavoro. Per salvare dalla morte le loro idee preferiscono consacrarsi, essi, alla morte dell'intelletto".

intuitive, che esse fossero purtroppo necessarie in ragione della pretesa forza di certi risultati sperimentali, che i matematici non potevano certo approfondire, e che comunque al tempo la teoria della relatività non poteva vantare proprio a suo favore!

Einstein, Minkowski, Feynman, e davvero tanti altri stimati e riconosciuti esponenti della comunità ebraica schierati a favore delle teorie di Einstein[22]: è permesso congetturare che questa circostanza è forse una conferma di quanto abbiamo detto in ordine a connessioni di natura 'politica' che rendono poco serena, se non decisamente imprudente, e da tanti punti di vista, la discussione di certe questioni? È sorprendente come la stessa considerazione venga effettuata dal già citato Ettore Majorana, che scrive ben prima dell'Olocausto, quando rileva tristemente che "disgraziatamente, sembra che si vogliano inquinare codeste discussioni con balorde idee antisemite. Sarebbe veramente grande disgrazia – che Dio tenga lontana da noi – se fra me e i miei carissimi amici ebrei, come Segrè, per esempio, dovesse anche lontanamente insinuarsi un dubbio di reciproca incomprensione atavica" (dal libro *Il taccuino incompiuto - Vita segreta di Ettore Majorana*, di Valerio Tonini, Armando Ed., Roma, 1984, p. 55). Sono veramente non più attuali questi timori?, l'autore lo spera vivamente, anche se non ne è per la verità del tutto convinto.

Nella concezione fluido-dinamica dell'universo diventa come abbiamo detto assurdo condividere i presupposti generali della TRR, ritenere per esempio a priori lo spazio omogeneo ed isotropo, anche perché non vanno trascurati in linea di principio, oltre che il movimento degli osservatori rispetto allo spazio, anche possibili movimenti di parti dello spazio fluido rispetto ad altre sue parti (le

---

[22] Sempre a proposito del ruolo dell'università di Göttingen sotto questo particolare aspetto, si vedano ad esempio gli interessanti lavori di David Rowe, "'Jewish Mathematics' at Göttingen in the Era of Felix Klein" (*Isis*, 77, 1986, pp. 422-449), "Klein, Hilbert and the Göttingen Mathematical Tradition" (*Osiris*, 5, 1989, pp. 186-213).

"correnti dello spazio"). Conformemente a questa ipotesi sulla natura dello spazio, risulta infatti che, se appare genericamente infondato ritenere 'fisicamente equivalenti' due osservatori in moto uniforme l'uno rispetto all'altro, non è neppure da aspettarsi però che questo sia sempre il caso, perché potrebbero immaginarsi due osservatori ciascuno dei quali è in quiete rispetto allo spazio circostante che pure sono in movimento relativo l'uno rispetto all'altro!

Intermezzo – Il riferimento ai possibili "moti propri" del mezzo rispetto ad altre sue parti meriterebbe parecchia più attenzione, soprattutto per coloro, e non sono pochi, che sono pronti a 'sbranare' il presente autore per qualche precedente rinuncia al 'rigore' a favore di una più spedita divulgazione (anche se l'evidenziazione di eventuali sviste tecniche resterebbe comunque un pretesto per il ben più grave reato di 'lesa maestà'). Questo interludio può comunque essere 'saltato' dai lettori meno ferrati in certo tipo di questioni, e più interessati allo svolgersi delle presenti argomentazioni per linee generali.

Va ammesso in effetti che, nel confronto tra TRR e teoria dell'etere bisognerebbe porsi allo stesso livello di presupposti iniziali, ovvero nelle condizioni di uno spazio 'privo di materia', la TRR costituendo per l'appunto una riflessione di tipo preliminare sulla "fisica" che può essere effettuata in questa situazione, nella quale, si potrebbe dire, più che le "cose", ad agire sono gli "osservatori". Naturalmente però, in una teoria dell'etere si potrà sì prescindere da particolare materia in esso contenuta, ma non dall'etere stesso. Ciò premesso, si potrebbe allora obiettare che gli ipotizzati "moti" dell'etere non dovrebbero essere presi in considerazione neppure come possibilità teorica in questa prima fase, perché in una concezione fluido-dinamica corretta essi avrebbero origine solo dalla materia, o viceversa la materia avrebbe origine da essi, e comunque sia, in entrambi i casi, moti dell'etere e presenza della materia verrebbero ad essere tra loro strettamente correlati. Che i moti dell'etere siano originati dalla materia in esso immersa (che è comunque sempre 'etere') è un'ipotesi che si ritrova nel generalmente disprezzato lavoro di Marco Todeschini, *La Teoria delle Apparenze*, Istituto Italiano di Arti Grafiche, Bergamo, 1949 (anche se il sistema, se non vogliamo dire "scientifico", ma anche soltanto "filosofico", di questo autore risulta quanto mai attraente, e degno di essere considerato alla pari di altri ben più noti, ma molto meno ricchi di contenuti); mentre l'ipotesi per così dire inversa, e cioè che sia la materia ad essere 'originata' da questi moti si ritrova invece nei lavori di un altro misconosciuto scienziato dilettante italiano, Niccolò Mancini, le cui "intuizioni" sembrerebbero anch'esse meritevoli di ben altra considerazione che non il silenzio con il quale sono state generalmente accolte[23]. A questo stesso proposito si deve citare anche la concezione dell'altrettanto sconosciuto scienziato 'dilettante' italiano Olinto De Pretto (cfr. – del presente autore – *Albert Einstein e Olinto De Pretto: la vera storia della formula più famosa del mondo*, Bologna 1999).

Dicevamo, si dovrebbe fare soltanto un discorso ideale sulle condizioni nelle quali si verrebbe presumibilmente a trovare un osservatore immerso in un oceano di etere immobile e "privo di materia" (a parte naturalmente tutto ciò che gli serve per misurare, sincronizzare orologi, etc.), e quindi il 'giusto' raffronto dovrebbe essere eseguito tra una teoria dell'etere 'mobile' e la *teoria della relatività generale* (TRG nel seguito), che è la teoria con la quale Einstein descrisse anche la gravitazione all'interno delle sue nuove concezioni di spazio e di tempo[24]. Un confronto tra queste due teorie

---

[23] Tra i lavori del Mancini citiamo soprattutto *Energia universale e reazione della materia*, Ed. L'Arco, Firenze, 1948.

[24] Si trova così la spiegazione del perché la prima teoria di Einstein sia chiamata ristretta, dacché appunto restringeva il suo ambito di applicazione ai soli fenomeni elettromagnetici prescindendo da quelli gravitazionali. Circostanza invero strana, che il lavoro di Einstein del 1905 sia stato accettato per la pubblicazione senza tante storie, nonostante lasciasse fuori dalla sua proposta di revisione dei fondamenti della fisica proprio la legge di gravitazione universale di Newton, che era stata una delle glorie della nuova scienza, ed aveva anche avuto il merito piuttosto recente di poter

esula ovviamente dai limiti che si propone il presente lavoro, pure si può subito immaginare quale tipo di rappresentazione del cosmo possa offrire l'ipotesi dell'etere mobile. Tra questa e la TRG si riscontrerebbe allora una molto maggiore somiglianza qualitativa, perché si può dire, e capire, che la presenza della materia "incurva" lo spazio, anche se sarebbe meglio dire il viceversa, ovvero, che è lo spazio "incurvato" che ci "appare" come materia[25]! Il moto del fluido si potrebbe descrivere "in grande" con una qualche struttura riemanniana dello spazio fluido, le cui geodetiche corrisponderebbero alle "traiettorie medie" delle "monadi d'etere" (per usare una terminologia del famoso matematico teorizzatore della cosiddetta teoria degli insiemi Georg Cantor). Nella visione di un etere ispirata alla fluido-dinamica, il concetto astratto di campo di forze scompare per essere sostituito da quello di "campo di velocità", il quale sarebbe poi lui a determinare i vari tipi di forze (*vis a tergo*), che ci appaiono con caratteristiche differenti pur avendo tutte origine da un'unica causa, l'interazione del 'fluido' con i vari 'corpi' in esso immersi. In altre parole, le forze sarebbero entità fisiche risultanti soltanto dalla

---

prevedere l'esistenza di nuovi pianeti del sistema solare fino allora sconosciuti perché troppo lontani. Il fatto è che l'espressione della legge di Newton la rende *ipso facto* non relativistica (laddove si utilizza in essa una 'distanza' tra due corpi che non ha più alcun senso in relatività, secondo la quale un tale parametro può essere solo relativo al sistema di riferimento in cui viene misurato). A qualunque altro autore sarebbe stato chiesto di occuparsi di tale non trascurabile dettaglio, prima di pensare ad elevare a principi della fisica le proprie zoppicanti considerazioni sulla 'natura' dello spazio vuoto, e ad esso in effetti Einstein lavorò per il successivo decennio. Anche in questa occasione comunque, appare chiaro che Einstein conobbe una sorte ben diversa da quella riservata oggi ai suoi critici, ai quali si richiede di risolvere tutti i problemi ed in una sola volta quando propongono di modificare un particolare del quadro.

[25] Osserviamo esplicitamente che nella TRG quello che si incurverebbe è lo spazio-tempo vuoto, ovvero il "nulla", circostanza questa sempre fonte di accesa polemica da parte dei critici di Einstein. Tra questi il fisico Paul Ehrenfest, contemporaneo di Einstein, che si esprime con le seguenti parole: "Einstein, il mio stomaco disturbato odia la tua teoria – quasi odia anche te! Come posso educare i miei studenti? E cosa posso rispondere ai filosofi?".

contemporanea presenza del fluido e dei corpi (pensati questi come altre 'parti' di etere, aventi però diverso stato di velocità), e "reali" sarebbero soltanto quindi le diverse condizioni di moto delle varie parti del fluido. La concezione che è stata appena esposta si ispira in larga parte alle idee del già citato M. Faraday, ed è l'oggetto del lavoro di M. Todeschini da poco menzionato. Come dire che le forze andrebbero sostituite concettualmente con "stati d'eccitazione" dello spazio, che si manifesterebbero sui vari corpi immersi in esso a seconda delle loro caratteristiche fisiche, come massa, carica[26], etc., ma anche stato di moto, e quindi velocità, rotazione, ed infine, perché no, "forma" (il che potrebbe spiegare perché corpi diversi situati nello stesso punto dello spazio reagiscono alla presenza delle "forze" in modi diversi). Il principio di inerzia si enuncerebbe invece affermando che: *ogni corpo tende ad assumere le condizioni di moto dello spazio circostante* (aprendo pertanto la strada verso una oggi inattuale distinzione tra 'moti spontanei' e 'moti forzati'), e così via di questo passo. Naturalmente, ancorché di analogie qualitative si tratti, e quindi possa essere in qualche senso accettabile l'affermazione "relativistica" secondo la quale la "geometria" più adatta a studiare i fenomeni fisici sarebbe la geometria riemanniana, anziché la geometria euclidea, pure la visione "classica" ed intuitiva che qui si propone come possibile alternativa differisce profondamente e dalle concezioni generali e dal formalismo della TRG. Questa si 'edifica' infatti sulla TRR, ed in quanto tale, in conformità al principio di invarianza della velocità della luce (che adesso sarà però soltanto di natura "locale"), esegue tutte le sue costruzioni in uno *spazio degli eventi* quadridimensionale, la geometria del quale è soltanto pseudo-riemanniana (pseudo-

---

[26] Ed anche di alcune di queste caratteristiche fisiche potrebbe essere data un'immagine intuitiva attraverso la teoria dell'etere, come dimostra il fisico palermitano Giuseppe Cannata in un suo "Mechanical Image of Electromagnetism", apparso sui *Proceedings* del menzionato convegno sulla rinuncia all'intuizione. [1989, Università di Perugia: "I fondamenti della matematica e della fisica nel XX secolo: la rinuncia all'intuizione", *Proceedings* a cura di U. Bartocci e James Paul Wesley, Benjamin Wesley Publ., 1990.]

pitagorica). Secondo la teoria che qui si sostiene invece, conformemente all'ipotesi sulla natura fluido-dinamica dello spazio fisico, si dovrebbe poter sempre lavorare in un ambiente tridimensionale, e con una struttura propriamente riemanniana. Va da sé, anche questa fisica dell'etere dovrebbe poi sempre alla fine collocarsi in un ambiente quadridimensionale degli "eventi", aggregando alle tre dimensioni spaziali anche un'altra temporale, ma spazio e tempo resterebbero comunque sempre tra loro nettamente separati, come in tutta la fisica precedente l'avvento della relatività, e la non-euclideità, o curvatura, dello spazio, resterebbe di pertinenza esclusiva delle sole dimensioni spaziali dello spazio fisico reale, e non già dello spazio-tempo tutto intero (e men che meno dello spazio puramente geometrico dell'intelletto). In altre parole, tale non-euclideità si ritroverebbe solamente nella "matematizzazione" dello spazio fisico reale, e non si verificherebbe alcun contrasto con l'intuizione astratta del concetto di spazio, la quale continuerebbe come sempre ad essere perfettamente descritta dalla geometria euclidea, in conformità con quanto asserito dalla filosofia kantiana. La geometria euclidea resterebbe infatti comunque alla base anche di quella matematizzazione, oltre che di tutta la matematica, visto che non è certo impossibile concepire l'idea di uno spazio astratto euclideo nel quale si svolga il moto "curvo" di un "fluido" che lo riempie tutto.

Ritornando dopo questo "intermezzo" al nostro discorso principale, osserviamo esplicitamente che secondo la concezione fluido-dinamica cessa di essere verosimile anche l'astratto principio di inerzia della meccanica 'classica', e quindi tutta questa disciplina che su esso si fonda, perché lo spazio per quanto 'tenue' deve essere ritenuto in linea di principio capace di opporre una resistenza al movimento dei corpi, e nessun oggetto materiale può essere pensato capace (neppure in una situazione limite ideale) di conservare all'infinito un proprio eventuale stato di moto, rispetto ad un riferimento solidale con l'etere, senza che venga rifornito di 'energia' dall'esterno (avremmo in caso contrario una sorta di "moto perpetuo" implausibile ed innaturale).

Val forse la pena di spendere una parola in più sulle possibilità concettuali offerte dall'introduzione di eventuali interazioni con un mezzo, e sui rischi che possono conseguire dal trascurarle, in ragione dei fenomeni altrimenti inesplicabili che invece proprio ad esse potrebbero essere attribuiti. È ben noto in effetti come la meccanica classica, ovvero newtoniana, sia entrata in crisi quando non si riuscì per il tramite di essa a spiegare la stabilità delle strutture atomiche, o più in generale di rendere conto delle traiettorie delle particelle protagoniste della cosiddetta fisica del microcosmo. Sia la TRR che successivamente la cosiddetta "meccanica quantistica" furono chiamate a supplire a tale fallimento, entrambe non procedendo però ad una autentica revisione della meccanica newtoniana, che per l'appunto trascurava la possibilità dello spazio pieno e delle sue conseguenze, bensì al contrario 'migliorando' progressivamente quella stessa impostazione, portando i suoi principi alle estreme conseguenze, come nel caso di Einstein. La scelta del fisico tedesco fu quella di 'mantenere' il principio di inerzia, e quindi il concetto di "sistema di riferimento inerziale", e di estendere la validità del principio di relatività, che funzionava così bene nell'ambito della dinamica classica, anche a quello dell'ottica e dell'elettromagnetismo, nonostante tutte le conseguenze che ciò avrebbe implicato in ordine al trattamento dello spazio e del tempo. Ma, visto che la meccanica newtoniana stava già fallendo nel microcosmo, e poiché si è parlato tanto dell'ardimento di Einstein, non sarebbe stato al contrario più degno di essere definito 'coraggioso' chi avesse cercato invece di modificare alcune delle vecchie impostazioni, anziché estenderne forse indebitamente l'ambito? Trascurare la presenza del mezzo può anche essere inessenziale in effetti per prevedere la traiettoria di una palla di cannone, ma probabilmente non quella di una particella che comincia ad avere lo stesso ordine di grandezza di quelle, di natura ancora da determinare, che potrebbero costituire il fantomatico mezzo!

Fenomeni quali l'aumento della massa inerziale di un elettrone, con il quale si esprime il fatto che si incontra difficoltà ad accelerarlo ulteriormente quando sia già prossimo a velocità simili a quella della luce, non avrebbero potuto ascriversi più plausibilmente all'aumento con la velocità (o meglio con il quadrato di essa) di una "resistenza" di tipo fluido-dinamico opposta dal mezzo? Anche la meccanica quantistica, ancor meno inquadrabile della relatività negli schemi della "razionalità classica", la quale pretende che il mondo microfisico sia assurdo per il senso comune, avrebbe potuto trovare invece una notevole fonte di ispirazione per possibili ragionevoli 'spiegazioni' nella concezione fluido-dinamica. Si segnalano qui ad esempio alcuni lavori di Bernard H. Lavenda ed Enrico Santamato[27], che cercano di dare della meccanica quantistica un'interpretazione che non impropriamente si potrebbe definire "razionale" nel senso che qui stiamo illustrando. Citiamo dal primo dei lavori citati: "Quantum indeterminism is explainable in terms of the random interactions between quantum particles and the underlying medium in which they supposedly move"; e dal secondo: "It might perhaps be possible to develop a completely classical formulation of quantum mechanics based upon the irregular motion of a single Brownian particle immersed in a suspension of lighter particles".

Così pure, i limiti della meccanica classica potevano essere ben evidenziati, a livello del microcosmo secondo quanto appena detto, ed a livello del macrocosmo in quanto le interazioni fisiche, svolgendosi presumibilmente nel mezzo, ed anzi forse proprio a causa di questo, non potevano, esattamente per questa ragione, essere supposte istantanee, bensì dotate di una velocità finita, dipendente dalla costituzione del mezzo stesso. Uno spazio veramente vuoto non dovrebbe essere capace di offrire in linea di principio *nessun* tipo di resistenza, e quindi non bisognerebbe aspettarsi neppure alcun limite

---

[27] "The Underlying Brownian Motion of Nonrelativistic Quantum Mechanics", *Foundations of Physics*, Vol. 11, N. 9/10, 1981; "Stochastic Interpretations of Nonrelativistic Quantum Theory", *Int. J. of Th. Physics*, Vol. 23, N. 7, 1984.

superiore alla velocità delle interazioni svolgentisi in esso – non così ovviamente invece nel caso di uno spazio "pieno". Come a dire che, mentre nello studio idealizzato del moto dei corpi effettuato dalla meccanica classica (che si può applicare poi come detto soltanto a quelli macroscopici), si può 'ragionevolmente' trascurare l'interazione con il mezzo, questo non sembra proprio il caso di un fenomeno come la luce, il quale, oltre ad esserci ancora sostanzialmente ignoto, è presumibilmente collegato in maniera strettissima con il mezzo in cui essa si propaga. È strano a pensarci bene un siffatto uso dell'*ignotum per ignotius* (come si dice quando si cerca di spiegare una cosa sconosciuta mediante l'introduzione di un'altra ancora più sconosciuta), con il quale si pretende di dar forma 'razionale', e matematicamente semplice, alla natura utilizzando come *principio* per una sua spiegazione un fenomeno che ci è così poco noto come la luce!

Senza trascurare l'importanza delle nozioni pratiche e sperimentali che, permesse dallo sviluppo della fisica di questo secolo, hanno consentito l'accumulo di conoscenze sconosciute ed impensabili ai tempi di Galileo e di Newton, pure sembra potersi ritenere che la sistemazione concettuale che la stessa fisica ha poi di fatto di tali acquisizioni effettuato sia, alla luce di quanto fin qui affermato, estremamente carente, insoddisfacente, e necessaria pertanto di una pronta revisione.

Due parole potrebbero ancora dirsi in relazione alla concezione fluido-dinamica ed all'astrofisica, disciplina oggi largamente divulgata per quel che concerne le moderne ipotesi sull'origine dell'universo. La famosa radiazione di fondo, contrariamente all'opinione oggi comune secondo la quale consisterebbe della radiazione che ha riempito l'universo successivamente al mitico *big-bang* primordiale (teoria che, non lo si dimentichi, ha origine e plausibilità solamente in ambito relativistico, e mostra sempre più buchi, anche se non esattamente "neri", da tutte le parti), potrebbe invece costituire, conformemente con la teoria dell'etere, nient'altro che 'un'oscillazione di fondo' di esso, ovvero, il residuo di tutte le 'vibrazioni' che arrivano ormai smorzate dalle parti più lontane dell'universo. Un interessante lavoro di Roberto Monti[28], "Albert Einstein e Walter Nernst: Cosmologie a confronto", esamina la storia della teoria del *big-bang*, a partire dalle diverse possibili interpretazioni del *red-shift* sperimentale che è all'origine della teoria cosmologica oggi di maggior successo.. Come si sa, infatti, da evidenze sperimentali che sembrano inoppugnabili, la luce che ci arriva dalle lontane stelle sembra aver perso parte della sua energia rispetto a quella che possedeva presumibilmente quando era partita (*red-shift* significa spostamento verso il rosso, la luce rossa ha minore energia di una luce violetta, in virtù di una nota relazione tra energia e frequenza della luce, la luce che ci arriva dalla maggior parte delle lontane stelle appare "spostata verso il rosso"): ciò può essere affermato sulla base delle nostre ipotesi sulla costituzione di dette stelle, che ci permettono di indovinare il tipo di luce che viene emessa

---

[28] Con la scomparsa dell'amico Roberto Monti (29 nov. 2014), il firmamento della fisica internazionale perde un valente fisico sperimentale noto per i suoi importanti lavori nel campo delle Reazioni Nucleari a Debole Energia e per la sua analisi critica della Teoria della Relatività. Negli ultimi anni stava lavorando a un grandioso progetto in Canada per l'abbattimento totale della radioattività nelle scorie dell'industria nucleare, progetto purtroppo interrotto per la malattia ai reni che lo ha colpito un anno prima della sua scomparsa. Fino a qualche tempo fa le sue argomentazioni erano apparse per lo più su scritti a circolazione assai limitata, a causa delle difficoltà che l'ambiente accademico "ufficiale" ha frapposto anche soltanto ad una divulgazione delle sue idee, opponendo loro quella che non può non essere considerata come una vera e propria forma di censura scientifica preventiva. Sulla rivista *Physics Essays* è comunque recentemente apparsa una sua memoria, già citata nel capitolo 1 ["Theory of Relativity: A Critical Analysis", *Physics Essays,* Vol. 9, N. 2, 1996], nella quale si fornisce ad esempio un'altra ancora possibile spiegazione per il risultato dell'esperimento di Michelson-Morley (vedi alla fine del presente capitolo), compatibile addirittura con l'ipotesi di una velocità assoluta della Terra ben diversa da zero. Lo scritto citato nel testo è stato invece pubblicato dalle Ed. Andromeda, Bologna, autentico centro di informazione alternativa in tutti i campi la cui anima è Paolo Brunetti (ma esso è reperibile anche in versione inglese, nei *Proceedings of the VIII National Congress of History of Physics*, Milano, 1988, con il titolo "Albert Einstein and Walter Nernst: Comparative Cosmology").

in origine, e di confrontarla poi con quella che effettivamente riceviamo. È chiaro che un 'eterista' potrà facilmente spiegare il fenomeno (almeno qualitativamente) come dovuto ad un assorbimento dell'energia della radiazione luminosa da parte del mezzo, ma come potranno spiegarlo i fisici moderni, visto che per essi non c'è nulla interposto tra la stella e noi che possa avere provocato tale perdita di energia? Si ricorre allora ad un altro noto fenomeno, il cosiddetto *effetto Doppler*: tutti avranno notato che il fischio di un treno appare più acuto quando il treno si avvicina, e più grave quando si allontana: la ragione di ciò consiste nel fatto che tale caratteristica del suono è legata alla frequenza dell'onda sonora, e che questa varia così come qualitativamente indicato in funzione della velocità del treno rispetto all'atmosfera. Vale a dire, la frequenza aumenta quando il treno si avvicina (ed il nostro orecchio riceve fronti d'onda che sono ravvicinati, perché emessi da punti sempre più vicini a noi), mentre diminuisce per lo stesso motivo quando il treno si allontana. Trascurando il non proprio innocentissimo particolare che un simile effetto si riconosce pure per la luce, che per la fisica moderna non è più un onda e non ha più un mezzo dove propagarsi, ecco che l'effetto Doppler si considera valido anche in ottica, e lo spostamento verso il rosso, ovvero la diminuzione di frequenza della luce, viene così attribuito ad una fantomatica 'velocità di fuga' delle stelle, che si allontanerebbero da noi come il treno di poc'anzi con velocità che appaiono sempre più elevate man mano che le stelle sono più lontane[29]. Quindi, un allontanamento dal luogo di una presunta

---

[29] Naturalmente non è neanche detto che questa debba essere l'unica soluzione dell'enigma costituito dal *red-shift*: l'astrofisico Halton Arp propone addirittura che la materia non abbia sempre le stesse caratteristiche in ogni parte dell'universo, in funzione diciamo della sua 'età', sicché potrebbe capitare anche che due ammassi molto vicini nello spazio emettano raggi luminosi con *red-shifts* molto diversi tra loro (vedi ad esempio *La contesa sulle distanze cosmiche e le quasar*, Ed. Jaca Book, Milano, 1989 – va da sé, non dovrebbe potersi neanche escludere che le variazioni di frequenza di cui stiamo parlando possano essere in realtà un effetto combinato di tutte e tre le cause qui ricordate, assorbimento, età della materia, effetto Doppler!

esplosione, e non un semplice effetto della lontananza, come sarebbe stato più naturale e diretto supporre!

E qui c'è luogo per una precisazione, dal momento che la teoria del *big-bang* non è in verità qualcosa che sia possibile spiegare attraverso normali analogie facenti capo alle nostre intuizioni ordinarie: in effetti, così come abbiamo detto, si tenderebbe ad immaginare un'esplosione avvenuta in un ben preciso punto dello spazio tridimensionale che consideriamo comunemente per inquadrare ogni nostra esperienza avente a che fare con il concetto di 'luogo', ed in un ben preciso istante, che vediamo come una sorta di punto su una retta, a distinguere un 'prima' ed un 'dopo'. Un tale modello non sarebbe né omogeneo né isotropo, caratteristiche queste che abbiamo detto essere una sorta di principi-guida costanti per il pensiero fisico moderno: invece, ciascuno avrà il diritto di ritenersi 'centro' dell'esplosione; ciascuno dovrà osservare tutte le stelle intorno a sé allontanarsi da lui. La nostra intuizione non può farsi alcuna immagine di ciò che il modello del *big-bang* primordiale asserisce autenticamente, perché dovrebbe riferirsi ad uno spazio-tempo quadridimensionale che nasce e si espande senza che ci sia niente intorno in cui possiamo assistere con gli occhi della fantasia alla sua evoluzione. Poiché non possiamo prescindere da tale spazio circostante per 'vedere' con la mente qualsiasi oggetto, l'unica analogia che si può allora tentare è quella di immaginare una sfera nel nostro

---

Arp è un altro dei tanti 'perseguitati' dalla comunità scientifica sotto l'accusa di 'eterodossia' che abbiamo avuto modo di citare in questo libro, e testimonia che: "Vi sono stati recentemente tentativi da parte di alcune persone del settore di fare sparire dei nuovi risultati che erano in disaccordo con il loro particolare punto di vista. Tempo di telescopio necessario per consolidare questo nuovo tipo di scoperte è stato rifiutato. Resoconti di ricerche inviati a riviste sono stati rifiutati o modificati da persone impegnate nella conservazione dello *status quo* " (p. 13). A proposito della comune interpretazione del *red-shift* come un effetto Doppler ci piace ricordare anche la preveggenza del già menzionato H. Dingle, il quale avverte che: "benché sia l'universale convinzione, è una speculazione delle più azzardate" (Luogo citato, p. 217).

'spazio ordinario' dell'intelletto, la quale all'inizio sia solo un punto (raggio uguale a zero!) e poi via via cresca in ragione del crescere del suo raggio. Le stelle e gli altri oggetti celesti sono fissati sulla superficie di tale sfera, e si allontanano l'uno dall'altro omogeneamente ed isotropicamente senza che ci sia sulla sfera nessun preciso punto dell'esplosione (il quale sarebbe semmai 'fuori', nello spazio 'ambiente'). Ogni stella vede allontanarsi tutte le altre, e questo movimento non è un 'reale' movimento degli oggetti, bensì dello spazio che crescendo trascina tutto con sé (sicché secondo alcuni non c'è alcuna contraddizione con i principi relativistici se si osservano velocità di fuga relative di molto superiori alla stessa velocità della luce). Naturalmente, per 'intuire' davvero la teoria del *big-bang*, bisognerebbe immaginare una siffatta superficie sferica a 4 dimensioni, anziché a 2, e per di più immersa in uno spazio almeno a 5 dimensioni per poterne concepire la 'curvatura', senza tenere conto del fatto che il 'tempo', che ci è necessario introdurre per rendere conto della descritta evoluzione dal punto di vista di un osservatore 'esterno', sarebbe soltanto una delle dimensioni di tale sfera, che non possiamo quindi immaginare in altro modo che quale una dimensione 'spaziale', e che non possiamo quindi pensare "scorrere" nello spazio ambiente in cui visualizziamo immerso il nostro spazio-tempo. [Tale spazio-tempo, in cui passato, presente e futuro sono compresenti, inesistenti se in modo "relativo", assomiglia all'essere immutabile parmenideo, senza movimento, origine dei famosi paradossi di Zenone.]

Per ritornare al lavoro di Monti, dalla sua lettura si ricavano anche altre divertenti ed inaspettate, poiché non le si divulgano quasi mai!, informazioni storiche. La prima, che il cosiddetto "scopritore" dell'espansione dell'universo, Edwin Hubble, era in realtà molto restio a considerare corretta l'interpretazione che è oggi ufficiale del *red-shift* come conseguenza di un effetto Doppler ("quando i dati sperimentali sono pesati in favore della teoria dell'espansione tanto pesantemente quanto può essere ragionevolmente ammesso, essi cadono ancora al di sotto delle aspettative", ed ancora "le discrepanze possono essere eliminate solo attraverso un'interpretazione forzosa dei dati") – il che fornisce un altro di quegli esempi, ai quali accenna Giuseppe Sermonti (*La luna nel bosco*, Ed. Rusconi, 1985, p. 13), di una "prova", ritenuta "cruciale" per la validità di una teoria, che non viene invece ritenuta tale dal suo stesso scopritore! La seconda, che un premio Nobel come Walter Nernst, pur conoscendo perfettamente ormai le interpretazioni relativistiche (siamo nel 1937), propone per lo spostamento verso il rosso lo stesso tipo di spiegazione cui si è prima accennato (assorbimento), giungendo anche così a prevedere l'esistenza della radiazione cosmica di fondo, quando ancora nessuno ne parlava, e dichiarando la teoria dell'espansione dell'universo "ben poco attendibile", di contro all'alternativa di un universo stazionario, "coerente e fisicamente semplice", e "non in contrasto con nessun tipo di esperienza". Quanto alla relatività poi, Nernst la ignora come argomentazione del tutto irrilevante, meritandosi così nel proprio necrologio, che scrisse Einstein in persona!, il seguente rimprovero: "Fino a che non entrò in gioco la sua *debolezza egocentrica*, egli mostrò un'obiettività raramente riscontrabile, un senso infallibile degli aspetti essenziali" (corsivo aggiunto)!

Dette tutte queste cose a favore della concezione fluido-dinamica dello spazio, ci si può chiedere se di questo spazio fluido, a parte alcuni dei richiamati fisici del XIX secolo, o i ridicolizzati sopravvissuti *supporters* dell'etere in epoca relativista, non ha mai parlato prima nessuno. Non c'è nessun pensatore al quale si possa fare riferimento per contrastare il monopolio della filosofia newtoniana, alla quale la stessa relatività appartiene di diritto per quanto abbiamo visto[30]?

---

[30] Per quanto riguarda 'storie' della teoria dell'etere vedi ad esempio Owen Gingerich, "The aethereal Sky: Man's Search for a plenum Universe", in *The Great Ideas Today*, Enc. Brit. Inc., 1979 (questo autore prevede anche un possibile prossimo 'ritorno' della teoria dell'etere!), ed Edmund Taylor Whittaker, *A History of the Theories of Aether and Electricity*, due volumi, Dublin University Press, 1910.

Questo interrogativo ci conduce a discutere un altro momento importantissimo della storia della fisica, che viene di solito sottovalutato (ed appunto non per caso). In effetti, se l'"assurdità fisica" dello spazio vuoto è già teorizzata in tempi antichi prima da Anassagora e poi da Aristotele, essa trova piena dignità e sistemazione teorica in tempi moderni con il grande René Descartes, latinizzato in Cartesio.

Questi è etichettato dalla cultura comune che si acquista nelle aule scolastiche soltanto un filosofo, ricordato eventualmente anche per i suoi contributi alla matematica (le famose "coordinate cartesiane"), ma pochissimo per quelli alla fisica. Al contrario, i suoi *Principia Philosophiae* (1644) sono un grande trattato di fisica teorica, una fisica di tipo qualitativo, e certo ancora agli esordi, che contiene ogni tanto anche qualche grosso errore (Cartesio pensava ad esempio ad una velocità della luce 'infinita'), ma una fisica che sembra essere comunque avviata sulla strada giusta, e ciò proprio ai primordi delle moderne indagini sulla natura, quando ancora di elettricità, magnetismo, fenomeni di interferenza ottica, etc., nessuno avrebbe mai potuto fantasticare. Come dice bene M. Todeschini (nella suo già citata opera fondamentale, p. 29): "La cosmogonia di Cartesio, prima di essere ripudiata, ebbe un momento di vero trionfo. *E fu questo l'istante in cui l'uomo, per pura intuizione andò più vicino alla realtà dell'architettura dell'Universo!*" (corsivo aggiunto).

Dal punto di vista della metodologia che ci sta a cuore non possiamo non aggiungere che ancora in Cartesio troviamo, e non certo per caso, enfatizzata l'importanza della spiegazione per analogie (e nel contempo analizzati i suoi possibili 'rischi'): "È vero che i paragoni che si usano di consueto nella Scuola, spiegando le cose intellettuali con le corporee, le sostanze con gli accidenti, o per lo meno una qualità con un'altra di un'altra specie, istruiscono pochissimo; ma poiché in quelli di cui mi servo, non paragono che dei movimenti con altri movimenti, o delle figure con altre figure, etc., [...] pretendo che esse siano il mezzo più proprio per spiegare la verità delle questioni fisiche che la mente umana possa avere; fino al punto che, allorché si afferma qualcosa relativamente alla natura, che non può essere spiegato da alcun paragone di tal fatta, penso di sapere, per dimostrazione, che è falso" (da una lettera a Jean Morin del 1638, citata nella Introduzione al I volume delle *Opere Scientifiche* di Cartesio, Ed. UTET).

Le riflessioni di Cartesio si considerano oggi appartenenti alla protostoria della fisica e dell'epistemologia, e ad esse si ribatte con malcelato senso di superiorità che si sa ormai che esistono cose delle quali l'uomo non ha la minima esperienza, e per le quali il suo intelletto non è minimamente preparato, sicché non se ne può fare alcuna ragione o immagine. Se è invero lecito supporre che l'evoluzione della specie umana sulla Terra abbia prodotto un intelletto capace di cacciare, comunicare e quant'altro necessario per la mera sopravvivenza dell'essere umano, non ci si può aspettare invece che esso si sia evoluto in modo tale da poter comprendere intimamente le modalità con cui avvengono i fenomeni del microcosmo o quelli del macrocosmo, che non cadono sotto la sua esperienza diretta; su questa base concettuale si giustifica quell'aspetto di apparente (vale a dire per noi esseri umani) "assurdità" della natura messa in rilievo da Feynman.

Cartesio invece, dal quale codesta epistemologia darwinista era ben lontana, pone invece a centro e fondamento della sua analisi filosofica proprio l'uomo, e sulla sua capacità di arrivare alla verità per mezzo delle "percezioni chiare e distinte" di cui appare dotato. Strano destino quello di Cartesio di essere tanto frainteso anche a livello puramente filosofico. Il suo "dubbio sistematico" non è l'espressione di un esistenziale scetticismo di fondo (caro piuttosto a tanto pensiero moderno), quanto invece un modo di rifiutare ogni imposizione culturale, ed arrivare liberamente alla verità (tra le quali quella di conoscere "la distinzione che è fra l'anima e il corpo", e che "noi possiamo conoscere più chiaramente la nostra anima che il nostro corpo" – dai detti *Principia*, Proposizioni 8 e 11). Allo stesso modo, colui che è considerato da alcuni il "padre dell'ateismo moderno", sostiene "Che si può dimostrare che vi è un Dio", e che anzi proprio attraverso di lui si può pervenire ad essere liberati dal dubbio se la nostra facoltà di conoscere sia ingannevole, "poiché avremmo motivo di credere che Dio fosse ingannatore, se ce l'avesse data tale da farci prendere il falso per il vero, quando ne usiamo bene" – Proposizioni 14 e 30).

Di queste cose si potrebbe ovviamente continuare a discorrersi a lungo, ma il lettore avrà ormai ben intuito quali sono i punti essenziali dei diversi contrasti, anche di natura generale filosofica, che stiamo qui cercando di descrivere, ed il ruolo che alcune delle 'mitologie' elaborate dal pensiero scientifico moderno giocano a favore o contro l'una impostazione o l'altra, e compreso quindi come si possa assistere a delle diatribe scientifiche (ancorché rare per l'imperante conformismo della comunità scientifica) che hanno tutto il calore delle dispute politiche, o sportive!

Vogliamo invece cominciare ad avviarci verso la conclusione, chiedendoci come mai la concezione fisica di Cartesio sia stata "ripudiata", addirittura al punto che essa è solitamente ignorata dalle diverse storie, vuoi della filosofia che della scienza, anche soltanto come momento di transito nella formulazione di altre teorie più vere e più giuste.

Il fatto è che in quel mezzo secolo che va dall'enunciazione cartesiana della teoria fluido-dinamica dell'universo al trionfo della meccanica delle misteriose azioni a distanza nell'universo vuoto di Newton si giocò una delle partite più importanti per tutto lo sviluppo futuro della fisica. La vittoria come si sa andò al filosofo e fisico inglese, ed ai suoi *Philosophiae Naturalis Principia Mathematica* (1687), che fin dal titolo fanno riferimento all'opera del grande avversario della concezione newtoniana. Newton si limitò infatti, rispetto al titolo che Cartesio aveva dato alla sua opera, soltanto a due specificazioni, contenute in quel "naturalis", che tende ad escludere il resto della filosofia dalle dispute di fisica, ed in quel "mathematica" (che è tra l'altro scritto con caratteri più grandi degli altri nel frontespizio della prima edizione!), che costituisce probabilmente la vera ragione del suo successo, in un'epoca che cominciava ormai ad avviarsi decisamente verso la quantizzazione e la materializzazione. Come scrive bene il grande studioso di economia (ma non solo!) Geminello Alvi (*Le seduzioni economiche di Faust*, Ed. Adelphi, Milano, 1989, p. 48): "Scienza newtoniana e capitalismo sono impensabili separati perché ambedue richiedono un pensiero privo di levità, densificatosi nella costruzione di artifici", ed il lettore avrà ormai compreso sempre più come all'aspro 'scontro' che stiamo descrivendo non fossero estranee, e come avrebbe potuto essere altrimenti?, forti componenti ideologiche. "La storia ha dato ragione a Newton e relegato le costruzioni cartesiane fra le immaginazioni gratuite e i ricordi da museo", ed anche noi qui non possiamo fare altro che constatare che la vittoria arrise al modo di fare scienza comune ancora oggi, dal momento che "Descartes, con i suoi vortici, i suoi atomi uncinati, ecc. spiegava tutto e non calcolava niente; Newton con la legge di gravitazione [...] calcolava tutto e non spiegava niente"[31], ed informare che tra gli artefici di questo successo, e della messa in ridicolo delle ipotesi cartesiane, deve annoverarsi addirittura Voltaire, qui nelle vesti davvero per lui inconsuete di 'scienziato'[32]. Ci limitiamo a raccomandare ad esempio a chi volesse saperne di più *The Newtonians and the English Revolution 1689-1720*, di Margaret C. Jacob (Cornell University 1976; Gordon and Breach Science Publ., New York, 1990), nel quale vengono discusse anche le motivazioni ideologiche

---

[31] Le due citazioni provengono da *Stabilità strutturale e morfogenesi*, del matematico medaglia Fields René Thom, Ed. Einaudi, Torino, 1980, p. 8.

[32] Voltaire mostra tutto il suo entusiasmo per le teorie newtoniane, e la sua avversione per i "vortici" di Cartesio, in alcune delle sue famose *Lettere Inglesi*, Ed. Boringhieri, Torino, 1958. In una di queste (p. 76) informa che "Un francese che arriva a Londra trova tutte le cose veramente cambiate, in filosofia come in tutto il resto. Ha lasciato il mondo pieno; lo trova vuoto", e si riferisce al "famoso Newton" come al "distruttore del sistema cartesiano".

alle radici della controversia, e si riconosce qualche ruolo nelle origini della scienza moderna alle cosiddette "società segrete" (o "early Masonic lodge[s]", come sono chiamate in questo testo, p. 207)[33].

Per riassumere, la vera contrapposizione non è quindi quella tra fisica relativistica e fisica newtoniana, bensì tra fisica newtoniana e fisica cartesiana, e ciò che accadde semplicemente ai tempi di Einstein (e se si vuole anche prima) è che nessuno ebbe l'unico autentico coraggio che sarebbe consistito nel proporre di tornare indietro, e ripensare alla condanna di Cartesio ed al trionfo di Newton. L'etere era stato rimosso dai newtoniani che pretendevano avrebbe ostacolato il libero moto degli astri nei cieli, e che fosse in contrasto con quanto si sapeva al tempo di leggi astronomiche, e tale rimozione continuò ad essere operante in Einstein e nei suoi seguaci, nonostante il breve momento di ritorno delle concezioni cartesiane nell'elettromagnetismo del XIX secolo. "Non ci sarà assolutamente luogo per i movimenti delle comete, se quella materia immaginaria non viene completamente rimossa dai cieli", così troviamo scritto nella Prefazione alla seconda edizione (1713) dei *Principia* newtoniani, vergata da un partigiano dello spazio vuoto, Roger Cotes, e le cose sono rimaste oggi allo stesso punto nel quale erano allora. L'affermazione della TRR ha storicamente significato il progressivo assottigliarsi delle schiere di coloro i quali avevano ricominciato a 'credere' nell'esistenza di un mezzo fisico, reale, nel quale si propagassero tutte le varie 'vibrazioni', e che fosse il supporto di ogni fenomeno fisico[34], favorendo anche il

---

[33] Per maggiori informazioni su tale affascinante questione si rinvia al libro del presente autore *America: una rotta templare – Un'ipotesi sul ruolo delle società segrete nelle origini della scienza moderna, dalla scoperta dell'America alla Rivoluzione copernicana*, Ed. Della Lisca, Milano, 1995.

[34] Che la teoria della relatività speciale abbia avuto come conseguenza più che la scomparsa, addirittura la messa in ridicolo della teoria dell'etere è fuor di dubbio: vedi ad esempio i già citati ricordi di George Gamow [*My World Line - An Informal Autobiography*, Viking Press, New York, 1970] sulle idee dei giovani fisici del tempo, e sul contrasto che ne originò con quelli della generazione precedente, i quali

massiccio tentativo di revisione in chiave filosofica delle teorie che alle "nozioni preconcette" di spazio e di tempo attribuivano invece ben altro fondamento.

Non si può non parlare poi verso la fine di questo lungo e abbastanza impegnativo capitolo di un argomento che è divenuto quasi d'obbligo nelle discussioni sulla teoria della relatività, e sulla sua corrispondenza ad una 'verità' di tipo sperimentale, senza dimenticare però quanto detto precedentemente in generale sulle relazioni tra teoria ed esperimento. Infatti, e presumibilmente allo scopo di attenuare un certo fastidioso, e politicamente poco opportuno, dogmatismo che risulterebbe da una presentazione puramente assiomatica della teoria – impostazione comunque ancora oggi assai cara ai matematici – è d'abitudine accennare almeno ad una famosa esperienza al di fuori dal campo della fisica del microcosmo, che ebbe un ruolo storico particolare nell'affermazione della TRR, ed è ancora oggi usata appunto a fini persuasivi di tipo didattico. Si tratta del cosidetto esperimento di Michelson e Morley, la cui importanza come motivazione e punto d'appoggio sperimentale della TRR è andata sempre più crescendo, attenuandosi nel contempo la discussione critica sui fondamenti della teoria. Questo esperimento ha tra l'altro l'effetto psicologico di riportare direttamente ai miti fondatori della scienza moderna, al celebre commento galileiano "Eppur si muove", ed è quindi capace di suscitare i più larghi consensi. Si tratta sostanzialmente della seguente idea: se ci fosse davvero un'etere, e visto che la Terra gira intorno al Sole – e chi può dubitarne? – la Terra si muove evidentemente attraverso questa sostanza (quella cioè che avrebbe impedito i moti secondo i newtoniani). Così, senza fare alcuna fatica, i nostri laboratori terrestri si troverebbero automaticamente nella condizione di un osservatore mobile nell'etere, e se questo fosse il mezzo in cui la luce si propaga, ecco che dovrebbe

primi vedevano con piacere il fatto che la fisica si sbarazzasse dell'etere come si era già sbarazzata di altri ipotetici "mezzi" quali il flogisto, etc..

essere possibile in linea di principio, con osservazioni ottiche precise, accorgersi di tale circostanza; ovvero, il movimento della Terra rispetto all'etere potrebbe essere constatato allo stesso modo che uno sperimentatore in movimento rispetto all'atmosfera potrebbe accorgersi di questo suo stato attraverso osservazioni relative alla propagazione del suono nelle diverse direzioni intorno a lui. Quando è l'aria a muoversi rispetto a noi, o noi rispetto a lei, si parla nel linguaggio comune di "vento", e nel caso dell'etere si parlò appunto di un "vento d'etere". Einstein riferì brevemente, e genericamente, tra i presupposti sperimentali della sua teoria, a non meglio precisati "falliti tentativi di constatare un moto della Terra relativamente al mezzo luminoso", ma qualche anno più tardi fu più preciso, quando ebbe a scrivere, assieme a Leopold Infeld, che: "Il risultato del celebre esperimento di Michelson e Morley fu un 'verdetto di morte' per la teoria di un oceano d'etere immobile attraverso il quale tutta la terra si muoverebbe"[35][34]. Tanto per fare qualche ulteriore esempio, il nostro Gaetano Castelfranchi (*Fisica moderna*, Ed. Hoepli, Milano, 1931, p. 182) asserisce che: "l'esperimento di Michelson-Morley è un solido appoggio al postulato einsteiniano sulla costanza della velocità della luce", mentre il diffuso *Fisica Moderna*, di R. Gautreau e W. Savin (Ed. Etas, 1982, p. 7) asserisce ormai più sbrigativamente che "Se l'etere esistesse, allora un osservatore sulla terra in movimento attraverso l'etere dovrebbe notare un 'vento d'etere' [...] Il risultato dell'esperienza fu che *nessun moto attraverso l'etere veniva rilevato* " (corsivo nel testo), passando così direttamente e disinvoltamente dall'assenza del vento d'etere rispetto alla Terra alla inesistenza stessa dell'etere. In tal modo, su una base sperimentale che sembra abbastanza facile da discutersi[36], si pretende evidentemente di rendere

---

[35] *L'evoluzione della fisica*, Ed. Boringhieri, Torino, 1965, p.183.

[36] Almeno in apparenza, come mostrano M. Mamone Capria e F. Pambianco, "On the Michelson-Morley Experiment", *Foundations of Physics*, 24, 1994, indicando una serie di incredibili errori teorici ma anche numerici nel trattamento della questione (per accennare a quello più grave, si considerano valide nel riferimento

più accettabili, e necessarie, le ben note e sgradevoli implicazioni "filosofiche" della TRR per quanto riguarda i concetti di spazio, tempo e causalità. Ma ciò che queste divulgazioni di solito ignorano è: ammesso appunto che la Terra giri intorno al Sole, questo significa forse che essa si muove anche rispetto allo spazio fluido che la circonda? Non può pensarsi, come appunto riteneva Cartesio, che sia tutto lo spazio pieno a ruotare intorno al Sole trascinando con sé la Terra in questo suo movimento? L'etere eventualmente confutato da Michelson e Morley è soltanto un etere inerte, stagnante, ben diverso dall'etere attivo e dinamico che stiamo qui cercando di immaginare!

La questione si fa allora più difficile: la circostanza che Michelson e Morley non trovarono un vento d'etere (in realtà ne trovarono poco, molto meno di quello che uno avrebbe potuto aspettarsi da una velocità quale quella della Terra intorno al Sole, ma in questi pur importantissimi dettagli non possiamo addentrarci) non confuta affatto tutte le possibili teorie dell'etere, ma eventualmente soltanto l'idea che la Terra, e presumibilmente anche tutti gli altri pianeti, si muova rispetto ad esso. Testi più seri esaminano invero anche questa possibilità teorica, cercando di far vedere come siffatte teorie dell'etere possano essere anch'esse rifiutate, facendo ricorso allora ad altre considerazioni più sottili, ma di solito anche incerte se non addirittura proprio errate. Si battezza infatti (con una punta di vizioso 'relativismo') l'alternativa che qui abbiamo descritto con l'appellativo di "teoria dell'etere trascinato", come se la Terra fosse lei a trascinare l'etere con sé e non viceversa!, e si va a vedere se ad esempio masse d'acqua messe in movimento forzato trascinano o no l'etere con sé, trovando naturalmente di no[37]. Possiamo dedicare a tali riflessioni

---

supposto mobile le leggi dell'ottica che a rigore dovrebbero valere soltanto in un riferimento solidale con l'etere, e si costringe la luce a percorrere 'strane' traiettorie).

[37] Ma vedi anche quanto riferito da Giancarlo Cavalleri ed altri in "Esperimenti di ottica classica ed etere" (*Scientia*, 111, 1976) a proposito di un'altra tradizionale obiezione di natura astronomica contro la teoria dell'etere "trascinato" (il fatto che

soltanto questo breve cenno, ma sembra di poter onestamente ribadire ai lettori che lo stato degli attuali fondamenti della fisica è molto insoddisfacente, forse anche perché i fisici, a differenza dei matematici che eseguirono un'operazione di questo genere agli inizi del presente secolo, non hanno mai finora avuto il tempo necessario per soffermarsi a meditare in modo sereno ed approfondito sui problemi fondazionali. Presa dalla crescente importanza delle sue applicazioni tecniche, la fisica ha sempre fatto una corsa in avanti senza pensare troppo ai suoi fondamenti concettuali (per dirla in parole povere, oggi chi si occupa di certe questioni *non fa carriera*), lasciando dietro di sé una confusione teoretica cui non sarà facile porre facilmente rimedio alla generazione che prima o poi sarà inevitabilmente chiamata a rimettere ordine.

Comunque sia, come abbiamo già detto, l'affermazione della TRR procedette di pari passo con l'eliminazione del concetto di etere e degli eteristi, e diventa allora interessante informare che nella coscienza dello stesso creatore della relatività (che pure aveva dichiarato in una prima fase l'etere soltanto "superfluo") deve essere rimasto qualche dubbio, e la sensazione che l'ipotesi di un "mezzo" fosse stata, anche per causa sua, troppo frettolosamente accantonata. Infatti, dedicò ad essa numerose attenzioni fino alla sua morte, anche se naturalmente sempre in modo "non classico", sì da non incorrere in contraddizioni con il suo principio di relatività, ma ammettendo che senza un adeguato concetto di etere non si può fare alcun tipo di fisica[38]. Resterà il lettore sorpreso nell'apprendere che da tale tardivo

---

non potrebbe darsi il fenomeno dell'*aberrazione*), la quale obiezione risulta invece, come troppo spesso accade in questo tipo di considerazioni, infondata.

[38] Sul problema dei rapporti di Einstein con la teoria dell'etere, di solito poco reclamizzati dai relativisti più realisti del Re, vedi ad esempio gli approfonditi lavori di Ludwik Kostro, tra i quali: "Outline of the history of Einstein's relativistic ether conception", in *Proc. of the II Int. Conf. on the History of General Relativity*, Luminy, 1988; "Einstein's new conception of the ether", in *Proc. of the Int. Conf. on Physical Intepretations of Relativity Theory*, London, 1988; "Einstein and the ether", *Electronics and Wireless World*, 94, N. 1625, 1988.

pentimento sembra essere toccato anche Newton, il fiero avversario della teoria cartesiana dei vortici, come appare in una delle sue ultime opere scientifiche, *Opticks* (1704)?

Per tentare una sintesi finale, possiamo dire che, contrariamente a ciò che oggi è comunemente ritenuto ed insegnato, l'ipotesi dell'etere è così naturale, suggestiva, esplicativa, e soprattutto non confutata e non facilmente confutabile, che sarebbe imprudente profetizzare che essa sia definitivamente tramontata, e che, nonostante l'apparente sicurezza con la quale ci si riferisce oggi alla "validità" della TRR e teorie derivate, non tutto è ancora chiaro e definitivo sull'argomento; al contrario, il presente autore ritiene che una revisione, o meglio una "rivoluzione" (e nel senso originale del termine, di un'inversione di rotta di 180 gradi), sia, oltre che possibile, anche necessaria. Naturalmente, bisogna ammettere che ci sono un sacco di problemi irrisolti sull'eventuale struttura di questa elusiva sostanza: come può essere fatto l'etere, si deve assimilare a un 'continuo', o ad una sostanza discontinua, di tipo granulare? L'esistenza di sue vibrazioni così veloci lo farebbero immaginare molto rigido, ma dovrebbe anche essere molto tenue, per lo scarso attrito che oppone al movimento dei corpi in esso. Ancora, l'analogia tra onde sonore ed onde luminose è solo parziale, dal momento che le prime sono *longitudinali* (ovvero, le molecole d'aria oscillano nella stessa direzione dell'onda), mentre le seconde *trasversali*, ovvero il preteso movimento dovrebbe essere, per motivi di origine sperimentale che non possono dirsi in due parole, perpendicolare alla direzione di propagazione, così come avviene nel caso, che ciascuno ha ben presente, delle normali onde su uno specchio d'acqua: anche in questo caso non si ha infatti alcun reale spostamento di materia, le molecole d'acqua cominciano semplicemente ad oscillare in su e in giù, il movimento delle une si propaga per contatto alle altre, e noi vediamo l'onda che va. Ed allora si può ragionevolmente pensare, se l'etere esistesse davvero, non dovrebbe anche esserci un'evidenza, finora mancante[39], di qualche tipo d'onda longitudinale simile alle onde sonore?

Tante questioni dunque, che la relatività, e con lei l'intera fisica, pretende di risolvere di botto e senza alcuna fatica semplicemente ignorandole, ma se nessuno comincia ad affrontarle per tentare di risolverle la loro soluzione continuerà purtroppo a tardare, e bisognerà continuare a riconoscere che non esiste al momento una teoria dell'etere bella e pronta da contrapporre alle altre, come pretenderebbero coloro che rifiutano con questa motivazione la pubblicazione di contributi in questa *direzione vietata*.

Congedo – Abbiamo parlato poc'anzi di conclusione delle considerazioni espresse in questo capitolo, ma si può davvero dirlo concluso senza aver neppure accennato ad un'altra delle possibili alternative alla TRR che qui erano oggetto di discussione? Può non dirsi che termini come 'verità', 'conoscenza', etc., sono diventati ormai quasi offensivi per le orecchie di molti fisici, e che la loro ricerca è un obiettivo al quale gran parte di essi non aspira neanche più?

L'altra alternativa di cui stiamo parlando è, per dirla in parole povere, quella di guardare al sodo, di trascurare l'indagine di ipotesi 'metafisiche', che vengono ritenute inessenziali, quando non addirittura dannose, per lo sviluppo della scienza. Si esprimono in questo modo un pessimismo ed uno scetticismo di fondo sulle possibilità dell'essere umano di essere in grado di comprendere qualcuna delle intime proprietà dell'universo (si ricordino le considerazioni di R.P. Feynman al riguardo!), ed a tale situazione sembrano riferirsi anche le seguenti parole di Ettore Majorana, che troviamo nel già citato libro di V. Tonini (p. 59), parole particolarmente interessanti anche per la tesi che stiamo cercando qui

---

[39] Anche se questo forse non è del tutto vero, a giudicare almeno da alcuni recenti risultati sulle radiazioni da sincrotrone, che bisognerà comunque capire per bene.

di sostenere, sul ruolo che l'equazione fondamentale dell'equivalenza massa-energia ha giocato e gioca a favore della teoria della relatività: "[...] si hanno, in via Panisperna, idee molto concrete in quanto, come dice Fermi, non è il caso che due osservatori si mettano a litigare per risultati strani e paradossali come quelli della contrazione di un regolo in movimento a velocità prossima a quella della luce, mentre ben altra è l'importanza della scoperta che lega la massa di un corpo alla sua energia: $E=mc^2$".

Se un simile atteggiamento può considerarsi positivo per il progresso della tecnica, fino a che punto invece potrà soddisfare l'essere umano, la sua innata curiosità, se non l'unico motore almeno uno dei motori di tutta l'impresa scientifica? Nasce al contrario una "epistemologia della rassegnazione verso i limiti, reali o supposti, della conoscenza scientifica"[40], che conduce a ciniche 'definizioni' quali "la fisica è semplicemente l'arte di ottenere dei buoni finanziamenti" – che si sentono qualche volta nell'ambiente dei fisici – e che trascura la discussione dei problemi fondazionali anche nel momento della didattica, limitandosi a dare stancamente ragione ai vincitori, dimenticandone le vicissitudini e i dubbi. Si trascura così che il fine di un'autentica istruzione dovrebbe essere quello di saper alla fine distinguere tra chi ha vinto e chi aveva o potrebbe avere ancora ragione, e che è comunque sempre bene ripercorrere il cammino già fatto, poiché, anche se ci si dovesse alla fine convincere che ciò che è stato è bene sia stato così come è stato e non altrimenti, questa indagine critica retrospettiva resta sempre comunque l'unico modo per capire davvero a fondo le questioni, e farle proprie senza limitarsi a doverle ripetere a pappagallo senza aver ben capito. Come ci avverte il grande matematico Federigo Enriques (*Le matematiche nella storia e nella cultura*, Ed. Zanichelli, Bologna, 1938, p. 153):

---

[40] Per citare una quanto mai azzeccata espressione di Franco Selleri, *La causalità impossibile – L'interpretazione realistica della fisica dei quanti*, Ed. Jaca Book, Milano, 1987, p. 13.

180

"Per i valori dello spirito come per quelli materiali dell'economia, sussiste una legge di degradazione: non si può goderne pacificamente il possesso ereditario, se non si rinnovino ricreandoli nel proprio sforzo di intenderli e di superarli".

I FONDAMENTI ASSIOMATICI DELLE TEORIE FISICHE

Fabio Cardone

Indice

Introduzione

Tutti i fondamenti assiomatici delle teorie fisiche hanno una genesi induttiva ed un valore deduttivo a posteriori, se non altro per evidenza storica.

La sperimentazione fornisce le informazioni alla induzione, questa è la fisica sperimentale.

L'induzione fornisce gli elementi alla deduzione, questa è la fenomenologia in cui si mette ordine nei fenomeni noti.

La deduzione fornisce predizioni suscettibili di sperimentazione, questa è la fisica teorica.

Le teorie fisiche dalle quali si ottengono predizioni sino ad oggi verificate sono tre e vengono elencate in corrispondenza alle interazioni a cui si possono applicare.

TEORIA FISICA	INTERAZIONE
Meccanica	Gravità nel limite minkowskiano
Relatività Ristretta	Elettricità senza energia quantizzata
Relatività Generale	Gravità senza energia quantizzata
Meccanica Quantistica	Elettricità con energia quantizzata

Definizioni

Si procede ora a dare le definizioni dei concetti che verranno usati limitatamente al loro significato in fisica.

Assioma: una qualsiasi assunzione su cui si basa una teoria matematica come ad esempio la geometria o i numeri reali, è altrimenti noto come postulato, pertanto assioma e postulato saranno usati come sinonimi.

Fisica Teorica: la descrizione dei fenomeni naturali in forma matematica.

Teoria: in fisica, un tentativo di spiegare una certa classe di fenomeni come conseguenze necessarie di altri fenomeni considerati come più primitivi e meno bisognosi di spiegazione.

Principio: una legge scientifica che è altamente generale o fondamentale e da cui altre leggi sono derivate.

E' dubbio se i principi in fisica possano essere considerati postulati, si pone quindi il problema di fronte ad un principio fisico se inserirlo tra i postulati di una teoria.

Assioma metodologico

1 - Tutto ciò che è razionale non sempre è reale.

2 - Ordo et connectio rerum idem *non* est quam ordo et connectio

idearum.

3 - La logica della natura non è logica umana.

Prima teoria: la Meccanica

La Meccanica può essere fondata su base assiomatica utilizzando il principio di minima azione di Maupertuis, la conservazione dell'energia totale intesa secondo Hamilton ed il *principio di relatività* di Galilei, ovvero come è stato mostrato compiutamente da Galletto essa è la teoria della interazione gravitazionale nel limite minkowskiano o di spazio piatto. Tuttavia si preferisce illustrare una fondazione assiomatica della Meccanica basata su tre principi i quali in una visione a posteriori si applicano compiutamente a corpi con massa costante diversa da zero. Negli enunciati si intende per *moto naturale* quello soggetto a forze conservative, ossia gravità ed elettricità, per sistemi fisici adiabatici, ossia che non scambiano energia con l'osservatore.

1 - Principio di Hamilton.

Nei moti naturali con uguali punti di partenza ed arrivo nello spazio considerati a tempi sincroni, cioè uguali, l'energia totale si conserva. Si noti che l'affermazione "a tempi uguali" è fondata poiché nelle trasformazioni di Galilei-Newton per la coordinata temporale si ha t = t'.

2 - Principio di Maupertuis-Hölder o dell'azione stazionaria.

Nei moti naturali isoenergetici con uguali istanti di partenza ed arrivo nel tempo considerati a tempi asincroni, cioè diversi, il prodotto dell'energia per il tempo, detto azione, si conserva.

3 - Principio di minima azione o di Eulero.

Se il moto naturale è adiabatico il prodotto dell'energia per il tempo, l'azione, ha sempre il minimo valore possibile.

E' opportuna qui una digressione, sul terzo principio si può innestare l'ipotesi quantistica di Planck e Sommerfeld ed indicare che tale valore minimo è sempre un multiplo intero di una quantità costante h per qualsiasi sistema fisico.

Sempre sfruttando una visione a posteriori, non storica, per corpi privi di massa a riposo si può ben estendere il fondamento assiomatico della Meccanica al principio del tempo minimo o di Fermat: il moto naturale della luce tra due punti nello spazio è tale che l'intervallo di tempo corrispondente ha sempre il minimo valore possibile. Questo principio è alla base della identificazione dell'Ottica Geometrica con la Meccanica corpuscolare i cui fondamenti sono stati prima enunciati.

Seconda teoria: la Relatività Ristretta

La Relatività Ristretta ha di fatto soppiantato la Meccanica conglobandola come suo limite come verrà esposto in seguito. Oltre alla sua fondazione assiomatica storica basata sui due postulati fenomenologici, è possibile dare una enunciazione assiomatica non fenomenologica della Relatività Ristretta basata sulla equivalenza dei sistemi inerziali, storicamente definito principio, e sulla covarianza (ossia le leggi della fisica hanno la stessa forma matematica in tutti i sistemi inerziali). Si presenta qui la struttura a tre assiomi come desunta da Mignani e Recami.

1° Assioma - Proprietà dello spazio-tempo.

Lo spazio ed il tempo sono omogenei e lo spazio è isotropo.

2° Assioma - Principio di Relatività.

Tutte le leggi fisiche sono covarianti quando si passa ad osservarle da un sistema inerziale ad un sistema in movimento a velocità costante rispetto ad esso.

3°Assioma - Principio di Reinterpretazione.

Il nesso di causalità è realizzato da segnali fisici che sono effettivamente trasportati da oggetti aventi solamente energia positiva finita.

Questa formulazione assiomatica esalta ancora di più le contraddizioni tra la Relatività Ristretta e la Meccanica Quantistica non relativistica che, a causa della sua equazione fondamentale di Schrödinger, viola tranquillamente il 1° e 2° assioma; come se non bastasse, la Meccanica Quantistica Relativistica violerebbe il 3° se non vi fossero l'evidenza sperimentale dell'antimateria secondo Dirac e la *tecnica della rinormalizzazione* secondo Feynman.

La conseguenza fondamentale di questa formulazione a tre assiomi è che esiste un invariante u avente le dimensioni fisiche di una velocità al quadrato e valore finito il quale però va identificato sperimentalmente, da ciò discende il *principio di corrispondenza* secondo cui se l'invariante assume un valore infinito si ottiene la Meccanica come conseguenza della Relatività Ristretta. È interessante notare qui che anche la Meccanica Quantistica ha un suo proprio principio di corrispondenza con la Meccanica.

La conseguenza dell'esistenza di un invariante è l'introduzione nelle teorie fisiche del concetto di *invarianza* ovvero di *simmetria*. Infatti ad ogni invariante si può abbinare una simmetria la quale diviene sinonimo di invarianza.

Si indica con simmetria la proprietà di una quantità o legge fisica di rimanere inalterata per effetto di certe trasformazioni od operazioni.

Ne sono esempi la massa inerziale, la carica elettrica elementare, il teorema CPT coniugazione di carica (o inversione del segno della carica), coniugazione della parità (o riflessione spaziale), inversione temporale (o riflessione temporale).

Mentre si indica con *principio di invarianza* o legge di simmetria qualsiasi principio per cui una quantità o legge fisica ha invarianza sotto certe trasformazioni, per cui è invalso l'uso di usare il nome di tali trasformazioni per indicare la simmetria, Ne sono esempi le trasformazioni di Galilei, le trasformazioni di Lorentz.

Non sempre una simmetria corrisponde ad oggetti reali, esempio ne siano i *quarks*.

Terza teoria: la Relatività Generale

Anche la Relatività Generale ha una sua agile fondazione assiomatica a tre assiomi ma di natura diversa dalla genesi di quelli della Meccanica e della Relatività Ristretta che è inizialmente fenomenologica ed in seguito di tipo più propriamente logico. Si potrebbe dire, con Einstein, che gli assiomi della Relatività Generale più che soddisfare una necessità fenomenologica vanno incontro ad un gusto estetico della logica.

1° Assioma - Principio di Equivalenza.

Gli effetti locali della gravità sono indistinguibili da quelli di un sistema di riferimento non inerziale.

2° Assioma - Principio di Covarianza.

Le leggi della fisica hanno la stessa forma matematica in tutti i sistemi di coordinate curvilinei concepibili.

3° Assioma - Principio di Invarianza.

Le leggi del moto sono le stesse in tutti i sistemi di riferimento, siano essi a velocità variabile o a velocità non variabile.

Si vede facilmente nel 3° Assioma il ruolo cruciale dell'invarianza introdotta come conseguenza nella Relatività Ristretta, così come il gusto logico-estetico nel 1° e 2° Assioma, specie il 1° che eleva un fatto ritenuto accidentale in Meccanica al livello di Assioma fondamentale; d'altra parte il 3° continua a garantire la validità, *mutatis mutandis*, della Meccanica anche in questo nuovo ambito.

La conseguenza fondamentale di questa fondazione assiomatica è il *principio di solidarietà*, che viene illustrato qui secondo Geymonat, e la conseguente negazione cartesiana del vuoto fisico da parte di Einstein.

Lo spazio-tempo non possiede ovunque la medesima struttura geometrica indipendente dal campo di interazioni ivi esistente (localmente), sono le masse e le energie ad incurvare (deformare) variamente lo spazio-tempo, stabilendo una solidarietà fra i fenomeni e lo spazio-tempo in cui essi si svolgono. Invece la Meccanica, la Relatività Ristretta e la Meccanica Quantistica attribuiscono una esistenza autonoma allo spazio-tempo. Questa ultima idea, secondo l'Einstein, può essere "drasticamente espressa in questo modo: se la materia dovesse scomparire, rimarrebbero ancora spazio e tempo, come una specie di palcoscenico (indeformabile) per gli eventi fisici". La Relatività Generale sostiene invece che lo spazio-tempo non ha un'esistenza separata da ciò che lo riempie, ossia che non esiste uno spazio-tempo senza campo.

Einstein ricollega esplicitamente la sua concezione a quella di Cartesio per il quale lo spazio, identificandosi con l'estensione, non può esistere senza corpi. Al riguardo Einstein sostenne: "Cartesio non era dunque così lontano dal vero, quando credeva di dover escludere l'esistenza di uno spazio vuoto. La sua concezione appare assurda, finché la realtà fisica viene vista esclusivamente nei corpi ponderabili. Solo l'idea del campo come rappresentante la realtà, in combinazione con il principio generale di relatività (il quale stabilisce l'invarianza delle leggi fisiche di fronte ad ogni cambiamento delle variabili spazio-temporali che lascia invariante il quadrato dell'intervallo infinitesimo spazio-temporale di un fotone od onda elettromagnetica, detto ds^2), riesce a rivelare il vero nocciolo dell'idea di Cartesio: non esiste spazio vuoto di campo d'interazione".

Il concetto di campo compare per la prima volta nella Relatività Generale conglobando e soppiantando al tempo stesso la questione dell'azione a distanza o attraverso un mezzo materiale o semi immateriale, esso sarà mutuato anche dalla Meccanica Quantistica Relativistica, ma era e continua ad essere un concetto che non è ancora oggi possibile porre in forma assiomatica o far discendere da assiomi, lo si può solo descrivere matematicamente mediante la sua azione sui corpi.

Quarta teoria: la Meccanica Quantistica

La Meccanica Quantistica trova il suo fondamento fenomenologico nel concetto di *dualità* espresso da De Broglie, la materia e la radiazione elettrica mostrano fenomeni in cui si comportano come onde ed altri in cui si comportano come corpi. A questo punto è bene dare in breve le definizioni di materia e di radiazione elettrica a livello elementare basate sulle loro proprietà.

Materia: ha carica (elettrica), ha massa anche a velocità nulla, ha velocità minore di quella della radiazione elettrica.

Ovviamente si intende per materia quella costituita dai corpi elementari stabili entro i limiti noti.

Radiazione elettrica: non ha carica (elettrica), non ha massa a velocità nulla, ha sempre la stessa velocità, quella della radiazione elettrica, tale velocità viene identificata con l'invariante della Relatività Ristretta u .

Il fondamento metodologico della Meccanica Quantistica ci viene fornito dalla cosiddetta *definizione operativa* secondo Heisenberg la quale potrebbe giustamente sembrare una evoluzione della definizione operativa delle grandezze fisiche data da Thompson nel 19° secolo: "le grandezze fisiche vengono definite mediante le operazioni con cui sono misurate quantitativamente".

Definizione Operativa di Heisenberg: Ogni concetto della fisica deve poter essere definito mediante una serie di operazioni fisiche almeno concettualmente possibili, viene meno la possibilità di rappresentare gli oggetti atomici (e subatomici) mediante un modello; la rappresentazione dei fenomeni fisici è astratta essa avviene solo mediante enti matematici, si devono quindi collegare tra di loro le sole grandezze fisiche osservabili senza l'uso di grandezze ausiliarie.

Partendo da quest'ultima parte della definizione operativa, Heisenberg introdusse come enti matematici le tabelle di numeri delle misure ovvero le matrici e ne ebbe come conseguenza una matematica non commutativa, l'algebra delle matrici appunto.

Finora abbiamo visto le prescrizioni a cui storicamente si è cercato di adeguare gli assiomi della Meccanica Quantistica, ma se il quadro metodologico è completo quello fenomenologico non termina con il concetto di dualità, bensì prosegue con il *principio di indeterminazione di Heisenberg*, il quale divide con esso la proprietà di mera constatazione fenomenologica.

Del principio di indeterminazione viene qui data una esposizione secondo Caldirola: è impossibile conoscere simultaneamente (e ciò nel suo senso letterale è in contrasto con la Relatività Ristretta che impedisce la simultaneità), attraverso una determinazione sperimentale, due grandezze coniugate nel senso della Meccanica (analitica), quali ad esempio la posizione e la quantità di moto di un ente fisico con una accuratezza grande quanto si voglia.

Tale principio ha avuto una funzione storica fondamentale nell'associare al formalismo matematico della Meccanica Quantistica, secondo la definizione operativa di Heisenberg, un'interpretazione fisica capace di conciliare, anche intuitivamente, la dualità onda-corpo. Su tale principio si poggia, in ultima analisi, l'interpretazione probabilistica di Born dell'equazione di Schrödinger.

Tuttavia nella formulazione assiomatica della Meccanica Quantistica non si ricorre esplicitamente al principio di indeterminazione. Infatti si può dimostrare come le relazioni di Heisenberg possono essere dedotte in modo generale dalle proprietà degli operatori che nella Meccanica Quantistica risultano associati alle grandezze osservabili.

A questo punto sorge spontanea la congettura se il principio di indeterminazione non sia un'altra forma equivalente del principio di inaccessibilità di Caratheodory, il quale altro non è che una espressione della seconda legge della termodinamica: in prossimità di qualsiasi stato di equilibrio di un sistema ci sono stati che non sono accessibili da un processo adiabatico reversibile od irreversibile.

Nel contesto di tale congettura il sistema fisico osservato e l'osservatore sono un unico sistema termodinamico, quindi gli scambi di energia avvengono adiabaticamente ed in questo senso ricadono nell'inaccessibilità poiché sistema fisico ed osservatore sono in uno stato di equilibrio. Tutto ciò ci permette di eliminare il principio di indeterminazione dal novero degli assiomi fondamentali, nondimeno esso ci pone il grave problema delle relazioni tra variabili e variabili dinamiche che ad un certo punto non potremo eludere.

Anche della Meccanica Quantistica si può dare una fondazione assiomatica con struttura trinitaria ovvero a tre assiomi più il principio di corrispondenza o teorema di Ehrenfest, qui di seguito vengono elencati gli assiomi secondo Bohr-Heisenberg-Born.

1° Assioma - Sistema fisico.

Gli stati di un sistema fisico sono rappresentati da una tabella di elementi detta y in generale avente una dimensione ed infiniti elementi, la y è un vettore ad infinite dimensioni in uno spazio di vettori di Hilbert (retaggio, solo in senso matematico, delle matrici di Heisenberg), lo stato del sistema fisico non cambia se si moltiplica il vettore y per una costante.

2° Assioma - Grandezze fisiche.

Le grandezze fisiche misurabili sono rappresentate da operatori al primo ordine (lineari), ovvero tabelle di elementi aventi 2 dimensioni ed infiniti elementi, i quali hanno la proprietà di essere uguali al proprio trasposto complesso coniugato (hermitianicità) e con n autovalori reali i quali sono i possibili valori numerici misurabili della grandezza fisica che l'operatore rappresenta, i vettori y_n associati agli autovalori sono detti autovettori e per tali stati del sistema la grandezza è ben definita.

3° Assioma - La misura secondo Born.

I possibili risultati della misura di una grandezza fisica hanno ciascuno una probabilità di essere riscontrati, tale probabilità è data dal modulo al quadrato della proiezione dello stato del sistema fisico rappresentato dal vettore y , su cui si misura la grandezza, rispetto agli autostati y_n (autovettori) dell'operatore che rappresenta la grandezza fisica.

Gli assiomi elencati sono l'espressione, come indica Caldirola, della interpretazione probabilistica della Meccanica Quantistica (in contrapposizione a quella stocastica originariamente ispirata alle idee di Langevin per i fenomeni nucleari) o di Copenaghen o di Bohr-Heisenberg od ortodossa, a completamento di tali assiomi vi è il *principio di corrispondenza*: gli operatori in generale non commutano tra di loro e quindi non commutano le grandezze fisiche che rappresentano ma al limite per la costante di Planck h che tende a zero, azione non discreta, le grandezze sostituiscono gli operatori ed esse possono commutare e si riottiene la Meccanica (ove le grandezze sono variabili canonicamente coniugate).

Il 2° assioma sembra allontanarsi dalla definizione operativa di Heisenberg, poiché la y non rappresenta alcuna grandezza fisica osservabile ma solo un'entità matematica ausiliaria in parte interpretabile come grandezza fisica ausiliaria grazie al 1° assioma. Il 3° assioma risolve la contraddizione dando parziale significato fisico di osservabilità ad un uso ben definito della y ovvero mediante un'operazione matematica, la *proiezione* (in pratica il teorema di Pitagora). E' inutile dilungarsi nei meandri delle contraddizioni interne della Meccanica Quantistica, viene invece riportata un'altra fondazione assiomatica secondo Caldirola la quale ha il pregio di presentare una maggiore semplicità ed immediatezza nonostante l'alto grado di astrazione comunque imposto dalla definizione operativa di Heisenberg.

1° Assioma - L'osservabile.

Esiste uno scalare complesso y il quale contiene in sé tutte le informazioni che su di una particella si possono dare, precisamente esso permette di calcolare per ogni grandezza fisica, detta secondo Dirac *osservabile*, i valori possibili risultanti da una misura (che sono ovviamente reali) e le corrispondenti probabilità che la grandezza ha di assumere tali valori ad un generico istante di tempo.

2° Assioma - L'operatore.

Ad ogni osservabile si fa corrispondere, nella formulazione matematica, un operatore hermitiano il quale ha autovalori reali, l'insieme di tutti gli autovalori costituisce l'insieme di tutti i valori numerici che si possono trovare in una misura dell'osservabile corrispondente, mentre l'insieme degli autovettori corrispondenti rappresentano gli autostati del sistema (la particella) relativi a tali risultati di un processo di misura.

<u>3°Assioma - L'evoluzione.</u>

L'evoluzione spazio-temporale di un sistema fisico è regolata dall'equazione di Schrödinger, purché all'istante iniziale lo stato di un sistema fisico sia determinato mediante una osservazione del maggior numero possibile di osservabili tra loro compatibili ed indipendenti; tale osservazione è detta osservazione massima.

Questa formulazione assiomatica non è scevra di contraddizioni interne che per brevità si omette di discutere e parzialmente risolvere, tuttavia permette di mostrare il principio di corrispondenza con la Meccanica in una forma migliore quella del teorema di Ehrenfest. Considerando per una particella intesa come sistema fisico la sua generica coordinata ed il relativo momento coniugato si dimostra che le relazioni le quali permettono di calcolare le loro variazioni nel tempo sono ottenute mediante l'operatore di Hamilton; poiché tali relazioni si dimostra valgono anche per i valori medi delle corrispondenti osservabili, valgono dunque per il moto medio del pacchetto d'onde associato alla particella le equazioni del moto di Hamilton e quindi tutta la Meccanica.

Ovviamente tutto questo è dovuto al fatto che l'azione discreta h, la quale compare nelle definizioni degli operatori, al limite tende a zero.

Sarebbe interessante indagare se i principi di corrispondenza della Relatività Ristretta e della Meccanica Quantistica siano collegati in qualche modo, certamente la formulazione assiomatica delle due teorie non è di grande aiuto in questa indagine. In pratica potremmo solo affermare che la Meccanica è la teoria fisica la quale, in contrasto con l'evidenza sperimentale, si fonda sull'approssimazione di una misura della velocità causale massima u non limitata (in particolare grande a piacere) ed una misura dell'azione h non limitata (in particolare piccola a piacere), se poi u infinita implichi h infinitesima è un'altra questione legata alla natura stessa del fotone e dell'interazione elettrica.

Meccanica Quantistica Relativistica (QED)

La Meccanica Quantistica Relativistica si applica con successo all'interazione elettrica e con opportune modifiche anche all'interazione leptonica (o nucleare debole), essa si fonda sui medesimi assiomi già elencati con il completamento di un assioma unico derivato dal 2° assioma della Relatività Ristretta (non il 2° della Relatività Generale poiché non vengono contemplati spazi diversi da quello piatto di Minkowski) ossia la covarianza applicata agli operatori.

Assioma Unico: Applicazione della Covarianza.

Le equazioni che descrivono un sistema fisico sono composte di operatori in cui le operazioni rispetto allo spazio e rispetto al tempo sono ripetute lo stesso numero di volte, ossia tutti gli operatori dell'equazione hanno lo stesso ordine e quindi sono applicati allo stesso ente variabile (la y per intendersi) un ugual numero di volte rispetto alla stessa variabile.

In pratica questo assioma unico è un mero completamento del 2° assioma nella forma secondo Caldirola, ma di fondamentale importanza nel determinare il definitivo successo della Meccanica Quantistica unita alla Relatività Ristretta come teorie in grado di descrivere compiutamente l'interazione elettrica e l'interazione leptonica come sua più prossima parente.

Al termine di questo excursus negli assiomi della Meccanica Quantistica è doveroso notare che in qualunque modo li si consideri essi violano la definizione operativa di Heisenberg pur cercando disperatamente di adeguarvisi, visto che da essa nascono. Coerenza avrebbe voluto che argomento delle equazioni fossero state solo le grandezze misurabili, in pratica i livelli di energia o le frequenze della radiazione emessa od assorbita dai sistemi fisici, il che è lo stesso. Sfortunatamente un formalismo matematico che avesse tali variabili come incognite e conciliasse la dualità essendo al tempo stesso ragionevolmente agevole da usare, cosa che non guasta mai, non è stato storicamente disponibile. Quindi le grandezze misurabili compaiono solo come parametri delle soluzioni delle equazioni della Meccanica Quantistica gli autovalori appunto, mentre l'oggetto delle equazioni resta la y, la vera incognita che pur non avendo la caratteristica di esistere fisicamente, ha il pregio di essere l'utile strumento (sic!) con cui salvaguardare la dualità.

Gli assiomi fondamentali

Dopo questa simpatica corsa tra i fondamenti assiomatici delle teorie fisiche è corretto a conclusione domandarsi quali assiomi possano essere considerati utili se non irrinunciabili nella formulazione di successive teorie fisiche.

Per quanto possa essere sorprendente la *simmetria*, pur giocando un ruolo fondamentale, non può esser presa *sine cura* come uno dei fondamenti assiomatici, poiché essa riposa sulla evidenza sperimentale della *conservazione* (come è ben messo in evidenza dal teorema di Noether). Tutto ciò che è conservato ha una evidenza sperimentale basata su limiti superiori, e non potrebbe essere altrimenti, e nulla ci garantisce da future possibili evidenze di violazioni della simmetria, quantunque piccole in grandezza rispetto ai limiti noti. Infatti volendo evitare di far dipendere troppo gli assiomi dalle necessità delle evidenze fenomenologiche è opportuno concentrarsi su alcune necessità logiche, ben consapevoli che si deve contemplare negli assiomi anche il fatto di dover fare i conti con le necessità sperimentali. Gli assiomi verranno elencati e subito dopo commentati.

1° Assioma - Indipendenza.

Le proprietà dello spazio-tempo sono indipendenti dalle proprietà delle interazioni.

Questo assioma si applica compiutamente alla Meccanica, alla Relatività Ristretta, alla Meccanica Quantistica includendo la sua evoluzione nel cosiddetto *modello standard* che descrive interazione elettrica e leptonica.

2° Assioma - Solidarietà.

Lo spazio-tempo è solidale con le interazioni cosicché le loro rispettive proprietà si influenzano reciprocamente.

Questa è la versione secondo Finzi del principio di solidarietà come lo enunciò nel contesto della Relatività Generale (ovvero della interazione gravitazionale); è lecito qui domandarsi se esso possa avere un valore generale ed applicarsi a tutte le interazioni, nel qual caso comporterebbe una sorta di conseguenza o lemma: ogni interazione con le sue peculiari caratteristiche determina localmente la sua propria struttura spazio-temporale.

3° Assioma - Causalità.

La causalità è il postulato il quale afferma che una situazione fisica dipende dall'altra (univocamente) e la ricerca causale si propone la scoperta di questa dipendenza (identificazione).

Tutto ciò rimane vero anche nella fisica (meccanica) quantistica sebbene gli oggetti della osservazione, per i quali si sostiene esservi una dipendenza, siano differenti; essi sono costituiti dalla probabilità di eventi elementari, non dai singoli eventi in sé.

Questa è la formulazione secondo Born della causalità e nella sua prima parte si applica in modo formidabile a tutte le teorie fisiche. La seconda parte è costruita molto saggiamente per tenere conto del 3° assioma della meccanica quantistica nella formulazione data da Born stesso, per dare un qualche significato fisico alla y necessaria alla dualità, ma anche per prevenire da violazioni della causalità dovute alla identificazione univoca della dipendenza, come si commenterà in seguito.

Il 3° assioma apre il problema della identificazione della dipendenza univoca tra almeno due situazioni fisiche; questo problema è stato storicamente risolto per via fenomenologica, come era inevitabile e come era stato preannunciato, e viene qui enunciato nel seguente assioma.

<u>4° Assioma - Identificazione.</u>

La velocità causale massima per tutte le teorie fisiche è la velocità della radiazione elettrica in assenza di materia ed in presenza dei soli campi elettrico e gravitazionale.

Questo assioma è usualmente e storicamente accettato acriticamente ed altrettanto acriticamente viene automaticamente esteso agli altri due campi noti quello dell'interazione adronica (o nucleare forte) e quello dell'interazione leptonica (o nucleare debole). Si è usata l'espressione in assenza di materia ed in presenza dei soli campi elettrico e gravitazionale per evitare l'espressione "nel vuoto". Infatti essa concorda sia con la definizione cartesiana data da Einstein per il quale il vuoto è pieno di campo, sia con la conseguenza del principio di Heisenberg e della QED per cui il vuoto è pieno di oggetti virtuali (rinormalizzabili secondo la QED). Ovviamente le concezioni di vuoto alla Einstein ed alla Heisenberg (o se si preferisce alla Feynman) pur in contrasto tra di loro si scontrano entrambe con la necessità di determinare il livello di energia del vuoto, questione che non viene qui affrontata, avendo anche conseguenze sull'*invarianza di Lorentz*.

Ma la vexata quaestio sollevata dal 4° assioma è se la *velocità causale massima*, la quale viene identificata tramite un ente fisico, e che rispetta così anche il 3° assioma della Relatività Ristretta, possa prescindere dal 2° assioma, ossia dalla struttura spazio-temporale di ciascuna interazione.

Questo ci porta a considerare tre evidenze sperimentali generali con cui fare i conti nella costruzione delle teorie fisiche.

<u>I Evidenza.</u>

Le distanze possono essere misurate solo scambiando energia con una interazione.

Vedasi a tal riguardo il 3° assioma della Relatività Ristretta.

<u>II Evidenza.</u>

L'osservatore è in grado di scambiare energia solo con l'interazione elettrica.

Vedasi a tal riguardo il principio di indeterminazione che ne è un luminoso esempio.

<u>III Evidenza.</u>

L'interazione elettrica è il paradigma (quindi) di tutti i fenomeni dovuti alle varie interazioni.

Quest'ultima evidenza meriterebbe in verità il titolo di *assioma della misura*, ed essere annoverato insieme agli altri quattro assiomi fondamentali.

La I e II evidenza insieme agli assiomi 2°, 3° e 4° ci riportano al problema di definire quali siano le entità variabili con cui descriviamo gli eventi fisici e primi fra tutti la misura delle distanze per la ricerca del nesso di causalità.

Concludiamo quindi introducendo i due postulati delle variabili.

<u>I Postulato delle Variabili.</u>

Esistono variabili statiche, le coordinate spazio-temporali, che non intervengono nella interazione.

Ciò ovviamente contraddice il 2° assioma fondamentale ovvero il principio di solidarietà.

<u>II Postulato delle Variabili.</u>

Esistono variabili dinamiche, gli impulsi spazio-temporali, che intervengono nelle interazioni (ma sono misurati solo elettricamente).

In conclusione possiamo porre il problema se l'estensione del principio di solidarietà a tutte le interazioni possa imporre di considerare tutte le variabili come dinamiche, in tal caso si avrebbe anche il problema di riconsiderare anche il significato del principio di indeterminazione almeno nell'uso alla Yukawa in cui non vi sarebbe più una relazione tra coordinate (variabili statiche) e momenti (variabili dinamiche), ma solo tra variabili dinamiche, con grande vantaggio della omogeneità logica.

EINSTEIN ESAMINATO DA SOCRATE

A PROPOSITO DEL SUO ESPERIMENTO MENTALE DELL'«ASCENSORE»

ARDESHIR MEHTA

discussione ricordata da Aristocle
all'inizio del terzo millennio nei Campi Elisi, «ove i buoni ricevono una vita libera dalla fatica»

Socrate sta passeggiando lungo una spiaggia marina nei Campi Elisi assorto nei suoi pensieri, quando scopre Einstein camminare in lontananza...

SOCRATE: Santi Numi dell'Olimpo! Guarda chi c'è. Il professor Einstein! (Chiamando ad alta voce per attirare l'attenzione di quest'ultimo). Professore!

EINSTEIN: (Voltandosi) Sì?

SOCRATE: Professor Einstein! Posso farle qualche domanda?

EINSTEIN: (Sorpreso) È Socrate, vivo e vegeto! O meglio, morto e vegeto. Dio mio! Lei, mio caro signore, è in apparenza tanto simile al suo busto nei musei vaticani!

SOCRATE: E lei, caro professore, è così ben noto che tutte le persone nel mondo sono in grado di riconoscerla a un chilometro di distanza. Ma per venire al punto: sto cercando da molto tempo di farle alcune domande su uno dei suoi esperimenti mentali.

EINSTEIN: Povero me! Devo essere interrogato da Socrate in persona? (Sorriso ironico). Ma certo, non si faccia scrupoli. È un dato di fatto riconosciuto da tutti che io in prima persona ho messo in dubbio le mie stesse teorie, soprattutto dopo che i matematici le hanno riformulate! (Sorridendo).

SOCRATE: Sì; ho sentito che una volta lei aveva dichiarato, effettivamente – e sto citando a memoria: «Da quando i matematici hanno invaso la teoria della relatività, io stesso non la capisco più.» Ma non era questo soltanto uno scherzo?

EINSTEIN: Beh, solo in parte. Non sono mai stato molto esperto in matematica, lei capisce. Ho una certa padronanza ordinaria di matematica, di certo, così come ce l'hanno molte altre persone in molti altri campi! Ma per formulare la teoria della relatività sono stato aiutato enormemente dal matematico Hermann Minkowski da Göttingen, in Germania, il quale una volta mi aveva descritto – e piuttosto correttamente, devo ammettere – come «un cane pigro che non ha mai preso la briga di occuparsi seriamente di matematica»! E un'altra persona che mi ha aiutato molto con la matematica è stato il mio grande amico Marcel Grossman. Devo ammettere che sono stato a volte descritto come un «matematico» nella stampa del primo Novecento, ma solo perché il termine «fisico teorico» non era in uso popolare nei giornali del tempo. Ho collaborato con matematici come Grossman al fine di ricevere aiuto sui dettagli matematici delle mie teorie – ho dovuto farlo per forza, non essendo molto esperto in materia.

SOCRATE: Oh, benissimo! Anch'io non sono mai stato molto esperto in matematica, e sarebbe difficile per me spiegare anche il più semplice dei teoremi dei miei contemporanei terreni. Allora, seriamente, non le farò domande inerenti alla matematica, niente affatto. Non potrei nemmeno sapere come formulare la maggior parte di tali domande.

EINSTEIN: Grazie. Avrei serie difficoltà nel rispondere a domande simili! Non si preoccupi delle sue difficoltà in matematica – le assicuro che le mie sono più grandi. Avevo scritto una volta: «La maggior parte delle idee fondamentali della scienza sono essenzialmente semplici, e possono, di regola, essere espresse in un linguaggio comprensibile a tutti.»

SOCRATE: Sono completamente d'accordo. Ed intanto, per venire al punto: una delle domande che ha sostato di più nella mia mente è quella relativa al suo esperimento mentale dell'«ascensore». Se l'ho ben capito, bisogna immaginare una persona in una grande «scatola» o camera senza finestre, come per esempio un ascensore, che viene accelerato verso l'alto, aumentando la sua velocità ad un tasso di 10 metri al secondo per ogni secondo trascorso – se ho capito bene, quest'è il tasso di accelerazione di gravità sulla superficie terrestre, o quello che si chiama «g» – e lei, caro Professore, sostiene che non c'è alcun modo per la persona dentro l'ascensore di essere in grado di controllare se sta fermo in una stanza sulla terra, o se viene invece accelerata la stanza stessa verso l'alto nello spazio vuoto a 10 metri al secondo per secondo. Non è così? Faccio un disegno grezzo del suo ascensore qui, solo per permetterle di controllare che ho capito quello che sostiene – e mi corregga se sbaglio. (Disegna con un bastone uno schizzo simile alla seguente immagine grezza nella sabbia).

EINSTEIN: Beh, sì e no. Non è tutto quello che sto affermando, capisce …

SOCRATE: Oh sì, certo – proprio così; ma mi occuperò più tardi della parte relativa alle sue precisazioni. Ma quello che ho detto non è, almeno in parte, ciò che lei sostiene?

EINSTEIN: Sì, in effetti lo è.

SOCRATE: È ciò che ha sostenuto anni fa in modo deciso. Riflettendoci su ora, è ancora quello che sostiene?

EINSTEIN: (Alzando le sopracciglia con aria interrogativa) Si tratta di una domanda trabocchetto?

SOCRATE: Niente affatto. Voglio soltanto essere sicuro che quello che lei rivendicava allora, è tuttora sostenuto da lei, anche in questo momento.

EINSTEIN: Sì, certamente lo è.

SOCRATE: Quindi lei sostiene ancora che non c'è assolutamente nessun modo per l'uomo nell'ascensore di controllare se lui – insieme con l'ascensore – viene accelerato verso l'alto ad una velocità che cresce a un tasso di 10 metri al secondo ogni secondo, o invece, se l'ascensore è fermo sulla terra? Assolutamente nessun modo?

EINSTEIN: Infatti. Conosce lei un tal modo, Socrate?

SOCRATE: E se dovessi dire di no: il che proverebbe la sua asserzione?

EINSTEIN: (Rimuginando la problematica) Beh, no; vorrei affermare, tuttavia, non che non posso concepire un tale modo soltanto io, ma che nessuno può concepire un tal modo. Ma sicuramente, se né io né lei né nessun altro può concepire un modo di farlo, allora non c'è alcun tal modo … non è vero?

SOCRATE: Vero? Neanche per sogno, assolutamente no! Perché mai il semplice fatto che nessuno ha mai progettato un modo di fare qualcosa, fino adesso, dimostrerebbe l'impossibilità di farlo, e per giunta per sempre, per l'eternità? Non c'è stato forse un periodo nella storia in cui nessuno poteva concepire un modo di fare il volo aeronautico? Eppure in questi giorni il volo aeronautico è all'ordine del giorno.

EINSTEIN: Touché. Sì, ammetto che qualcuno potrebbe progettare un modo per farlo nel futuro ... e se succederà, allora dovrei rivedere la mia teoria. Ma finché nessuno ha ancora trovato un modo per farlo, posso dire con certezza che la mia teoria non è ancora rovesciata!

SOCRATE: Ah, sì, vero. Ma come fa a sapere che nessuno è ancora riuscito a trovare un tal modo?

EINSTEIN: Devo ammettere che non lo so per certo, ma immagino che se qualcuno avesse trovato un tal modo, ne avrei ormai sentito parlare.

SOCRATE: Beh, succede invece che qualcuno il modo l'ha trovato ... anche se lei non lo ha mai saputo. Stavo in videoconferenza proprio ieri con questo tizio. Aveva una grande barba nera, e capelli neri lunghi e spaventosi, e la pelle scura: simile all'immagine tipica di un terrorista nei media americani, ma piuttosto pacifico allo stesso tempo. Ho dimenticato il suo nome però, quindi chiamiamolo «Barbanera» per il momento ... senza mancare di rispetto. «Barbanera» sostiene – e, credo, correttamente – che in un vero e proprio campo gravitazionale, le traiettorie dei corpi che cadono convergerebbero verso il centro di gravità del pianeta – o qualsiasi altra cosa – che li sta attirando; mentre nel suo ascensore, i corpi in caduta cadrebbero in traiettorie che sono perfettamente parallele. E sostiene che con strumenti adeguatamente sensibili queste differenze potrebbero essere individuate, anche se ammette che forse l'umanità non possiede strumenti di una tale sensibilità nel nostro attuale stadio tecnologico. Si può illustrare ciò così, esagerando un po' per rilevare l'effetto di convergenza delle traiettorie (disegna nella sabbia un quadro grezzo simile a quello raffigurato qui sotto):

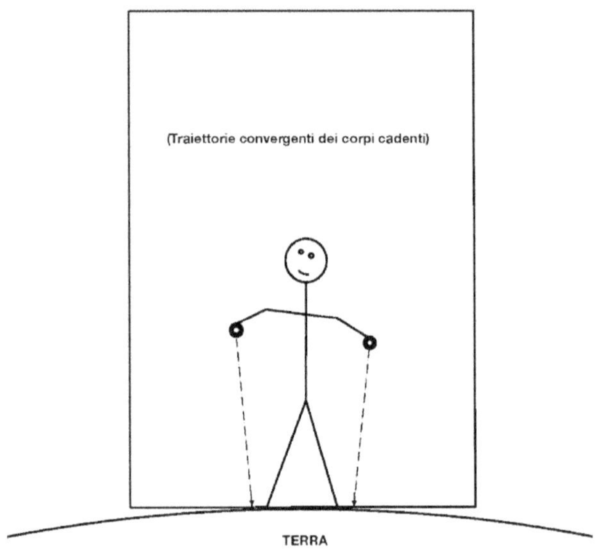

SOCRATE: (Continuando) Inoltre, «Barbanera» sostiene – e, credo, ancora una volta correttamente – che la forza di attrazione esercitata sui gravi in un vero e proprio campo gravitazionale non è costante, ma diventa progressivamente più forte come i gravi si avvicinano al centro di gravità del pianeta (o altro corpo) che li attira – in altre parole, che c'è un gradiente di forza gravitazionale; mentre nel suo ascensore, questa forza è sempre costante: in altre parole, non presenta alcun gradiente. E ancora, lui sostiene – e ancora una volta, credo che abbia piena ragione – che con strumenti sufficientemente precisi, questo gradiente, o la sua assenza, potrebbe essere rilevato. In aggiunta a ciò, lui sostiene che un vero campo gravitazionale possiede un centro di gravità, e come risultato, una traiettoria e velocità orbitale; mentre chiaramente non ci può essere nulla di simile – né un centro di gravità né una velocità orbitale – quando parliamo del suo ascensore. Così «Barbanera» sostiene che un campo gravitazionale reale, ossia un vero e proprio campo gravitazionale, è ontologicamente diverso da un campo pseudo-gravitazionale o simulato, come quello nel suo ascensore ... e, per di più, diverso anche da un campo di «gravità artificiale» creato in una stazione spaziale del tipo progettato dal nostro comune amico Arthur C. Clarke, e ritratto con grande effetto dal suo amico Stanley Kubrik nel film 2001: Odissea nello spazio. Ora la mia domanda è questa: lei è d'accordo con le valutazioni di Barbanera? In altre parole, lei è d'accordo che il suo ipotetico «uomo nell'ascensore» potrebbe determinare, eseguendo sperimenti condotti interamente dentro l'ascensore, e senza essere in grado di guardar fuori, se l'ascensore sta fermo sulla terra, o sta invece accelerando verso l'alto da una forza sconosciuta a lui, aumentando così la sua velocità a un tasso di 10 metri al secondo ogni secondo?

EINSTEIN: Ah. (Fa una pausa, pensando profondamente). Sono d'accordo, sì. Confesso che non avevo considerato tutto questo. Ma sicuramente è irrilevante. O no? Se abbiamo un pianeta abbastanza grande che può attirare degli oggetti con la forza di un «g», le linee della forza gravitazionale che circonda quel pianeta tenderebbero a diventare sempre più parallele, e il gradiente della forza gravitazionale tenderebbe a diventare sempre meno pronunciato, e così via – non è così? Si è dunque costretti ad accettare che per un ipotetico pianeta sufficientemente grande, le differenze non potranno essere misurate, nonostante la mole immensa di possibili tentativi e l'uso di qualsiasi strumento escogitato dalla mente umana. Non è forse vero?

SOCRATE: Ma sicuramente si ammetterà che pure sulla terra stessa, la convergenza delle linee di forza, e il gradiente del campo gravitazionale, non potrebbero essere misurati con gli strumenti disponibili fino ad oggi. Almeno se ci limitiamo alle dimensioni di un ascensore tipico, o anche se dovessimo immaginare il più grande ascensore mai costruito. Questo è ciò che ha affermato «Barbanera», bisogna ricordare. Ma in linea di principio questi fenomeni – il gradiente della forza gravitazionale, le traiettorie convergenti di caduta dei gravi, un centro di gravità, una velocità e traiettoria orbitale, ecc – esisterebbero per qualsiasi pianeta, non importa quanto sia grande, no? Mentre in linea di principio non esisterebbero in qualsiasi ascensore come il suo … non è vero? Oppure lei sta dicendo che in linea di principio le traiettorie dei corpi in caduta sulla superficie di un pianeta davvero enorme, esercitando una forza gravitazionale di un «g», diventerebbero in realtà parallele, e che un tale pianeta non sarebbe in possesso di un centro di gravità o una velocità orbitale, ecc, ecc? … Questo mi sembra una sciocchezza!

EINSTEIN: Beh, che ne dice se proponessimo un pianeta infinitamente grande? In linea di principio queste cose lì non esisterebbero, giusto?

SOCRATE: Ma esiste un siffatto pianeta?

EINSTEIN: Non che io sappia, no; ma parlando solo in linea di principio, trascurando le misurazioni effettive, cosa ci impedisce di immaginare un tale pianeta per il nostro esperimento mentale? Dopo tutto, si tratta solo di un esperimento mentale, non è vero?

SOCRATE: Non direi che è «solo» un esperimento mentale, professor Einstein. Non intende forse applicarlo all'Universo conosciuto? Cioè all'Universo fisico? O lei intende applicarlo solo ad un «universo» ipotetico – un Universo non fisico, e quindi inesistente?

EINSTEIN: Beh, credo che sia ampiamente evidente da tutto ciò che ho detto e scritto che io intendo applicare la mia teoria all'Universo fisico – quello che conosciamo.

SOCRATE: Certamente. Dopotutto, il suo esperimento mentale è destinato a contribuire alla formulazione di una teoria della fisica, no? E la «fisica» è di sicuro qualcosa che si applica all'Universo fisico, l'Universo conosciuto da noi, non è così? Ma allora, sicuramente si potrebbe ammettere che un esperimento mentale che richiede per la sua validità un pianeta di dimensioni infinite – un pianeta che non può mai esistere nell'Universo fisico e conosciuto – un tale sperimento mentale non può applicarsi all'Universo conosciuto, ossia fisico … Non le pare?

EINSTEIN: Va bene, lo ammetto; dimentichiamo i pianeti di dimensioni infinite. Ma le differenze tra le traiettorie convergenti di gravi che cadono sui pianeti e le traiettorie assolutamente parallele all'interno del nostro ascensore sono talmente piccole che quasi non contano ai fini del nostro sperimento mentale. E lo stesso vale per tutte le altre differenze che «Barbanera» ha accennato.

SOCRATE: Ma non stava cercando di dimostrare, con questo sperimento mentale, che la forza gravitazionale è esattamente equivalente alla forza impressa su un corpo in un ascensore

in accelerazione ad un tasso di un «g»? Non lo si chiama –
citando le sue stesse parole – «… principio di equivalenza tra
massa inerziale e gravitazionale»?

EINSTEIN: Sì, infatti. C'è un'uguaglianza stretta tra la gravità e l'inerzia.

SOCRATE: In tal caso, però, non crede che possa essere in errore? Tra
una vera forza gravitazionale, da un lato, e l'effetto pseudo-
gravitazionale derivante dall'inerzia, d'altra parte, c'è solo
una somiglianza molto, molto forte, ma le due forze non
sono esattamente e strettamente equivalenti.

EINSTEIN: Non sono equivalenti, se si vuol usare il termine
«equivalente» in modo rigoroso; lo ammetto. Ma sono
abbastanza vicini – potrebbe negarlo? – dato che le differenze
tra loro sono minuscole. Soprattutto se prendiamo in
considerazione un ascensore che nello spazio profondo sia
davvero, davvero piccolo rispetto al pianeta ipotizzato, sul
quale avremmo potuto, in alternativa, misurare il campo
gravitazionale nel suo stato stazionario. Infatti, se consideriamo un ascensore infinitesimo nelle sue dimensioni,
otteniamo una effettiva equivalenza tra la gravità e l'inerzia:
non è vero?

SOCRATE: Ma esiste un ascensore di dimensioni infinitesime
nell'Universo fisico, nell'Universo conosciuto? Anche in
questo caso sicuramente non si può negare che il suo esperimento mentale si debba applicare all'Universo conosciuto, e
non ad un «universo» del tutto ipotetico e immaginario,
inesistente.

EINSTEIN: Beh, un ascensore di dimensioni infinitesime, no; una cosa
del genere non esiste. Ma di certo lei ammetterà che esistono
entità infinitesime nell'Universo nostro. Come quella che lei
stesso ha citato in precedenza: vale a dire, il centro di gravità

di un pianeta. Questo «centro di gravità» è un punto geometrico nello spazio, non è vero? È un volume? Sicuramente esistono centri di gravità nell'Universo fisico, no?

SOCRATE: Ma tali cose, in ultima analisi, non sono in realtà astrazioni piuttosto che entità fisiche, entità reali?

EINSTEIN: Beh, direi che sono difatti entità fisiche e reali, almeno in un certo senso – perché se non lo fossero, non potrebbero esistere in una descrizione dell'Universo fisico!

SOCRATE: Va bene, anche se concedessimo uno status ontologicamente reale per tale entità, avremmo ancora un volume infinitesimo – vale a dire, il volume di spazio all'interno del suo ascensore – all'interno del quale ci sarebbero oggetti ancora più piccoli, come ad esempio il suo osservatore – o per meglio dire, il suo omuncolo, come lo potrei chiamare adesso – con i suoi oggetti e strumenti da lui utilizzati. Non è vero? Ora devo chiedere: come può un volume infinitesimo contenere degli oggetti ancora più piccoli al suo interno? Addirittura una persona vivente? Può esistere una tale combinazione di cose in un Universo veramente fisico, e non puramente in un «universo» immaginario e inesistente?

EINSTEIN: Come uno dei miei colleghi dell'«Istituto per gli studi avanzati» di Princeton ha accennato una volta: «Sono tali le proprietà di entità infinitesime, anche se potranno sembrare stranissime!»

SOCRATE: Ma esisterà pure uno straccio di evidenza, anche se non parliamo di prova o dimostrazione, che tali cose – e qui parlo non solo entità infinitesime come un centro di gravità, ma anche di volumi infinitesimi all'interno dei quali ci sono oggetti fisici anche più piccoli – ripeto. che tali cose, esistono in realtà nell'Universo conosciuto, nell'Universo fisico, o no? Se sì, dove potrei trovare tali evidenze o prove? Lei lo sa?

EINSTEIN: Confesso di no; ma non mi aveva segnalato lei stesso in precedenza che solo perché né io né lei né nessun altro può immaginare all'esistenza di qualcosa, ciò non significa che non debba esistere?

SOCRATE: Ora devo dire io «Touché»! Ma che succederebbe se ci fosse una fallacia logica nel postulare una tale entità? Se trovassimo un difetto logico – come una contraddizione – derivante dalla postulazione dell'esistenza di tali entità, sarebbe d'accordo con me che eliminato l'abbaglio tali entità non avrebbero la possibilità di esistere?

EINSTEIN: Certo; ma in tal caso devo chiedere se lei di fatto può trovare un difetto logico nel postulare entità infinitesimali come abbiamo descritto in precedenza.

SOCRATE: Forse potrei. Ma prima di farlo, potrei domandare se lei sarebbe disposto a cambiare le sue idee qualora potessi dimostrare un difetto logico nel suo ragionamento?

EINSTEIN: Scusi?

SOCRATE: Quello che voglio dire è: tenterebbe di aderire alla sua teoria a tutti i costi, o sarebbe disposto ad abbandonarla se potessi dimostrare un difetto in essa?

EINSTEIN: Aderirei alla mia teoria fino al mio ultimo respiro! – Oh, aspetta: sono già morto; allora ... no, non fino al mio ultimo respiro: quel treno è già partito. Ma davvero difenderei la mia teoria tanto vigorosamente quanto mi sarebbe possibile.

SOCRATE: Non mi aspetterei niente di meno. Ma spero che sarebbe disposto ad abbandonare la sua teoria se venisse dimostrata impossibile, che non può essere vera ... o no?

EINSTEIN: Più enfaticamente, non sarei disposto ad abbandonare la mia teoria! È il lavoro di tutta la mia vita, si capisce ...

SOCRATE: Allora perché non ammettere che la sua teoria non è superiore ad un dogma? Che non è affatto una teoria scientifica, ma un dogma che si accoglie per vero – o per giusto – senza esame critico o discussione?

EINSTEIN: (Pensando) D'accordo, ammetto che potrebbe aver ragione. Va bene; devo essere disposto ad abbandonare la mia teoria, se viene dimostrata falsa. Se viene smentita. ... Se.

SOCRATE: Beh, certo: se. E sarebbe disposto a giurare solennemente tutto questo?

EINSTEIN: Siamo in tribunale? (Sorridendo).

SOCRATE: No, no; certo che no. Ma sicuramente sarebbe inutile continuare la nostra discussione a meno che noi stessi non siamo disposti a rispettare la verità ... o non è d'accordo su questo?

EINSTEIN: Sono completamente d'accordo. Ma ogni prova che la ponga in uno stato contraddittorio dev'essere molto, molto robusta e indubitabile!

SOCRATE: Senz'altro. Ma allora, giuriamo insieme che in tutto il dibattito che seguirà, ci sottometteremo alla verità quant'è possibile – va bene? O, come il mio buon amico indiano Mohandas Gandhi dice, che saremo quelli che lui chiama i «satyāgrahi», o «aderenti rigorosi alla verità». Naturalmente nessuno di noi è perfetto, quindi non oso dire «aderiremo alla verità, tutta la verità e nient'altro che la verità«, ma solo «adireremo alla verità». Quanto possiamo. E saremo onesti nel fare del nostro meglio affinché ciò accada.

EINSTEIN: Sì, infatti: sarei felicissimo di usare queste premesse per tutto ciò che accadrà. Penso molto bene anch'io di Gandhi. Infatti, ritengo sia una persona davvero straordinaria. Sono rimasto sempre fortemente impressionato per tutte le meraviglie che ho letto sulla sua vita. Veramente notevole. Credo che le sue idee politiche siano state le più illuminate tra tutti gli uomini politici del ventesimo secolo.

SOCRATE: Lo credo anch'io. Ebbene, stringiamo le mani sul nostro accordo allora? Che aderiremo alla verità al meglio delle nostre capacità, e saremo disposti a cambiare le nostre idee se verranno effettivamente smentite. Giuriamo solennemente?

EINSTEIN: Sì, giuriamo. (Si stringono le mani). Ho detto una volta che è più facile spezzare un atomo che un pregiudizio … ma bisogna spezzare ogni pregiudizio! Si, giuriamo.

SOCRATE: E torniamo alle quantità infinitesimali, sulle quali stavamo discutendo in precedenza.

EINSTEIN: Mi faccia ricordare, per favore … ?

SOCRATE: Avevo chiesto, che succederebbe se ci fosse una fallacia logica nel postulare una «entità infinitesimale»? Se potessimo rilevare un difetto logico – come ad esempio, una contraddizione – derivante dal postulare l'esistenza di tali entità, allora ammetterebbe che non possono esistere?

EINSTEIN: Sì, adesso mi ricordo. Sì, riprendiamo la nostra discussione partendo da questo punto.

SOCRATE: Benissimo. Allora, in tal caso, lei è d'accordo con me che la definizione di una «quantità infinitesimale» è «una quantità che, pur non coincidente con lo zero, è in un certo senso più piccola di qualsiasi quantità finita»?

EINSTEIN: (Pensando un po') Sì, credo di capire come questa definizione di «infinitesimale» possa condurre ad una contraddizione – secondo questa definizione, gli oggetti in un ascensore infinitesimo non potrebbero essere più piccoli dell'ascensore stesso, e quindi non potrebbero adattarsi all'interno dell'ascensore – ma questa è una vecchia definizione di «infinitesimo». La definizione più moderna dipende dal concetto di limite.

SOCRATE: E dunque?

EINSTEIN: Una definizione che posso citare senza consultare libri è la seguente: «Una funzione o una variabile che si avvicina continuamente a zero come limite».

SOCRATE: (Pensando). Beh, non sarebbe applicabile questa definizione a qualsiasi variabile? Ad esempio, nel contesto del nostro esperimento mentale modificato, non soddisfarebbe a una tale definizione un ipotetico ascensore in contrazione continua, capace di restringersi, diciamo, a metà della sua dimensione ogni minuto, al di là delle sue reali dimensioni? Anche se l'ascensore fosse – poniamo – grande quanto l'intero Colosseo, purché sia continuamente ristretto a metà della sua dimensione per ogni minuto che passa, sotto una tale definizione sarebbe classificato come «infinitamente piccolo», no? Sarebbe «in avvicinamento continuo verso lo zero come limite», no?

EINSTEIN: Beh, sì; ma questo è quasi frode. Non è così che dovremmo interpretare questa definizione.

SOCRATE: Allora esattamente come dovremmo interpretarla?

EINSTEIN: L'oggetto «infinitamente piccolo» è l'oggetto che raggiunge effettivamente il limite.

SOCRATE: Ma il limite è pari a zero, non è vero?

EINSTEIN: Certo. È precisamente quel che ho detto!

SOCRATE: Ma allora, un oggetto «infinitamente piccolo» dovrebbe essere di dimensioni pari a zero, no? E quindi cesserebbe di esistere del tutto, al limite … Un oggetto «infinitamente piccolo», quindi, è un oggetto che non esiste affatto. È questo che lei vuole dire?

EINSTEIN: No, scusi; sbagliavo. Un oggetto «infinitamente piccolo» è un oggetto che ferma le sue contrazioni appena prima di raggiungere effettivamente il limite – il che, come ha detto correttamente, è pari a zero.

SOCRATE: Ma appena prima di quanto?

EINSTEIN: Come ho detto, appena.

SOCRATE: E che cosa significa «appena»?

EINSTEIN: Diciamo, da una quantità infinitesimale.

SOCRATE: Beh, quest'affermazione renderebbe la sua definizione di «infinitamente piccolo» del tutto circolare, no?

EINSTEIN: Va bene: ha ragione. Diciamo, invece, da una piccola quantità, ma non da una quantità infinitesima.

SOCRATE: Allora non sarebbe possibile per l'oggetto «infinitamente piccolo» ridursi ancora di più, e quindi avvicinarsi ancora di

216

più al limite? E se è così, non sarebbe affatto più infinitamente piccolo: vero?

EINSTEIN: Ah, vedo il problema. (Pensando). Beh, credo che dovremmo interpretare la definizione con la frase seguente: «Cominciamo con qualcosa che è già molto, molto piccolo, e poi immaginiamo di ridurre a metà la sua grandezza ogni minuto, con zero come limite.»

SOCRATE: Ebbene, che cosa vorrebbe dire esattamente la frase «qualcosa che è già molto, molto piccolo», in tal caso?

EINSTEIN: Diciamo, «qualcosa incommensurabilmente piccolo».

SOCRATE: Quando dice «incommensurabilmente», vuole dire incapace di essere misurato dalla tecnologia attuale, o incapace di esser mai misurato? Perché se dice «incapace di essere misurato dalla tecnologia attuale», vorrebbe ammettere che la definizione di «infinitamente piccolo» potrebbe cambiare nel corso del tempo, con la tecnologia che avanza? E quindi il suo sperimento mentale sarebbe rovesciato nello stesso momento in cui qualcuno arrivasse a scoprire un modo per misurarlo, no? È questo che lei intende?

EINSTEIN: Lei sottilizza qui, Socrate!

SOCRATE: Ma non è la stessa «sottilizzazione» un requisito del suo ragionamento su questo argomento, dato che stiamo considerando entità molto, molto piccole – anzi, infinitamente piccole? Non ha lei stesso ammesso che un'equivalenza esatta tra la gravità e l'inerzia può esistere solo per un ascensore infinitamente piccolo?

EINSTEIN: (Malvolentieri) Sì, lo ammetto. Non ho alcuna confutazione al suo argomento in questo momento, ma se mi dà un po' di tempo, forse potrei essere in grado di intuirne una. Ma al momento devo ammettere – a malincuore – la necessità e la validità di sottilizzare quando dibattiamo su entità infinitesime e incommensurabili.

SOCRATE: Allora, qual è la sua risposta? Quando si dice «incommensurabilmente», vuol dire una grandezza incapace di essere misurata dalla tecnologia attuale, o che in via di principio non sarà mai possibile misurare?

EINSTEIN: L'ultima.

SOCRATE: Se è così, allora ha mai considerato come gli oggetti vengono misurati, in particolare in riguardo alle loro dimensioni?

EINSTEIN: (Alza le sopracciglia con aria interrogativa)???

SOCRATE: Misuriamo le dimensioni di oggetti confrontandole con le dimensioni di altri oggetti, no? Per esempio, si misura la dimensione di una stanza confrontandola con le dimensioni di un righello o un nastro di misura, o qualcosa del genere – vero?

EINSTEIN: Sì, ma questo non è l'unico modo di misurare le dimensioni di qualcosa. Si può, ad esempio, misurare il tempo impiegato da un raggio luminoso per coprire la distanza che separa un'estremità dall'altra. Conosciamo la velocità della luce, e in tal modo possiamo calcolare le dimensioni dell'oggetto che cerchiamo di misurare.

SOCRATE: Ma per determinare la velocità della luce stessa, in prima istanza, dobbiamo misurare fisicamente la distanza effettiva percorsa dalla luce in un dato intervallo di tempo, con un righello o asta o nastro o qualche entità fisica del genere – no?

EINSTEIN: (Malvolentieri) Sì.

SOCRATE: E sicuramente non possiamo farlo usando la velocità della luce nei nostri calcoli, perché un tal processo sarebbe uguale a cercare di misurare la velocità della luce assumendo un valore a priori – un valore non supportato dalla misura: non è così?

EINSTEIN: (Rallegrandosi) No, non è vero. In questi giorni moderni, sappiamo che la velocità della luce è costante, quindi possiamo usare tale costante in tutti i nostri calcoli!

SOCRATE: Ma come facciamo a sapere che la velocità della luce è costante, e come facciamo a sapere che il valore di questa costante è un-certo-numero-di-metri al secondo, qualunque sia questo numero? La stessa velocità della luce, non viene rilevata misurando all'inizio della sua stessa verifica una certa distanza con un oggetto fisico – vale a dire, senza utilizzare la velocità della luce nei calcoli?

EINSTEIN: No, Socrate: no. Possiamo definire l'unità di distanza specificandola come una certa frazione del secondo luce – cioè, la distanza che la luce attraversa nel vuoto in un secondo. Per esempio, il «metro» è definito al giorno d'oggi come una certa frazione di un secondo luce. Quindi, infatti, usiamo il tempo per misurare le distanze, anche se sembra bizzarro farlo.

SOCRATE: (Pensando a lungo). Può darsi, professore; può darsi. Comunque, non cambierebbe il mio controargomento, neppure minimamente. Se l'ascensore fosse troppo piccolo per essere misurato, implicherebbe questo fatto – no? – che non ci può essere nulla nell'intero Universo più piccolo dell'ascensore, rispetto al quale le sue dimensioni potrebbero essere misurate. E che, quindi, nessun oggetto che abbia questa capacità di essere usato come metro potrà mai esistere, non le pare? Perché, infatti, se un oggetto più piccolo dell'ascensore potesse esistere, allora potrebbe misurare l'ascensore. Proprio come un'asta che è essa stessa un centimetro di lunghezza, anche se non è suddivisa in unità più piccole, potrebbe almeno misurare oggetti più grandi del centimetro. Ad esempio, se ci fosse un oggetto più lungo di due centimetri ma più corto di tre, potrebbe essere detto con certezza, con l'aiuto di un'asta di un centimetro in lunghezza – un'asta che non è suddivisa in unità più piccole – che l'oggetto che si misura è più lungo di due centimetri, ma meno di tre, al di là del fatto di non poter distinguere la differenza esatta.

EINSTEIN: (Pensando). Sì, credo che abbia ragione, Socrate; in ogni caso, io non riesco a intuire un contro-argomento al momento. Ma se mi permette di riflettere per qualche tempo …

SOCRATE: Ma tuttavia, da come si sono messe le cose, non crede che arriveremmo per questa via ad una contraddizione?

EINSTEIN: Che cosa finisce in una contraddizione?

SOCRATE: La sua tesi che un ascensore infinitamente piccolo – che ora ha definito come un «ascensore incommensurabilmente piccolo» – potrebbe contenere degli oggetti che sono ancora più piccoli di se stesso? Se l'ascensore è infatti incommensurabilmente piccolo, implica che non c'è niente di più piccolo di se stesso, no? Perché se una cosa del genere esistesse, l'ascensore non sarebbe incommensurabilmente piccolo – vero?

EINSTEIN: (Sta pensando). Ha ragione qui, Socrate, ha ragione. Ma in questo caso, cambiamo la definizione di «infinitamente piccolo»: chiamiamolo «qualcosa di molto, molto piccolo», senza specificare se possa essere misurato o no.

SOCRATE: Non è questa definizione un po' vaga e imprecisa?

EINSTEIN: È una definizione tanto precisa quanto mi basta per enunciarla – almeno per adesso.

SOCRATE: Va bene, allora: accettiamo questa nuova definizione, anche se è un po' vaga, a mio parere. Ma anche se la accettiamo, com'è possibile dimostrare che la definizione di «qualcosa di molto, molto piccolo» si adatta al significato di «infinitamente piccolo» quando quest'ultimo termine è definito come «una variabile che tende ad avvicinarsi continuamente a zero come limite»? O in altre parole, non vorrebbe ammettere che tale definizione diventa ambigua, poiché può essere utilizzata per definire un grande numero di piccole dimensioni, ciascuna diversa dall'altra, piuttosto che una singola piccola dimensione?

EINSTEIN: Sì – ma allora? Perché no?

SOCRATE: Ma lei non dovrebbe ammettere che l'introduzione di ambiguità in un argomento razionale – o logico – è un errore, ossia una fallacia, perché permette di trarre conclusioni errate da un argomento apparentemente corretto? Non è, infatti, uno degli errori più comuni nel ragionamento?

EINSTEIN: Sì, sono d'accordo che l'ambiguità è da evitare in ogni argomento logico o razionale; ma nel caso attuale, non ritengo che questa ambiguità sia molto rilevante.

SOCRATE: Lei ammette perlomeno, anche se non stiamo parlando dell'esistenza provata o dimostrata di volumi «infinitamente piccoli», che l'equivalenza esatta tra la vera forza gravitazionale e la forza pseudo-gravitazionale derivante dall'inerzia non esiste, almeno non nella realtà, giusto? Che, in altre parole, nei volumi «molto, molto piccoli» – come li ha descritti – non c'è un'equivalenza esatta tra la vera forza gravitazionale e la forza pseudo-gravitazionale che salta fuori dall'inerzia, ma invece c'è soltanto una somiglianza molto, molto forte tra le due?

EINSTEIN: Sì, ma io rivendico che la differenza è così piccola che non importa – che non è, come ho detto, rilevante.

SOCRATE: Ebbene: sono disposto ad accettare quel che dice come argomento provvisorio. Ma allora mi sembra di aver capito che lei ha intenzione di far passare che il suo esperimento mentale si applica solo ai volumi che, con parole sue, sono «molto, molto piccoli», mentre per i volumi che non lo sono, non si applica. È così?

EINSTEIN: No: si applica anche ai volumi più grandi!

SOCRATE: Con quale giustificazione può asserirlo, dato che ha ammesso che pure in un volume che è «molto piccolo», non c'è un'equivalenza esatta tra la gravità reale e la forza inerziale di pseudo-gravitazione, ma solo una somiglianza molto forte … anche se quest'ultima non è sostanziale?

EINSTEIN: Lo giustifico presentando un'analogia. Proprio come un cerchio può essere costituito da una moltitudine di rette molto, molto brevi, ma che, quando viste da lontano, appaiono come una curva uniforme, così un grande volume può essere costituito da una moltitudine di volumi molto, molto piccoli, ciascuno dei quali rappresentando una equivalenza quasi esatta tra la forza inerziale e la forza gravitazionale.

SOCRATE: Ma non è cruciale qui il termine «quasi»? Quando lei dice che i piccoli volumi forniscono un'equivalenza quasi esatta tra la vera gravità e la pseudo-gravità inerziale, non è forse vero che sta insinuando che essi non forniscono una equivalenza esatta … e, quindi, che c'è una differenza tra un volume in possesso di un'equivalenza quasi esatta e uno in possesso di una equivalenza effettivamente esatta tra la gravità reale e la pseudo-gravità inerziale ... anche se la differenza è molto, molto piccola?

EINSTEIN: Sì, ha ragione, Socrate; ma io sostengo che non importa, poiché la differenza è troppo piccola per essere rilevante.

SOCRATE: Questo può essere vero per quanto riguarda un tal volume preso isolatamente; ma quando si parla di una moltitudine di tali volumi, non le sembra che si sommerebbero tutte queste piccole differenze? E se il numero di tali volumi dovesse essere tanto più grande, tanto più le piccole differenze si sommerebbero. Proprio come nel caso del «cerchio»: l'angolo tra ogni due rette adiacenti che compongono il suddetto «cerchio» è leggermente diverso da 180° – vale a dire, da due angoli retti – il che farebbero apparire due rette così fatte e contigue quasi come una singola retta; ma poiché di rette simili ce ne sono molte, l'emersione della geometria totale da una certa distanza risulta una curva distinta. Non le sembra evidente?

EINSTEIN: (Pensando a questo proposito) Sì, posso vedere come le piccole – anzi, minuscole – differenze potrebbero accumularsi alla fine – un po' come nel calcolo differenziale.

SOCRATE: Come?!? Non ho la più pallida idea di che cosa stia parlando. In nome del cielo, che cos'è il «calcolo differenziale»?

EINSTEIN: Non importa. Non farò più menzione della matematica. Tutto quello che volevo dire è che sono d'accordo con lei.

SOCRATE: Oh. Va bene allora! (Batte cinque!)

EINSTEIN: (Batte cinque).

SOCRATE: Perché il cipiglio?

EINSTEIN: Ancora mi chiedo se non ci sia un modo di salvare il mio «principio di equivalenza».

SOCRATE: Anche supponendo che esista un modo, rimango sempre con i miei dubbi sulla presunta validità del suo intero esperimento mentale. Il suo esperimento non è stato progettato per dimostrare che lo spazio stesso può essere «piegato» o «reso curvo»?

EINSTEIN: Sì, è vero.

SOCRATE: E tanto per chiarire: presumo che con il termine «spazio piegato» o «spazio curvo» si intenda che eventuali linee che sono assolutamente diritte nello stesso spazio quando non è curvo, diventerebbero piegate, o curve, quando lo spazio diventa piegato o curvo. È così?

EINSTEIN: (Pensando profondamente) Sì, credo di sì. Ehm. Sì. Non ci avevo riflettuto, ma sì, credo che sia giusto. Altrimenti non ci sarebbe alcun senso parlare di uno spazio curvo.

SOCRATE: Quindi vediamo come si fa a stabilire con certezza che uno spazio può piegarsi – ossia diventare curvo – a causa dell'accelerazione. A proposito, io personalmente penso che «curvo» è un termine migliore di «piegato», perché non stiamo parlando di una piega angolare come in un gomito o un ginocchio, ma di una curva liscia come in un fiume o una strada. Ma per la nostra discussione, non importa se usiamo i termini «curvo» e «piegato» in modo intercambiabile. Non avremo problemi con la terminologia finché entrambi capiamo chiaramente che cosa significano i termini.

EINSTEIN: Sì, va bene. Va bene. Quindi, mi permetta di spiegare in modo più dettagliato il mio esperimento mentale …

SOCRATE: No, la prego, permetta a me di spiegarlo. Vorrei tentare di dare un'esposizione con parole mie, in modo che lei possa dare un giudizio imparziale sulla mia reale comprensione, prima che io inizi a riportare la problematica congiunta.

EINSTEIN: Buona idea.

SOCRATE: (Mettendo in ordine i suoi pensieri). Vediamo. Immaginiamo una grande «scatola», o una stanza, come per esempio un ascensore, nello spazio vuoto, lontano da qualsiasi campo gravitazionale rilevabile. Questo ascensore viene accelerato verso l'alto ad una velocità crescente – non è importante specificare con quali mezzi, che consideriamo irrilevanti per i nostri scopi. La velocità dell'ascensore viene incrementata di 10 metri al secondo per ogni secondo che passa – proprio come sarebbe il caso se l'ascensore fosse in caduta libera verso la terra in uno spazio vuoto di aria, ma nella direzione opposta. (Ecco la cosiddetta «accelerazione di gravità» nelle prossimità della superficie terrestre, in cifre approssimative, non precise. La stima più precisa di 9,80665 metri al secondo per ogni secondo, non è rilevante nel nostro caso). Ora immaginiamo che all'interno dell'ascensore ci sia la presenza di un uomo. Immaginiamo, inoltre, un puntatore laser collegato ad una delle pareti dell'ascensore, che punti perfettamente in orizzontale il suo raggio di luce sulla parete opposta – cosicché, se l'ascensore non fosse accelerato, la luce colpirebbe la parete opposta alla stessa precisa altezza sopra il pavimento, simmetricamente alla parete dov'è fissato il puntatore laser. Si assume che il pavimento dell'ascensore sia perfettamente orizzontale e che tutte le sue pareti siano perfettamente verticali; o in altre parole, l'accelerazione impartita all'ascensore sia esattamente nella direzione delle pareti, mentre il pavimento sia esattamente perpendicolare a tutte le pareti. (Anche in questo caso, non specifichiamo come si raggiunge questa precisione assoluta, considerandolo irrilevante). Come ho descritto il suo esperimento mentale finora?

EINSTEIN: Benissimo. Eccetto che nel mio esperimento mentale originale, non ho parlato di un «puntatore laser», in quanto i puntatori laser non furono inventati durante i miei giorni sulla terra. Invece ho parlato di un piccolo foro in una delle pareti dell'ascensore, attraverso il quale sarebbe scaturito un fascio di luce parallelo al pavimento dell'ascensore. Ma un puntatore laser farebbe la stessa cosa. Per piacere, avanti.

SOCRATE: Allora. Quando l'ascensore viene accelerato e il puntatore laser acceso, ci chiediamo: a quale precisa posizione si collocherebbe lo spot luminoso del laser sulla parete opposta? (Stiamo parlando di una precisione di gran lunga inferiore allo spessore di un capello, ovviamente; ma, come abbiamo concordato in precedenza, «sottilizzare» è una procedura più che valida nel suo esperimento mentale). Ora, lei sostiene che lo spot luminoso sulla parete opposta brillerebbe un po' al di sotto del punto in cui brillava quando non era in fase di accelerazione. E la ragione che presenta è la seguente: la luce richiede un po' di tempo per attraversare la distanza che separa il puntatore laser – che è saldamente fissato ad una delle pareti – e la parete opposta; e siccome, in questo breve periodo di tempo, l'ascensore viene accelerato verso l'alto, il fascio di luce è costretto a colpire la parete opposta un pochino sotto la posizione iniziale, dove brillava quando l'ascensore non era accelerato. Infatti, se riusciamo ad immaginare l'ascensore riempito di una piccola quantità di fumo, in modo da poter rendere visibile la traiettoria del fascio luminoso, all'osservatore situato all'interno dell'ascensore il fascio di luce apparirebbe leggermente curvato, a causa dell'accelerazione subita dall'ascensore durante il breve periodo di tempo che la luce impiega per transitare da una parete alla parete opposta. È pur vero che l'effetto reale in qualsiasi ascensore di dimensioni normali sarebbe troppo piccolo per essere visibile, ma in teoria, dati strumenti sufficientemente precisi, l'effetto potrebbe essere rivelato. Per chiarire che capisco bene il suo ragionamento, sto facendo un disegno grezzo del suo ascensore qui, esagerando l'effetto della curvatura della luce solo per illustrazione. (Disegna nella sabbia con un bastone). Ho ragione fino ad ora?

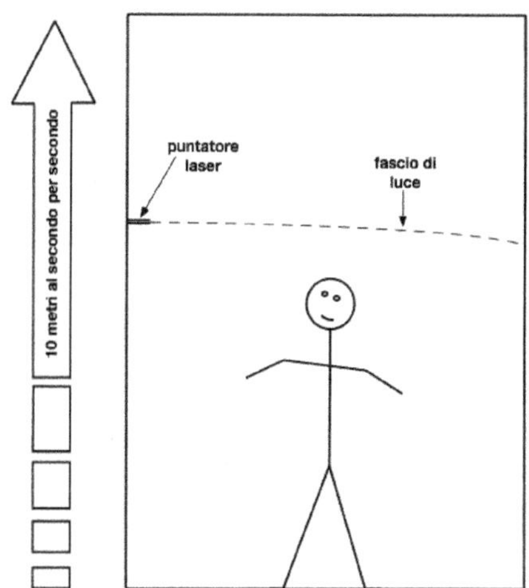

EINSTEIN: In effetti.

SOCRATE: Come risultato – e veniamo ora alla parte difficile – si sostiene che l'accelerazione, come quella impartita all'ascensore, impartisce una curvatura al fascio di luce: corretto?

EINSTEIN: Sì, certo. È chiaro che il fascio di luce sia piegato per l'uomo nell'ascensore. Lei stesso l'ha affermato pochi secondi fa!

SOCRATE: Niente affatto! Ho detto, e ripeto le mie parole: «all'osservatore situato all'interno dell'ascensore il fascio di luce apparirebbe leggermente curvato». Non ho detto che sarebbe curvato. Non è vero?

EINSTEIN: E che cosa ho detto io?

SOCRATE: Lei, mio caro professor Einstein, ha detto che è curvato: mi ricordo perfettamente, non lo ricorda pure lei? Quindi, ecco la mia prossima domanda: la luce apparirebbe curvata, ma in realtà non lo sarebbe, o sarebbe veramente curvata, e non solo in apparenza?

EINSTEIN: Ottima domanda. Io affermo che il fascio di luce sarebbe piegato, mentre lei sostiene che può soltanto apparire piegato, pur non essendo piegato in realtà. Ho centrato con precisione l'essenza della sua contro-argomentazione?

SOCRATE: Sì, l'ha centrata molto bene. Sappiamo entrambi che le cose spesso possono sembrare quello che non sono in realtà. Non è così? Ad esempio, nei casi di illusioni ottiche.

EINSTEIN: Sì, è vero. Ma io sostengo che il fascio di luce non solo apparirebbe piegato, ma che in realtà sarebbe piegato … e non credo che lei possa dimostrare che mi sbaglio!

SOCRATE: Ebbene, come possiamo controllare se ciò che stiamo osservando è una mera apparenza, o invece è una realtà vera?

EINSTEIN: Ah-ah! Ho una risposta formidabile per lei. Non esiste alcuna prova siffatta, non propriamente, non in ultima analisi. Mi spiego. Vede, nella mia giovinezza ho letto avidamente il filosofo britannico Hume, e altri cosiddetti filosofi «empiristi», che sostenevano – e credo, in modo molto convincente – che l'apparenza è la realtà stessa: che qualsiasi «realtà» spogliata dall'apparenza non può essere mai conosciuta. Il filosofo tedesco Kant designò ogni presunta «realtà» nuda da ogni apparenza col suo neologismo «noumeno», e sostenne – di nuovo, in modo molto convincente – che il «noumeno» è del tutto inconoscibile. Probabilmente lei non ha mai sentito parlare di questi filosofi, dato che hanno scritto i loro capolavori dopo i suoi giorni sulla terra …

SOCRATE: Oh no – lei si sbaglia completamente! Nel mio soggiorno di oltre due millenni in questi Campi Elisi, ho avuto il gran piacere di incontrare diverse volte il buon vescovo irlandese Berkeley, e di discutere con lui su tutti questi enigmi, e soprattutto sul suo preferito: «Se un albero cade in una foresta disabitata, fa un suono?» – e in effetti mi ha persuaso che sbagliavo, molto probabilmente, in tutte le mie precedenti idee su ciò che è realtà e ciò che non lo è. Quindi ho abbastanza familiarità con i filosofi empiristi britannici e tedeschi, le assicuro.

EINSTEIN: Ah. Le mie scuse. Pensavo che avesse solo familiarità con i filosofi greci.

SOCRATE: Santi Numi, no. Durante la mia vita sulla terra non ho conosciuto molti filosofi, anche tra quelli di origine greca; la maggior parte di loro sono diventati famosi e hanno scritto le loro opere migliori dopo la mia morte. Inoltre, non ho mai letto tanto durante il miei giorni sulla terra – anzi, non leggo molto neanche adesso. Ho cercato di compensare la mia mancanza di lettura discutendo con i filosofi morti, almeno quelli che ho potuto rintracciare nelle mie peregrinazioni in questi Campi Elisi. In realtà, questo era uno dei motivi per cui ero così intento a fare la sua conoscenza.

EINSTEIN: Mi onora. (Arrossendo). Questo è un enorme complimento, proveniente da Socrate stesso! Sono molto onorato.

SOCRATE: Oh no, davvero, no: l'onore è tutto mio!

EINSTEIN: No, no. Lei è molto più prestigioso nella considerazione umana di me; lei ha praticamente inventato il metodo scientifico!

SOCRATE: Non tutto il metodo scientifico, solo l'aspetto «elenchico» o «maieutico» di esso. E non ho davvero inventato in effetti neanche questo. L'ho solo impiegato, forse più di chiunque altro. Forse. E questo metodo sembra essere diventato molto più popolare nei tribunali che nelle scienze!

EINSTEIN: Purtroppo questo è vero. Personalmente penso che le scienze potrebbero beneficiare molto del suo metodo «maieutico», più di quanto non lo si faccia attualmente. Ma tuttavia, per riprendere la discussione sul fascio di luce curvato, che ne dice del mio argomento empirista: che l'aspetto piegato del fascio luminoso è la realtà – che il fascio di luce non solo sembra piegato, ma è piegato in realtà?

SOCRATE: Ebbene, mi chiedo cosa accadrebbe se, prima che l'ascensore fosse accelerato, potessimo estendere un righello assolutamente dritto e rigido – vale a dire, un righello assolutamente rigido in possesso di almeno un bordo assolutamente diritto – dal puntatore laser alla parete opposta, affiancandolo lungo il fascio di luce. (Non specificheremo come ottenere l'assoluta linearità e rigidità del righello, che considereremo irrilevante per nostri fini.) Abbiamo convenuto che il fascio di luce apparirebbe curvo dopo l'accelerazione dell'ascensore – lei sostiene che non solo apparirebbe curvo, ma anche sarebbe effettivamente curvo, oltre ad apparire curvo – ma, nello stesso momento, cosa sarebbe del righello? Apparirebbe piegato pure esso, o invece apparirebbe dritto?

EINSTEIN: Apparirebbe dritto, naturalmente. Proprio come appare sulla terra, infatti!

SOCRATE: Così? (Disegna nella sabbia):

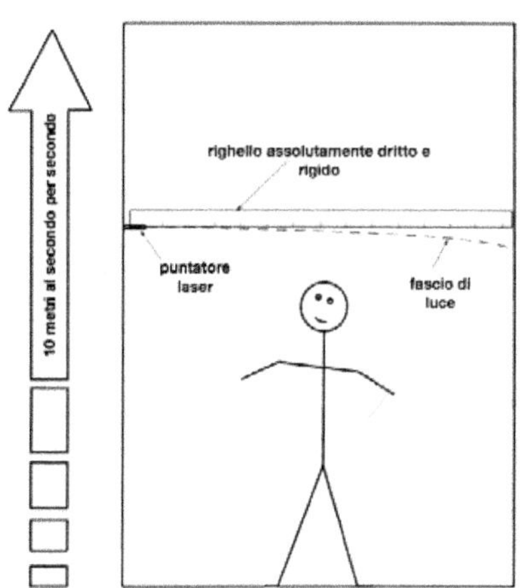

EINSTEIN: Sì.

SOCRATE: Ma allora, non potremmo dire che c'è una differenza tra apparenza e realtà? Se il fascio di luce appare piegato e il righello appare dritto, allora vorrebbe dire che il fascio di luce è piegato soltanto in apparenza, no?

EINSTEIN: (Pensando un po'). Confesso che adesso non so che cosa dire. (Pensando un po' di più). Ora penso che il righello può apparire piegato, o può apparire dritto. Non posso dire con certezza. Hmm. (Rimane in pensiero.)

SOCRATE: Ebbene, esaminiamo entrambe le possibilità?

EINSTEIN: Sì, facciamolo.

SOCRATE: In primo luogo, supponiamo che il righello appaia dritto dopo l'accelerazione subita dall'ascensore. In tal caso, per la sua tesi «empirista» enunciata in precedenza, il righello risulterebbe effettivamente dritto, non è vero?

EINSTEIN: Sì, è vero.

SOCRATE: Ma contemporaneamente, per la tesi «empirista», il fascio di luce risulterebbe piegato. Giusto?

EINSTEIN: Sì.

SOCRATE: Quindi l'accelerazione avrebbe un effetto sulla luce, ma non sul righello – giusto?

EINSTEIN: Sì.

SOCRATE: Allora vogliamo analizzare le ragioni di questa differenza?

EINSTEIN: Sì, certo.

SOCRATE: La differenza è dovuta al fatto che la luce impiega un po' di tempo per attraversare la distanza da una parete all'altra, mentre questo non è il caso del righello – sì?

EINSTEIN: Eh?

SOCRATE: Beh, mi permetta di descriverlo in altro modo. Supponiamo di apporre sulla parete una pistola che spari proiettili perpendicolarmente alla parete. Se il colpo venisse sparato dopo l'inizio dell'accelerazione dell'ascensore, il proiettile colpirebbe sì la parete opposta, ma non allo stesso punto di impatto che avrebbe avuto prima dell'accelerazione: in un punto leggermente inferiore, giusto? Vorrei disegnare la nuova situazione qui: (disegna nella sabbia di nuovo).

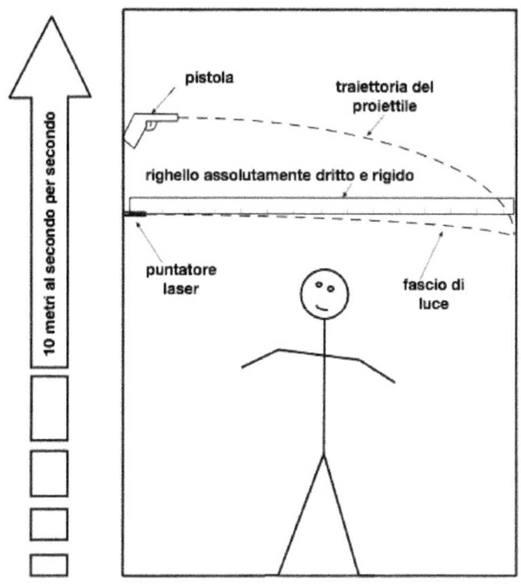

SOCRATE: (Continuando) E questo perché, nel breve periodo di tempo che il proiettile prende per viaggiare dalla canna della pistola alla parete opposta, l'ascensore sta accelerando verso l'alto ad una velocità crescente a un tasso di 10 metri al secondo ogni secondo – giusto? Cosicché, di fatto, la traiettoria del proiettile apparirebbe all'osservatore situato nell'ascensore essere curva: infatti, possiamo dire, anche molto più curva rispetto alla traiettoria della luce del laser, a causa del maggiore periodo di tempo che il proiettile richiede per raggiungere la parete opposta – essendo il proiettile molte centinaia di migliaia di volte più lento della luce, no?

EINSTEIN: Sì, lo ammetto. È vero quel che dice, Socrate; è vero.

SOCRATE: Così vediamo che in caso di traiettorie di cose come fotoni o proiettili, che richiedono un po' di tempo per transitare da una parete alla parete opposta l'ascensore, c'è una manifestazione apparente di curvatura – e infatti, tanto più tempo prendono quelle cose per transitare da una parete all'altra, tanto più pronunciata diventa questa curvatura; mentre nel caso di cose come il righello assolutamente dritto e rigido teso tra le due pareti – cose che non richiedono alcun tempo di «transito» perché non «transitano» affatto – tale manifestazione apparente di curvatura non si forma (ciò partendo dalla nostra ipotesi di assumere il righello dritto dopo l'accelerazione dell'ascensore).

EINSTEIN: Sì. Questo era infatti il senso della mia tesi originale per quanto riguarda la luce: è a causa del tempo necessario della luce per passare da una parete alla parete opposta – un periodo di tempo durante il quale l'ascensore viene accelerato verso l'alto – che la traiettoria della luce diventa curva.

SOCRATE: Infatti, lei ammetterà che se avessimo pistole diverse capaci di sparare proiettili a velocità diversificate l'una dall'altra, con quantità di tempo necessari per il transito molto diverse da parte dei relativi proiettili, le curvature balistiche sarebbero anche loro tutte molto diverse, no?

EINSTEIN: Sì, di certo.

SOCRATE: Quindi ammetterà che il grado di curvatura della traiettoria di un proiettile o di fotoni dipende dal tempo necessario per l'oggetto – sia proiettile o fotone – per transitare da una parete dell'ascensore alla parete opposta? Che tanto maggiore è questo periodo di tempo, tanto maggiore diventa la curvatura della sua traiettoria, e viceversa … e quindi se qualcosa non richiede alcun tempo, come nel caso del righello rigido e dritto teso tra le due pareti, non c'è assolutamente nessuna apparenza di curvatura. Che, di fatto, un tale righello rigido apparirebbe perfettamente dritto – e quindi, seguendo il suo argomento filosofico «empirista», rimarrebbe del tutto dritto, al di là dell'accelerazione o meno dell'ascensore?

EINSTEIN: Sì; devo ammettere pure questo.

SOCRATE: In questo caso il suo esperimento mentale dovrebbe crollare! Ammette pure questo?

EINSTEIN: Eh? Perché?

SOCRATE: Ebbene, un righello che rimane diritto se l'ascensore è in accelerazione o no, dimostra – non le pare? – che gli oggetti rettilinei, e quindi le rette che fanno parte di tali oggetti, rimangono dritti non importa se accelerati o meno. O in altre parole, che effettivamente l'accelerazione non piega lo spazio stesso. E che quindi, anche se l'accelerazione e la gravità fossero esattamente equivalenti – cosa che, come abbiamo concluso in precedenza, per tutti i volumi più grandi di volumi infinitesimali non accade – la gravità non sarebbe in grado, in ogni caso, di piegare lo spazio: vero?

EINSTEIN: Hmm. (Triste adesso). Non mi piace ammetterlo, ma non riesco a vedere una confutazione al suo argomento in questo momento. Tuttavia, che succederebbe se si assumesse che il righello apparirebbe piegato? Abbiamo fino ad ora presupposto che il righello apparirebbe dritto quando l'ascensore fosse accelerato, ma che cosa succederebbe assumendo il contrario: il righello appare ora piegato dopo l'accelerazione dell'ascensore. In questo caso sarebbe piegato nella realtà … e come ha ricordato lei stesso, questo è il punto centrale del mio esperimento mentale: che l'accelerazione dell'ascensore, cioè, piegherebbe lo spazio stesso. Se lo spazio stesso si piega, allora eventuali rette in quello stesso spazio devono piegarsi pure esse!

SOCRATE: (Alzando le sopracciglia) Ha appena detto che una retta è piegata? O in altre parole, che una retta non è una retta? Non è questa una vera e propria contraddizione in termini?

EINSTEIN: Mi spiace – mi sono spiegato male. Quello che intendevo dire è che il righello che era dritto quando l'ascensore non stava in accelerazione, diventa ora piegato quando l'ascensore è accelerato.

SOCRATE: Così? (Disegna nella sabbia):

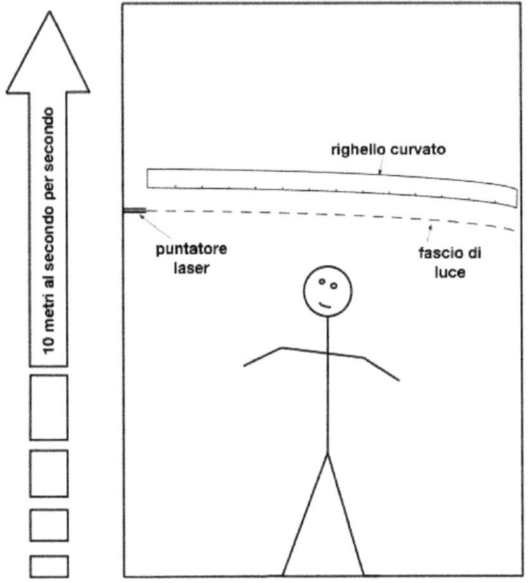

EINSTEIN: Sì.

SOCRATE: Capisco. Allora potrebbe spiegarmi, che cosa esattamente lo renderebbe piegato?

EINSTEIN: Ovviamente, il fatto che lo spazio stesso diventerebbe curvo a causa dell'accelerazione impartita all'ascensore!

SOCRATE: Hmm. Ma questa assunzione stessa non è qualcosa che deve ancora essere dimostrata? Non è forse vero che il suo esperimento mentale cerca proprio di stabilire la verità della sua affermazione che lo spazio si piega a causa dell'accelerazione? Non le sembra che la sua affermazione adesso sia in anticipo rispetto alla dimostrazione?

EINSTEIN: Non l'ho già dimostrato?

SOCRATE: Come, esattamente, l'avrebbe dimostrato?

EINSTEIN: Facciamolo subito. Abbiamo visto che, se l'ascensore non venisse accelerato, il fascio di luce e il righello apparirebbero ambedue perfettamente rettilinei, mentre quando l'ascensore viene accelerato, il fascio di luce e il righello appaiono curvi. Così, secondo le rivendicazioni di tutti i filosofi empiristi, compreso il suo buon amico Berkeley – il cui motto, se ho capito bene, è «esse est percipi», che liberamente tradotto significa «la realtà è l'apparenza» – sia il fascio di luce, sia il righello, sarebbero in realtà dritti prima dell'accelerazione dell'ascensore, mentre entrambi diventerebbero curvi – o piegati – durante l'accelerazione subita dall'ascensore!

SOCRATE: Ah, ma no. Mi chiedo se ha notato, che di fatto – e anzi, con troppa fiducia – lei ha spiegato il motivo per cui, a causa delle accelerazioni, le traiettorie dei corpi, come fotoni o proiettili in movimento, diventerebbero piegate; ma non ha spiegato perché gli oggetti perfettamente rigidi come i righelli dritti diventerebbero piegati o curvi pure essi! Lei ha solo assunto che sia questo il caso, perché non ha avuto alcuna certezza per confermarmi l'ipotesi vincente, se il righello rigido si sarebbe piegato oppure no – e sappiamo che in quest'ultimo caso, il suo esperimento mentale deve crollare, per sua stessa ammissione.

EINSTEIN: Ah. Sì. Abbiamo ipotizzato che il righello rigido diventerebbe curvo, sì. Devo pensarci …

SOCRATE: Va bene. Ma nel frattempo, vorrei domandare un'altra cosa: come diventerebbe curvo il righello esattamente, qualora si incurvasse? Per essere più precisi, quale forma assumerebbe la curvatura?

EINSTEIN: Scusi?

SOCRATE: Ebbene, la sua curvatura sarebbe come un cerchio (o una parte di un cerchio), un'ellisse o parte di un'ellisse, o parte di una parabola o di un'iperbole, o altro tipo di curvatura? Quale sarebbe l'esatta natura e il grado di questa curvatura?

EINSTEIN: Beh, devo dire che la sua curvatura sarebbe della stessa natura e grado di quello del fascio luminoso – naturalmente.

SOCRATE: Perché non di più, o di meno?

EINSTEIN: Vede, il fine ultimo del mio sperimento mentale è quello di dimostrare che lo spazio può essere curvato a causa dell'accelerazione, utilizzando l'esempio del fascio di luce per dimostrare di quanto. Se avessi usato proiettili di pistola nel mio sperimento mentale, allora la curvatura del righello – e quindi dello spazio – sarebbe stata uguale a quella delle traiettorie dei proiettili; ma dal momento che i proiettili hanno velocità differenti, sono stato molto attento a non utilizzare proiettili per il mio sperimento mentale! Ma noi tutti sappiamo che la luce si muove a velocità costante – e, infatti, delle persone intelligentissime hanno tentato, ma fallito, di dimostrare il contrario – così sostengo che la luce stessa è ciò che dovremmo usare per dimostrare la natura e il grado di curvatura dello spazio.

SOCRATE: Bene, allora. Se posso, proporrei una piccola modifica al suo esperimento mentale. Naturalmente senza alterarne minimamente gli elementi essenziali in alcun modo. Posso?

EINSTEIN: Per piacere.

SOCRATE: Supponiamo che prima che l'ascensore venga accelerato, il righello assolutamente dritto e rigido di cui abbiamo parlato in precedenza non sia soltanto esteso da una parete all'altra, ma sia solidamente fissato – per esempio, mediante saldatura – alle due pareti: un'estremità del bordo inferiore del righello sia solidamente fissato accanto al puntatore laser, in modo che il bordo inferiore del righello e il bordo inferiore del fascio luminoso, nel punto in cui il fascio di luce esce dal puntatore laser, siano alla stessa distanza dal pavimento dell'ascensore. Supponiamo altresì che l'altra estremità del righello sia solidamente fissato alla parete opposta, in modo che il suo bordo inferiore si trovi proprio accanto al punto più basso dello spot luminoso. Oppure, per usare altre parole e per rendere le cose assolutamente chiare, viene qui specificato che quando l'ascensore non viene accelerato, il bordo inferiore del righello è esattamente parallelo – e quindi assolutamente equidistante – dal bordo inferiore del fascio luminoso, in ogni punto attraverso la loro lunghezza. (Pure in questo caso, non specificheremo come ottenere una tale precisione assoluta e lo considereremo irrilevante).

EINSTEIN: (Pensando per un po' di tempo). Sì, credo che potremo fare questo, non alterando minimamente l'esperimento mentale.

SOCRATE: Bene, allora. Vogliamo allora analizzare adesso cosa succederà quando l'ascensore verrà accelerato verso l'alto ad una velocità che incrementa di 10 metri per secondo per ogni secondo che passa?

EINSTEIN: Sì, facciamolo.

SOCRATE: Lei sostiene – e, in effetti, sono d'accordo – che quando l'ascensore viene accelerato, il fascio di luce colpirà la parete di fronte al puntatore laser un po' al di sotto del punto in cui si trovava nello stato inerziale, non è vero?

EINSTEIN: Sì, in effetti – è esattamente quello che io sostengo.

SOCRATE: È allora lei confermerà pure che quando l'ascensore è in fase accelerata, il punto inferiore della macchia di luce che brilla sulla parete opposta rispetto al puntatore laser sarà più vicino al pavimento di una piccola quantità, a differenza del righello che, sotto le stesse condizioni, la distanza tra il suo bordo inferiore e il pavimento dell'ascensore non dovrebbe diminuire nemmeno minimamente. Giusto? E quindi, conseguentemente, quando l'ascensore è in fase accelerata, il bordo inferiore del fascio di luce non sarà assolutamente equidistante dal bordo inferiore del righello in ogni punto della loro lunghezza. Vero?

EINSTEIN: (Pensando un po'). Sì … credo di sì.

SOCRATE: Ma allora non dovrebbe pure ammettere che il righello non sarà piegato – ossia curvo – della stessa quantità e nello stesso modo di come sarà piegato il fascio di luce?

EINSTEIN: (Pensando un po' di più). No, mi dispiace – ho parlato male. La distanza tra il punto inferiore della macchia luminosa e il pavimento dell'ascensore non sarà diminuita minimamente nemmeno essa. Il che, di fatto, è perché il righello sarà ora curvato esattamente nello stesso modo e nella stessa misura del fascio di luce!

SOCRATE:	Ma ciò significa necessariamente che lei deve essersi sbagliato nel dire che quando l'ascensore è accelerato, il fascio di luce colpirà la parete di fronte al puntatore laser un po' al di sotto del punto colpito quando privo di accelerazione – non è così?

EINSTEIN:	Mi sta confondendo totalmente adesso, Socrate!

SOCRATE:	Beh, se si parte dal ritenere che il righello – e quindi, di conseguenza, lo spazio stesso – è piegato dall'accelerazione dell'ascensore, anzi piegato esattamente nello stesso modo e nella stessa misura del fascio di luce nelle stesse condizioni, allora il fascio di luce deve colpire lo stesso punto sulla parete opposta comunque, sia se l'ascensore è in fase accelerata, sia se non lo è – giusto? Che la flessione del righello, cioè, dovrà esattamente seguire passo passo la flessione del fascio luminoso … non è così? Adesso, la prego, recuperi nella sua mente la situazione fisica specifica del nostro righello: è affissato alle due pareti adesso!

EINSTEIN:	Ancora non capisco.

SOCRATE:	Bene, utilizziamo adesso alcuni preliminari di impostazione, niente di complicato. Supponiamo che prima che l'ascensore venga accelerato, il puntatore laser e il righello siano così apposti alle pareti dell'ascensore: i bordi inferiori, sia del righello sia del fascio di luce, siano esattamente a un metro sopra il pavimento dell'ascensore. E quando dico «esattamente», voglio dire, con assoluta precisione. Ancora una volta, proprio come otterremo una tale precisione fantastica non verrà specificato e lo considereremo irrilevante per il nostro sperimento mentale – proprio come lei, mio caro professore, considera la questione di come si accelera l'ascensore di essere non specificata e irrilevante. Supponiamo inoltre che allo stesso tempo, il pavimento dell'ascensore sia perfettamente piatto e orizzontale ovunque lungo la sua superficie, e le sue pareti siano perfettamente verticali e piatte ovunque lungo le loro superfici. Inoltre i bordi inferiori, sia del fascio di luce, sia del righello, siano pure loro perfettamente orizzontali. E, come detto in precedenza, si precisa che quando finalmente accelereremo l'ascensore, verrà fatto in direzione perfettamente verticale. Quindi, prima dell'accelerazione dell'ascensore, il fascio di luce colpirà la parete opposta in modo tale che la parte inferiore della luce – la parte inferiore della macchia di luce sulla parete dove brilla la luce del laser – è esattamente un metro dal pavimento dell'ascensore, giusto?

EINSTEIN: Giusto.

SOCRATE: Quindi, se dopo l'accelerazione dell'ascensore, lo spot luminoso di impatto che abbiamo chiamato macchia di luce sulla parete opposta si trova ad un piccola, ma misurabile, distanza inferiore al punto originale in cui brillava prima dell'accelerazione, allora dobbiamo asserire che la parte inferiore di quel punto dovrà trovarsi a meno di un metro esatto sopra il pavimento, giusto?

EINSTEIN: Giusto.

SOCRATE: Ma all'altra parete – alla parete a cui è fissato il puntatore laser – la parte inferiore del fascio di luce dove esce il laser dovrebbe essere ancora esattamente a un metro sopra il pavimento, giusto?

EINSTEIN: Giusto.

SOCRATE: E in quella stessa parete, il bordo inferiore del righello che è fissato alla parete sarebbe pure esso esattamente a un metro sopra il pavimento, giusto?

EINSTEIN: Sì, pure questo è giusto.

SOCRATE: Ora, dove sarebbe esattamente il bordo inferiore del righello affissato alla parete opposta? Sarebbe a un metro esatto sopra il pavimento, o un po' meno?

EINSTEIN: Mi sta facendo girare la testa, Socrate!

SOCRATE: Bene, prendiamo in considerazione tutte le possibilità.

EINSTEIN: Va bene …

SOCRATE: Supponiamo che il righello non sia piegato minimamente per l'accelerazione impartita all'ascensore. In tal caso, il suo bordo inferiore sarebbe esattamente a un metro sopra il pavimento sia prima, sia dopo l'accelerazione del ascensore, giusto?

EINSTEIN: Giusto.

SOCRATE: In questo caso, come abbiamo già visto, i suo esperimento mentale crollerebbe, perché il bordo del righello rimarrebbe assolutamente dritto anche dopo l'accelerazione dell'ascensore, senza alcun mutamento, mostrando in questo modo che le linee rette nello spazio non diventano piegate a causa dell'accelerazione. Abbiamo concordato questo in precedenza, giusto?

EINSTEIN: Sì. Ammetto.

SOCRATE: Quindi, affinché il suo esperimento mentale abbia ancora una potenziale validità, il bordo inferiore del righello non può essere esattamente a un metro sopra il pavimento per tutta la sua lunghezza, dico giusto? Cioè, dovrebbe trovarsi esattamente a un metro sopra il pavimento nel punto in cui il righello è fissato al muro, insieme al puntatore laser; ma sulla parete opposta – sulla parete su cui la luce del laser viene fatta brillare – il bordo inferiore del righello è ora a meno di un metro dal pavimento … giusto? Così (disegna nella sabbia di nuovo):

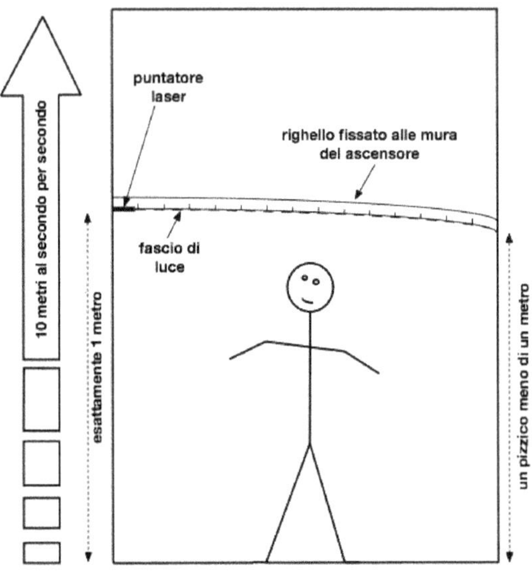

EINSTEIN: Sì. Anche se, come viene disegnato qui, l'uomo nell'ascensore sarebbe molto più piccolo di un metro di altezza, e questo è piccolissimo … ma prima che lei alzi le sue obiezioni, vorrei ammettere che questo fatto è del tutto irrilevante per il nostro esperimento mentale.

SOCRATE: Infatti. Perché nel suo esperimento mentale, il fascio di luce dovrebbe colpire la parete di fronte al puntatore laser un po' al di sotto del punto iniziale. È così?

EINSTEIN: Sì.

SOCRATE: Infatti, qualora il bordo inferiore del righello dovesse essere esattamente ad un metro sopra il pavimento ad entrambe le sue estremità, il suo esperimento mentale equivarrebbe ad una reductio ad absurdum, vero? O in altre parole, dimostrerebbe che, come l'ha enunciato, non sarebbe possibile, neppure in teoria. Non le sembra?

EINSTEIN: Sì, vero … Ehm. Ma vorrei seguire questa linea di pensiero fino alla fine. Mi piacerebbe davvero controllare dove ci conduce.

SOCRATE: Va bene, cerchiamo di andare avanti. Quindi mi permetta di chiedere: che cosa potrebbe causare questa riduzione della distanza da un metro preciso ad un pizzico di meno, come dimostra il nostro disegno? Dato che il righello rimane sempre solidamente fissato alle due pareti … mediante saldatura?

EINSTEIN: (Pensando un po') Ah! Penso di avere la soluzione. Vede, secondo la mia teoria della relatività speciale, tutti oggetti subiscono una riduzione di lunghezza nella direzione del loro moto. Quindi, dal momento che l'ascensore viene accelerato verso l'alto, la parete si restringe un po', e questa è la causa della riduzione.

SOCRATE: Mio caro professore! Le pareti dell'ascensore sono, secondo il nostro accordo precedente, tutte esattamente verticali. E poiché tutti si muovono verso l'alto allo stesso tasso di accelerazione, non dovrebbero le distanze verticali ridursi tutte allo stesso modo, senza differenza alcuna tra una parete e l'altra? Ma lei stesso non aveva concordato in precedenza che il bordo inferiore del righello applicato alla parete accanto al puntatore laser sarebbe rimasto sempre a un metro dal pavimento?

EINSTEIN: (Pensando un po' di più) No, ho parlato male ancora una volta, ha ragione lei. Il restringimento delle pareti sarebbe – deve essere – lo stesso per tutte le pareti. Quindi, dopo che l'ascensore viene accelerato, il bordo inferiore del fascio luminoso – come anche il bordo inferiore del righello – in entrambe le pareti dovrebbe essere un pizzico inferiore d'un metro.

SOCRATE: E sarebbero entrambi queste lunghezze uguali?

EINSTEIN: Sì, di certo.

SOCRATE: E per quanto riguarda il punto di mezzo, cioè tra le due pareti? Rimarrebbero il bordo inferiore del fascio luminoso e del righello alla stessa distanza dal pavimento per tutta la loro lunghezza?

EINSTEIN: Sì, senz'altro.

SOCRATE: Allora il fascio di luce non sarebbe piegato, neppure minimamente, non è vero? Né, infatti, sarebbe piegato il righello. Entrambi sarebbero dritti come una freccia!

EINSTEIN: No, non è così, perché il pavimento dell'ascensore sarebbe piegato!

SOCRATE: Così? (Disegna di nuovo nella sabbia):

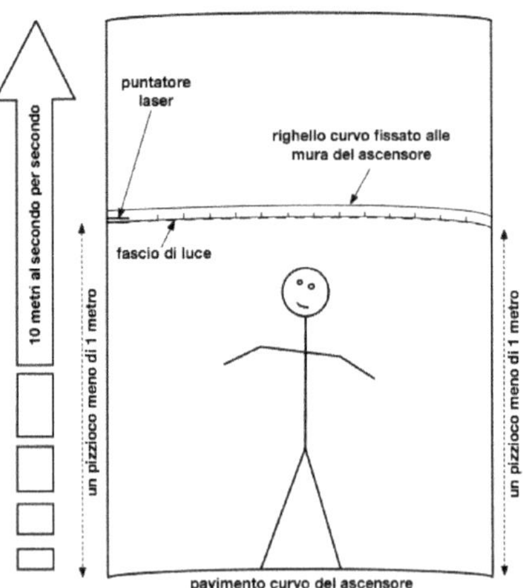

EINSTEIN: Sì, questo è esattamente quello che voglio dire!

SOCRATE: Beh, devo chiedere, allora: perché sarebbe piegato il pavimento dell'ascensore?

EINSTEIN: Perché, mio caro Socrate – mio stimato signore – lei ancora non capisce. Lo spazio stesso si piega a causa dell'accelerazione dell'ascensore! Tutti lo sanno al giorno d'oggi. Ed è questa la causa della curvatura del pavimento dell'ascensore, quando viene accelerato.

SOCRATE: (Sorridendo). Beh, se fossi un avvocato in tribunale, potrei dire, a questo punto, «Non ho altre domande; ho esposto il caso!» Ma poiché non siamo in tribunale, vorrei spiegarle esattamente come il suo argomento non è valido: perché assume in anticipo ciò che rimane ancora da dimostrare! – Posso?

EINSTEIN: Prego.

SOCRATE: Lei sostiene, non è vero, che lo spazio stesso si piega a causa dell'accelerazione?

EINSTEIN: Sì, questo è precisamente quello che ho detto, no?

SOCRATE: Infatti. E ha anche affermato che tutti lo sanno.

EINSTEIN: Sì, lo sanno davvero!

SOCRATE: Ora la mia domanda è, come fanno a saperlo tutti?

EINSTEIN: Perché la mia teoria della relatività generale lo dimostra!

SOCRATE: Appunto. Ed esattamente come riesce la sua teoria a dimostrarlo?

EINSTEIN: Beh, immaginiamo un ascensore che viene accelerato verso l'alto … Ohhhh! Capisco adesso quello che vuol dire. Sto assumendo surrettiziamente la dimostrazione già dimostrata, all'interno della sua formulazione.

SOCRATE: Questo è precisamente quel che sta facendo, mio caro professore!

EINSTEIN: Sì, sbagliavo, lo ammetto. Ma sicuramente ci sono altri modi di dimostrare la stessa cosa.

SOCRATE: Beh, lei è a conoscenza di un tal modo?

EINSTEIN: Momentaneamente no, devo ammettere che adesso non mi viene in mente; ma sono sicuro che ne esistano altri.

SOCRATE: E chi sarebbe a conoscenza di questi metodi?

EINSTEIN: (Stizzito) Come diavolo potrei sapere io chi sarebbe a conoscenza?

SOCRATE: Beh, questa non è la sua teoria della relatività?

EINSTEIN: Sì, certo lo è!

SOCRATE: Allora non dovrebbe essere lei la persona capace di fornire una tale dimostrazione … oppure, se non è possibile per lei, deve ammettere che la sua teoria non è ancora completa, no?

EINSTEIN: Bene, bene – per il momento devo dire che non ho una confutazione. Per il momento, si noti bene.

SOCRATE: Sì, solo per il momento. Ma lei vorrà almeno ammettere che per il momento, la sua teoria non è completa. In altre parole, che lei non ha effettivamente dimostrato che lo spazio può essere curvato. Dico bene?

EINSTEIN: Sì, solo per il momento.

SOCRATE: Giusto. Allora ho un'altra domanda per lei. Se, come lei asserisce, il righello – e anzi, se accettiamo la novità della curvatura del pavimento dell'ascensore, inseriamo pure questo – è curvo esattamente nello stesso modo e identica misura di quanto è curvo il fascio di luce, apparirebbero allora ambedue curvi per l'osservatore nell'ascensore, o apparirebbero ambedue dritti?

EINSTEIN: Scusi? Non capisco.

SOCRATE: Beh, per dirla in altro modo: come possiamo controllare se un righello appare o è veramente dritto o no? Ricordiamo qui il precedente argomento «empirista». Non dobbiamo usare la vista avvicinando una delle estremità del righello ad un occhio, prendendo un angolo di visuale lungo il righello … quindi se è piegato o curvo, facilmente rilevarlo?

EINSTEIN: Sì, questo è un modo per verificare la rettilineità, senz'altro vero. Non è l'unico modo, tuttavia.

SOCRATE: Sì, d'accordo. Si può anche verificare la rettilineità del bordo d'un righello tracciando una linea con esso, capovolgendo il righello, e poi disegnando una seconda linea. Se le due linee coincidono si ha la rettilineità, altrimenti no.

EINSTEIN: Sì, è vero.

SOCRATE: Ma consideriamo il metodo «a vista» per adesso. Assumendo un righello assolutamente dritto prima dell'accelerazione, una volta impartita l'accelerazione, per l'osservatore che dovesse avvicinare un'estremità del righello al suo occhio, lo vedrebbe ancora dritto, o piegato?

EINSTEIN: (Pensando un po') Immagino che dovrebbe ancora vederlo dritto perché sta usando la luce per verificare ciò. Il fatto che il righello e la luce siano piegati esattamente nello stesso modo ed esattamente nella stessa misura porta a concludere che la luce passerebbe da un'estremità del righello all'altra estremità in una linea esattamente parallela al bordo del righello!

SOCRATE: Allora, possiamo dire che qualora l'osservatore dovesse utilizzare il metodo «a vista» per verificare se il righello rimane proprio diritto o no, apparirebbe effettivamente diritto a lui, sia prima che durante l'accelerazione ... vero?

EINSTEIN: Sì, è vero.

SOCRATE: E questo sarebbe il caso anche per lo spazio «curvato» per l'accelerazione?

EINSTEIN: Sì ... hmm. Certo questo è bizzarro – il bordo d'un righello curvo che appare dritto – ma il suo ragionamento sembra infallibile.

SOCRATE: Ma allora, dal suo argomento «empirista», il righello sarebbe effettivamente dritto e non piegato, non le sembra? In altre parole, se si sostiene, come aveva fatto in precedenza, che «l'apparenza è la realtà», allora non sarebbe questa una prova che il righello – e quindi lo spazio stesso – non solo non sembrerebbe piegato, ma anche, di conseguenza, non sarebbe neppure piegato nella realtà?

EINSTEIN: (Pensando). Beh, è chiaro che non possiamo condurre quest'argomento empirista troppo lontano: certo, se non vogliamo prendere congedo dal nostro senso comune del tutto. Non tutte le apparenze sono realtà, sicuramente. In questo caso particolare, io sostengo che il righello sembra diritto, ma è piegato. Nella realtà è piegato, anche se può apparire diritto.

SOCRATE: Ma allora, per favore mi dica chiaramente se si vuole ritenere vera ed effettiva la visione empirista che sostiene – nelle parole del vescovo Berkeley – che «esse est percipi», cioè «la realtà è l'apparenza», o se si desidera abbandonarla adesso e definitivamente?

EINSTEIN: Beh, credo che dobbiamo prendere la visione empirista «cum grano salis», per così dire. Quando è d'accordo con il nostro senso comune dobbiamo accettarla, e quando non lo è, dobbiamo rigettarla.

SOCRATE: Sta ora sostenendo che le apparenze possono essere delle apparenze a volte, e non la realtà?

EINSTEIN: Se lo vuole esprime così – sì. Credo di sì.

SOCRATE: Allora adesso sta ripudiando la risposta che mi aveva dato quando abbiamo parlato della curvatura del fascio di luce nell'ascensore: le avevo chiesto se poteva essere una semplice apparenza e non una realtà, e lei aveva risposto che si trattava sicuramente di una realtà. Si ricorda? In altre parole, sta ora ammettendo che la curvatura della luce potrebbe essere una mera apparenza, e non una realtà?

EINSTEIN: Ehm ... sì, lo sto ammettendo. Ma mi raccomando: potrebbe essere un'apparenza. Non dico che lo sia. C'è una differenza! Io ritengo che infatti non è un'apparenza, ma invece è una realtà.

SOCRATE: Allora devo chiederle ancora: in che modo riesce a spiegare la sua pretesa che il fascio di luce è effettivamente piegato, e non solo appare così, in accordo con il nostro senso comune?

EINSTEIN: Beh, ovviamente, se l'uomo nell'ascensore lo osserva piegato, allora dev'essere piegato – non è vero?

SOCRATE: Ma perché non può essere solamente piegato in apparenza?

EINSTEIN: Ma quest'uomo è l'unico osservatore, no? Il metodo scientifico consiste prima di tutto nelle osservazioni, no?

SOCRATE: Certamente; ma quest'uomo non è di certo l'unico osservatore possibile!

EINSTEIN: Certo che lo è. Nel nostro esperimento mentale lui è l'unico uomo – anzi, l'unico essere senziente – nell'ascensore!

SOCRATE: Nell'ascensore, sì. Ma che direbbe per quanto riguarda eventuali osservatori fuori dall'ascensore – osservatori che non vengono accelerati nella direzione dell'ascensore? Osservatori, cioè, che sarebbero a riposo rispetto l'ascensore, così come era prima di subire l'accelerazione?

EINSTEIN: Beh, una tale persona – o persone – non potrebbero guardare dentro l'ascensore, e quindi non potrebbero osservare nulla in esso. Non sarebbero in realtà «osservatori» affatto!

SOCRATE: Beh, se mi è permesso vorrei fare un altro piccolo cambiamento nel suo esperimento mentale – naturalmente senza incidere negli elementi essenziali in alcun modo. Posso?

EINSTEIN: Prego.

SOCRATE: Supponiamo che una delle altre pareti dell'ascensore – una delle pareti su cui non è affissato né il puntatore laser né il righello – sia semi-trasparente: per esempio, che sia costruita di vetro o di plastica semi-riflettente, come le finestre delle stanze degli interrogatori di polizia, in modo che persone fuori dell'ascensore possano guardare dentro, ma l'uomo all'interno non può guardare fuori. E immaginiamo inoltre una donna fuori dall'ascensore – ovviamente con addosso una tuta spaziale adeguata per sopportare i rigori dello spazio vuoto – che può osservare l'interno dell'ascensore dopo l'accelerazione. E inoltre supponiamo che il puntatore laser spari lampi di luce di durata minore di un nanosecondo, a intervalli: ad esempio, a intervalli di un decimo di un secondo. (Dico «lampi di luce di durata minore di un nanosecondo», perché, come probabilmente sa – o può facilmente calcolare – la luce si muove quasi esattamente di un «piede» anglosassone, ossia circa 30 centimetri, in un nanosecondo, e quindi, un lampo di durata minore di un nanosecondo equivarrebbe ad un tragitto minore di 30 centimetri in lunghezza – il che permetterebbe l'osservazione della traiettoria reale della luce, e non la sua traiettoria apparente – come invece rischierebbe di diventare se venisse generato un fascio di luce continuo. Quest'ultimo sarebbe molto simile a osservare un flusso di acqua da un tubo, che appare curvo quando il tubo viene oscillato qui e là, anche se ogni molecola d'acqua si muove in realtà in una traiettoria diritta quando esce dall'ugello, eccetto ovviamente per quanto riguarda gli effetti della gravità e dell'aria). E ancora una volta supponiamo che l'ascensore sia dotato di un po' di fumo nell'aria, in modo che ciascuno dei lampi di luce diventi chiaramente visibile durante il suo passaggio dal puntatore laser alla parete opposta. Inoltre possiamo immaginare che la donna sia in possesso di una telecamera ad alta velocità che, mentre l'ascensore accelera superando lei, possa scattare delle fotografie sui singoli lampi di luce, illuminati come sono dal fumo. Allora: le fotografie mostrerebbero la traiettoria di ogni lampo di luce come piegato, o dritto? Personalmente ritengo che la donna osserverebbe tutte le loro traiettorie come assolutamente dritte, ma sono aperto ad argomenti contrastanti.

EINSTEIN: (Lunga pausa. Poi, dopo averci pensato un bel po'): Credo che abbia ragione: alla donna che sta al di fuori dell'ascensore, e che non viene accelerata, le traiettorie dei lampi di luce dovrebbero apparire assolutamente dritte.

SOCRATE: Ebbene: lei accetta che i lampi di luce si muovano in traiettorie diritte per quanto riguarda la donna, ma non per quanto riguarda l'uomo?

EINSTEIN: (Ancora pensando un po' più) Sì, penso di sì. (Una pausa). Sì, lo accetto.

SOCRATE: E se ci fossero anche un paio di pistole nell'ascensore, le traiettorie dei proiettili sparati apparirebbero alla donna dritte anche loro – giusto? Naturalmente, qualora li si potesse osservare. Ma, in effetti, non sarebbe poi così difficile impiantare una metodologia che riesca a registrare le traiettorie effettive. Immaginiamo che la donna sia in possesso di una telecamera ad alta velocità, capace cioè di scattare una serie di fotografie in rapida successione ai proiettili quando vengono lanciati. Ad esempio, con intervalli di meno di un microsecondo tra immagini successive. Dal momento che i proiettili si spostano a una velocità di qualche centinaio di metri al secondo e dal momento che un ascensore normale è di qualche metro di larghezza, la donna dovrebbe ottenere da poche centinaia a qualche migliaia di immagini di ogni proiettile nel suo volo – giusto? Se tutte le immagini vengono raccolte in una singola fotografia – vale a dire, in un solo quadro – si potrebbe facilmente controllare se i proiettili siano tutti in movimento in traiettorie rettilinee e che la differenza nei punti dove colpiscono la parete opposta dell'ascensore è solo a causa della differenza nelle durate dei loro voli, durante l'accelerazione dell'ascensore. Giusto?

EINSTEIN: Sì. Penso che abbia ragione. Sì.

SOCRATE: E possiamo anche avanzare una buona ragione per cui i proiettili – e i lampi di luce, per di più – presenterebbero alla donna all'esterno delle traiettorie diritte. Non le pare?

EINSTEIN: Sì, certo. Una volta che i proiettili lasciano la pistola da cui sono sparati, non sono sottoposti ad ulteriori forze laterali; e lo stesso vale per ogni lampo di luce dopo aver lasciato il puntatore laser. Inoltre essi, non essendo più in uno stato di accelerazione, non potrebbero avere traiettorie curve, cosicché anche lo spazio non sarebbe curvo. Quindi, secondo la prima legge di Newton – che sostiene che un corpo continua a muoversi in linea retta, a meno che una forza esterna non muti la sua traiettoria – i proiettili ed i lampi continueranno a muoversi in linea retta fino a colpire la parete opposta. Oppure, se vogliamo ignorare Newton e impiegare invece la mia teoria della relatività generale, allora a causa del fatto che i proiettili e i lampi non si trovano in uno stato accelerato, né in prossimità di alcun campo gravitazionale percettibile, lo spazio intorno a essi non sarebbe curvo, almeno non sensibilmente; e così le loro traiettorie sarebbero per forza perfettamente dritte – o, almeno, tanto dritte quanto è possibile nel nostro Universo, in cui la gravità non è mai del tutto assente. Si fidi di me, ho meditato tutto questo molto a fondo!

SOCRATE: Senza alcun dubbio; e la sua conclusione è giustissima! Allora, la mia prossima domanda è questa: dal momento che per la donna, i proiettili ed i lampi sembrano muoversi in traiettorie dritte, mentre per l'uomo nell'ascensore sembrano

muoversi in traiettorie curve, chi dei due osserva la realtà:
l'uomo o la donna?

EINSTEIN: (Pensando). Ehm. Effettivamente siamo di fronte a un
enigma, devo ammetterlo. (Rallegrandosi). Ma perché non
possono osservare entrambi la realtà? Io sostengo che la realtà
è relativa: ciò che è realtà per un osservatore può non esserlo
per un altro.

SOCRATE: Ma può esistere davvero più di una singola realtà? Non è
l'intero scopo della scienza, quello di cercare di determinare
le leggi della realtà – cioè, della realtà reale? Anche se, per
ipotesi, esistessero «realtà» molteplici, non significherebbe
pure questo che c'è una sola realtà – una sola realtà vera –
che esiste cioè una molteplicità della cosiddetta «realtà»? In
altre parole, non le sembra che sia contraddittorio postulare
che esista più di una singola realtà?

EINSTEIN: (Pensando). Sì, vedo come questo possa essere davvero il
caso. Ma nel suo esempio precedente, direi che lo spazio
stesso è differente per l'uomo da quello che è per la donna.
Più precisamente, che ciascuna delle due persone si trova in
uno spazio differente. Nella realtà. Sono in due spazi
differenti, e non nello stesso spazio.

SOCRATE: E quali sarebbero questi due spazi differenti?

EINSTEIN: Ovviamente lo spazio all'interno dell'ascensore, e lo spazio
esterno ad esso!

SOCRATE: Quindi vuol dire che lo spazio dentro l'ascensore è curvo –
curvo davvero – mentre lo spazio esterno non è affatto curvo?

EINSTEIN: Sì, precisamente!

SOCRATE: Per essere assolutamente chiari: lo spazio dentro l'ascensore sarebbe piegato o curvo, mentre lo spazio esterno sarebbe totalmente dritto – è questo ciò che sostiene?

EINSTEIN: Sì – eccetto che invece di chiamare quest'ultimo spazio «diritto», lo chiamerei «piatto».

SOCRATE: Va bene: «piatto», allora. Ma cosa separa i due spazi differenti – quello curvo dentro l'ascensore e quello piatto fuori di esso?

EINSTEIN: Ovviamente, le pareti, il soffitto e il pavimento dell'ascensore!

SOCRATE: Ebbene, che cosa succederebbe se immaginassimo il soffitto e il pavimento fatti di una sorta di rete o maglia, in modo che lo spazio dentro e lo spazio fuori dell'ascensore diventassero un unico spazio, lo stesso spazio? In tal caso, l'ascensore si muoverebbe attraverso lo spazio esterno, non è vero? E muovendosi, lo spazio esterno entrerebbe nell'ascensore attraverso la maglia superiore, e uscirebbe attraverso la maglia inferiore, non è così? In questo modo si avrebbe che in ogni istante lo spazio all'interno dell'ascensore sarebbe lo stesso spazio che è al di fuori dell'ascensore, e quindi sarebbe totalmente «piatto», come dice lei. Giusto? Certo, ora l'uomo dovrebbe essere vestito con una tuta spaziale come la donna; ma questa è una questione irrilevante, vero?

EINSTEIN: (Pensando un po'). Sì, lo ammetto. Non so che cosa dire adesso. Sembra proprio che lo spazio dev'essere lo stesso sia per la donna che per l'uomo, e che quindi il pavimento dell'ascensore – almeno per l'ascensore fatto con un certo tipo di maglia – non dovrebbe essere curvato nella realtà.

(Rallegrandosi un po'). Ma che direbbe lei delle prove matematiche degli spazi curvi?

SOCRATE: Beh, ce ne sono?

EINSTEIN: Personalmente non ne conosco alcuna, ma sono sicuro che i matematici molto più esperti di me hanno già messo a punto qualcosa a proposito ... o almeno potrebbero farlo, se non l'hanno fatto ancora!

SOCRATE: Forse. Ma quali prove potrebbero esibire questi matematici per quanto riguarda la sua teoria? Mi permetta ancora una volta di ricordarle che la sua è una teoria riguardante la fisica, non la matematica. Solo perché ci sono teoremi matematici che possono trattare matematicamente gli spazi curvi – anche se personalmente non vedo come possano essere veramente provati, se vogliamo parlare di logica, cioè della logica rigorosa come unico (e più severo) criterio di «prova», ma ignoreremo i miei dubbi su ciò per il momento – di per sé non significa affatto che tali teoremi matematici siano applicabili alla fisica – vale a dire, all'Universo fisico, quello che conosciamo ... non le sembra? Non dovrebbe essere dimostrata da questi stessi matematici l'applicabilità di tali teoremi alla fisica? O, più precisamente, lei ha in mente anche una sola prova dell'applicabilità di questi teoremi matematici alla fisica dell'Universo nostro – l'Universo conosciuto, l'Universo fisico?

EINSTEIN: Confesso che non ce l'ho. Ma forse quei matematici sono a conoscenza di tali prove.

SOCRATE: Forse. Ma nei suoi libri e articoli, di certo lei non ha mai fatto riferimento a una tale prova, vero?

EINSTEIN: Ha ragione – non l'ho fatto.

SOCRATE: Quindi, per quanto riguarda la sua teoria, strettamente parlando, lei stesso non ha alcuna prova di questo tipo, giusto?

EINSTEIN: (Un po' scoraggiato) Ancora una volta ha ragione – non ce l'ho. In senso stretto non ce l'ho. (Rallegrandosi). Ma davvero non ho bisogno di una prova: non nella scienza. Stavo parlando col filosofo Karl Popper poco tempo fa, e mi ha convinto che nelle scienze, semplicemente, non ci sono eventuali prove; c'è soltanto una preponderanza di evidenze. Una teoria scientifica, secondo lui, non può mai essere verificata, ossia dimostrata vera; può essere solo falsificata, o in altre parole, rivelata falsa. Finché persiste, per qualsiasi teoria scientifica, un'abbondanza di conferme e assolutamente nessuna evidenza del contrario, la teoria rimane valida; ma non appena emerge una sola evidenza contro la teoria, viene «falsificata» – vale a dire confutata, rifiutata. Sono del tutto in accordo col buon filosofo Popper. Inoltre la sua città di origine è Vienna, una città che mi affascina; ma sono d'accordo, prima che alzi le sue obiezioni, questo fatto è irrilevante qui. Ma i dolci là … (affievolendo)

SOCRATE: Quindi sta ora sostenendo che c'è un'abbondanza di evidenze per la sua teoria, dove lo spazio è curvo a causa della gravità, e nessuna contro. Così la sua teoria deve mantenersi valida fino a quando una qualche evidenza contro di essa non salti fuori … ?

EINSTEIN: Sì, questo è esattamente quello che sto affermando ora.

SOCRATE: Allora sarebbe così gentile da sottolineare adesso le evidenze più forti della sua teoria?

EINSTEIN: Certamente. Un chiaro esempio di evidenza per la mia teoria della relatività generale è stata l'osservazione che la gravità può piegare il percorso della luce. Il mio fautore Arthur Eddington ha organizzato una spedizione all'isola di Principe nella vicinanze della costa dell'Africa occidentale, durante l'eclisse totale del sole che accadde il 29 maggio 1919. Le immagini della posizione delle stelle, nel campo visivo vicino al sole eclissato, sono state utilizzate per testare la mia previsione della flessione della luce intorno al sole, secondo la mia teoria della relatività generale. Il test è stato superato a pieni voti!

SOCRATE: Ebbene, per quanto riguarda la spedizione di Eddington ne ho sentito qualcosa e non sono tanto certo che costituisca una chiara conferma della sua teoria, infatti non credo che avrebbe potuto nitidamente confermare o smentire la sua teoria. In primo luogo, la luce delle stelle fotografate passò molto vicino al sole nel suo percorso verso le telecamere, rendendo incerta la causa della curvatura della luce stellare: come facciamo, infatti, a discriminare la causa presunta da quella dovuta al fatto che la regione dello spazio vicino al sole non è fatto di vuoto totale, immensamente ricco com'è di quello che viene chiamato «vento solare», che è in un certo senso «l'atmosfera» del sole? Dopo tutto, lo spazio vicino al sole non è né omogeneo né vuoto perfetto, e tutti sappiamo che la luce può piegarsi in un mezzo non omogeneo: infatti, questa è la nostra migliore spiegazione per i miraggi nel deserto … non è forse così? Inoltre, ho sentito che è stato sostenuto da alcune persone intelligenti che hanno recensito il lavoro di Eddington – come l'astronomo americano Charles Lane Poor, professore di astronomia alla Columbia University e «fellow» della Royal Astronomical Society britannica – che la maggior parte dei dati raccolti durante la spedizione di Eddington – circa l'85% di essi nei fatti – è stata arbitrariamente scartata; e peggio ancora, da una eclisse totale di una durata di 410 secondi, solo 10 secondi sono stati effettivamente fotografati: fotografare il resto dell'eclisse, pari a oltre il 97% di essa, non era nemmeno possibile, a causa delle nuvole e della pioggia. Capisco per di più che i margini di errore degli strumenti utilizzati per procurarsi i dati sono stati molto più grandi del livello di precisione richiesto per confermare o smentire la sua teoria. Comprendo inoltre che le telecamere utilizzate nella spedizione avevano un grado di accuratezza limitato ad 1/25° di grado – ossia, circa 144 secondi d'arco – mentre il suo pronostico era che la luce delle stelle si sarebbe piegata di circa 1,75 secondi d'arco. Ciò significa che già solo per quanto riguarda i dati delle telecamere, il margine di errore era di ben oltre ottanta volte rispetto a quello richiesto per confermare o smentire la sua teoria … e, infatti, è stata «osservata» la curvatura della luce di diverse altre stelle, ma in una direzione trasversale alla direzione prevista dalla sua teoria, e da altre ancora, piegata in una direzione opposta a quella prevista. (Pausa). Ma tutto questo non importa affatto. Non nego che le traiettorie possono essere piegate dalla forza di gravità, professor Einstein! Sono d'accordo che lo possono essere. Tutto ciò che la spedizione di Eddington avrebbe potuto confermare, anche se fosse stata condotta in maniera perfetta, è che le traiettorie di luce – cioè di fotoni – possono essere piegate dalla forza di gravità … e non l'ho mai dubitato!

EINSTEIN: Allora, nonostante la sua riluttanza a concordare con le evidenze raccolte da Eddington, lei è tuttavia in accordo con me – non è vero?

SOCRATE: Per quanto riguarda le traiettorie, ovviamente lo sono. L'umanità ha conosciuto per secoli che le traiettorie dei corpi in movimento sono piegate – o, più precisamente, curve – a causa della gravità: ad esempio, tutti gli artiglieri lo sanno!

In realtà, non c'è alcuna traiettoria di alcuna cosa che è totalmente rettilinea, poiché non c'è alcun luogo nell'intero Universo totalmente privo di un campo gravitazionale. È d'accordo, lei, con me in dicendo questo?

EINSTEIN: Traiettorie di proiettili di artiglieria e di palle di cannone possono essere curvate per la gravità, sì, ma quest'è perché tali oggetti possiedono massa. Ma le cose prive di massa, come i fotoni, sono differenti!

SOCRATE: Sta sostenendo che i fotoni non possiedono massa – neppure minimamente?

EINSTEIN: Certo che lo sostengo!

SOCRATE: Allora come si spiega il fatto che i fotoni possono spingere le cose – il quale è il principio alla base delle «vele luce» proiettate dalla NASA – e possono anche batter fuori gli elettroni dagli atomi, come il suo articolo stesso del 1905 sull'effetto fotoelettrico sostiene?

EINSTEIN: I fotoni non possiedono massa, ma possiedono energia, ed è per questo che possono spingere le cose come le vele luce e batter fuori gli elettroni dagli atomi.

SOCRATE: Allora, secondo la «formula più famosa del mondo» – come la designa il professor Umberto Bartocci dell'Università degli Studi di Perugia, vale a dire $E = Mc^2$, la formula che lei stesso aveva resa famosa inserendola nel suo primo articolo descrivendo la teoria della relatività – l'energia dei fotoni deve almeno esibire l'effetto di massa, non è vero?

EINSTEIN: (Pensando) Ancora una volta, touché … anche se, parlando a parte, devo ammettere che non sono stato io il primo a intuirne la formula. Per essere brutalmente onesto – il che posso permettermi di essere, ora che sono morto e né fama né disonore mi può toccare più – il credito è di Olinto De Pretto da Vicenza, scienziato e socio della prestigiosa Accademia dei Lincei. Adesso è quasi sconosciuto, ma, nel 1903 – due anni prima del mio articolo di 1905, in cui descrissi la mia teoria ristretta della relatività per la prima volta – lui pubblicò, ammetto, la formula $E = Mc^2$ in un prestigioso giornale veneto. Mi scusi, ma mi dovevo sdebitare. Ma sì, per ritornare al nostro discorso, quando i fotoni si muovono esibiscono gli effetti di massa al contrario di quando sono «a riposo» ... e a riposo semplicemente non esistono affatto. Così – e ancora malvolentieri – devo ammettere che i fotoni in movimento dovrebbero essere influenzati dalla forza di gravità. ... (Fa una pausa, riflettendo). In realtà, e a pensarci bene, questo è esattamente il motivo per cui i «buchi neri» sono neri, non è vero? Perché i fotoni non possono sfuggire dalla loro gravità. Non potrebbe essere il caso, altrimenti, se i fotoni non fossero attratti dalla forza di gravità. Infatti, se la memoria non m'inganna, il famoso Laplace e il meno famoso Mitchell avevano indipendentemente predetto, nei ultimi anni del settecento, che la luce dovrebbe esser attratta dalla gravità – con la conseguenza dei «buchi neri» come risultato. Sì: devo ammettere che le traiettorie dei fotoni devono essere influenzati dalla gravità – proprio come le traiettorie dei proiettili di artiglieria, delle palle di moschetto, dei pianeti, ecc; e devo pure ammettere che la mia teoria non è necessaria per dimostrare che le traiettorie dei fotoni possono essere influenzati dalla gravità. È un dato di fatto. Dunque devo ammettere che anche se Eddington avesse effettivamente dimostrato che fu la gravità del sole a piegare la luce, non avrebbe potuto fornire alcuna evidenza per la mia teoria. Sì, ancora una volta, touché.

SOCRATE: Allora, come ho detto, nessuna traiettoria di tutto ciò che si muove può consistere in una vera linea retta, poiché non c'è alcuna parte dell'Universo totalmente priva di gravità – è d'accordo, lei?

EINSTEIN: Di certo. Questo è esattamente il mio punto cruciale: lo spazio è piegato – o, come dice lei, curvato – ovunque nell'Universo! L'intero universo giace in uno spazio piegato, ossia curvo.

SOCRATE: Ma se posso chiedere, allora: come può, il fatto che le traiettorie di oggetti in movimento diventano curve in un campo gravitazionale, dimostrare che lo spazio stesso diventi curvo in un campo gravitazionale? Il fatto che, per esempio, proiettili di artiglieria si muovono in traiettorie curve quando sono sparati può forse mostrare – questo semplice fatto – che lo spazio stesso è curvo?

EINSTEIN: Ma non stiamo parlando di proiettili di artiglieria – vero? Stiamo parlando di luce, della quale nulla può muoversi più velocemente!

SOCRATE: Allora, se posso chiedere: qual è esattamente la differenza essenziale, a parte la loro velocità, tra le traiettorie dei proiettili d'artiglieria e la traiettoria della luce?

EINSTEIN: La luce è molto più veloce, ovviamente! È questa la differenza. Migliaia di volte più veloce. Decine di migliaia, addirittura centinaia di migliaia di volte più veloce!

SOCRATE: Sì, certo; ma che importa? Ciò è significativo solo per dimostrare che la sua traiettoria è più dritta di quella di un proiettile di artiglieria ... ma mai assolutamente dritta. Così come la traiettoria di un proiettile d'artiglieria in movimento rapido è più diritta di un proiettile che si muove lentamente, senza tuttavia poter mai assurgere ad una perfetta traiettoria retta.

EINSTEIN: Beh, ma la luce non si muove sempre in linea retta? Infatti, come lei stesso ha sottolineato in precedenza, possiamo effettivamente utilizzare la luce per testare la linearità di un righello, no? Non potremmo farlo se la luce non si muovesse in linea retta – non è vero?

SOCRATE: Credo che possiamo permetterci di farlo solo per scopi pratici, quando la curvatura della luce a causa della forza di gravità terrestre rimane non significativa per i nostri scopi pratici: la differenza è troppo piccola da misurare.

EINSTEIN: Precisamente. Questo è precisamente quello che dico anch'io!

SOCRATE: Ma lei sta sostenendo che la luce si muove in linea retta assoluta. Non è questo l'esatto contrario di ciò che si rivendicava in precedenza – che i percorsi della luce sono curvi a causa della gravità? E non è la gravità onnipresente nell'Universo – in alcuni punti più debolmente ed in alcuni altri più fortemente, ma mai del tutto inesistente?

EINSTEIN: Sì, certo – ma allora?

SOCRATE: Beh, non ha detto in precedenza che la luce si muove in una traiettoria curva in un campo gravitazionale?

EINSTEIN: Sì, ma questa traiettoria curva è diritta.

SOCRATE: Scusi? Ha appena detto che una traiettoria curva è diritta? Devo accettare, in altre parole, che secondo lei una traiettoria curva non è una traiettoria curva? Non è questa un'auto-contraddizione?

EINSTEIN: Le traiettorie curve possono essere diritte. Vorrei cercare di spiegarmi con un'analogia. Consideriamo una sfera. Tutte le linee sulla superficie della sfera sarebbero curve, vero? Ma potrebbero anche essere diritte, se per «linea diritta» si intende «la distanza più breve tra due punti». D'altra parte la linea più breve che collega due punti qualsiasi sulla superficie di una sfera è parte di un «grande cerchio» lungo la stessa superficie: non è vero?

SOCRATE: Ma sicuramente quelle linee sono curve: infatti, la definizione stessa di esse, «grandi cerchi», implica molto chiaramente che sono curve – no?

EINSTEIN: Certo che lo sono. Sono curve e dritte!

SOCRATE: Questa frase sembra davvero tratta dal libro Alice nel Paese delle Meraviglie. Se fosse veramente così, quale potrebbe essere la differenza tra queste linee, che secondo lei sono «curve e dritte», e linee davvero dritte che collegano due punti qualsiasi sulla superficie della sfera, ma passando attraverso la sfera: linee che non sono curve?

EINSTEIN: Beh, qualora riuscissimo a immaginare una sfera assolutamente solida, allora tali linee non potrebbero passare attraverso la sfera, giusto? Quindi simili linee non potrebbero nemmeno esistere. Non nell'Universo reale!

SOCRATE: Sono d'accordo con questa tesi quando si tratta di linee reali – e ancora una volta, accettiamo la parola «reale» col significato di fisico o «fisicale» in questo contesto, almeno per amor di discussione, anche se non tutti i filosofi sarebbero d'accordo con una tale definizione – ma dal momento che stiamo semplicemente immaginando una sfera idealisticamente solida, non avremmo potuto passare tali rette immaginarie attraverso una sfera del tutto immaginaria?

EINSTEIN: Va bene, parliamo di sfere reali, allora. Dopo tutto, stiamo parlando di realtà nella mia teoria, non è vero?

SOCRATE: Certo. Ma esistono delle linee e sfere reali nel mondo reale – o, in altre parole, nel mondo fisico? A prescindere dalla questione se il mondo fisico è reale, o invece è solo apparente (dato che alcuni filosofi empiristi sfidano tutti gli altri filosofi in proposito).

EINSTEIN: Naturalmente esistono sfere reali nel mondo reale! Si consideri una palla da biliardo, o un cuscinetto a sfera – o anche un pianeta!

SOCRATE: Ma non sono tutti questi, in realtà, solo approssimazioni a sfere, e non vere sfere, perfette? Se osservati da molto vicino, non hanno tutti delle irregolarità che li rendono imperfetti come sfere vere? E per quanto riguarda le linee, se si definisce una «linea» come un'entità avente una sola dimensione, beh, allora, esiste affatto qualcosa di simile nel mondo fisico?

EINSTEIN: (Pensando). No, ha ragione; non esistono cose come sfere perfette e rette unidimensionali nel mondo fisico; ma stavamo parlando di traiettorie. Sicuramente si ammetterà che queste possono esistere nel mondo reale – ossia, nel mondo fisico.

SOCRATE: Sì, certo. Ma allora una traiettoria curva non può essere veramente dritta: giusto? Perché se consideriamo una traiettoria curva tra due punti qualsiasi, allora possiamo sempre trovare una distanza tra i due punti più corta della traiettoria stessa: non è così? Dopo tutto, una traiettoria esiste in uno spazio vuoto, o almeno in uno spazio riempito con un mezzo attraverso cui le cose possono muoversi: non in uno spazio solido attraverso il quale le cose non possono muoversi, e in cui le cose come linee non possono essere localizzate.

EINSTEIN: (Pensando a lungo). Sì – ha ragione, Socrate. Ha ragione.

SOCRATE: Quindi lei è d'accordo con me che una traiettoria curva non può essere veramente dritta?

EINSTEIN: Forse. Non sto capitolando, si badi bene; solo che non riesco a intuire una confutazione al suo argomento in questo momento. Ma io continuerò a meditarci, lo prometto!

SOCRATE: Infatti, mio caro Professor Einstein; sono sicuro di ciò. Ma per il momento almeno, non si deve ammettere che una traiettoria curva non può essere diritta?

EINSTEIN: (A malincuore) Sì. Ma solo per il momento, si badi bene!

SOCRATE: Quindi è d'accordo che l'esistenza di una traiettoria curva – anche se si parla della traiettoria della luce stessa – non fornisce assolutamente nessuna evidenza dello spazio curvo? Almeno per adesso? Se posso ricordarle, lei è sotto giuramento! (Sorride).

EINSTEIN: (Ancora più a malincuore) Non so che cosa dire. (Sospiro). Sì, suppongo di sì. Per adesso.

SOCRATE: E a parte le traiettorie curve, lei sa di qualsiasi altra cosa che fornisce evidenza per la sua affermazione che lo spazio può essere piegato o curvo?

EINSTEIN: No, confesso che non ne conosco. Il problema, vede, è che l'effetto è troppo debole per rilevarlo in campi gravitazionali tenui come quello della terra; e non abbiamo la tecnologia per portare grandi oggetti rigidi, come barre perfettamente diritte, sufficientemente vicini a campi gravitazionali fortissimi – come quello del sole, o di un buco nero – così come ad una sufficiente profondità relativamente ai campi per misurare la curvatura di tali barre. Intendo dire che non è facile controllare che le barre si curvano soltanto a causa dello spazio curvato da quei campi, e nient'altro. (Rallegrandosi). Ma non vedo nemmeno alcuna evidenza che lo spazio non possa essere curvato. Così vorrei affermare che la mia teoria non può essere allo stato attuale rifiutata – non essendo effettivamente falsificata! Almeno, non ancora. Quindi la mia teoria è ancora oggi perfettamente valida!

SOCRATE: Beh, è piuttosto difficile fornire una prova negativa: «l'assenza di prove non è prova di assenza», e tutto il resto! Ma forse non è del tutto impossibile. Tuttavia, penso che parleremmo invano e senza alcuna convergenza se non fossimo d'accordo in anticipo su un criterio di confutazione – o «falsificazione» – della sua teoria. Potrebbe enunciare un tale criterio?

EINSTEIN: (Pensando duro e lungo). Beh, direi che la mia teoria sarebbe confutata se fosse possibile fornire una prova di qualcosa in un campo gravitazionale che non sia effettivamente curvo. … No, aspetta: qualcosa che è curvo in assenza di un campo gravitazionale potrebbe essere dritto in presenza di un tal campo. Quindi no: cancelli questo. Tenterò di nuovo. (Dopo una pausa). La mia teoria sarebbe smentita se fosse possibile fornire una prova di qualcosa – pure una entità meramente immaginaria o teorica – che non essendo curva in assenza di un campo gravitazionale, non sarebbe curva nemmeno in presenza di un tal campo: così che una tal cosa rimarrebbe perfettamente dritta in assenza come in presenza di campi gravitazionali.

SOCRATE: Lei sarebbe propenso ad accettare che quel «qualcosa» di cui si parla potrebbe anche essere un'entità meramente teorica o immaginaria, come una linea retta geometrica? Chiedo questo solo perché sembra che al momento semplicemente non ci sia alcun modo, dentro il nostro stadio tecnologico attuale, di utilizzare una prova sperimentale.

EINSTEIN: Sì. Sono d'accordo.

SOCRATE: Perché, come ha appena notato lei stesso, non abbiamo la tecnologia per eseguire dei test fisici della sua teoria, almeno non ancora. Voglio dire, i test sperimentali per confermare o smentire la sua teoria semplicemente non possono essere eseguiti. Almeno, come lei ha detto, non con la nostra tecnologia attuale.

EINSTEIN: Sì, questo è precisamente quel che ho detto. Allora si deve ammettere che la mia teoria rimane ancora valida … giusto?

SOCRATE: Beh, penso che potrebbe essere più appropriato classificarla come ipotesi piuttosto che come teoria, poiché non c'è, per la sua stessa ammissione, nessuna evidenza fisica a favore o contro di essa. Da tutte le nostre discussioni fatte fino adesso, onestamente parlando, si dovrebbe convenire che le argomentazioni teoriche basate sull'esperimento mentale potenzialmente a favore, sembrano essere tutt'altro che granitiche, almeno fino a ora: lei ha risposto a tutte le mie controdeduzioni, ammettendo che non può prevedere eventuali confutazioni successive, e con la promessa di enunciare alcune contestazioni soltanto in futuro. (Pausa). Ma che cosa succederebbe se potessi evidenziare una contraddizione logica all'interno della sua teoria? Sarebbe disposto a ammettere che la sua teoria sarebbe rovesciata da una simile prova – da un «Falsificatore Logico Potenziale», o «FLOP», per esprimerla in un termine coniato dal filosofo cartesiano Rocco Vittorio Macrì e supportato dal suo buon amico, Prof. Umberto Bartocci dell'Università degli Studi di Perugia?

EINSTEIN: (Pensando un po') Eccellente termine! In inglese, la parola «flop» significa «fiasco».

SOCRATE: Infatti. Comunque, l'espressione originale di questi eruditi, essendo italiani, è, come ho detto, «Falsificatore Logico Potenziale» – quindi «FLOP».

EINSTEIN: Ah, l'Italia! Paese incantevole. Certo lei sa che da giovane dimorai con la mia famiglia a Milano, e poi a Pavia. È stato durante il mio soggiorno in Italia che ho scritto un breve saggio intitolato «Sulla indagine dello stato dell'etere in un campo magnetico.» Ma la pratica scolastica lì era orribile. Ho sempre odiato i metodi irreggimentati d'insegnamento della mia scuola; credo che lo spirito di apprendimento e creatività venga distrutto da un rigoroso apprendimento meccanico. Intendiamoci, ho ricevuto lo stesso tipo di insegnamento atroce più tardi in Germania, quando la mia famiglia si trasferì a Monaco di Baviera.

SOCRATE: Ha piena ragione: una tale forma d'istruzione è un abominio, e dovrebbe essere vietata per legge. Ma per ritornare al nostro discorso: vuol ammettere con me che se un «Falsificatore Logico Potenziale» o «FLOP» – per esempio, una contraddizione, o qualsiasi altro difetto logico o fallacia – venisse rilevato nella sua teoria, la teoria crollerebbe completamente?

EINSTEIN: Sì – a condizione che sia un autentico difetto logico, e non semplicemente apparente!

SOCRATE: Possiamo anche concordare su un criterio per rilevare se il difetto è autentico o no?

EINSTEIN: Sì. Se posso, proporrei il criterio seguente: un difetto o errore logico è autentico se la sua natura apparente non può essere rivelata. Le sembra soddisfacente un tale criterio? Per me lo sarebbe.

SOCRATE: Sì, certamente. Infatti non riuscirei a immaginare nessun altro criterio più appropriato di questo ... almeno nella pratica. Quindi siamo in accordo nel convenire che un difetto o errore logico nella sua teoria sarebbe sufficiente a farla smascherare come falsa in modo decisivo? Pensiamoci molto attentamente adesso, perché non vorrei vedere un suo ripensamento se trovassi una cosa del genere.

EINSTEIN: (Pensando molto attentamente e molto a lungo). Sì, va bene, sono d'accordo.

SOCRATE: Ci possiamo stringere le mani sull'accordo?

EINSTEIN: Sì. (Si stringono le mani).

SOCRATE: Possiamo prima di tutto pervenire ad un accordo su alcune definizioni?

EINSTEIN: Certo.

SOCRATE: Siamo d'accordo, allora, che le linee rette non possono essere curve?

EINSTEIN: Perché?

SOCRATE: Ebbene, che senso ci sarebbe nel dire di una linea che è curva, quando ogni linea è curva?

EINSTEIN: Perché non potrebbero essere considerate diverse linee curve in gradi diversi?

SOCRATE: Certo che lo possono essere; ma allora dovrà convenire con me che una linea che non è curvata in un grado qualsiasi, è in realtà dritta. O no?

EINSTEIN: Sì, sarei d'accordo, in teoria, su una linea così fatta una volta ammessa la sua reale esistenza. Ma cosa succederebbe se invece non esistesse?

SOCRATE: Beh, dobbiamo ancora dimostrare che non esista, che non possa esistere – non è vero?

EINSTEIN: Sì, infatti; ma non credo che sarebbe troppo difficile per me dimostrarlo.

SOCRATE: Vedremo. Ma cerchiamo di terminare i dettagli dei nostri accordi, prima di arrivare ad una tale dimostrazione.

EINSTEIN: Certo.

SOCRATE: Ed è anche d'accordo con me che alcune figure geometriche come «triangoli», «quadrati», «rettangoli», «cerchi», ecc., non possono esistere in assenza totale di linee rette?

EINSTEIN: Scusi?

SOCRATE: Beh, in parole diverse: una figura composta di tre lati, in possesso di tre angoli, ma i cui lati non sono dritti, non può essere legittimamente chiamato un «triangolo», non è vero?

Ad esempio, una figura come questa (disegna nella sabbia con un bastone) non può essere legittimamente definito un «triangolo», non le sembra?

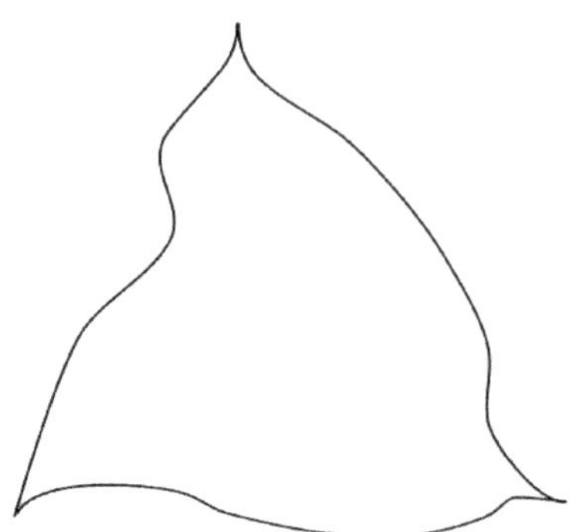

EINSTEIN: Certo che no. Sarebbe
assurdo chiamare una tale figura un «triangolo».

SOCRATE: E allo stesso modo, una figura a quattro lati come questa (disegna nuovamente nella sabbia) non può legittimamente essere designata un «quadrato», e neppure un «rettangolo» – d'accordo?

EINSTEIN: Ancora una volta sono pienamente d'accordo.

SOCRATE: E non dev'essere il raggio d'un cerchio assolutamente dritto? Ha alcun senso chiamare una linea come questa (disegna di nuovo nella sabbia), il «raggio» di un cerchio?

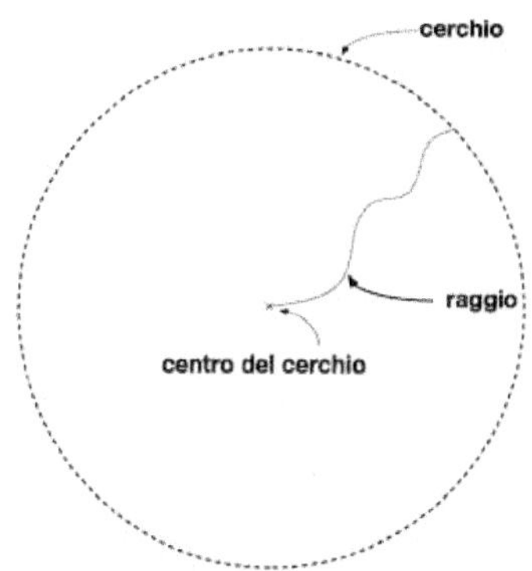

EINSTEIN: No, ha ragione; non ha alcun senso di definire un «raggio» così.

SOCRATE: Infatti, la circonferenza di un cerchio deve essere equidistante dal suo centro, no? E la distanza dovrebbe essere misurata sempre con aste di misurazione dritte, no?

EINSTEIN: Certo. La definizione stessa di un «circolo» è «una linea equidistante da un unico punto».

SOCRATE: Quindi nessuna delle figure della geometria potrebbe esistere se non esistessero le rette: non è d'accordo?

EINSTEIN: Sì, certo. Comunque, sta parlando di figure della geometria euclidea. Ma la geometria che propongo nelle mie teorie è non-euclidea, e anzi, nella teoria della relatività generale sto proponendo una geometria dello spazio curvo. Quindi tutto quel che ha detto non è importante!

SOCRATE: Sì, proviamo a intavolare una discussione su questo punto. Sarebbe d'accordo se noi due tentassimo di costruire una geometria degli spazi curvi «partendo da zero», per così dire, in modo da permetterci di analizzare a fondo le sue proprietà, compresa la plausibilità della sua applicabilità all'Universo fisico?

EINSTEIN: Certo, mi piacerebbe molto, anche se non so se potremo avere successo, si badi bene, ma sono pienamente disposto a fare un tal tentativo.

SOCRATE: Beh, è d'accordo che l'elemento più semplice di uno spazio curvo è una linea curva?

EINSTEIN: No; l'elemento più semplice di uno spazio curvo – come di qualsiasi spazio – è un punto, a mio parere.

SOCRATE: Sì. Vero, mi scusi: mi sono espresso male. Mi permetta di riformulare. Non è – l'elemento curvo più semplice di uno spazio curvo – una linea curva?

EINSTEIN: Sì, penso che possiamo tranquillamente affermarlo.

SOCRATE: Bene, allora. Non potremmo ammettere inoltre che, anche se una retta può esistere in una sola dimensione, una linea curva richiede almeno due dimensioni?

EINSTEIN: Scusi? Non ho capito.

SOCRATE: Beh, esprimiamolo nel seguente modo. Potremmo dire che, al fine di trasformare una retta in una curva, deve essere piegata – o curvata – apportando un angolo interno a se stessa? O in altre parole, piegata in una direzione che non è la direzione della retta originale stessa?

EINSTEIN: (Pensando). Sì ... penso di sì. Posso, in ogni caso, immaginare un filo dritto nelle mie mani, e se volessi piegarlo, dovrei esercitare una forza su di esso in qualche angolo diverso dalla propria direzione. E posso immaginare il filo diventando progressivamente sempre più sottile, in modo che si avvicini allo stato di una vera linea geometrica, cioè qualcosa che non ha alcun spessore ... (Pensiero a lungo). Sì, quando uso la mia immaginazione per visualizzare tutto ciò, vedo che l'appello che lei avanza dev'essere vero.

SOCRATE: Quindi ammette che una linea retta può esistere in una sola dimensione, ma una linea piegata ne richiede almeno due – perché la direzione in cui si deve «esercitare una forza», per così dire, a piegare la retta, non è la stessa direzione della retta originale ... o forse non mi faccio capire? Quello che voglio dire è che per una linea curva abbiamo bisogno di due dimensioni, come illustrato da questa figura, no? (disegna nella sabbia di nuovo):

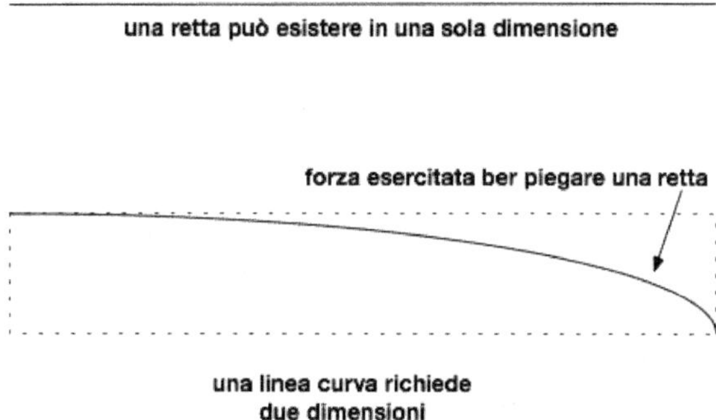

EINSTEIN: Sì. Sono d'accordo. E sì, si sta facendo capire ampiamente, grazie.

SOCRATE: Quindi, per ricapitolare: una linea retta può esistere in una sola dimensione, ma per l'esistenza di una linea curva, dovrebbero esistere almeno due dimensioni. È d'accordo?

EINSTEIN: (Ripensandoci) Sì, posso vedere come questa sarebbe una necessità.

SOCRATE: Infatti, è d'accordo che, per l'esistenza di una linea curva nella forma approssimativa di, diciamo, un cavatappi, uno spazio di almeno tre dimensioni dev'esistere? Che una linea a forma di cavatappi non può esistere in uno spazio che possiede una sola dimensione – quell'unica dimensione che sarebbe necessitata da una linea retta? (Disegna nella sabbia):

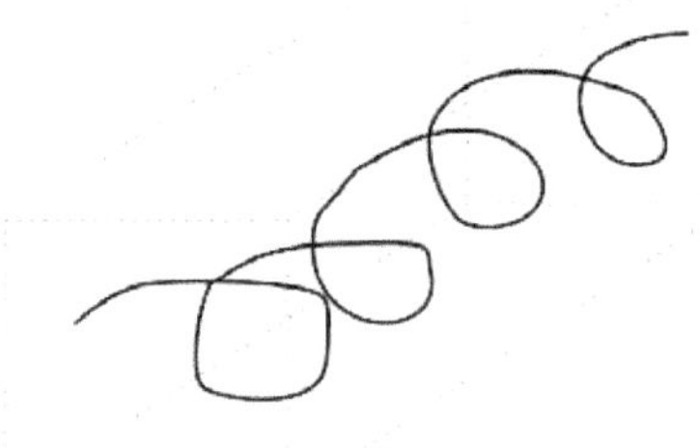

una linea di forma di cavatappi richiede tre
dimensioni per esistere

EINSTEIN: Sì. (Concentrando di nuovo nella mente). Sì, vedo come questo dovrebbe essere il caso. Concordato.

SOCRATE: Bene. Ora, per estendere questo ragionamento: se traslassimo o ruotassimo una linea curva di un angolo con se stessa, descriveremmo una superficie curva, vero?

EINSTEIN: Sì, certo.

278

SOCRATE: Ma una tale superficie curva deve esistere in almeno tre dimensioni – giusto?

EINSTEIN: Ora non le capisco più.

SOCRATE: Ebbene, consideriamo la superficie di una sfera, o di un ovoide, quest'ultimo essendo un oggetto a forma di uovo – ma di certo, lei già lo sa. Una tale superficie è curva, vero?

EINSTEIN: Sì, in effetti lo è!

SOCRATE: Ma la superficie di una sfera non potrebbe esistere se la sfera stessa non esistesse: giusto? E allo stesso modo, la superficie di un ovoide non potrebbe esistere senza l'esistenza dell'ovoide stesso. Giusto?

EINSTEIN: Molto evidentemente!

SOCRATE: E una sfera o un ovoide non potrebbe esistere soltanto in due dimensioni: giusto?

EINSTEIN: No, certo che non potrebbero. Ne richiedono tre.

SOCRATE: E non lo potrebbe né una parte di una sfera, né parte di una ovoide, o infatti qualsiasi superficie curva: giusto? Come questa superficie curva (disegna): una tale superficie richiede tre dimensioni per esistere, giusto?

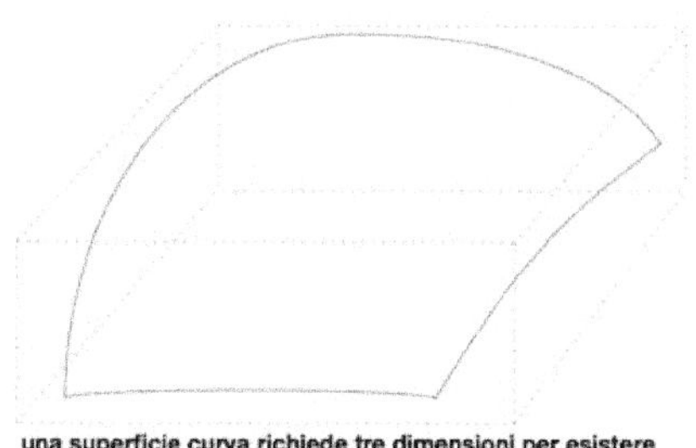

una superficie curva richiede tre dimensioni per esistere

EINSTEIN: Giusto.

SOCRATE: Ora non vediamo una tendenza in sviluppo qui?

EINSTEIN: Eh?

SOCRATE: Per l'esistenza di una linea curva abbiamo bisogno di almeno due dimensioni; e per una superficie curva abbiamone bisogno di tre; allora, di quante dimensioni avremmo bisogno per un volume curvo? Non avremmo bisogno di almeno quattro?

EINSTEIN: Perché?

SOCRATE: Ebbene, può spiegarmi come un volume curvo può esistere con solo tre dimensioni?

EINSTEIN: (Pensiero duro) Non lo posso. (Illuminandosi) Ma non riesco a spiegare come può esistere in quattro dimensioni nemmeno! In realtà, non riesco nemmeno a immaginare quattro – o più – dimensioni, anche se i matematici mi assicurano – piuttosto veementemente – che esistono.

SOCRATE: Ma sostengono, questi matematici, che possano esistere realmente oggetti quadridimensionali in un senso fisico – vale a dire, nell'Universo fisico? Ad esempio, possono effettivamente dimostrare – vale a dire, possono in realtà mostrarci – un oggetto fisico quadridimensionale?

EINSTEIN: Beh, certo; affermano che un tesseratto – un analogo quadridimensionale di un cubo – ha una rappresentazione tridimensionale che si presenta come un cubo all'interno di un cubo con raggi che collegano gli angoli dei due cubi insieme. È tutto lì su Wikipedia.

SOCRATE: Infatti lo è; ma ha lei – o chiunque altro – mai osservato un oggetto fisico quadridimensionale come un tesseratto fisico, e non semplicemente una rappresentazione tridimensionale di esso?

EINSTEIN: No, confesso che non ho mai osservato una tale cosa; e non riesco a pensare a nessun altro che l'abbia mai osservato nemmeno. Forse non è nemmeno possibile osservare un tal oggetto. Tuttavia, matematici molto esperti in materia mi assicurano che, secondo la mia teoria, il nostro intero Universo è un oggetto quadridimensionale ... e possiamo vederlo!

SOCRATE: Ma possiamo davvero testare se l'Universo è ciò che sostengono questi matematici? O, almeno, si può concepire una prova sperimentale infallibile per verificare definitivamente quel che sostengono – che l'Universo è un oggetto quadridimensionale?

EINSTEIN: (Pensando) No, ammetto che non posso concepire un tale test – almeno non io.

SOCRATE: E lei stesso non ha nemmeno alcun argomento per sostenere una tale affermazione: vero?

EINSTEIN: Beh, se immaginassimo un ascensore in fase di accelerazione verso l'alto a un «g» ... ah, lasciamo perdere. No, non ho alcun argomento del genere; non più. Ha scoperto lacune in tutte le mie argomentazioni precedenti al riguardo: lacune a cui non posso enunciare confutazioni ancora. Non ancora, si badi bene!

SOCRATE: Quindi ammette che almeno allo stato attuale, non abbiamo assolutamente nessuna evidenza fisica – o fisicale – che oggetti quadridimensionali possono esistere nel nell'Universo fisico. E per di più, non abbiamo modo di condurre alcun test sperimentale che confermerebbe senza possibilità di errore che l'Universo stesso è un «oggetto quadridimensionale». Non è così?

EINSTEIN: Sì, malvolentieri devo ammettere tutto ciò.

SOCRATE: E ammetterà anche che qualsiasi affermazione che non è verificabile sperimentalmente non può essere scientifica: non è vero?

EINSTEIN: Ancora una volta, sì: lo ammetto.

SOCRATE: Quindi, non si dovrebbe ammettere che ad ogni rivendicazione in assenza totale di qualsiasi evidenza – rivendicazione che del resto non è nemmeno verificabile sperimentalmente – non dovrebbe essere dato alcun credito dal punto di vista scientifico?

EINSTEIN: Vero. Ma che direbbe lei delle dimostrazioni matematiche di quattro – o più – dimensioni, e di spazi tridimensionali curvi, e così via?

SOCRATE: Posso ammettere che potrebbero esistere formule matematiche a tale riguardo, e che esse potrebbero essere auto-consistenti – vuol dire, prive di contraddizioni interne; ma visto che qui stiamo parlando di una teoria fisica, beh, allora, in assenza di prove fisiche per tali enti matematici, come possiamo davvero accettare tali entità come parte della fisica – o addirittura, di una qualsiasi scienza?

EINSTEIN: Nel modo in cui ha espresso questo, confesso che è difficile per me giustificare la loro accettazione nella fisica. Tuttavia la sfido a spiegare come la mia teoria della relatività potrebbe essere falsa, dato il fatto osservabile che ha milioni di conferme sperimentali ogni anno … ?

SOCRATE: Beh, non vorrei in questa discussione dibattere sull'intera teoria della relatività, si capisce; qui parliamo solo del suo esperimento mentale del «ascensore», e della nozione dello «spazio tridimensionale curvo», che lei pretende di sostenere. Non sono sicuro che questa parte della sua teoria della relatività abbia «milioni di conferme ogni anno» – anzi, dubito che abbia alcuna conferma sperimentale affatto, dato che dubito che uno spazio tridimensionale curvo sia mai stato effettivamente osservato ... o anche, addirittura, dedotto in maniera logica e infallibile da osservazioni fisiche di presunti oggetti «curvi» quadridimensionali. Ma anche se tali oggetti fossero stati realmente osservati, o lo saranno un giorno, lei capirà ugualmente, mi auguro, che tali osservazioni o deduzioni non equivarrebbero a una conferma della verità o correttezza della sua teoria ...

EINSTEIN: Perché no, in nome del cielo?

SOCRATE: Beh, come il filosofo Macrì sottolinea, sarebbe il risultato di un semplice errore logico. Si tratta per di più di un errore molto comune: infatti, anche Galileo l'ha fatto. Il Prof. Owen Gingerich, professore emerito di astronomia e storia della scienza all'Università di Harvard, lo descrive in un articolo intitolato «Il caso Galileo», nella rivista «Le Scienze». Galileo ha sostenuto che il sistema planetario è eliocentrico utilizzando il seguente ragionamento fallace: (1) Se il sistema planetario fosse eliocentrico, Venere presenterebbe delle fasi; (2) Effettivamente Venere presenta delle fasi; (3) Quindi il sistema planetario è eliocentrico. Si tratta di un semplice errore logico: tanto semplice che pure la logica medioevale fu in grado di discernerlo. È un esempio di una forma errata del modus ponens: [se p è vero, allora q è vero] implica che [se q è vero, p è vero]. Come sottolinea Macrì, non c'è niente di più sbagliato! La corretta forma di ragionamento in questo contesto, chiamata in termini medioevali modus tollens, si enuncia così: [se p è vero, allora q è vero] implica che [se 'non q' è vero, 'non p' è vero] … o, in modo un po' meno formale, [se p è vero, allora q è vero] implica che [se q non è vero, p non è vero]. O, per dirla in termini ancora più semplici, come il nostro buon amico Karl Popper ci ha spiegato, la veridicità di una teoria non può mai essere stabilita dalle sue conferme, ma viceversa, può essere dimostrata solo la sua falsità. Ad esempio, come Popper accenna, nessun numero di osservazioni può confermare la verità di una generalizzazione universale, come «tutti i cigni sono bianchi»; e tuttavia per confutare o smentire – «falsificare» è il termine tecnico adottato – questa generalizzazione basterebbe che un solo cigno non-bianco venisse osservato.

EINSTEIN: Sì, Popper ed io abbiamo avuto una lunga conversazione su questo argomento. Mi piace quel tizio; è di Vienna (i dolci lì sono incredibili! … Ha mai assaggiato la «Sachertorte» all'Hotel Sacher? Creata per il Principe Metternich stesso, niente di meno. La più famosa torta al mondo dal 1832. La ricetta originale rimane un segreto ben custodito dallo stesso hotel. Mi è venuta l'acquolina in bocca…). E sì, sono d'accordo per quanto riguarda l'argomento di Popper.

SOCRATE: Quindi lei è d'accordo che pure una teoria totalmente falsa, persino una non scientifica, può essere in grado di fornire previsioni accurate, e di essere confermata milioni di volte?

EINSTEIN: Sì, penso di sì – anche se sembra assolutamente contrario al senso comune. Ma è davvero difficile capire …

SOCRATE: Ebbene, consideriamo i Maya. I loro calcoli astronomici, incredibilmente accurati e matematicamente sofisticati, sono stati miscelati con religione e presagi, i loro sacerdoti discernevano la volontà stessa degli dèi dietro le occorrenze di fenomeni astronomici. Le teorie alla base di queste previsioni incredibilmente accurate non erano migliori dell'astrologia – vale a dire, erano assolutamente non scientifiche; eppure le loro previsioni erano altamente accurate.

EINSTEIN: Spiegata così, si capisce bene. Le teorie che sono completamente «bunkum», come le chiamano gli americani – ossia, assurde – possono tuttavia essere predittive: anzi, altamente predittive. Anche se sembra assolutamente pazzesco dirlo, è comunque del tutto vero.

SOCRATE: Ecco il punto, esattamente. Quindi la sua teoria dello spazio curvo quadridimensionale è, per quanto posso dire, assolutamente non scientifica – dal momento che, per la sua stessa ammissione, non c'è alcuna evidenza per essa, e, inoltre, non può nemmeno essere testata; lo ammette? Così, il fatto che la sua teoria fornisca previsioni accurate non può aver alcuna incidenza sulla sua scientificità o verità – non più di quanto ebbero le teorie astrologiche dei Maya, le quali potevano fornire previsioni molto accurate!

EINSTEIN: A maggior malincuore devo essere d'accordo con lei. A maggior malincuore. Logicamente non ho una confutazione. (Pausa lunga). Eppure sostengo ancora che lei non ha smentito – ossia, quel che Popper chiamerebbe «falsificato» – la mia teoria.

SOCRATE: Ammetto che non l'ho fatto ancora. Ma vogliamo continuare? Riconosco che sta diventando una conversazione lunghissima, ma da parte mia sono disposto a continuare, se ciò vale anche per lei.

EINSTEIN: Certo che sono disposto. Come ho detto su di me, «Non è che io sia così intelligente, è solo che mi fermo a ragionare sui problemi più a lungo». E, mio caro Socrate, sembra che faccia lo stesso pure lei!

SOCRATE: Sì, non sono troppo intelligente nemmeno io. Anzi, penso di essere una delle persone viventi più stupide – o più correttamente, viventi o morte! Credo che i libri umoristici intitolati «Xxxxx per Negati» siano stati scritti giusto per me.

EINSTEIN: (Sorridendo) Beh, allora siamo in due.

SOCRATE: «Scemo & più scemo», eh?

EINSTEIN: Sì! (Urto del pugno). Ma non specificheremo chi è chi – voglio dire, non specificheremo chi di noi è lo «scemo» e chi il «più scemo». Lasciamo la decisione ai posteri!

SOCRATE: (Ridendo) Sì, facciamolo! Ma per ritornare al nostro discorso: è d'accordo che in ogni punto su una linea curva ci dev'essere una tangente? O almeno la possibilità di una tangente?

EINSTEIN: Sì, credo di poter accettare quest'idea ... (pensando) ehm ... Sì.

SOCRATE: E che ogni tangente dev'essere per forza una linea retta?

EINSTEIN: Non necessariamente. Com'è chiaro, «tangente» significa semplicemente «toccare». O più precisamente, la tangente ad una curva in un dato punto è la linea che «tocca appena» la curva in quel singolo punto. Nulla è detto sulla necessità di una tale linea di essere dritta!

SOCRATE: Non è detto, devo ammetterlo – almeno non sempre; tuttavia, a volte è effettivamente detto – si veda Wikipedia in proposito. Ed in ogni caso, anche quando non è detto esplicitamente, non è almeno pesantemente implicito che una tangente deve sempre essere una linea retta?

EINSTEIN: «Pesantemente» implicito?

SOCRATE: Ebbene, fortemente implicito, allora. Ma «pesantemente implicito» è un neologismo in uso dai giovani italiani d'oggi, tradotto letteralmente dal termine americano «heavily implied».

EINSTEIN: Come sarebbe implicito?

SOCRATE: Beh, non è implicito in tutti i disegni che illustrano il concetto di «tangente»? Ha mai visto il concetto di «tangente» illustrato in questo modo? (disegna nella sabbia):

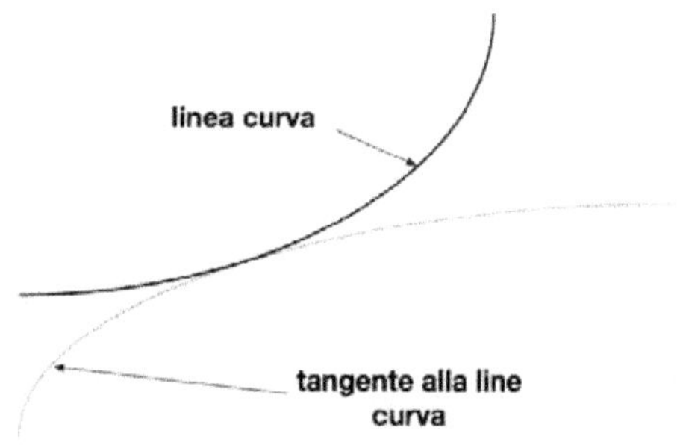

EINSTEIN: Beh ... no, confesso che non l'ho mai visto così illustrato.

SOCRATE: O così? (disegna di nuovo nella sabbia):

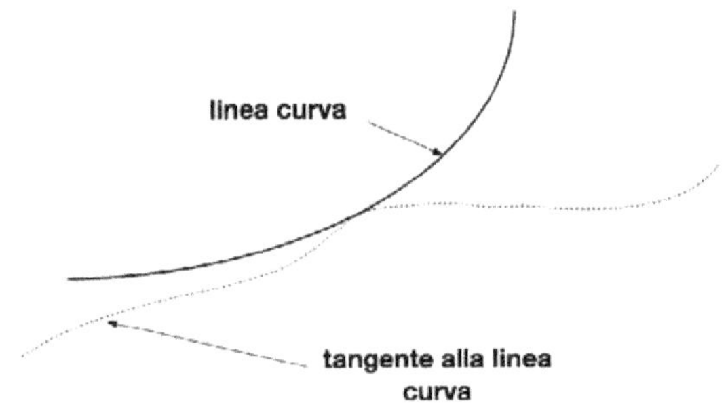

EINSTEIN: No. Assolutamente. Va bene. Sono d'accordo; ha ragione.

SOCRATE: Infatti, non sono le tangenti sempre illustrate così? (disegna nella sabbia di nuovo) ... Il che implica che le tangenti debbano essere tutte dritte, no?

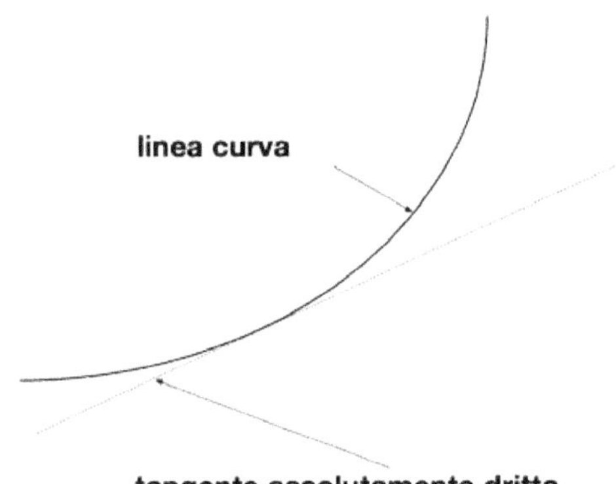

EINSTEIN: Sì. Sono d'accordo.

SOCRATE: E siamo inoltre d'accordo che, ad una linea retta, assolutamente retta, non può esserci alcuna tangente, e mai potrebbe essercene una? Mai? Perché anche ipotizzando la sua esistenza, «toccherebbe» la retta in tutta la lunghezza di quest'ultima, e non solo in un unico punto … e quindi non sarebbe una tangente affatto?

EINSTEIN: (Dopo averci pensato a lungo) Sì, siamo d'accordo. Ad una linea assolutamente retta non ci può essere alcuna tangente. Mai. È vero.

SOCRATE: Quindi non è possibile per una tangente di essere tutt'altro che una linea veramente retta … sarebbe d'accordo?

EINSTEIN: Va bene; sarei d'accordo con questo ragionamento. Ma cosa succederebbe se i matematici potessero dimostrare che le tangenti non devono essere necessariamente linee rette?

SOCRATE: Beh, avrei due argomenti contrari a questo proposito. Il primo argomento è che anche se alcuni matematici hanno una tale prova, essa di per sé non sarebbe sufficiente a dimostrare che la loro prova si può applicare all'Universo fisico. Non dovrebbero forse aver bisogno di un'altra prova – o per lo meno una dimostrazione – e cioè, che la loro prova su tangenti non rettilinee possa applicarsi effettivamente all'Universo fisico: all'Universo che conosciamo? Lei sa se hanno una tale prova o dimostrazione?

EINSTEIN: Confesso che non lo so.

SOCRATE: Quindi, in assenza di una tale prova o dimostrazione, ciò che sostengono non sarebbe applicabile alla sua teoria, essendo una teoria della fisica. Dico bene?

EINSTEIN: Sì, vero.

SOCRATE: Ed il mio secondo controargomento è che, anche se avessero una prova per le tangenti curve, non significherebbe ipso facto che ci potrebbero essere altre linee rette tangenti a tali «tangenti» curve? E se è così, ciò non contraddirebbe il nostro accordo che ad ogni linea retta – cioè, alla tangente stessa – non ci può essere alcuna tangente? Non è vero?

EINSTEIN: Sì, ha ragione.

SOCRATE: Pertanto, anche in uno spazio che è curvo ovunque – e che di conseguenza sembrerebbe non poter contenere linee rette – anche in un spazio simile, in ogni punto lungo ogni linea curva deve esistere almeno la possibilità di una tangente a quella linea curva. Giusto?

EINSTEIN: Sì ...

SOCRATE: E ogni tangente dev'essere una linea assolutamente retta, non è vero? Come eravamo d'accordo in precedenza, no?

EINSTEIN: Sì, lo confesso.

SOCRATE: E allora, anche se uno spazio è curvo, dove tutte le linee in esso sono esse stesse curve, dev'esistere almeno la possibilità di linee dritte – assolutamente dritte, davvero dritte, in realtà dritte, perfettamente dritte ... le quali sono tangenti alle linee curve. Non le sembra? Infatti, dev'esistere la possibilità di un numero illimitato di tangenti dritte in tutti i punti infiniti di tutte le curve illimitate in un tale spazio curvo. Lo ammette?

EINSTEIN: (Pensiero lungo). Sì. Devo ammetterlo. Sì, è vero.

SOCRATE: Giusto per essere chiaro che siamo d'accordo: lei ammette, non è vero, che anche se su – diciamo – la superficie di una sfera, o su una parte di essa, ove non ci sono linee rette affatto, in ogni punto lungo ogni linea curva sulla superficie curva di una sfera, può esistere una tangente, che è – e deve essere – una linea assolutamente, perfettamente, totalmente retta? Certo queste rette non giacerebbero sulla superficie della sfera, ma al di fuori di essa; ma questo non vuol dire che non esistano affatto, o che non possano esistere affatto. È così?

EINSTEIN: Sì, sono d'accordo.

SOCRATE: E se la superficie di una sfera – o una parte di essa – fosse «appiattita» in qualche modo (e non specificheremo esattamente come potremmo «appiattirla», considerandolo irrilevante), così che le linee curve che erano su di essa risultino poi raddrizzate, questo di per sé non escluderebbe la persistenza delle linee totalmente rette – linee realmente rette, assolutamente rette, perfettamente rette – e cioè, delle tangenti alle linee curve che esistevano sulla sua superficie prima che essa fosse «appiattita» – dico bene?

EINSTEIN: (Pensiero un po' più lungo) Sì, sono d'accordo.

SOCRATE: Allora non ho presentato, in tal caso, un argomento che può soddisfare il suo criterio per una confutazione – o un rifiuto – della sua teoria che lo spazio può essere curvato per la gravità?

EINSTEIN: Eh? Come?

SOCRATE: Beh, la sua teoria è che lo spazio è curvo in presenza di un campo gravitazionale, non è vero?

EINSTEIN: Sì, certo.

SOCRATE: E non siamo rimasti d'accordo che la sua teoria sarebbe stata smentita – o «falsificata», per esprimermi con la terminologia popperiana – se fossi riuscito a fornire una prova che esiste qualcosa – anche qualcosa di completamente immaginario come una retta geometrica – che è dritta in assenza di un campo gravitazionale, e che rimarrebbe sempre dritta anche in presenza di un tal campo? Vale a dire, che una cosa del genere rimarrebbe perfettamente e assolutamente dritta in assenza e in presenza di un campo gravitazionale? Infatti, non è questo proprio il suo criterio per una possibile confutazione della sua teoria?

EINSTEIN: Sì; vero.

SOCRATE: Abbiamo anche stretto le mani su di esso, se ben ricordo.

EINSTEIN: Sì … ehm. Sì. Sì, l'abbiamo.

SOCRATE: Infatti. E così facendo non ho stabilito che tangenti ad eventuali linee curve, sia in uno spazio piatto sia in uno spazio curvo, devono rimanere dritte, al di là del fatto se lo spazio stesso sia curvato o meno? Ciò vale almeno nell'Universo fisico … qualunque siano le possibilità nella matematica pura; vale a dire, nella matematica che non è applicabile all'Universo fisico.

EINSTEIN: (Pensando molto, molto a lungo). Sì, sembra di averlo stabilito. Ammetto che … hmm.

SOCRATE: E poiché si sostiene che lo spazio è curvo in presenza di un campo gravitazionale, mentre in assenza di un tal campo, lo spazio è completamente «piatto», allora queste tangenti rimarrebbero assolutamente, effettivamente, realmente, perfettamente diritte in assenza e in presenza di un campo gravitazionale – vuol ammetterlo? Si ricordi che è sotto giuramento! (Sorride).

EINSTEIN: (Sussurrando) Ehm …

SOCRATE: Scusi? Non ho sentito.

EINSTEIN: Sì. (Schiarisce la gola) Sì.

SOCRATE: E può scorgere alcun difetto nella mia logica?

EINSTEIN: No, non posso discernerne uno – almeno, non ancora. Ma questo non significa che non potrei trovare una confutazione al suo ragionamento nel futuro: prometto che lo farò!

SOCRATE: Sono certo che tenterà di farlo al meglio che può, mio caro Professor Einstein! Ma per adesso ... ?

EINSTEIN: Va bene, ha ragione. (Pensandoci su) Ma che cosa succederebbe se dovessi ripudiare il mio precedente accordo con lei? Se sostenessi adesso che il criterio di falsificabilità che ho presentato in precedenza non è davvero un buon criterio?

SOCRATE: Beh, direi che allora si rinnegherà un accordo solenne! (Sorridendo).

EINSTEIN: Ma agli scienziati deve essere permesso di cambiare idea, no?

SOCRATE: Certo che sì. Stavo solo scherzando. Per favore, cambi idea.

EINSTEIN: Allora. Ho cambiato idea: il criterio che ho presentato in precedenza per la confutazione della mia teoria non è davvero un criterio valido.

SOCRATE: Allora può enunciare qualsiasi altro criterio per la confutazione della sua teoria? Un criterio valido?

EINSTEIN: No, non posso ... e non lo farò nemmeno.

SOCRATE: Quindi per l'argomento di Popper la sua teoria non può essere scientifica, vero?

EINSTEIN: (Pensando) Sì, vero. (Pensando un po' di più). Va bene, allora sostengo che l'unico criterio deve essere un criterio sperimentalmente verificabile; non un criterio del tutto teorico.

SOCRATE: E come esattamente potrebbe concepire un esperimento fisico per testare la sua teoria – dato che lei stesso sostiene che la nostra tecnologia attuale non è in grado di testare la sua teoria sperimentalmente?

EINSTEIN: Proprio perché un tale test non può essere eseguito, sostengo che la mia teoria si mantiene valida ancora!

SOCRATE: (Sorridendo) Beh, prima di affrontare questo nuovo argomento, vogliamo ricapitolare per vedere quanto della sua teoria rimane valida ancora, discutendo ancora una volta i punti principali della nostra discussione fino ad ora?

EINSTEIN: (Controvoglia) Beh … ok, avanti allora.

SOCRATE: In primo luogo abbiamo stabilito, ricorderà, che «l'uguaglianza tra massa gravitazionale e inerziale» non esiste nell'Universo reale, almeno strettamente parlando. Oppure, se esiste, esiste solo per volumi di spazio infinitamente piccoli. Per tutti i volumi più grandi – i volumi come quelli di una stanza, o di un ascensore – c'è solo una forte somiglianza tra le due, ma non una equivalenza effettiva, strettamente parlando. Giusto?

EINSTEIN: Strettamente parlando. Sì, ma solo in senso stretto. Solo se sottilizziamo.

SOCRATE: Infatti. Tuttavia, se ricorda, abbiamo anche convenuto che sottilizzare è un processo necessario e valido al fine di esaminare in dettaglio la sua teoria, dal momento che – per sua stessa ammissione – al nostro stadio tecnologico attuale non disponiamo di strumenti sufficientemente precisi per testare sperimentalmente la sua teoria, e che la sua teoria discute piccolissime quantità di curvatura dello spazio, almeno in circostanze normali. Non abbiamo, di conseguenza, convenuto di ammettere la necessità di sottilizzare?

EINSTEIN: Sì, l'abbiamo ammesso. Sì.

SOCRATE: Ma allora, strettamente parlando e potendo sottilizzare – il che, si ammette, è necessario e del tutto valido nel contesto del suo esperimento mentale – non è stato assolutamente stabilito che la gravità possa piegare lo spazio, anche qualora l'accelerazione fosse capace farlo. Non è vero?

EINSTEIN: (A malincuore) Effettivamente, non l'ho stabilito. Ha ragione.

SOCRATE: Ora, venendo al tema dell'accelerazione di per sé: lei ha sostenuto che l'accelerazione può piegare un fascio di luce, non solo apparentemente, ma anche realmente, perché secondo lei – e anche secondo alcuni filosofi empiristi – l'aspetto esteriore, l'apparenza è la stessa realtà. Giusto?

EINSTEIN: Infatti.

SOCRATE: Ma successivamente ha ammesso di non ritenere universalmente valida la visione empiristica, come regola rigida e sicura, e che a volte le apparenze possono essere effettivamente mere apparenze, e non la pura realtà – giusto?

EINSTEIN: Giusto.

SOCRATE: E allora – e sto qui ripetendo solo per essere chiari – ammetterà che a volte le apparenze possono essere mere apparenze, per niente affatto la realtà?

EINSTEIN: Sì, sì: l'ho appena ammesso.

SOCRATE: E quando ho introdotto un altro osservatore esterno all'ascensore, al quale – per sua stessa ammissione – tutte le traiettorie dei fotoni sembrano perfettamente dritte, lei ha sostenuto che la realtà stessa potrebbe essere diversa per i due osservatori. È così?

EINSTEIN: Sì, ha ragione.

SOCRATE: Ma dopo un po' ha cambiato idea su questo punto, vero? Perché si è reso conto che postulando una molteplicità di «realtà» tutte reali ci condurrebbe ad una palese contraddizione, e ciò non si adatterebbe bene nemmeno con la sua teoria, non è così?

EINSTEIN: Sì. Ammetto che la mia teoria parla di un'unica e sola realtà, perché sostengo che lo spazio è piegato in tutti i campi gravitazionali, piegato nella vera e unica realtà … e non piegato in alcune «realtà» e non in altre o in alcuni campi gravitazionali e non in altri. Si, ha ragione ancora una volta.

SOCRATE: Grazie. E lei è anche d'accordo che se potessimo immaginare il pavimento e il soffitto del nostro ascensore composto da una sorta di rete, in modo che lo spazio dentro l'ascensore possa unirsi con lo spazio esterno, allora quell'unico spazio sarebbe «piatto» sia per l'uomo dentro l'ascensore che per la donna al di fuori di esso. Giusto?

EINSTEIN: Ha ragione, anche se a malincuore, sono d'accordo.

SOCRATE: Allora lei ammetterà che la sua teoria è una teoria concernente un'unica realtà, cioè quella dell'Universo reale, e non una moltitudine di realtà diverse: in altre parole, che la realtà non è relativa.

EINSTEIN: (Tristemente) Sì.

SOCRATE: Abbiamo anche convenuto che le traiettorie di entità dinamiche come i proiettili di pistola appaiono curvate per quanto riguarda l'uomo dentro l'ascensore, ma sembrano nello stesso tempo perfettamente dritte alla donna fuori dall'ascensore. Vero?

EINSTEIN: Sì.

SOCRATE: Poi abbiamo anche convenuto che se, prima di impostare l'accelerazione all'ascensore, un righello assolutamente rigido e dritto venisse esteso dal puntatore laser alla parete opposta dell'ascensore, il righello rimarrebbe imperturbabilmente dritto, sia prima che dopo l'accelerazione dell'ascensore, al di là di chi sia l'osservatore. E così, il suo esperimento mentale crollerebbe: come abbiamo visto, un righello che si manifesta perfettamente dritto e rigido nello spazio euclideo, in uno spazio curvo deve diventare piegato.

EINSTEIN: Beh, non è esattamente questo il caso. Abbiamo concordato che se un tale righello perfettamente dritto e rigido – un righello che fosse perfettamente rettilineo prima dell'accelerazione dell'ascensore – dovesse apparire dritto anche quando l'ascensore è accelerato, allora il mio esperimento mentale crollerebbe. Ma dopo aver riflettuto, ho sostenuto, se ricorda, che non potevo avere certezza alcuna che un tale righello dovesse apparire assolutamente dritto in un ascensore in accelerazione. Infatti, come ho affermato successivamente dopo una matura riflessione, sarebbe più giusto asserire che esso diventa piegato in un ascensore in accelerazione esattamente nello stesso modo e nella stessa misura del fascio luminoso.

SOCRATE: Sì, ha infatti così sostenuto. Ma poi le ho fatto notare che se così fosse, il punto in cui la luce brilla sulla parete dell'ascensore di fronte al puntatore laser non sarebbe più in basso rispetto alla parete opposta, come invece veniva considerato prima. O in altre parole, non le ho forse indicato che uno dei presupposti del suo esperimento mentale crollerebbe, in modo che lo stesso Gedankenexperiment costituirebbe una reductio ad absurdum, confutando così se stesso?

EINSTEIN: Sì, è vero; ma poi le ho chiesto di seguirmi su questa linea di pensiero fino alla fine, e lei ha accettato la mia richiesta.

SOCRATE: L'ho accettata davvero. Ma lei non era forse d'accordo con me che se il righello fosse rimasto dritto dopo l'accelerazione la sua teoria sarebbe crollata?

EINSTEIN: Sì. Se il righello rimane dritto dopo l'accelerazione. Se.

SOCRATE: Infatti, se. E poi lei aveva aggiunto che il pavimento dell'ascensore poteva essere anch'esso piegato allo stesso modo e nella stessa misura del fascio di luce, il che spiegherebbe tutto.

EINSTEIN: Sì, l'ho detto, sì. Grazie per avermelo ricordato.

SOCRATE: Ma poi le ho fatto notare che la sua assunzione relativa alla curvatura del pavimento dell'ascensore sarebbe un errore logico, in quanto assumerebbe come dimostrato ciò che rimane ancora da dimostrare.

EINSTEIN: Mi ricordi il perché.

SOCRATE: Beh, il suo esperimento di pensiero è stato progettato per dimostrare – o in altre parole, per provare – che lo spazio può essere piegato a causa di una accelerazione; e in una tale dimostrazione o prova, non si può validamente supporre che lo spazio sia difatti piegato a causa dell'accelerazione, perché questo è esattamente ciò che si sta cercando di dimostrare usando l'esperimento mentale! O almeno, non se vogliamo essere razionali.

EINSTEIN: Ah. Sì. Ora mi ricordo. Sì: in un esperimento mentale progettato per dimostrare che lo spazio può essere piegato, non si può logicamente presumere in anticipo che lo spazio è piegato. Sono d'accordo.

SOCRATE: Quindi è d'accordo che a rigor di logica, nel suo esperimento mentale, il pavimento dell'ascensore non può essere presupposto piegato?

EINSTEIN: (Tristemente) Sì.

SOCRATE: Allora. Se posso continuare …

EINSTEIN: Per favore.

SOCRATE: Lei ha anche affermato che ci sono prove matematiche che lo spazio è piegato.

EINSTEIN: Sì, davvero.

SOCRATE: Infatti. E io ribattei quest'affermazione dicendo che i matematici potrebbero avere dimostrazioni matematiche di teoremi che assumono uno spazio ipotetico che è curvo; ma non mi pare che possano vantare alcuna prova, matematica o altra – e nemmeno una dimostrazione – che lo spazio reale, vale a dire lo spazio dell'Universo fisico, l'Universo conosciuto – possa essere curvato. Almeno lei non è stato in grado di darmi nessun ragguaglio sull'esistenza di una tale prova o dimostrazione; e la teoria della relatività generale, la sua teoria, in assenza di una tale prova perde la plausibilità teoretica di una sua applicabilità al reale, non c'è ragione di credere che la sua teoria si possa applicare alla fisica dell'Universo reale, dell'Universo conosciuto.

EINSTEIN: Effettivamente lei ha detto qualcosa del genere, lo ammetto.

SOCRATE: Allora, chiaramente lei non ha dimostrato che la sua teoria si possa applicare all'Universo fisico, non è vero? Posso ricordarle ancora una volta che è sotto giuramento.

EINSTEIN: (Molto, molto a malincuore) Sì, credo di sì. Ma ancora mi trovo nel dubbio. Non sono sicuro che lei abbia ragione, ma non riesco a trovare una confutazione in questo momento. Ma mi metterò a lavorare intensamente su questa questione, lo prometto! Sono molto tenace.

SOCRATE: Accoglierò con favore ogni occasione per imparare da lei in futuro, senz'altro caro professor Einstein! Ma possiamo continuare il nostro riepilogo? Se ben ricordo, ha poi affermato che non ha bisogno di mostrare alcuna prova per stabilire la sua teoria, ma solo delle evidenze; perché secondo la maggior parte dei filosofi della scienza moderna, compreso il nostro buon amico viennese Karl Popper, non ci sono prove nelle scienze ma solo una preponderanza di evidenze.

EINSTEIN: Davvero. Buon punto filosofico, lo dico a me stesso.

SOCRATE: E lei ha voluto sottolineare la spedizione di Eddington come una fonte di tale evidenza, per dimostrare che lo spazio può essere curvato per la gravità.

EINSTEIN: Veramente è così.

SOCRATE: Non per l'accelerazione, le ricordo, ma per la gravità.

EINSTEIN: Sì, ma questo è l'obiettivo del mio sperimento mentale, lei capisce. La parte di esso che riguarda «l'accelerazione» è solo un argomento intermedio, per arrivare alla meta finale.

SOCRATE: Ma il suo esperimento mentale cercava di stabilire in primis che lo spazio è curvato a causa dell'accelerazione, non è vero?

EINSTEIN: Infatti. Ma come ho detto, si tratta di un argomento soltanto intermedio.

SOCRATE: E quindi si sarebbe solo in grado di concludere che lo spazio è piegato a causa della gravità se fosse possibile stabilire un'equivalenza esatta tra la gravità e l'accelerazione – qualcosa che non è riuscito a stabilire, giusto?

EINSTEIN: (Rallegrandosi) Non che abbia fallito del tutto, si capisce. Arrivai vicino, maledettamente vicino a stabilirlo; non l'ho dimostrato soltanto se parliamo in senso molto stretto.

SOCRATE: Beh, anche se avesse avuto la possibilità di stabilire quest'equivalenza perfettamente, l'esperimento effettuato dalla spedizione di Eddington – anche se fosse stato condotto del tutto correttamente, una questione che rimane ancor oggi piena di dubbi – avrebbe soltanto potuto stabilire che la traiettoria della luce potrebbe essere curvata dalla gravità, vero? E ho risposto che nessuno ha mai dubitato che le traiettorie di cose che possono essere attratti dalla forza di gravità possono essere curvate dalla gravità, ma che questo fatto di per sé non dimostra che lo spazio è piegato – o curvo – a causa della gravità. Giusto?

EINSTEIN: Giusto. Su entrambi i fronti.

SOCRATE: Ed ho anche mostrato – e lei stesso è stato d'accordo – che la luce può esser attratta dalla forza di gravità: perché, come lei stesso ha sottolineato, se così non fosse, i buchi neri, per esempio, non sarebbero neri … giusto?

EINSTEIN: Giusto.

SOCRATE: Quindi lei è d'accordo che non è stato dimostrato che lo spazio può essere piegato – o curvato – dalla gravità, anche se le traiettorie possono essere curve per la gravità?

EINSTEIN: (Con rincrescimento) Sì.

SOCRATE: Dopodiché nel punto successivo lei ha tentato di richiamare la possibilità che una traiettoria possa essere curva e dritta contemporaneamente, sostenendo che la linea più breve tra due punti su una superficie curva debba essere essa stessa curva se corre lungo la superficie stessa, in modo che definendo il termine «retta» come linea più breve tra due punti qualsiasi, tali linee sulla superficie curva sarebbero curve e rette contemporaneamente. Giusto?

EINSTEIN: Giusto. È quello che ho fatto e che tutt'ora credo. La matematica degli spazi curvi lo dimostra.

SOCRATE: Ma poi ho sottolineato che tali linee non sono realmente le linee assolutamente più brevi possibili tra questi punti, perché delle linee davvero rette tra gli stessi punti – linee che non corrono lungo la superficie curva – sarebbero ancora più brevi, vero?

EINSTEIN: Sì, vero.

SOCRATE: Il che significa che c'è una differenza reale tra una linea veramente dritta, e qualsiasi linea veramente curva, lo ammette? Non ha forse ammesso che avevo ragione in questa affermazione?

EINSTEIN: (Malvolentieri) Sì …. hmm. Sì.

SOCRATE: Giusto per essere assolutamente chiaro: lei è d'accordo, ora, che le rette non possono essere curvate e rimanere rette?

EINSTEIN: (A malincuore) Sì.

SOCRATE: E poi, ad un certo punto lei ha anche affermato che la sua teoria ha «milioni di conferme ogni anno», quindi la probabilità che la sua teoria sia corretta dev'essere molto alta: non è vero?

EINSTEIN: Certo che l'ho affermato. Ed è così, infatti! Ha milioni di conferme all'anno; anzi, forse decine di milioni!

SOCRATE: Ma era chiaro sia a me che a lei – così come da considerazioni fatte su altre teorie come quelle astrologiche dei Maya, le quali vantano pure loro un sacco di conferme e sono altamente predittive – che questo fatto di per sé non costituisce assolutamente alcuna garanzia sulla correttezza o verità di questa – e, difatti, qualsiasi – teoria. Non è così?

EINSTEIN: Sì, ho ammesso la logica di questo ragionamento, anche se è altamente controintuitivo. Molte persone, credo, non sarebbero nemmeno in grado di capire quest'argomento. Ma io lo capisco. Sì, ha pienamente ragione.

SOCRATE: Quindi quell'enorme numero di conferme vantate dalla sua teoria non è garante in alcun modo sull'intrinseca correttezza o verità: giusto?

EINSTEIN: (Tristemente) No, non lo è.

SOCRATE: E poi abbiamo parlato sulla possibilità di trovare un modo per «falsificare» – o per esprimerci in parole inequivocabili, di confutare, invalidare o rendere falsa – la sua teoria, vero?

EINSTEIN: Sì.

SOCRATE: E quando abbiamo discusso su questo punto, lei ha sostenuto che fino adesso non sono stato in grado di «falsificare» la sua teoria con delle controdeduzioni, come quelle che avevo presentato: giusto?

EINSTEIN: Sì: mi ricordo molto bene.

SOCRATE: E ha ammesso che non c'è un modo sperimentale di «falsificare» – ossia smentire o rendere falsa – la sua teoria; almeno non con la tecnologia attuale … giusto?

EINSTEIN: Sì, giusto.

SOCRATE: E siamo entrambi d'accordo che se non c'è alcun modo di «falsificare» una teoria, una tale teoria non può chiamarsi scientifica: giusto?

EINSTEIN: Sì: col criterio di Popper – con cui sono completamente d'accordo – una teoria non falsificabile è assolutamente non scientifica.

SOCRATE: Ma lei era altresì d'accordo con me sul fatto che al di là della possibilità di trovare o meno un metodo sperimentale con la tecnologia attuale per «falsificare» la sua teoria, ci dev'essere un modo teorico o logico per farlo: giusto?

EINSTEIN: Sì, l'ho accettato: sì. Perché se non ci fosse alcun modo di poter falsificare la mia teoria, non potrebbe essere scientifica; e siccome la mia teoria è una teoria che fa parte della scienza, ci deve per forza essere un criterio per falsificarla!

SOCRATE: E quando le ho chiesto di presentarmi un criterio di falsificabilità della sua teoria, lei ha detto che sarebbe bastata la dimostrazione dell'esistenza di qualcosa per falsificarla – anche qualcosa di completamente immaginario come una linea geometrica – che è dritta in presenza di uno spazio curvo, e che rimane dritta in assenza di un campo gravitazionale, sicché lo spazio non può dirsi curvo. Non è stato lei stesso a enunciare questo criterio?

EINSTEIN: Sì, effettivamente.

SOCRATE: E poi ho fatto notare che le tangenti alle linee curve devono essere dritte in ogni caso, perché la nozione stessa di «tangente curva» è piena di contraddizioni interne. In questo modo le tangenti dovrebbero essere sempre rette, a prescindere della possibilità che lo spazio in cui si manifestano possa essere curvato o meno dalla forza di gravità ... o, curvato in generale, al di là della causa.

EINSTEIN: Vero.

SOCRATE: E ho anche sottolineato che tale argomento sarebbe sufficiente per soddisfare il suo criterio di falsificazione teorica della sua teoria, vero? Il che verrebbe a significare che la sua teoria è «falsificata» o invalidata senza appello – ossia palesemente falsa – non è così?

EINSTEIN: Sì, sì, sì; ma è a quel punto che ho ripudiato il mio precedente criterio per accertare la falsificabilità. Solo dopo ripensamenti, si capisce; ma come lei stesso ammette, ad uno scienziato dev'essere consentito di cambiare idea!

SOCRATE: Infatti! E dev'essere consentito di poter cambiar idea anche ad un filosofo. Ma quando le ho chiesto di presentarmi qualche altro criterio per la potenziale falsificazione della sua teoria, lei ha detto qualcosa come: «L'unico criterio deve essere un criterio sperimentalmente verificabile, e non un criterio teorico».

EINSTEIN: (Allegramente). Sì, mi sono pronunciato così, è vero.

SOCRATE: E quando le ho domandato «come potrebbe essere esattamente concepito un esperimento per testare la sua teoria, dal momento che lei stesso sostiene – e giustamente – che la nostra tecnologia non ci permette di testarla sperimentalmente?», lei è uscito con questa battuta: «Dal momento che una cosa del genere non può essere concepita, io sostengo che la validità della mia teoria è ancora intatta!»

EINSTEIN: Sì, è vero. (Fiero di se stesso).

SOCRATE: Ma allora, a questo punto, non sta sostenendo che la sua teoria non è «falsificabile»?

EINSTEIN: Non sperimentalmente però: dal lato sperimentale lo è!

SOCRATE: E dunque lei sta qui sostenendo che la procedura di falsificabilità empirica è l'unica possibilità o unico criterio per la sua falsificazione?

EINSTEIN: Sì, certo – non l'ho detto meno d'un minuto fa?

SOCRATE: Ha davvero detto così, mio caro professor Einstein!

EINSTEIN: E allora!

SOCRATE: E allora, si sostiene che non è falsificabile affatto, non è vero?

EINSTEIN: Sì! (Alzando la voce un po') Quindi la mia teoria si mantiene valida ancora!

SOCRATE: Infatti … ma (alzando la voce un po' pure lui) non come una teoria scientifica: giusto?

EINSTEIN: (Sconcertato). Sì, va bene; lo ammetto. O enuncio un criterio di falsificabilità – un criterio che dev'essere del tutto teorico, dal momento che i test sperimentali sono impossibili all'interno del nostro livello tecnologico – o altrimenti la mia teoria diventa non scientifica. E l'unico criterio teorico che sono stato in grado di enunciare fino adesso può essere accolto, falsificando in questo modo la mia teoria ... Mi sono ficcato tra l'incudine e il martello ora!

SOCRATE: (Sorridendo) Beh, non sarebbe mica male allora!

EINSTEIN: Gottverdammt! Beh, non importa. Sono sicuro che prima o poi troverò una via d'uscita da quest'enigma, anche se non riesco in questo momento. Ma nel passato sono stato in grado di trovare la via d'uscita da un semplice sacchetto di carta, parlo sia letteralmente che metaforicamente – letteralmente perché ero a una festa, ed ero ubriaco, ma questo non importa adesso – così ho più che una speranza di trovare una via d'uscita pure da questo problema.

SOCRATE: Sarò molto felice di riprendere le nostre discussioni non appena avrà trovato la sua soluzione!

EINSTEIN: Vorrei lo stesso accennare che la mia teoria è ampiamente accettata e rispettata. Infatti, non esiste un singolo vincitore del Premio Nobel per la fisica – almeno dopo il 1920 – che non la abbia accettata. Oltre il 99,99% di tutti i professori di fisica di tutto il mondo – che hanno studiato fisica per una vita intera – l'hanno accolta. Non posso credere che sarebbe così se la teoria non fosse dimostrabilmente corretta. Non posso accettare l'idea che il 99,99% dei migliori fisici del mondo intero – laureati nelle migliori università del mondo – compresi tutti i Premi Nobel per la fisica fin dal 1920, si possano essere sbagliati, tutti... semplicemente non ha alcun senso!

SOCRATE: Formulando così la questione confesso che rimango perplesso quanto lei.

EINSTEIN: Allora, cosa ci manca nelle nostre discussioni?

SOCRATE: Non lo so – mi dica lei! Dopo tutto è la sua teoria, non è vero?

EINSTEIN: In effetti lo è. Ed ho il supporto di praticamente tutti i migliori fisici del mondo … lo stesso supporto che ho avuto per circa un secolo! Infatti, alcuni di questi individui sono molto più intelligenti di me. Come ho detto prima, io stesso non sono molto intelligente; sono soltanto molto tenace – rimango a rimuginare sui problemi finché ad un certo punto li risolvo, oppure mi convinco che non sono risolvibili. Ma questi compagni sono intelligenti. Intelligenti per davvero. Con un QI molto alto. Non sono stupidi come me!

SOCRATE: Capisco perfettamente, il suo discorso mi è molto chiaro. Anch'io non sono molto intelligente; in effetti prima della mia morte ero del parere che non sapevo nulla. Devo ammettere che mi è stato dimostrato qualche tempo fa proprio qui, in questi Campi Elisi, che se davvero non avessi saputo nulla, non avrei potuto neanche sapere di non sapere nulla … e quindi, dopo la mia morte, ho dovuto negare tale possibilità, quella di non sapere assolutamente nulla. Inoltre, devo ammettere che so camminare, parlare, pensare, arguire, e così via; quindi devo sapere qualcosa. Ma so molto poco. La maggior parte delle persone sono molto più intelligenti di me. Persino adesso che sono morto: figuriamoci quando ero vivo. Mi ritengo abbastanza stupido infatti, sia da vivo che da morto.

EINSTEIN: Come ho già detto, siamo in due! (Sorridendo).

SOCRATE: E tuttavia, il problema che lei sta affrontando – riguardo la categoria di persone intelligentissime che credono o accolgono cose che risultano essere, ad un esame più attento, completamente false – non mi è del tutto sconosciuto. Vede, quando ero vivo, accostavo la gente per le strade di Atene ponendo domande di sondaggio; e tra queste persone c'erano alcune molto intelligenti, colte e onorate. Tra di loro c'erano politici di prestigio, magistrati di tribunale, generali dell'esercito, esperti in molte materie: persone che avevano raggiunto molto di più nella vita in confronto a me, un livello che mai avrei sognato di raggiungere. Eppure non sono mai riuscito a capire perché avevano una così alta stima e considerazione, dal momento che nessuno di loro è stato in grado di convincermi che aveva ragione in profondità, anche se nei loro campi erano ampiamente rispettati e apprezzati per essere nel giusto!

EINSTEIN: (Sorridendo) Sì, da giovane ho letto un bel po' dei «dialoghi socratici» di Platone, e ho visto come è riuscito a fare carne tritata di molte persone cosiddette «intelligenti», come queste, che chiaramente non erano così intelligenti dopo tutto.

SOCRATE: Ebbene, «carne tritata» non è proprio del tutto il termine appropriato; il mio intento è sempre stato quello di imparare qualcosa dalle nostre conversazioni, visto che queste persone erano così ben considerate. Non ho mai inteso «farne carne tritata» – no, mai. E sono sempre stato pronto a cambiare la mia opinione … la quale, di fatto, non si è mai stata costituita o cristallizzata. In qualsiasi argomento.

EINSTEIN: Ah! Quanta saggezza c'è in lei!

SOCRATE: «Saggio»? Oh no, mio caro professor Einstein, non saggio! Ero scemo … se non addirittura «il più scemo». Lo sono ancora, infatti!

EINSTEIN: (Sorridendo) Sì, la capisco perfettamente. Io stesso sono stato soltanto un assistente tecnico nell'ufficio brevetti di Zurigo quando ho scritto i miei primi articoli sulla relatività e sull'effetto fotoelettrico. Non sono riuscito nemmeno ad ottenere un lavoro economicamente più soddisfacente!

SOCRATE: Sì: ne ho sentito parlare. Ma allora sicuramente si è posto la domanda perché così tante persone intelligentissime credono che lo spazio possa essere «flesso» dalla gravità, dato che ad un attento esame quest'ipotesi non ha alcuna evidenza a sua favore, e, se non in modo puramente teorico, non può nemmeno essere falsificata. Nessuno sa, di fatto, che quando un criterio teorico di falsificabilità viene effettivamente enunciato, il criterio può effettivamente essere logicamente soddisfatto, falsificando in questo modo una teoria come la sua?

EINSTEIN: Le devo confessare che la nostra conversazione mi ha ormai costretto a pormi questa domanda.

SOCRATE: E quale pensa che sia la risposta giusta?

EINSTEIN: Beh, forse tutte queste persone sanno qualcosa che noi non sappiamo … o altrimenti, forse non sono veramente così tanto intelligenti come sono ritenute essere!

SOCRATE: E quale delle due alternative è la più probabile?

EINSTEIN: La prima, credo. Devono sapere qualcosa che noi due non sappiamo. Per certo è molto improbabile che il 99,99% delle persone più istruite e più intelligenti del mondo possano sbagliare così tanto!

SOCRATE: Ma non è quello che è successo anche nel passato – anzi, spesso nel passato? Come nel medioevo, per esempio, quando praticamente tutti credevano quel che Aristotele scrisse: ad esempio, che le donne avevano meno denti degli uomini (perché non si è mai preso la briga di controllare effettivamente, contando i denti delle donne)? O che gli oggetti più leggeri cadono ad un tasso più lento di quelli più pesanti (perché non ha mai prestato più attenzione sull'azione dell'aria che rende le piume, per esempio, capaci di cadere più lentamente dei sassi)?

EINSTEIN: Sì, ma questo era il medioevo. Non c'è da stupirsi che non ci sia stato molto progresso in quel periodo! Una volta arrivati al rinascimento però, tutte queste sciocchezze sono state rapidamente rovesciate. Beh, relativamente rapidamente. Vede – tutto è relativo! ... Sto scherzando, sto solo scherzando.

SOCRATE: (Sorridendo) Ma oggi la maggior parte dei fisici crede che tutti gli oggetti devono cadere sulla terra con la stessa accelerazione, non è vero? Difatti, non l'hanno creduto per secoli?

EINSTEIN: Di certo l'hanno creduto – e giustamente!

SOCRATE: O davvero? E se posso chiedere, lo crede pure lei?

EINSTEIN: Certo che lo credo, mio caro Socrate! Tutti lo credono al giorno d'oggi. È un fatto, ben noto e ben consolidato. È stato anche testato sulla luna, in assenza di aria! Una piuma e un martello sono fatti cadere dall'astronauta David Scott nella missione Apollo 15, ed entrambi gli oggetti filmati mostrano un tempo di caduta identico.

SOCRATE: Ma forse c'erano differenze molto piccole nei loro tassi di caduta ... Differenze impercettibili. Forse. Ma avviciniamoci ancora di più al punto, lei crede che tutti i corpi cadano con un identico tasso di accelerazione perché tutti ci credono, o lo crede a causa di qualche ragione logica?

EINSTEIN: Per un motivo molto logico. L'esperimento mentale per dimostrarlo è stato ideato dallo stesso Galileo. Egli ha ragionato così: «Supponiamo che una palla di cannone pesante e una palla di moschetto leggera cadano dalla stessa altezza. E supponiamo, altresì, con l'immaginazione e come primo passo, che la palla di cannone cada a terra effettivamente più velocemente rispetto alla palla di moschetto. Il secondo passo, quello decisivo, è a questo punto quello di immaginare lo stesso esperimento con una piccola modifica: le due masse adesso sono fissate l'una con l'altra, diciamo tramite una cordicella o mediante saldatura. Succede allora, a questo punto, che l'insieme delle due masse dovrebbe cadere nello stesso tempo più velocemente e più lentamente rispetto alla palla di cannone in caduta da sola! Più velocemente, perché le due masse insieme pesano di più che la palla di cannone presa a sé stante; e più lentamente, perché la palla di moschetto leggera, che scende ad un tasso più lento rispetto alla palla di cannone, dovrebbe esercitare una certa resistenza sulla palla di cannone quando entrambi cadono insieme! Ma è assolutamente impossibile che il sistema delle due masse possa cadere nello stesso tempo più velocemente e più lentamente rispetto alla palla di cannone singola, quindi devono tutte cadere allo stesso tasso». Un argomento davvero formidabile, non è vero?

SOCRATE: Sì, effettivamente, vedo come quest'argomento possa essere considerato giusto: cioè valido e solido. Certamente così appare, in ogni caso.

EINSTEIN: Allora ho ragione a credere che tutti gli oggetti, indipendentemente dal loro peso, cadrebbero sulla terra allo stesso tasso: vero?

SOCRATE: Sì, sono d'accordo ... per tutti gli oggetti che già esistono sulla terra stessa. Infatti, anche se si dovesse far cadere sulla terra un'intera montagna come il Monte Olimpo, non cadrebbe più velocemente di una palla di moschetto. Se si

potesse far cadere una montagna sulla terra, ovviamente …
ma considereremo questa difficoltà irrilevante per adesso.

EINSTEIN: Quindi è d'accordo con me, no?

SOCRATE: Sì, certo: per quanto riguarda le palle di cannone, le palle di
moschetto e le montagne, o qualsiasi cosa che già costituisce
parte della terra prima che venga presa in mano e poi lasciata
cadere. Vede, la ragione per cui credo sia così, è che
l'attrazione gravitazionale tra due corpi, come ad esempio
una montagna e la terra, e quindi il loro tasso di caduta da
una determinata altezza – o più correttamente, il tasso con
cui il corpo e la terra si avvicinano l'un l'altro, meglio ancora
in assenza di aria – è proporzionale alla somma delle loro
masse; e la somma delle masse della terra e la montagna, presi
separatamente, non è minimamente diverso rispetto alla loro
massa combinata! E lo stesso vale per la somma delle masse
della palla di cannone e la terra, e della palla di moschetto e
la terra.

EINSTEIN: Proprio così! Cosa ho detto? Pure il Monte Olimpo, come
lei ha sottolineato giustamente, cadrebbe a terra non più
velocemente di una palla di moschetto. Naturalmente
stiamo parlando in linea di principio: non si può pensare di
far cadere una montagna nella realtà, almeno con la
tecnologia attuale, ma questo fatto è, come dice, irrilevante.

SOCRATE: Sono davvero convinto che ha ragione per quanto riguarda
il Monte Olimpo, la palla di cannone e la palla di moschetto.
Le chiedo se possiamo considerare, però, a questo punto, una
modifica all'esperimento ideale di Galileo.

EINSTEIN: Certo che sì! Mi piacciono molto i Gedankenexperiment:
rimangono il mio metodo preferito di fare scienza. Con Bohr

ne discutevo spesso ... (fregandosi le mani con euforia in anticipo).

SOCRATE: Va bene. Consideriamo il pianeta Giove.

EINSTEIN: Sì. E allora?

SOCRATE: E consideriamo pure che, secondo le migliori teorie fisiche d'oggi, è composto di atomi.

EINSTEIN: Certo, così è – ma allora?

SOCRATE: E supponiamo che la teoria atomica della materia sia corretta: e cioè, che in ogni atomo ci sia una cosiddetta «nuvola» di elettroni – da 1 a 92 (o di più, negli atomi creati artificialmente) – attorno a un piccolo nucleo, e che la maggior parte della massa dell'atomo sia concentrata nel nucleo, non nella «nuvola» di elettroni.

EINSTEIN: Sì, sono abbastanza d'accordo con tutto ciò: ma per arrivare al punto?

SOCRATE: Sto arrivando, e presto. Lei non ha alcuna difficoltà ad accettare che il diametro del nucleo di un atomo è inferiore a un decimillesimo del diametro dell'atomo stesso, vero?

EINSTEIN: (Pensando). Certo che no. Credo sia ancora più piccolo, a seconda del tipo di atomo. Se ben ricordo, nell'uranio – il più pesante di tutti gli elementi naturali – il diametro del nucleo è circa 1/23.000 del diametro dell'atomo; e negli elementi più leggeri il diametro del nucleo diventa progressivamente ancora più piccolo in confronto al diametro dell'atomo stesso. Nell'idrogeno credo che tale rapporto sia circa 1:140.000.

SOCRATE: Ma anche assumendo un decimillesimo come rapporto tra diametro del nucleo e quello di un atomo, il volume di un atomo generico non sarebbe diecimila volte diecimila volte diecimila volte più grande di quello dello stesso nucleo?

EINSTEIN: Hmm. (Pensando per un po') Sì. Sì, certo.

SOCRATE: E questo vale – vediamo – (calcolando nella sabbia con un legno) 1.000.000.000.000 di volte? Vale a dire, un «uno» seguito da dodici zeri? Un trilione di volte (mille miliardi), in altre parole?

EINSTEIN: Hmm. Mi faccia pensare. (Calcolando sulla sabbia). Sì, per difetto. La cifra reale è in realtà ancora più grande – anzi molto più grande, visto che il pianeta Giove è costituito di atomi molto più leggeri dell'uranio; ma sarebbe almeno così grande.

SOCRATE: Infatti. Ma allora, se fosse in qualche modo possibile ridurre il pianeta Giove ad un oggetto sferico con la massa di Giove ma con il volume soltanto dei nuclei degli suoi atomi, un tale oggetto sarebbe almeno un trilione di volte – cioè, mille miliardi di volte – più piccolo in volume rispetto a Giove stesso, non è così?

EINSTEIN: Sì – e probabilmente ancora più piccolo: molto più piccolo.

SOCRATE: Esattamente. E il pianeta Giove è, grosso modo, circa un migliaio di volte più grande in diametro rispetto alla Terra: giusto?

EINSTEIN: Non ho idea. Lo apprendo da lei.

SOCRATE: Beh, ho fatto una ricerca su Wikipedia qualche tempo fa. Naturalmente il dato potrebbe essere sbagliato, ma in questo caso particolare ne dubito.

EINSTEIN: Accetto la sua parola, allora. Non ho mai preso l'abitudine di memorizzare fatti che posso facilmente controllare consultando i libri di riferimento. Uno spreco di cervello, dico io!

SOCRATE: Giusto. Ebbene, poiché il rapporto del diametro di Giove con quello della terra è circa mille a uno, il rapporto tra i loro volumi dev'essere il cubo di questo rapporto, cioè un miliardo a uno – vero?

EINSTEIN: Sì, ma mi permetta di dirle che tutti questi calcoli mi sta dando un bel mal di testa.

SOCRATE: Ho quasi finito.

EINSTEIN: Avanti allora!

SOCRATE: Quindi tutto ciò significa che il volume di un oggetto sferico avente la massa di Giove, ma costituito esclusivamente dai nuclei degli atomi di Giove, sarebbe circa un miliardesimo del volume della terra.

EINSTEIN: Suppongo di sì. (Calcolando sulla sabbia) Sì. In realtà, ancora più piccolo.

SOCRATE: O in altre parole, sarebbe come una sfera di diametro inferiore a un millesimo del diametro della terra? Quindi, dato che la terra è circa tredicimila chilometri di diametro – e sì, ho indagato su Wikipedia – questa sfera con la massa di Giove sarebbe soltanto qualche chilometro in diametro … da uno a tredici chilometri, più o meno.

EINSTEIN: Ehm. Sì. O meglio, la credo sulla parola: le cifre sono corrette. Ovviamente si capisce che non siamo in grado di costruire effettivamente un oggetto sferico con la massa di

Giove e con un diametro di qualche chilometro soltanto, ma come è stato già ribadito, questo è irrilevante qui.

SOCRATE: Infatti. E tale oggetto sarebbe più o meno delle dimensioni di una montagna come il Monte Olimpo, sì? Approssimativamente.

EINSTEIN: Sì, approssimativamente della grandezza di una montagna. Naturalmente le montagne non sono sferiche, si capisce … ma sì, intendo bene quel che vuole dire.

SOCRATE: Quindi secondo il suo ragionamento, una tale sfera, con la massa di Giove ma solo di qualche chilometro di diametro, cadrebbe sulla terra alla stessa velocità come il Monte Olimpo, o come una palla di moschetto: vero?

EINSTEIN: Sì. Questo è precisamente quel che ho già detto in precedenza!

SOCRATE: Ma la forza di attrazione gravitazionale tra questa sfera supermassiccia e la terra, a ogni data distanza tra di loro, sarebbe proporzionale alla somma delle loro masse, no?

EINSTEIN: Certo. «Elementare, mio caro Watson!» … ehm – scusi; ma è simpatico rispondere così.

SOCRATE: Pure per me. Ma la massa di Giove è più di trecento volte la massa della terra: non è vero?

EINSTEIN: Non lo so per certo, ma ancora una volta mi fiderò della sua parola …

SOCRATE: Beh, accettiamo per adesso la garanzia di Wikipedia – ok?

EINSTEIN: Va bene!

SOCRATE: Se è così allora, la forza di attrazione gravitazionale tra la terra e questa sfera massiccia – che possiede la massa di Giove, ma è soltanto qualche chilometro in diametro – non sarebbe più di trecento volte la forza di attrazione gravitazionale tra la palla di moschetto e la terra?

EINSTEIN: Ehm … sì, credo sia così.

SOCRATE: Quindi non dovrebbe cadere sulla terra quest'oggetto supermassiccio ad un tasso molto più grande rispetto alla palla di moschetto, o anche rispetto al Monte Olimpo? Stiamo supponendo, naturalmente, che tutti questi oggetti inizino la loro caduta dalla stessa altezza. Ovviamente sto impiegando la parola «caduta» qui nel senso di avvicinamento reciproco tra le due masse – ma a rigor di logica, non sono tutti così i casi di «caduta»? In questo caso, sarebbe più corretto dire che è la terra a «cadere» verso questa sfera supermassiccia, almeno tecnicamente. Ma in sostanza, ogni caso di «caduta» è di due corpi che si avvicinano reciprocamente, non è vero? Non è che una massa rimanga stazionaria nel contempo che l'altra sta «cadendo»: entrambe stanno cadendo l'uno verso l'altra: anche nel caso della palla di moschetto e la terra. Non ho ragione in tutto questo?

EINSTEIN: Sì, è vero. (Sembra preoccupato).

SOCRATE: Ma allora – per ritornare al nostro esperimento mentale – non cadrebbero, l'uno verso l'altro, la terra e quest'oggetto dalla massa di Giove, a un tasso molto più grande di quanto non cadrebbe sulla terra la palla di moschetto, o anche il Monte Olimpo? E questo, a causa della forza di attrazione gravitazionale tra questa sfera supermassiccia e la terra, con il conseguente aumento del tasso di accelerazione dovuto ad una massa complessiva più di trecento volte quella della terra.

EINSTEIN: (Perplesso estremamente). Non so che cosa dire. Tutto quello che ha detto mi sembra molto, molto corretto, logico e razionale! Sì, suppongo di sì. La terra e questa sfera con la massa di Giove «cadrebbero», come dice lei, reciprocamente l'uno verso l'altro ad un tasso molto più grande rispetto alla caduta tra terra e Monte Olimpo. Molto più grande. Sì. È vero …

SOCRATE: Quindi, a questo punto, la sua affermazione enunciata in precedenza – e anzi, la stessa affermazione di Galileo – che tutti gli oggetti devono cadere sulla terra allo stesso tasso, non appare dimostrabilmente falsa?

EINSTEIN: (Pensando per un lungo periodo). Sì, suppongo che abbia ragione.

SOCRATE: Vogliamo analizzare i motivi del suo errore – e dell'errore di Galileo?

EINSTEIN: Sì, facciamolo. Confesso che sono ancora molto perplesso.

SOCRATE: Siamo arrivati alla nostra conclusione usando la seguente legge fisica: il tasso di accelerazione dovuto all'attrazione gravitazionale tra i corpi – a distanza qualsiasi – è proporzionale alla somma delle loro masse. Non è così?

EINSTEIN: Sì.

SOCRATE: Quindi, quanto maggiore è la somma delle masse del corpo in caduta e la terra, presi insieme, tanto maggiore sarebbe il tasso di accelerazione dovuto alla forza di attrazione gravitazionale tra loro: sì?

EINSTEIN: Sì, certo.

SOCRATE: Quindi, se il corpo che cade ha la sua origine sulla terra stessa, la somma delle masse della terra e del corpo rimane immutabile in ogni momento; mentre se il corpo ha la sua origine nello spazio extraterrestre, allora la somma delle masse della terra e il corpo è maggiore della terra presa da sola: cioè, prima che il corpo abbia finito la sua caduta: dico bene?

EINSTEIN: Sì, ha ragione.

SOCRATE: Quindi, anche un piccolo meteorite cadrebbe ad un tasso più grande verso la terra, di quanto cadrebbe il Monte Olimpo stesso, no? Poiché la somma complessiva delle masse – terra più meteorite – sarebbe superiore alla somma delle masse della terra e del Monte Olimpo presi insieme: non è così? In modo che, per esempio, se oggi si dovesse lasciar cadere il Monte Olimpo a terra da un'altezza di h metri, cadrebbe a terra ad un tasso t, mentre se domani un meteorite di massa di pochi chilogrammi dovesse raggiungere la terra, dopo il raffreddamento del meteorite, lasciandolo cadere dalla stessa altezza di h metri, cadrebbe al suolo ad un tasso t', essendo il tasso t' maggiore di t – non è giusto? Poiché domani la massa totale della terra sarà aumentata di un paio di chilogrammi, vale a dire della massa del meteorite.

EINSTEIN: Sì! Sì! Ora vedo chiaramente a cosa voleva riferirsi. Lei ha perfettamente ragione! Non è che i corpi più pesanti cadano più velocemente rispetto ai corpi più leggeri, ma che da qualsiasi data altezza il tasso di caduta di un corpo sulla terra è proporzionale alla somma delle masse della terra e di quel particolare corpo che cade, ambedue presi insieme. Punto e basta!

SOCRATE: Eppure la maggior parte dei fisici, anche della NASA, credono tuttora che tutti i corpi cadano a terra alla stessa velocità, non è vero? Da qualsiasi data altezza, per lo meno.

EINSTEIN: Confesso che lo fanno.

SOCRATE: Eppure sono in errore, no?

EINSTEIN: Ehm. Sì.

SOCRATE: Tutti?

EINSTEIN: Beh, forse non tutti i fisici credono che ogni corpo cadrebbe a terra allo stesso tasso, ma la maggior parte di loro, di certo lo credono.

SOCRATE: Forse più del 99,99% di loro?

EINSTEIN: Forse. Anzi, molto probabilmente.

SOCRATE: Con anche Premi Nobel tra di loro?

EINSTEIN: Probabilmente.

SOCRATE: Eppure ognuno che lo crede, crederebbe a qualcosa che è palesemente falso: giusto?

EINSTEIN: Povero me. Dio mio. Dio mio. Non ci posso credere! Come, come in nome del cielo ho potuto essere tanto stupido in tutti questi anni? … (sospira). Devo subito andare a parlare con Galileo di questo ragionamento.

SOCRATE: Egli già lo sa. Ho parlato con lui poco fa …

EINSTEIN: Dio mio! Anche Galileo lo sa, e io non l'ho saputo fino ad ora … e lui, beh, del cinquecento! Situazione terribile. Assolutamente orrenda.

SOCRATE: Ebbene, mio caro professor Einstein, almeno lei – e Galileo – avete entrambi la mentalità abbastanza aperta da ammettere il proprio errore quando vi viene segnalato!

EINSTEIN: Sì, per fortuna. Sono sempre stato contro il credere cieco in qualcosa solo perché sostenuto da qualche autorità. Infatti una volta scherzando ho detto che per punirmi del mio disprezzo nei confronti dell'autorità, il Fato fece un'autorità di me stesso! (Sorriso ironico).

SOCRATE: Forse l'ha fatto veramente! (Sorride). Ma molti fisici non hanno vedute così larghe … o invece le hanno?

EINSTEIN: Non posso parlare per la maggior parte dei fisici, davvero non posso. E non dovrei. Ma io personalmente sono certamente disposto a cambiare idea e di ammettere il mio errore quando mi sbaglio. L'onestà intellettuale non richiede niente di meno.

SOCRATE: Ma vuol ammettere, sì o no, che solo perché il 99,99% dei fisici credono qualcosa, non significa che ciò in cui credono dev'essere vero?

EINSTEIN: Ehm. Sì, penso che abbia ragione.

SOCRATE: Quindi il 99,99% dei fisici – fisici assolutamente brillanti e con QI astronomicamente alti – che credono nella sua teoria che lo spazio possa essere piegato dalla forza di gravità, potrebbero essere in errore, anche loro – è così?

EINSTEIN: Nel modo in cui l'ha espresso … non so cosa dire … povero me …

SOCRATE: Mi permetta di farle ricordare ancora una volta che lei è sotto giuramento? (Sorridendo).

EINSTEIN: Sì, ha ragione. Chiaramente il fatto che la mia teoria abbia – letteralmente – milioni di sostenitori in tutto il mondo, tutti incredibilmente intelligenti, non aggiunge nessuna evidenza alla sua verità: così come, d'altra parte, non lo possono fare i milioni di conferme registrate ogni anno.

SOCRATE: Sono contento che lei lo capisca. Molte persone, nella mia esperienza, proprio non lo capiscono, affatto.

EINSTEIN: Strano. Molto strano.

SOCRATE: Cos'è strano?

EINSTEIN: Che io abbia potuto essere così gravemente nell'errore per tutta la mia vita. Per tutta la mia vita! E non solo io. Un sacco di gente! Persone brillanti. Bizzarro.

SOCRATE: (Silente).

EINSTEIN: Porca miseria! Maledizione!

SOCRATE: Non sapevo che lei facesse uso di parolacce, professor Einstein …

EINSTEIN: Non lo faccio, normalmente. Ma quest'occasione lo richiede!

SOCRATE: Forse sono stato troppo duro con lei. Vede, dal momento che lei ha ripudiato il suo criterio di «falsificabilità», non ho ancora dimostrato che la sua teoria è falsa: ho dimostrato soltanto che non può essere scientifica.

EINSTEIN: E non le sembra abbastanza pure questo?

SOCRATE: Beh, questa è solo una situazione temporanea, non è vero? Se riesce a enunciare un altro criterio di falsificabilità –

qualsiasi criterio – la sua teoria non sarà più antiscientifica … e nemmeno sarebbe falsificata, per ora!

EINSTEIN: (Allegramente) Ha ragione! Allora che facciamo adesso?

SOCRATE: Continuiamo a discutere sul suo esperimento mentale un po' più a fondo?

EINSTEIN: Sì, facciamolo! (Felice di nuovo).

SOCRATE: Vogliamo affrontare la parte più semplice ed essenziale del suo esperimento di pensiero? Quello in cui viene immaginato soltanto l'ascensore, l'osservatore al suo interno, il puntatore laser e il fascio di luce?

EINSTEIN: «Bisogna rendere ogni cosa quanto più semplice possibile, ma non più semplice di quanto sia possibile», lo dico sempre!

SOCRATE: Giustissimo. Così siamo entrambi d'accordo che per l'osservatore nell'ascensore il fascio di luce apparirebbe curvo – sì?

EINSTEIN: Sì, siamo pienamente d'accordo.

SOCRATE: Eccetto, ovviamente, che la curvatura in qualsiasi ascensore di dimensioni normali sarebbe troppo leggera per scorgerla ad occhio nudo; ma ignoreremo questo fatto per il momento, e lo considereremo irrilevante.

EINSTEIN: Così come ho fatto nel mio esperimento mentale originario. Sì.

SOCRATE: Così, giusto? (disegna nella sabbia di nuovo):

EINSTEIN: Giusto.

SOCRATE: Ora posso chiedere una seconda volta: qual è la forma esatta del fascio luminoso curvo?

EINSTEIN: Chiedo scusa?

SOCRATE: Voglio dire, sì, sappiamo che il fascio luminoso è curvo, ma qual è la natura di questa curvatura? È una parte di un cerchio, o una parte di un'ellisse, o una parte di una parabola, o una parte di una iperbole, o qualche altro tipo di curva?

EINSTEIN: (Pensando un po') Beh, devo dire che dovrebbe essere parte di una parabola, perché stiamo parlando di una traiettoria, non è vero? E in un campo gravitazionale, ogni traiettoria causata da uno spostamento orizzontale all'origine assume una curva parabolica.

SOCRATE: Sì. Esattamente così. O, se volessimo cavillare, potremmo dire che in un campo gravitazionale le traiettorie di oggetti sono in realtà parti di ellissi – almeno secondo Keplero – con uno dei fuochi di ogni ellisse coincidente esattamente con il centro di gravità del pianeta attorno al quale l'oggetto è in movimento; ma dal momento che nel suo caso l'ascensore è in accelerazione, e non c'è un centro di gravità, è perfettamente corretto definirla una parabola. O meglio, una parte di parabola.

EINSTEIN: Grazie.

SOCRATE: E lei sarà d'accordo, spero, nel ritenere che una parabola, o anche una parte di essa, non possiede un grado di curvatura uniforme su tutta la sua lunghezza, ma che il grado di curvatura varia a seconda del punto riferito all'interno del luogo geometrico.

EINSTEIN: Sì, certo. Il che, infatti, vale per tutte le curve, eccetto i cerchi. Solo un cerchio, o una parte di un cerchio – cioè, un arco – è curvo con la stessa intensità per tutta la sua lunghezza.

SOCRATE: Infatti. Ma ora, possiamo supporre che un altro puntatore laser sia affissato alla parete opposta dell'ascensore, alla stessa altezza dal pavimento come il primo?

EINSTEIN: Va bene ... (pensa) ...

SOCRATE: E supponiamo che questo secondo puntatore laser sia impostato in modo da far brillare un fascio di luce sulla stessa parete nella quale è fissato il puntatore laser originale, in modo che quando l'ascensore non viene accelerato, la macchia di luce del secondo puntatore laser brilli alla stessa altezza dal pavimento dell'ascensore esattamente come il punto di luce del primo puntatore, con l'unica differenza che brillerà sulla parete opposta.

EINSTEIN: (Sta pensando) Sì. Va bene. Supponiamolo.

SOCRATE: Cosicché quando l'ascensore non è in accelerazione, entrambi i laser faranno brillare i loro fasci di luce in modo perfettamente orizzontale e in linee parallele e rette, essendo entrambi i fasci esattamente alla stessa altezza dal pavimento dell'ascensore in tutta la loro lunghezza.

EINSTEIN: Sì. Va bene.

SOCRATE: Con questa premessa, quando l'ascensore verrà accelerato, entrambi i fasci di luce diventeranno curvi, e, naturalmente, ogni fascio di luce brillerà nella direzione opposta all'altro.

EINSTEIN: Sì, sì; ho capito fin dall'inizio.

SOCRATE: Davvero?

EINSTEIN: (Stizzito) Sì, certo che l'ho capito! Ma che – mi prende per scemo? (Pausa). Oops! Mi sa che stavolta ho davvero fatto una gaffe, eh? (Sorride).

SOCRATE: Eh-eh!

EINSTEIN: Comunque, per dimostrare che ho capito, mi permetta stavolta di disegnarla io l'immagine nella sabbia (disegnando):

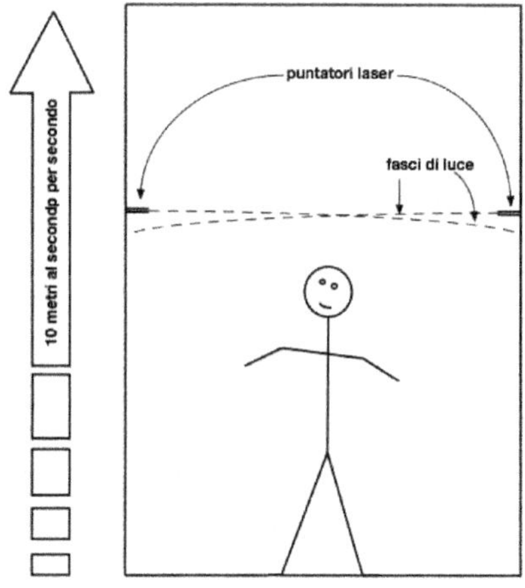

SOCRATE: Sì, è vero: ha ben capito.

EINSTEIN: Grazie tanto!

SOCRATE: Consideriamo ora i due fasci di luce emessi dai due puntatori laser. Essi dovrebbero essere entrambi parabolici nella forma, giusto?

EINSTEIN: Evidentemente.

SOCRATE: Così come dovrebbero avere anche una forma perfettamente identica, giusto?

EINSTEIN: Infatti.

SOCRATE: Eppure ci sarebbe una differenza tra di loro, no?

EINSTEIN: E cioè?

SOCRATE: Ebbene, uno di essi descriverebbe la parte destra di una parabola, e l'altro la parte sinistra, no? In altre parole, sarebbero immagini speculari l'uno dell'altro, giusto?

EINSTEIN: (Pensando) Sì. (Pensando un po' di più). Sì, ha ragione. Ognuno dei fasci di luce sarebbe l'esatta immagine speculare dell'altro.

SOCRATE: E sarebbe del tutto impossibile mettere le due immagini speculari insieme semplicemente spostando una di loro verso l'altra in modo da formare una singola curva, vero?

EINSTEIN: Scusi?

SOCRATE: Beh, sto semplicemente dicendo che spostare le due curve tracciate da questi due fasci di luce, in modo da sovrapporle lungo un unico identico percorso – formando cioè una sola curva – è una cosa impossibile. Non le sembra?

EINSTEIN: Ancora non capisco.

SOCRATE: Va bene, cercherò di esprimermi in altro modo. Procediamo passo dopo passo per raggiungere il nostro scopo. Per prima cosa consideriamo le due curve tracciate da questi due fasci di luce.

EINSTEIN: Sì.

SOCRATE: Sono due linee curve, non è vero?

EINSTEIN: (Stizzito di nuovo) Certo che lo sono.

SOCRATE: Chiedo venia per il procedimento del passo dopo passo. Ora, esiste un modo qualsiasi di traslare una di queste curve verso l'altra, in modo da far coincidere punto per punto il loro percorso? Voglio dire, in modo che entrambi formino un'unica curva?

EINSTEIN: Beh, sì: possiamo capovolgere una delle due curve, dopodiché, spostando l'una verso l'altra riusciremo a farle combaciare, formando un'unica curva.

SOCRATE: Proprio così: dobbiamo necessariamente capovolgere una di loro per poterlo fare. Ma senza capovolgere una delle due curve, non possiamo in alcun modo sovrapporle sullo stesso percorso; non è vero?

EINSTEIN: (Pensando) No, non sarebbe possibile. Ma allora?

SOCRATE: Ebbene, secondo la sua teoria, lo spazio sarebbe curvato esattamente nello stesso modo e nella stessa misura dei fasci di luce, giusto?

EINSTEIN: Sì, questa è precisamente la mia teoria!

SOCRATE: Ma i due fasci di luce sono curvi in modi diversi, dico bene? Non in gradi diversi, certamente, ma in modi diversi. Vale a dire, nel modo in cui ognuno è curvato.

EINSTEIN: Io non sono ancora sicuro di capire. Può esplicitare meglio per favore?

SOCRATE: Certo. Consideriamo ciascun fascio separatamente. Il fascio emergente dal puntatore laser apposto su una delle pareti dell'ascensore è più curvo nella seconda metà della sua lunghezza di quanto non sia curvato nella prima, dico bene?

EINSTEIN: Sì ...

SOCRATE: Quindi secondo la sua teoria, lo spazio stesso dev'essere più curvato nella metà dell'ascensore in cui il fascio di luce è più curvo, che nella rimanente parte, giusto? E viceversa, lo spazio stesso deve essere meno curvato nella metà dell'ascensore in cui il fascio di luce è meno curvo, che nell'altra metà? È così?

EINSTEIN: Sì.

SOCRATE: D'altra parte, il fascio emergente dal puntatore laser apposto sull'altra parete è anch'esso più curvo lungo una metà della sua lunghezza rispetto all'altra metà: vero?

EINSTEIN: Sì, è vero.

SOCRATE: Ma in ciascuno dei due fasci, la parte più curva risulta sui lati opposti dell'ascensore: non è così?

EINSTEIN: (Pensando un po'). Sì, è vero.

SOCRATE: Quindi lo spazio dev'essere più curvo in una metà dell'ascensore di quanto non lo sia nell'altra metà, e, nello stesso tempo, anche più curvo nell'altra metà rispetto alla prima... vero?

EINSTEIN: Ehm, sì ....

SOCRATE: Quindi la mia domanda a questo punto è la seguente: è possibile tutto ciò? Intendo dire a livello logico e razionale, senza entrare nei miracoli: qui, in fondo, stiamo discutendo di fisica.

EINSTEIN: (Pensando ora profondamente) Umm. Hmm. (Brontolando sottovoce). Gottverdammt!

SOCRATE: Non c'è bisogno di essere profano, professore. Ma se posso insistere: è possibile, o non è possibile?

EINSTEIN: No; credo che non sia possibile.

SOCRATE: Quindi vuole ammetterlo o no che il suo esperimento mentale ha un difetto fatale … ossia, nella terminologia di Macrì, un «FLOP»? Mi permetta di ricordarle, per l'ultima volta, che lei è sotto giuramento.

EINSTEIN: Ebbene, potrei ammetterlo, anzi, sarei tentato ad ammetterlo. Trovo il suo argomento molto sottile. E confesso: per me è seducente. Però, cosa direbbero i miei colleghi sparsi per il mondo? Forse è troppo sottile per essere digerito dalla stragrande maggioranza degli scienziati. Posso prefigurarmi già d'adesso la loro obiezione al suo argomento, mio caro Socrate: la curvatura dello spazio-tempo ad opera delle masse dell'universo è simile all'immagine ormai familiare del telone elastico curvato dal peso di una sfera; è chiaro che un corpo lanciato ortogonalmente alla linea congiungente i centri delle due masse, partirà prima dritto per poi piegarsi gradualmente col passare dei secondi. Così farà anche la luce, nella mia teoria. E le cose non cambieranno se si invertirà la direzione. Non se la prenda, ma non credo che i miei colleghi percepiranno la sottigliezza del suo argomento.

SOCRATE: Capisco professore… Capisco. Pur avendo parlato solamente di accelerazione senza mai accennare alla gravità, i suoi colleghi cominceranno a parlare di un campo gravitazionale, cadendo così nella fallacia logica denominata petitio principii. (Ne abbiamo parlato innanzi, se ricorda: lei aveva assunto la curvatura dello spazio già dimostrata, al fine di asserire che il pavimento dell'ascensore sarebbe anche esso curvato). Beh, a questo punto, mi permetta di presentare un argomento che sarà chiarissimo per tutti, un argomento «chiaro e distinto», per usare le parole di un mio collega a lei molto caro: Cartesio.

EINSTEIN: Sì… la prego! Se possiede un argomento «cartesiano», che sia super-convincente, elementare e lapalissiano, è ora di tirarlo fuori. Faccia pure esplodere la bomba!

SOCRATE: E va bene, la accontento. Si tratta di un argomento impossibile da eludere o confutare. È stato proposto dal filosofo Rocco Vittorio Macrì, lo stesso che ha ideato il concetto di FLOP: ne abbiamo già parlato poc'anzi. Anzi, è un esempio perfetto e calzante per vedere da vicino un FLOP in azione.

EINSTEIN: Mi sembra di aver intuito perfettamente la metrica del FLOP: ho già pagato pesantemente nel confronto col mio collega Niels Bohr. I suoi FLOP minarono alle fondamenta l'impalcatura dei miei Gedankenexperiment contro la sua meccanica quantistica. Un po' come fece Galileo con l'allievo del mio Platone: Aristotele.

SOCRATE: Esattamente, professore. Niente è più temibile di un FLOP ben assestato! È pronto a guardare in faccia questo nuovo falsificatore logico?

EINSTEIN: Mi sta facendo tremare, Socrate! Comincio a sentire compassione per quei poveri ateniesi che lei fissava col suo occhio scintillante per le strade di Atene, perforando le loro menti con domande a raffica e in profondità, fino a metterli in ginocchio con le mani alzate in segno di resa! Così come comincio a capire il motivo per cui in seguito hanno deciso che lei dovesse avere un'influenza negativa su di loro, fino a condannarla a morte. Infatti, a questo punto sarei quasi tentato di unirsi a loro nella condanna! Q u a s i, si capisce …

SOCRATE: (Ridendo) Eh-eh! Ma, come abbiamo entrambi scoperto in seguito, per noi la morte non è stata un grosso problema – anzi, la nostra esistenza in questi Campi Elisi è straordinariamente piacevole e divertente, molto più di quanto lo era sulla terra – così non ho alcun rimpianto per aver ingerito la cicuta!

EINSTEIN: (Ridendo pure lui) Eh-eh! Sì, lo confesso, sono anch'io molto felice qui. E ancor più felice che lei è qui con me, per di più.

SOCRATE: Grazie! Ritorniamo adesso al nostro argomento. Dunque, ci troviamo dentro il suo ascensore. Ripartiamo dall'inizio, dove un raggio di luce viene osservato curvarsi a causa dell'accelerazione dell'ascensore verso l'alto. Possiamo immaginare per semplicità, come abbiamo già fatto nella nostra discussione, che si tratti di un puntatore laser affisso ad una delle pareti. L'idea fondamentale che sta alla base della sua teoria è la seguente: a differenza della pura gravità newtoniana dove i proiettili di una pistola subirebbero una curvatura, diversamente da un fascio luminoso che rimarrebbe, invece, inalterato e dritto – ma su questo punto, a parer mio, sarebbe da chiedere direttamente a Newton la sua versione aggiornata – gli effetti di curvatura sulla luce che invece si manifestano all'interno del suo ascensore ideale suggeriscono che dovremmo vedere sperimentalmente tale curvatura, così come asserì di aver fatto il suo amico Eddington nell'osservazione cruciale del 1919. Mi dica se ho detto bene.

EINSTEIN: Esattamente! Tutto si gioca sul fatto che secondo il principio di equivalenza, ciò che si esperisce nell'ascensore per effetto dell'accelerazione deve essere possibile verificarlo in seguito anche nella realtà fisica. In effetti, i fisici sperimentali hanno convalidato l'accordo perfetto delle mie predizioni.

SOCRATE: Bene. Assumiamo come vero questo punto. Ma la domanda che dobbiamo farci adesso è: cosa si osserva all'interno dell'ascensore?

EINSTEIN: Sono tutte cose che abbiamo già detto e ripetute: l'effetto balistico dei proiettili – cioè la loro curvatura – viene osservato anche sui fotoni, voglio dire sul percorso del raggio luminoso, che verrà curvato allo stesso modo. Questo succede perché non sono loro ad essere attratti verso il basso, ma viceversa è «il basso» che accelera verso l'alto!

SOCRATE: Giusto! Ciò implica che non ci potrà essere nessuna differenza – a parte quella dovuta alla diversa velocità di moto orizzontale – tra proiettili e fotoni. Se potessimo rallentare i fotoni fino a farli pareggiare con la velocità dei proiettili vedremmo colpire lo stesso punto della parete opposta: nell'unico punto di impatto ci sarebbero proiettili e fotoni. Dico bene?

EINSTEIN: Sì. Due emettitori – uno di luce e uno di particelle – coincidenti con la stessa origine, farebbero centro nello stesso punto della parete opposta, a patto che le velocità – e quindi i tempi di volo – siano identiche.

SOCRATE: Ma ecco la riflessione di Macrì: durante l'accelerazione dell'ascensore la sua velocità aumenta sempre più, fino ad assumere in poco tempo valori vertiginosi. Ciò comporta che a differenza delle particelle (o corpuscoli, o proiettili), che nel sottostare alla cosiddetta conservazione della quantità di moto devono aumentare con l'accelerazione dell'ascensore la loro velocità totale – risultante da una componente orizzontale che rimane costante e da una componente verticale che aumenta man mano che l'ascensore accelera, ossia che aumenta di velocità – i fotoni (o il fascio di luce) non possono aumentare la loro velocità totale: tutti sanno – specialmente lei! – che la velocità della luce è costante e non può aumentare per composizione vettoriale. Ciò significa che lo spot luminoso deve scendere continuamente di livello rispetto al punto d'impatto delle particelle, le quali invece – anche se per il nostro argomento non hanno alcuna rilevanza teoretica – devono collimare tutte allo stesso punto d'impatto, che rimane fisso durante l'accelerazione.

EINSTEIN: (Pensando molto a lungo) Sento dei brividi scorrere lungo la schiena! Il mio intuito – e lei sa bene che quello non mi manca – mi dice che stavolta sono a due passi dal precipizio. Ma devo capire meglio il punto di start e il punto di stop di questa inaudita argomentazione. Vuole essere ancora più elementare e darmi dei ragguagli empirici su quanto sta per dire?

SOCRATE: Non chiedo di meglio. Il punto cruciale è la prima proprietà della luce, la più fondamentale, ricavata dai dati sperimentali: l'indipendenza della velocità della luce dalla velocità della sorgente. Il moto di quest'ultima non riesce a modificare minimamente la velocità di propagazione della luce, la quale rimane costante; così come l'increspatura di un'onda sull'acqua che avanza alla stessa e identica velocità, anche se la perturbazione è data da un motoscafo che corre veloce sulla stessa acqua, ad esempio trasversalmente rispetto al fronte d'onda misurato.

EINSTEIN: Non solo esiste un'indipendenza dalla sorgente, mio caro Socrate, ma addirittura la velocità della luce rimane indipendente anche dalla velocità dell'osservatore, come io ho dimostrato nel 1905.

SOCRATE: Bene. Tralasciamo i dettagli ulteriori che potremmo fare su questa tematica. Ci interessa qui l'essenziale, che nel nostro caso coincide con l'indipendenza della velocità del fascio luminoso dal moto della sorgente. Per cui il moto di un emettitore di luce, come il nostro laser, non contribuisce minimamente a far viaggiare la luce più velocemente o a farla rallentare: i fotoni – per usare un termine creato da lei stesso nel 1905 – viaggeranno sempre alla stessa velocità. Perfino se la sorgente si trovi in moto accelerato. Non saranno mai «spinti» o «rallentati»: proprio come le onde in uno stagno d'acqua.

EINSTEIN: Effettivamente è così. La mia teoria in questo caso non ha cambiato neanche una virgola della teoria classica. Tutto corrisponde perfettamente.

SOCRATE: Per fare un esempio concreto. Poniamo il nostro puntatore laser fermo a dieci chilometri di distanza dalla nostra posizione. Esso è direzionato verso di noi ma non è acceso. Supponiamo pure che sia capace di emanare un impulso brevissimo di luce ad un nostro comando. Mi sta seguendo?

EINSTEIN: Certamente! E posso pure aggiungere che con la tecnologia odierna siamo capaci di fare laser ad impulsi ultra corti fino alla durata di un solo femtosecondo, vale a dire un milionesimo di miliardesimo di secondo!

SOCRATE: Bene. A questo punto immaginiamo un secondo puntatore laser identico al primo in avvicinamento rapido verso di noi, anche questo spento e direzionato verso di noi. Non appena passa accanto al primo puntatore fermo, un circuito elettronico particolare fa accendere ambedue i laser facendoli emettere un impulso ultra corto. Quali dei due impulsi arriverà per primo alle nostre retine?

EINSTEIN: «Elementare, mio caro Watson!» Arriveranno insieme. L'impulso emanato dal laser in movimento non avrà alcun vantaggio!

SOCRATE: Giustissimo professore. Allo stesso modo la donna fuori dall'ascensore, nel nostro menzionato esperimento immaginario, vedrà il raggio luminoso – emesso dal laser fissato dentro – orizzontale e non obliquo. Ciò significa che invece l'uomo dentro dovrà necessariamente vedere lo spot continuamente «cadere» sulla parete opposta. Infatti la velocità dell'ascensore aumenta sempre più rispetto ad un ipotetico raggio di luce trasversale di riferimento. Se così non fosse allora non potremmo più assumere l'indipendenza della velocità del fascio luminoso dal moto della sorgente. Non le pare? Pensi al concetto di campo…

EINSTEIN: Oddio, sto per svenire… Il suo argomento è così elementare che… Ma come ho fatto a non pensarci! Ma come è possibile che in cento anni nessuno ci abbia pensato prima? Allora sono tutti robot lavati di cervello? Oddio! Se penso ai grandi nomi come Bohr, Heisenberg, Born, Pauli, Dirac, e innumerevoli altri che hanno sviscerato a fondo la mia teoria, che hanno creato nuovi mondi e nuove vie grazie alla mia, mi sembra incredibile! Come è possibile tutto questo? Cos'è la Scienza allora? (Di colpo un'intuizione improvvisa…) Aspetti! Aspetti… (pensando intensamente) Ma certo! Ci sono! E no, mio caro Socrate: stava per fregarmi. Ma le avevo detto che ho un intuito che fa paura. Nel suo ragionamento non ha preso atto di un fattore importante: il fascio di luce emanato dal puntatore laser all'interno dell'ascensore è trasversale al moto della sorgente. Per cui qui entriamo in un campo nuovo, dove solo io posso parlare.

SOCRATE: Questa sua reazione, professore, non mi sorprende. Me l'aspettavo. Prima però dobbiamo fissare alcuni paletti per onestà intellettuale. Potrebbe confermare, per cortesia, che secondo la visione classica della propagazione luminosa il suo esperimento mentale dell'ascensore sarebbe un fiasco?

EINSTEIN: Certo, non ho alcun timore a dirlo. Poco fa mi ha visto quasi svenire a causa dell'emozione per aver preso coscienza di essermi fatto sfuggire una buca logica così profonda nella mia teoria. Per fortuna il mio intuito mi ha dato una spiegazione alternativa che riesce a recuperare quello che sembrava irrimediabilmente perso. Ma è una soluzione che sta nella mia mente. È che è difficile pensare a tutte le possibilità: la mente umana non è infallibile, è limitata.

SOCRATE: Già. Ma mi permetta ora di chiederle se lei riesce a credere che i suoi colleghi fisici, tutti i premi nobel che ha appena nominato e tutti i fisici di ogni rango – diciamo, tutti i laureati in fisica negli ultimi cento anni – abbiano mai preso in considerazione la buca logica da lei appena riparata. Lo dica con tutta onestà, la prego.

EINSTEIN: Devo ammettere che mi è difficile immaginare una popolazione di scienziati attenta a tal punto da scorgere il FLOP là dove io stesso ho fallito. E poi ognuno di loro avrebbe dovuto trovare la stessa soluzione che ho in mano io adesso ... No, no ... Mi sembra del tutto improbabile che anche un solo scienziato su un milione abbia avuto sentore di essere seduto su una buca logica. I loro cervelli hanno continuato ad immaginare il mondo classico dell'ottica e mi hanno seguito per sottomissione all'autorità.

SOCRATE: La pensa come me professore. Ma qualcuno potrà obiettare: perché prendere per ingenui – per non dire altro – i milioni di fisici che hanno studiato con profitto le sue teorie? Non sarà che invece hanno tutti riflettuto su questa problematica della luce – che non interessa solo il suo ascensore ma ogni aspetto delle sue teorie – arrivando ad una soluzione simile alla sua? Beh, non possiamo escluderlo a priori, anche se a livello statistico sarebbe difficile accettare una conclusione di questo tipo. Ma ho una sorpresa anche in questo caso: anche assumendo che tutti i fisici del mondo – e tutti gli studenti che hanno studiato le cosiddette scienze fisiche, come ingegneri e altre decine di categorie – abbiano saputo affrontare con profitto problematiche di questo genere, arrivando ognuno alla soluzione che lei ha in tasca, ciò non basterebbe a salvarli in corner! Infatti la sua soluzione, professore, non è sufficiente a salvare il suo esperimento ideale.

EINSTEIN: Ecco che mi sta facendo tremare di nuovo. Mi sta nascondendo qualcosa, Socrate. Il mio intuito mi dice che la «bomba» lanciata prima era solo una parte della sorpresa che ha in serbo per me. Su Socrate, non giochiamo a nascondino … Tiri fuori tutto!

SOCRATE: Bene, le spiego. Anzi mi lasci prima esplicare la sua intuizione in maniera piana e comprensibile. Mi dica se sbaglio: la sua idea risolutiva sta nell'ipotizzare – anzi, nel postulare – che il comportamento della luce nell'ascensore sia sovrapponibile a quello del suo orologio a luce. È così?

(disegna sulla sabbia…)

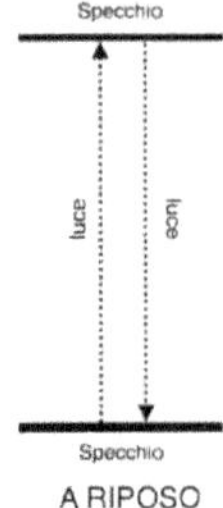

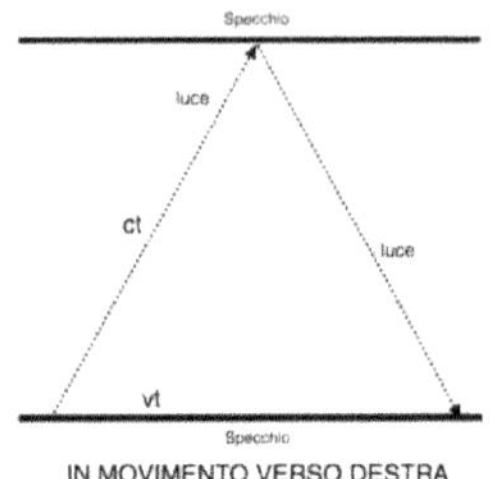

EINSTEIN: Perfettamente Socrate! La differenza sta nel fatto che la donna fuori l'ascensore – da poco menzionata – vedrà il fascio di luce obliquo anziché orizzontale, da lei immaginato. Cioè, vedrà lo stesso grado di inclinazione delle particelle – o proiettili, o, per meglio dire, oggetti dotati di massa. In questo modo viene completamente neutralizzato il FLOP di partenza. (Sorridendo) Che gliene pare? Se potessimo rallentare i fotoni li vedremmo ancora una volta «aderenti» ai corpuscoli: stesso percorso, stessa geometria!

SOCRATE: È qui che si sbaglia, caro professore! È a questo punto che viene la seconda parte della sorpresa. Macrì ha chiamato questa inedita proprietà dei fotoni – di orientamento o vettorializzazione – comportamento «semi-balistico», a differenza del comportamento balistico dei corpi massivi. Ma perché «semi»-balistico? Perché i fotoni possono «imitare» solo in parte la fisica degli oggetti massivi. Infatti, se le chiedo di dirmi se il tempo di volo dei corpuscoli rimane costante durante l'accelerazione dell'ascensore lei sarà costretto a dirmi di sì. Vero?

EINSTEIN: Effettivamente… Si tratta di una cosa ben conosciuta da Cartesio in poi. I corpi dotati di massa conservano la loro quantità di moto accumulata durante l'accelerazione. Ciò significa, in parole più povere, che la velocità di un corpuscolo può crescere – come nel caso del nostro ascensore

– o diminuire. L'incremento – o il decremento – della velocità è prettamente vettoriale, cioè viene applicato tenendo conto della direzione e del verso (concorde o contrario). Per cui, essendo vettoriale, la direzione ortogonale al moto dell'ascensore non viene toccata: le particelle – o corpuscoli, o proiettili – avranno la loro velocità trasversale intatta, e così pure il tempo di volo.

SOCRATE: Esatto professore. Ha appena ben delineato il comportamento balistico. Ma i fotoni? I suoi fotoni, i suoi cari fotoni, seguono la stessa balistica pure essi? O invece la seguono a metà? Lei stesso sarà d'accordo con Macrì che la seguono a metà: infatti, il loro tempo di volo non sarà più lo stesso! Il tempo richiesto dalla luce per passare dalla parete di partenza alla parete di arrivo aumenta a causa dell'aumento di velocità derivata dall'accelerazione dell'ascensore. Infatti, così come avviene per il suo orologio a luce, la luce non incrementerà la sua velocità, come invece succede ai corpi massivi. La velocità della luce rimane costante: ciò significa che, a causa del suo nuovo orientamento causato dalla velocità verticale dell'ascensore, il suo tempo di volo trasversale deve aumentare. I fotoni ritardano: conseguentemente lo spot sulla parete deve abbassarsi, perché l'ascensore ha più tempo per andare più su. E più tempo passa, più in basso scenderà lo spot. Ha qualcosa da obiettare, professore?

EINSTEIN: Mi ha messo con le spalle al muro! Come posso difendermi? Non posso sostenere il mio orologio a luce da un lato e nello stesso tempo respingere la conclusione che ne deriva sul mio esperimento ideale dell'ascensore dall'altro. Stavolta mi ha messo a tappeto Socrate! Ma prima di accettare pienamente lo scacco, anzi lo «scacco matto!», mi permetta di rifletterci su un pochino, sa... a volte un'intuizione...

SOCRATE: Certamente professore. Ci mediti su tutto il tempo che vuole: è in gioco la sua teoria qui, non è mica uno scherzo! Ma le aggiungo che sviscerando ancora più a fondo il suo Gedankenexperiment vengono fuori ulteriori rottami e incoerenze. Pensi che, ad esempio, attivando la logica della sua glorificata «dilatazione del tempo» – sì, proprio quella utilizzata per spiegare il cosiddetto «paradosso dei gemelli» – si arriva alla conclusione inconfutabile e lampante che l'omuncolo all'interno dell'ascensore (o l'osservatore interno, per usare un termine a lei caro) invecchia molto più in fretta rispetto ad un osservatore fermo in un campo gravitazionale equivalente! Rompendo in questo modo lo schema del suo principio di equivalenza.

EINSTEIN: Ah, no, Socrate, no! Secondo la mia teoria della relatività speciale, lui invecchierebbe più lentamente, non più in fretta.

SOCRATE: Ah, sì. Certo. Si tratta di un lapsus da parte mia. Ma a questo punto devo chiederle: ciò non le sembra sufficiente per discriminare tra le due situazioni e far crollare il suo esperimento mentale?

EINSTEIN: (Dopo aver pensando molto, molto a lungo) Dio mio. Dio mio. (Lunga pausa). Sì, devo ammetterlo; lo devo ammettere davvero. L'onestà intellettuale non mi permette di far altrimenti. Il mio Gedankenexperiment crolla miseramente! E non vedo alcun modo per recuperare la mia teoria della relatività generale senza di esso; almeno, non vedo un modo per farlo a questo punto. Beh, torniamo al tavolo da lavoro! Per fortuna, ora che sono morto, ho un'intera eternità per arrivare ad una teoria migliore; però ugualmente, vorrei mettermi al lavoro subito.

SOCRATE: Quando arriverà al successo, me lo faccia sapere, per piacere! Sarò molto interessato a discuterne.

EINSTEIN: Grazie. È stato un – beh, non direi «un piacere», ma un discorso molto interessante! E mi creda, non mi sento offeso personalmente. Mi piacerebbe molto riprendere le nostre discussioni più tardi. Arrivederci, Socrate. (Si stringono le mani).

SOCRATE: Arrivederla professor Einstein! A presto. E ricordi di mandarmi un sms sulla sua prossima teoria. Possiamo anche far videoconferenza, se vuole. Il mio nome su Skype é «LO_SCEMO». Sono anche su FaceTime sul mio iPhone. (Si allontana lentamente).

EINSTEIN: È cool, lui, questo Socrate: davvero cool. Non cerca di diventare una persona di successo, ma piuttosto una persona di valore.

(Il suo iPhone suona, segnalando l'arrivo di un sms. È da parte di Socrate):

«Quindici secoli fa, tutti 'sapevano' che la terra era il centro dell'universo. Cinquecento anni fa, tutti 'sapevano' che la terra era piatta. E quindici minuti fa, tu 'sapevi' che gli esseri umani erano soli su questo pianeta. Immagina che cosa 'saprai' domani.» ~ Agente K [Tommy Lee Jones], nel film Men in Black.

Anatomia del Gedankenexperiment

Rocco Vittorio Macrì

1 – Introduzione

In una replica del '44 a un docente di fisica che gli chiedeva un parere riguardo alla rilevanza della filosofia per la scienza, Einstein così scriveva: «Concordo pienamente… Oggi molte persone, perfino scienziati di professione, mi sembrano come chi abbia visto migliaia di alberi senza mai vedere una foresta. La conoscenza dei fondamenti storici e filosofici fornisce quel genere di *indipendenza dai pregiudizi* di cui soffre la *maggior parte* degli scienziati di oggi. Questa indipendenza *creata dall'analisi filosofica* è, a mio parere, il segno distintivo tra un puro artigiano o specialista ed un vero ricercatore della verità»[1]. Il padre della Relatività era della convinzione, ferma fino alla fine dei suoi giorni, che la scienza non avrebbe mai potuto sostituirsi alla filosofia, usurpandone il posto. La differenza tra Einstein e gli scienziati che sono venuti dopo di lui è la grande riverenza del primo nei confronti della filosofia che non esiste se non in modo ribaltato nei secondi. In effetti, dopo la rivoluzione einsteiniana che ha avuto la sorte di togliere dalle mani dei filosofi perfino i venerati concetti di spazio e tempo, di esistenza e causalità, gli scienziati si sono sentiti autorizzati ad indossare i panni dei Filosofi dell'antichità. Ecco, ad esempio, il noto cosmologo Stephen Hawking nella veste di un Aristotele, quando dichiara: «Per secoli questi interrogativi sono stati di pertinenza della filosofia, *ma la filosofia è morta*, non avendo tenuto il passo degli sviluppi più recenti della scienza, e in particolare della fisica. Così sono stati gli scienziati a raccogliere la fiaccola nella nostra ricerca della conoscenza»[2]. Negli ultimi decenni, molti fisici di spicco hanno decretato più volte la fine

---

[1] Corsivo aggiunto.

[2] S. Hawking – L. Mlodinow, *Il grande disegno*, Milano 2011, p. 5.

della filosofia, a causa – scrivono – della sua "irragionevole inefficacia", usando una parafrasi del premio Nobel Steven Weinberg presa in prestito da Eugene Wigner nel capitolo intitolato «Contro la filosofia» del suo libro *Dreams of a Final Theory*[3]. Il fisico teorico, cosmologo e autore di best seller Lawrence Krauss, ad esempio, in un'intervista di Ross Andersen per un articolo su "The Atlantic" dal titolo «La fisica ha reso obsolete filosofia e religione?», ha espresso la sua opinione in modo crudo: «La filosofia... Sulla fisica non ha nessun tipo di impatto... Quindi è davvero difficile capire che cosa la giustifichi. Direi che questo stato di tensione si verifica perché i filosofi si sentono minacciati, e ne hanno tutte le ragioni, perché la scienza progredisce e la filosofia no»[4]. La scienza contemporanea si sente forte, potremmo dire esagerando "onnipotente", perché l'immagine del mondo scaturita lungo il secolo a ridosso della seconda rivoluzione scientifica – eredità lasciata dalla Relatività e dalla Meccanica Quantistica – ha strappato dal pensiero filosofico saturo di millenni di riflessione ogni appoggio alla tradizione classica, ogni sostegno alla *teoresi* di stampo platonico-aristotelico. «I filosofi dell'epoca di Platone e Aristotele hanno sostenuto che la conoscenza del mondo può essere ottenuta solo attraverso il puro pensiero. Come

---

[3] Riferendosi alla famosa osservazione del premio Nobel per la fisica Eugene Wigner sulla «irragionevole efficacia della matematica», Weinberg si interroga nel suo libro sulla «irragionevole inefficacia della filosofia»: «Here I want to take up another equally puzzling phenomenon, the unreasonable ineffectiveness of philosophy» (S. WEINBERG, *Dreams of a Final Theory*, New York 1992, p. 168). «Can philosophy give us any guidance toward a final theory?» (Ivi, p. 161) ci domanda Weinberg? La sua risposta è in linea con i vapori dello scientismo che respira: la filosofia viaggia su un binario morto, della quale l'umanità sarà presto liberata per mano della vera conoscenza, quella della Scienza. «We can look forward to the day when science can no longer be identified with the West but is seen as the shared possession of humankind» (Ivi, p. 190).

[4] L. KRAUSS – R. ANDERSEN, *Has Physics Made Philosophy and Religion Obsolete?*, «The Atlantic», aprile 2012.

ha spiegato Tyson, quella conoscenza non può essere ottenuta stando seduti in poltrona, ma solo con l'osservazione e l'esperimento»[5].

Ma la cosa più triste è che pure le menti filosofiche, in modo lento ma inesorabile, cominciano ad essere contagiate dal successo della scienza contemporanea e dal suo potere empirico, dalla sua "magnificenza" alta e vertiginosa. Dopotutto, se gli scienziati sono riusciti a plasmare la materia in forme prima impensabili, come gli agglomerati esotici di particelle subnucleari, la luce coerente del laser, il plasma da confinamento magnetico dei Tokamak, l'antimateria del Large Hadron Collider del CERN, la creazione di coppie particella-antiparticella, l'uranio arricchito e la conversione di idrogeno in elio dalla fusione nucleare delle bombe H, significherà qualcosa, no? E se ciò non dovesse essere nient'altro che la conseguenza – come ricaduta – del funzionamento delle "pazze" teorie di Einstein, Bohr, Heisenberg, Dirac? Non dovremmo allora scavalcare il nostro intuito ed il buon senso che ancora cercano di trattenerci dal salto di paradigma ed entrare nello *stargate* della fiammante e bizzarra immagine del mondo suggerita dalla nuova fisica? Si tratta di quel passo di coerenza che gli scienziati dell'ultimo secolo chiedono ad ogni umano del pianeta Terra, in particolare ai filosofi che tentano di fare resistenza con tentativi disperati, ma che consentono in verità solo di ritardare ciò che è già scritto avverrà. Così anche ai filosofi del nostro tempo viene chiesto di visionare e firmare la carta – una sorta di statuto – della nuova *world-view* emergente dopo Einstein: espansione dell'Universo, dilatazione del tempo, torsioni dello spaziotempo, viaggi nel tempo, cunicoli spazio-temporali, onde gravitazionali, spazi fino a 950 dimensioni, universi paralleli, fotoni "coscienti", buchi neri virtuali e bosoni fantasma. Come corollario, o conseguenza implicita

---

[5] «Philosophers from the time of Plato and Aristotle have claimed that knowledge about the world can be obtained by pure thought alone. As Tyson explained, such knowledge cannot be obtained by someone sitting back in an armchair. It can only be gained by observation and experiment» (V.J. Stenger - J.A. Lindsay - P. Boghossian, *Physicists Are Philosophers, Too*, «Scientific American», May 2015).

di questo Credo del III millennio, si ha una obbligata sottomissione della filosofia nei confronti della scienza. Un ribaltamento della prassi degli ultimi tre millenni, dove il pensiero filosofico era posizionato all'apice della piramide della conoscenza. La Scienza, dopo Einstein, si prende la rivincita. Cosicché il filosofo che volesse toccare le colonne portanti tradizionali della filosofia, come i concetti di spazio, tempo, simultaneità, cosmo ed esistenza deve bussare alle porte della Scienza post-einsteiniana e chiederne il permesso. Le branche filosofiche "contagiate" a questo punto non si contano, fino ad arrivare alla logica, all'intelligenza artificiale, al problema mente-corpo e all'antropologia[6]. Ecco perché il filosofo del nostro tempo è tentato dal successo smisurato della scienza. Ed ecco perché, ad una ad una, le menti filosofiche o fanno un passo indietro, in ritirata, o fanno un passo avanti, pronti ad essere battezzati sotto il segno di Einstein e di Bohr.

Così assistiamo alla resa incondizionata di una parte della leadership della filosofia della nostra Italia, che vantò in tempi non lontani il predominio della riflessione filosofica dell'intero pianeta. Ecco alcune dichiarazioni paradigmatiche:

> «Non dobbiamo pensare che la filosofia debba imporre qualcosa alla scienza; chiediamoci piuttosto quello che la scienza può insegnare alla filosofia»[7].

---

[6] Per un approfondimento si confronti, del presente autore, *La realtà del tempo e la ragnatela di Einstein*, Lecce 2015; *Relativismo e pensiero debole: la perdita del fondamento*, Episteme, 1, 2000; *La fisica unifenomenica cartesiana e il punto debole dell'IA forte*, «Episteme», 4, 2001; *Neopitagorismo e Relatività*, «Episteme», 6, 2002; *La detronizzazione della metafisica secondo Maritain e il nichilismo contemporaneo*, «Sapienza», LV, 4, 2002; *Il Test di Turing a testa in giù*, «Vertigo Fil Rouge», Anno 1, N. 3, 2009; *Cent'anni di Relatività. Un punto di vista filosofico*, «Sapienza», LIX, 4, 2006; *Cogito ergo sum*, «Vertigo Fil Rouge», Anno 2, N. 4, 2010; *Che cos'è il tempo? Bergson, Maritain, Dingle a confronto con Einstein*, «Sapienza», LXI, I, 2008.

[7] G. GIORELLO, *Prefazione all'edizione italiana*, in G. GAMOW, *La mia linea di universo*, Bari 2008, p. 8.

«La fisica della gravitazione [di Einstein] ha più cose interessanti da dire, in proposito [materia, essere e divenire], di quante egli non possa reperire nell'intera storia della filosofia»[8].

«Non è la filosofia che detta le regole della buona scienza, ma è la scienza a dissodare i suoli del filosofare»[9].

«La logica non è una parte della filosofia»[10].

«I viaggi nel tempo, specialmente nel passato, pongono problemi anche di altro tipo, oltre a quelli della loro realizzabilità fisica. In particolare, in ambito filosofico si è lungamente discusso su come conciliare le seguenti due assunzioni, entrambe del tutto naturali: il passato non può essere cambiato; viaggiare indietro nel tempo implica cambiare il passato. Assumerle entrambe porta a situazioni apparentemente paradossali su cui si è sbizzarrita la letteratura: come il paradosso del nipote che uccide il proprio nonno, o il paradosso della conoscenza che viene dal futuro, come quando, per esempio, a un giovane inesperto Picasso, che non ha ancora cominciato a dipingere le opere che lo renderanno famoso, viene portata da un viaggiatore che proviene dal futuro una riproduzione di queste opere: lui le dipinge perché le copia, ma le copie non ci sarebbero se lui non le avesse dipinte. *Oggi, comunque, è opinione abbastanza condivisa che si abbiano gli opportuni strumenti concettuali per trattare questo ordine di problemi. La vera questione è nelle mani dei fisici*»[11].

---

[8] E. BELLONE, *Filosofia e fisica*, in P. ROSSI (a cura di), *La filosofia – La filosofia e le scienze*, Tomo II, Milano 1996, p. 75.

[9] Ivi, p. 80.

[10] Ibidem.

[11] E. CASTELLANI, *I viaggi nel tempo sono possibili?*, «Le Scienze», 551, 2014, p. 18, corsivo aggiunto.

Si tratta solo di ristretti esempi esplicativi di come si sia alterato il clima e il rapporto originario tra scienza e filosofia dopo l'avvento delle teorie einsteiniane. Hans Reichenbach spiega in questo modo le ragioni ultime del perché, nonostante «Kant sia sembrato a tanti il massimo filosofo di tutti i tempi, … il suo pensiero non ci dica ormai più nulla dopo l'avvento della fisica di Einstein e di Bohr»[12]. Einstein stesso ne sarebbe rimasto sconvolto se fosse rimasto testimone un po' più a lungo della nuova tendenza che si è venuta a creare. Ettore Majorana, più di ogni altra mente scientifica del suo tempo, avvertì il pericolo della strana situazione impiantata dalla nuova fisica. Egli sembrava essere già del tutto consapevole di questo stato di cose al suo tempo: «C'è nella filosofia della scienza d'oggi quasi un'immensa diffidenza della natura. Forse, direbbe Federico Nietzsche, un nuovo spirito apollineo che ha paura della verità naturale, e vuole costruire qualcosa di puro, di razionale, di immateriale, per cui il rigore logico, la dimostrazione matematica, il calcolo sublime darebbero la misura del vero. In questo modo si riduce il problema della scienza a mera costruzione ipotetico-deduttiva, la quale conduce a conclusioni necessarie e forzose sulla base di asserzioni ipotetiche ritenute sicure e incontestabili»[13]. Quando al Congresso Internazionale di Filosofia tenutosi a Napoli nel 1924 il celebre matematico Jacques Hadamard, in veste di presidente del congresso, fece «accettare il principio secondo cui non doveva essere consentito di mettere in discussione alcun argomento di carattere puramente logico contro la relatività ristretta»[14], ci si trovò davanti all'equivalente asserzione che la Scienza non può essere corretta dalla Filosofia! La veste matematica assurgerebbe allora al prodigioso ruolo di scudo – di firewall – contro

---

[12] H. REICHENBACH, *La nascita della filosofia scientifica*, Bologna 1972, p. 52.

[13] Cit. in U. BARTOCCI, *La scomparsa di Ettore Majorana: un affare di stato?*, Bologna 1999, p. 88.

[14] M. MAMONE CAPRIA, *La crisi delle concezioni ordinarie di spazio e di tempo: la teoria della relatività*, in M. MAMONE CAPRIA (a cura di), *La costruzione dell'immagine scientifica del mondo*, Napoli 1999, p. 364.

gli attacchi della pura logica e della speculazione filosofica. Nessuno osò obiettare all'autorità indiscussa rappresentata da Hadamard che il rapporto scienza (S) - filosofia (F) non è mai stato $F \subset S$ ma semmai da sempre è stato $S \subset F$, la scienza è un sottoinsieme della filosofia e non viceversa. Nessuno osò obiettare dinnanzi ad una simile autorità, se non Majorana:

> «Il fatto che la Relatività Ristretta di Einstein sia... inattaccabile dal punto di vista matematico non giustifica che il grande matematico Hadamard presiedendo la sezione Relatività del Congresso Filosofico di Napoli 1924, abbia fatto accettare il principio che qualunque argomentazione di carattere puramente logico contro la prima relatività einsteiniana non debba più venir neppure presa in considerazione e messa in discussione. Però anch'io non dovrei parlarne più, se non voglio dare le dimissioni da fisico teorico»[15].

Da questa vicenda vengono fuori due considerazioni di capitale importanza per la tematica toccata: la prima è la palese sottomissione all'autorità, nel doppio senso, compreso quello indicato da Cartesio che la maggior parte delle persone, scienziati compresi, «spesso si astengono dall'esaminar molte cose [...] poiché stimano che possano esser comprese da altri forniti di maggior intelligenza, abbraccian[d]o il parere di coloro sulla cui autorità maggiormente confidano»[16]; la

---

[15] Cit. in U. BARTOCCI, *La scomparsa di Ettore Majorana...*, op. cit., p. 90.

[16] R. CARTESIO, *Regulae ad directionem ingenii*, 1622, in R. CARTESIO, *Opere filosofiche*, E. Garin (ed.), 4 voll., Vol. I, Roma-Bari 1991, p. 64. Pure fondamentale per quanto stiamo esaminando è la riflessione del filosofo francese riguardo l'*argumentum ad verecundiam*, cioè la falsa garanzia data dal numero degli studiosi che aderiscono ad una data teoria, così come pure la messa in guardia da una facile confusione tra la mnemonica conoscenza delle cose e quella reale: «E non servirebbe a nulla fare il calcolo delle adesioni, per seguire quella opinione che è propria di maggior numero d'autori; poiché, quando si tratti di questione difficile, è da credere che la verità intorno ad essa possa essere trovata da pochi piuttosto che da molti. Ma quand'anche tutti consentissero tra loro, tuttavia la loro dottrina non sarebbe

seconda riguarda il timore di commettere un errore visibile nei confronti dell'establishment: non semplicemente di essere in dissenso rispetto alle idee e convenzioni della maggioranza, ma di marcare posizioni ritenute erronee ed arretrate, con la conseguenza di correre il rischio di provocare un atteggiamento persecutorio ed intollerante da parte della comunità scientifica. Majorana era fortemente amareggiato di come la matematica avesse preso il sopravvento sulle ragioni di principio all'interno della scienza. E nessuno meglio di lui poteva esprimere una tale critica, essendo egli uno dei massimi esperti del settore. Più volte aveva denunciato di come la scienza invece di «preoccuparsi di questioni logiche e di problematiche filosofiche» seguisse la scia del successo delle formule: «Quel ch'è certo è che i nostri docenti non colgono mai l'essenziale delle questioni e infilzano un teorema dietro l'altro, senza minimamente preoccuparsi di chiarire criticamente quel che di mutante sta avvenendo nella concezione della scienza moderna. Ma se andassi a esporre queste cose all'Università, potrei solo fare, se ne avessi il coraggio, la fine di Boltzmann: suicidarmi»[17].

Dare in mano il volante della ricerca scientifica alla matematica e all'"esperimento", portando in second'ordine le implicanze filosofiche e le ragioni di principio, ha delle conseguenze potenziali inimmaginabili. Non per niente lo stesso Einstein, sbigottito dalla manovra in atto, borbottava: «È davvero strano come la gente sia spesso sorda agli argomenti più validi e sia invece propensa a

---

bastevole: e invero non riusciremmo mai ad essere, per esempio, matematici, sebbene ritenessimo a memoria tutte le dimostrazioni degli altri, se non abbiamo anche intelligenza capace di risolvere qualunque problema; oppure filosofi, se avremo letto tutte le argomentazioni di Platone e di Aristotele, ma senza che siamo in grado di portare sicuro giudizio intorno agli argomenti proposti: così, invero, mostreremmo di avere imparato non le scienze, ma la storia» (ivi, p. 22).

[17] Cit. in U. BARTOCCI, *La scomparsa di Ettore Majorana…*, op. cit., pp. 85 e 140.

sopravvalutare la precisione delle misure»[18]. Rileva il grande matematico francese René Thom come la moda imperante che s'incardina sull'onda del più spregiudicato pragmatismo che ingabbia la scienza del XX secolo, sia quella di arrivare «da una teoria concettualmente mal messa» a dedurre «dei risultati numerici che arrivano alla settima cifra decimale», per poi pervenire alla verifica di «questa teoria intellettualmente poco soddisfacente cercando l'accordo alla settima cifra decimale con i dati sperimentali! Si ha così un orribile miscuglio tra la scorrettezza dei concetti di base ed una precisione numerica fantastica»[19]. Il presente lavoro intende dimostrare con degli esempi concreti come le teorie moderne, nel nostro caso la relatività speciale e generale di Einstein, spogliate «della ricca veste matematica» e indotte a rivelare «in linguaggio concreto, cioè in idee e concetti, i mirabolanti risultati nascosti nelle formule abbaglianti» – seguendo il suggerimento del fisico Michele La Rosa[20] – perdano molto del loro smalto originario. Tanto da poter dire con

---

[18] *Lettera di Einstein a Max Born*, 1952, in A. EINSTEIN - M. BORN, *Scienza e vita. Lettere 1916-1955*, Torino 1973, p. 226; contenuta anche in A. EINSTEIN, *Opere scelte*, a cura di E. Bellone, Torino 1988, p. 727.

[19] R. THOM, *Parabole e catastrofi - Intervista su Matematica Scienza Filosofia*, a cura di G. Giorello - S. Marini, Milano 1980, p. 27.

[20] M. LA ROSA, in A. KOPFF, *I fondamenti della relatività einsteiniana*, Milano 1923, pp. 351. Questo nostro illustre fisico ha più volte richiamato l'attenzione dei suoi colleghi circa «le spaventevoli demolizioni che la teoria [della relatività] ha largamente seminato nel campo dei concetti più generali» (ivi, p. 352), trovando una corrispondenza di vedute con la classe più colta e filosoficamente raffinata dei fisici italiani. Tra i più stimati ci piace ricordare: Augusto Righi, Carlo Somigliana, Cesare Burali Forti, Quirino Majorana (zio di Ettore Majorana), Michele Cantone. Col tempo però, quasi seguendo la linea di Max Planck quando afferma che gli oppositori prima o poi «muoiono e una nuova generazione si familiarizza con la nuova teoria sin dall'inizio», ai tentativi di confutazione si sostituirono quelli di assorbimento.

Einstein: «Come la metterebbero in ridicolo i non fisici se potessero seguire il suo curioso sviluppo»[21].

2 – Il Gedankenexperiment e il FLOP

"Gedankenexperiment" è un termine tedesco che sta per "esperimento mentale", usato soventemente da Einstein per etichettare i voli di immaginazione che lo portarono alle sue più grandi scoperte fisiche. Si tratta di un tipo di esperimento immaginario o ideale, non empirico, volto a testare, corroborare o confutare un'ipotesi o una teoria. Il termine è stato usato per la prima volta nel 1811 dal fisico e chimico danese Hans Christian Ørsted, lo scienziato che ravvisò per primo una correlazione tra corrente elettrica e magnetismo[22], sulla scia di *Experimente der Vernunft* di Kant[23].

Ma l'uso euristico, dimostrativo e confutativo dell'esperimento mentale è radicato nella riflessione filosofica e scientifica sin dall'antichità: basti pensare al "mondo cilindrico" sospeso nel vuoto di Anassimandro o ai noti paradossi di Zenone sul movimento[24]. Ciò

---

[21] *Lettera di Einstein del 20 maggio 1912*, cit. in M. MAMONE CAPRIA, *La crisi delle concezioni ordinarie di spazio e di tempo*, op. cit., p. 363.

[22] Si veda, del presente autore, *Simmetrie forzate e simmetrie infrante nella Relatività Speciale*, in R.V. MACRÌ (a cura di), *Asimmetrie antirelativistiche*, Lecce 2015, per un resoconto dettagliato della scoperta di Ørsted.

[23] J. WITT-HANSEN, *H.C. Ørsted, Immanuel Kant and the Thought Experiment*, «Danish Yearbook of Philosophy», Vol.13, 1976, pp. 48-65.

[24] Aristotele nel suo trattato *De Caelo* riferisce che secondo alcuni la Terra «sta ferma per effetto dell'egual distribuzione delle sue parti, come fra gli antichi Anassimandro. Nulla fa sì che ciò che posa al centro, e si trova a distanza uguale dagli estremi, debba muoversi piuttosto verso l'alto che verso il basso, o di lato. Ora, è impossibile che il moto abbia luogo contemporaneamente verso punti opposti: per modo che essa deve rimanere necessariamente immobile» (*Del Cielo*, II 13, 295 b, in ARISTOTELE, *Opere*, volume secondo, Roma-Bari 1973, p. 313). Da questo punto di vista Anassimandro è il primo a concepire un modello meccanico del mondo. Egli sostiene – contrariamente al suo maestro Talete che pensava che la Terra è un disco piatto che si regge sull'acqua – che la Terra galleggi immobile nello

non deve sorprendere: l'esperimento mentale, immaginifico, ideale, rimane una perla preziosa del pensiero nudo, eredità della riflessione

<hr>

spazio, senza cadere e senza essere appoggiata a nulla, per ragioni di simmetria. Si tratta, in ultima analisi, dell'uso del *principio di ragion sufficiente*, lo stesso che viene applicato all'interno di ogni Gedankenexperiment. Come non associare le riflessioni che farà Galileo nel suo *Discorsi e dimostrazioni matematiche intorno a due nuove scienze* del 1638 con le ragioni di simmetria escogitate da Anassimandro due millenni prima? «È impossibile che il moto abbia luogo contemporaneamente verso punti opposti» commenta Aristotele spiegando le ragioni di Anassimandro, così come commenterà Mach riguardo alle ragioni di Galileo: «I corpi più grandi, dicono gli aristotelici, cadono più velocemente perché le loro parti superiori premono sulle inferiori e ne accelerano la caduta. In questo caso, obietta Galileo, un corpo più piccolo legato a uno più grande ne rallenterebbe la caduta» (E. MACH, *La meccanica nel suo sviluppo storico-critico*, 1883, Torino 1977, p. 225). Un corpo in caduta non può rallentare la sua corsa se spezzato in due frammenti disuguali e legati tra loro: «Ma se questo è, ed è insieme vero che una pietra grande si muove, per esempio, con otto gradi di velocità, ed una minore con quattro, adunque congiungendole ambedue insieme, il composto di loro si muoverà con velocità minore di otto gradi: ma le due pietre, congiunte insieme, fanno una pietra maggiore...» (G. GALILEI, *Discorsi e dimostrazioni matematiche intorno a due nuove scienze attenenti alla mecanica e i movimenti locali*, Torino 1996, p. 635). «Sembra dunque che le due sfere insieme debbano cadere allo stesso tempo più velocemente e più lentamente di quando non erano ancora legate insieme. E qui c'è ciò che i filosofi amano più di ogni cosa: una contraddizione. C'è un solo modo per evitarla, ed è di assumere che le due sfere cadano con la stessa velocità» (M. COHEN, *Lo scarabeo di Wittgenstein e altri classici esperimenti mentali*, Roma 2006, p. 46). Effettivamente, non è esagerato affermare che «parlare di Anassimandro è riflettere su che cosa significhi la rivoluzione scientifica aperta da Einstein» (C. ROVELLI, *Che cos'è la scienza. La rivoluzione di Anassimandro*, Milano 2011, p. 12). Si tratta della nascita del Gedankenexperiment che sarà usato massicciamente da Einstein. È il primo esempio di applicazione del principio di ragion sufficiente, identificato pienamente da Leibniz: «Non accade mai niente senza che vi sia una ragione determinante, vale a dire qualcosa che possa servire a rendere ragione a priori del perché una data cosa è esistente [...] nonostante che il più delle volte queste ragioni non ci siano note a sufficienza» (G.W. LEIBNIZ, *Saggi di teodicea*, in G.W. LEIBNIZ, *Scritti filosofici*, volume primo, Torino 1967, p. 427). Da quel momento l'indagine filosofica dell'antica Grecia farà un uso incessante degli esperimenti mentali, come il celebre *anello di Gige* escogitato nella sua *Repubblica* da Platone (*Repubblica*, II 358a-360d, in PLATONE, *Opere*, volume secondo, Roma-Bari 1974, p. 174-177).

filosofica più autentica. In fondo, il laboratorio più prezioso è quello della nostra mente. Un laboratorio, quello mentale, che portiamo interrottamente con noi, giorno e notte, perfino nell'onirico mondo dei sogni. Possiamo affermare senza esitazione che gli esperimenti più importanti per le nostre teorie sono nati e saggiati dentro il laboratorio della nostra mente. Ora, è questo tipo di esperimenti che chiamiamo "mentali". Essi possiedono la caratteristica di poter astrarre dalle reali possibilità empiriche, fino a giungere ad estrapolazioni globali irraggiungibili dall'empiria. Si pensi, ad esempio, ad oggetti macroscopici che si muovono a velocità relativistiche o al "gatto di Schrödinger" della meccanica quantistica, oppure al celeberrimo "cervello nella vasca" di Putnam o al microscopio a raggi gamma di Heisenberg... Si tratta di situazioni immaginarie che possiamo collocare sul piano della realtà solo al prezzo di perderne il "contorno" e accettarne le "sfumature".

Un'altra caratteristica originale è quella dell'universalità dell'uso. L'universalità delle menti da una parte, nel senso che ogni soggetto pensante ne fa un uso continuo, cosciente o inconsapevole, e l'universalità dei settori dove gli esperimenti mentali possono essere applicati dall'altra. Scrive Ernst Mach che «l'esperimento mentale non è importante solo per il ricercatore di professione, ma anche per lo sviluppo psichico in generale»[25]. Inoltre, «non c'è alcun dubbio che l'esperimento mentale è importante non solo nel campo della fisica, ma in tutti i campi»[26]. Si voli per un attimo con la fantasia al celebre racconto di Kafka, *La metamorfosi* (1915), in cui l'autore descrive che cosa significa svegliarsi nel corpo di un insetto gigantesco. Perfino all'interno delle trame dei romanzi l'esperimento di pensiero prende forma e ne dispiega la logica interna. La mente umana è intessuta di esperimenti immaginari. Diffuso dagli scritti di Mach a partire da *La meccanica nel suo sviluppo storico-critico* (1883) e oggetto di riflessione

---

[25] E. MACH, *Über Gedankenexperimente,* «Zeitschrift für den physikalischen und chemischen Unterricht», 10, 1896, p. 192.

[26] Ivi, p. 194.

di personaggi come Karl Popper, Thomas Kuhn, Pierre Duhem, Alexandre Koyré, il concetto di *esperimento mentale* è stato analizzato e setacciato in miriadi di ricerche, e, ancor oggi, è una questione molto controversa. I millenni passano ma la potenza del Gedenkenexperiment è operativa oggi come nel passato, da almeno duemilacinquecento anni. Nel *De rerum natura*, Lucrezio porta all'estremo un'argomentazione sull'impossibilità che l'Universo abbia un limite tramite un'elegante Gedankenexperiment:

> Nulla, in natura può avere dei limiti senza qualcosa, al di fuori, che stia a contenerlo e che la barriera dei sensi ci faccia distinguere. Poiché al di fuori del tutto non può esistere nulla questo universo non ha una sua parte finale: qualunque sia quella parte in cui ci si possa recare per occuparvi uno spazio, sempre, guardandosi intorno, ovunque l'occhio si volga, ci sarà solo infinito: Se credessimo invece che qualche limite esista e se il piede poggiasse sul punto creduto più estremo e di lì si lanciasse con l'arco una freccia al di fuori pensi tu che lo strale, pur con il massimo slancio, potrebbe andare a colpire un bersaglio lontano o incontrerebbe qualcosa che lo respinge all'indietro? In ognuno dei casi, qualunque risposta si scelga, noi scopriremmo comunque che l'universo è infinito: sia che la freccia incontri qualcosa all'esterno che le impedisca di andare fin dove è diretta, sia che riesca a raggiungere il proprio bersaglio sarà partita da un punto che non era l'estremo. Se mai qualcuno dicesse che esiste quel limite io potrei ricordargli la storia di questa mia freccia[27].

«Questo è un tipico esperimento mentale» esclama James Robert Brown[28]. Così, nel primo secolo a.C. si era arrivati a *frame*

---

[27] Tito LUCREZIO Caro, *De rerum natura*, a cura di F. Vizioli, ed. integrale con testo latino a fronte, Roma 2000, Libro I, 960-980.

[28] J.R. BROWN, *What Do We See in a Thought Experiment?*, in M. FRAPPIER – L. MEYNELL – J.R. BROWN, *Thought Experiments in Philosophy, Science, and the Arts*, New York 2013, p. 53.

immaginifici sofisticati. Ma in realtà questo Gedankenexperiment è antecedente a Lucrezio di almeno tre secoli. Infatti, già nel IV secolo il pitagorico Archita da Taranto, amico di Platone, aveva determinato la questione con la stessa profondità e medesimo *frame* immaginario:

> «Se mi trovassi all'ultimo cielo, cioè a quello delle stelle fisse, potrei stendere la mano o la bacchetta al di là di quello, o no? Ch'io non possa, è assurdo; ma se la stendo, allora esisterà un di fuori, sia corpo sia spazio (non fa differenza, come vedremo). Sempre dunque si procederà allo stesso modo verso il termine di volta in volta raggiunto, ripetendo la stessa domanda; e se sempre vi sarà altro a cui possa tendersi la bacchetta, è chiaro che anche sarà interminato»[29].

Ma qui ci stiamo avvicinando al concetto di FLOP (Falsificatore Logico Potenziale)[30]. Un esperimento mentale capace di vanificarne un altro può essere denominato FLOP. Il *Falsificatore Logico Potenziale* è un concetto epistemologico, capace di incrementare il livello di contrasto e percezione analitica nelle teorie fisiche. Esso prende le mosse dall'analisi popperiana sul cosiddetto *falsificatore potenziale*, sfociando però in un programma più teoretico e audace: ogni teoria può nascondere al suo interno dei salti concettuali, buche logiche, ragionamenti difettosi, paralogismi, antinomie, incompatibilità tra supposizioni implicite e postulati espliciti, i quali verranno alla luce improrogabilmente ma non necessariamente "adesso": "prima o poi", "potenzialmente". Viene dunque suggerito di denominare come FLOP la classe di tutti *quei falsificatori latenti di tipo puramente logico o formale*, tramite i quali, nello stato affiorante o

---

[29] M. TIMPANARO CARDINI (a cura di), *Pitagorici. Testimonianze e frammenti. Ippocreate di Chio, Filolao, Archita e pitagorici minori*, Firenze 1962, p. 349.

[30] Si veda, del presente autore, *I FLOP nella trattazione relativistica del tempo*, in F. SELLERI (a cura di), *La natura del tempo*, Bari 2002; *La realtà del tempo e la ragnatela di Einstein*, Lecce 2015, cap. VI: *Il concetto di FLOP e i punti deboli della Relatività*, pp. 59 sgg.; *Il concetto di Falsificatore Logico Potenziale*, in R.V. MACRÌ (a cura di), *Asimmetrie antirelativistiche*, Lecce 2015.

emergente, la teoria si rende contraddittoria e incoerente. In modo del tutto generale, il FLOP è l'elemento che smaschera e rivela le sfuggenti, potenziali, occulte, subliminali buche logiche annidate internamente. Mentre il falsificatore potenziale popperiano è prevalentemente empirico e induttivo, emergente tramite il baconiano *experimentum crucis,* il FLOP è esclusivamente logico, filosofico, concettuale, deduttivo. Laddove il primo qualifica un sistema come scientifico, il secondo lo rende incoerente e contraddittorio: una teoria è razionale se è esente da FLOP. Il concetto prende le mosse dalla nuova intelaiatura epistemologica che si è venuta a creare con Einstein (e in seguito con la meccanica quantistica) circa l'utilizzo massiccio e l'enormità del peso concettuale del cosiddetto *esperimento mentale* o *Gedankenexperiment.* Il FLOP è un "contro-esperimento" mentale, capace di invalidare, vanificare o confutare le tesi di partenza, laddove una teoria ripone fiducia e aspettative nel Gedankenexperiment, come lo è stata quella di Einstein. Esso è in fondo una risposta coerente e omogenea a all'approccio verificazionista adottato da quest'ultimo: basterebbe qui ricordare i titanici duelli "a colpi di *Gedankenexperiment*" tra Einstein e Bohr, i quali fecero epoca. In genere Einstein elaborava un certo esperimento mentale, convinto della sua coerenza intrinseca, mentre Bohr si divertiva a trovare il FLOP annidato e a distruggere l'intera impalcatura einsteiniana con un contro-esempio.

Si noti che a volte possono passare decenni prima che il FLOP annidato salti a galla. Scrive Franco Selleri in *La natura del tempo*: «I FLOP di Macrì sono strutture logiche, latenti ma non impossibili da esplicitare, che rivelano le buche logiche occulte annidate nelle teorie. Il FLOP più famoso è quello del teorema di J. von Neumann che "dimostrava" l'impossibilità di una riformulazione causale della meccanica quantistica. Formulato nel 1932, il teorema era matematicamente rigoroso, ma aveva una fondamentale debolezza di impostazione (insufficiente generalità degli assiomi) che ha dovuto aspettare le ricerche di Bohm e Bell (1966) per essere smascherata. Per più di trent'anni c'era una buca logica, ma nessuno se n'era accorto!

E tuttavia il grande prestigio di von Neumann, aiutato dalle esplicite dichiarazioni di altri grandi personaggi, ottenne in pratica, per molto tempo, il risultato di proibire l'attività scientifica nella direzione della causalità e del realismo. Ecco dunque dei fattori extralogici al lavoro, in accordo con la tesi di Macrì. Quando Bohr, Heisenberg, Born e Pauli dichiaravano che il teorema di von Neumann rendeva impossibile un completamento causale della teoria dei quanti, andavano al di là di ciò che comprendevano razionalmente, altrimenti avrebbero visto i gravi limiti del teorema. Le loro affermazioni nascevano dalla convenienza e non da un processo logico ineccepibile. Oggi il teorema è superato e il re è nudo...»[31].

Il FLOP più famoso della storia del pensiero scientifico è senza dubbio quello escogitato da Galileo per confutare l'idea aristotelica secondo la quale la velocità di un corpo in caduta libera aumenta proporzionalmente al suo peso (si veda nota 23). Si tratta del primo esempio di *Falsificatore Logico* ben riuscito e articolato ad essere stato riportato, e rimane tra i più citati da Mach fino ai giorni nostri. Nonostante sia esposto nella maggior parte dei libri e dei manuali di fisica che Galileo fece effettivamente l'esperimento facendo cadere due sfere di massa diversa dalla torre di Pisa, in realtà, «Galilei di fatto non aveva mai realizzato quell'esperimento»[32]! Non solo non eseguì mai questo particolare esperimento per il quale è famoso, ma neanche la maggior parte degli altri esperimenti: «Galileo nella maggior parte dei casi non seguiva affatto il metodo sperimentale del quale venne ritenuto il padre»[33]. Questo rafforza la sua caratteristica di "sperimentatore immaginario", cioè la sua capacità di immaginare una serie sterminata di esperimenti mentali. Come sottoscrive Brown: «Einstein era forse il più grande sperimentatore immaginario [*thought*

---

[31] F. SELLERI, *La natura del tempo. Propagazioni super-luminali – Paradosso dei gemelli – Teletrasporto*, op. cit., pp. 22-23.

[32] F. DI TROCCHIO, *Le bugie della Scienza. Perché e come gli Scienziati imbrogliano*, Milano 1993, p. 14.

[33] Ivi, p. 18.

experimenter] di sempre. Solo Galileo gli sta alla pari»[34]. Martin Cohen centra la questione con grande lucidità: «Per Aristotele in ogni caso sembra che la lunga arrampicata sulla torre sia inutile. Ma Galileo non ha bisogno di portare a termine l'esperimento e lo svolge piuttosto nella sua mente»[35]. «Galileo non gettava realmente sfere dalla torre pendente di Pisa – si trattava di un esperimento mentale (a dispetto di quanto alcuni oggi sostengono...)»[36]. Insomma, ecco la prova tangibile di come il laboratorio della mente sia più potente e fondamentale di quello fisico reale. La storia della fisica è piena zeppa di esperimenti finti mai effettuati se non nella propria testa[37].

Un altro FLOP storico un po' meno conosciuto ma non per questo meno importante è quello escogitato da Leibniz nei confronti del Gedankenexperiment di Cartesio sulla conservazione della quantità di moto. Il grande filosofo francese arrivò per primo a concettualizzare la legge più importante dell'intera fisica, e se non fosse stato per un "piccolo" errore commesso nella sua analisi della dinamica degli urti oggi sarebbe ricordato anche come uno dei grandi della scienza (in realtà lo è), alla pari di Galileo e di Newton, oltre che come gigante della filosofia. Il metodo di Leibniz per confutare la legge cartesiana della collisione «non richiede che si facciano rotolare palle da biliardo

---

[34] J.R. BROWN, *What Do We See in a Thought Experiment?*, op. cit., p. 53.

[35] M. COHEN, *Lo scarabeo di Wittgenstein e altri classici esperimenti mentali*, op. cit., p. 45.

[36] Ivi, p. 17.

[37] «Popper ha chiarito definitivamente che ciò che si può dimostrare realmente è solo che una cosa è falsa. Mentre è impossibile dimostrare conclusivamente che una cosa è vera. Questo vuol dire che tutte le teorie scientifiche che riteniamo vere sono considerate tali non perché la loro verità sia stata realmente dimostrata, ma solo perché gli scienziati che le hanno enunciate sono stati capaci di convincere i loro colleghi e noi stessi. Normalmente ciò implica l'uso di trucchi e di falsificazioni più o meno gravi che non vengono però riconosciuti e denunciati come tali se non dopo molto tempo. In definitiva, insomma, gli scienziati imbrogliano in nome della verità perché non sono in grado di dimostrare tale verità» (F. DI TROCCHIO, op. cit., p. 316).

di diverse misure; il solo esperimento mentale è sufficiente a decidere la questione»[38].

Cartesio pensava che se un corpo più piccolo urta uno più grande, il primo rimbalza all'indietro senza variare minimamente la sua velocità, se non per il verso contrario e senza perturbare minimamente il secondo. Invece se uno più grande collide con uno più piccolo si muovono entrambi nello stesso verso in modo da conservare la quantità totale di movimento[39]. «Leibniz ci chiede invece di immaginarci una serie di collisioni tra due palle, una delle quali sia originariamente più piccola. Nel susseguirsi delle collisioni quella più grande diminuisce impercettibilmente finché non diventa più piccola. A questo punto, in base a quanto sostenuto da Cartesio, il comportamento delle due palle dovrebbe cambiare radicalmente. Ma sembra ridicolo supporre che un tale minimo cambiamento nella massa della prima palla possa lasciare il movimento invariato un attimo prima, e tradursi in una spinta in avanti un attimo dopo. Leibniz dimostra così che Cartesio sta sbagliando»[40]. Questo metodo della variazione infinitesimale escogitato da Leibniz oggi viene denominato "legge della continuità leibniziana". Aggrappandosi a questo concetto, l'amico Franco Selleri – uno dei più grandi fisici del Novecento, recentemente scomparso – è riuscito a vanificare la spiegazione relativistica della piattaforma rotante, come nell'effetto Sagnac, mandando in frantumi la relatività speciale di Einstein[41].

---

[38] M. COHEN, op. cit., p. 17.

[39] CARTESIO, *I principi della filosofia*, 1644, parte II: «Dei principi delle cose materiali», 45-52, in *Opere filosofiche*, 4 voll., a cura di E. Garin, Roma-Bari 1995, vol. III, pp. 97-102.

[40] Ibidem.

[41] Cfr. F. SELLERI, *On the existence of a physical and mathematical discontinuity in relativistic theory*, in F. SELLERI (a cura di), *Open Questions in Relativistic Physics*, Montreal 1998; F. SELLERI, *Space and Time are better than Spacetime*, (I e II), in K. RUDNICKI (a cura di), *Redshift and Gravitation in a Relativistic Universe*, Montreal 2001; F. SELLERI, *Time on a rotating platform* (con F. GOY), «Found. Phys. Lett.», 10:17, 1997.

Infatti, la fisica dei raggi luminosi su una piattaforma rotante non può essere spiegata tramite la relatività speciale perché, si dice, non appartiene ai moti inerziali. I relativisti sono costretti ad invocare in questi casi la relatività generale. Ma – fa notare Selleri – la rottura della covarianza non può essere invocata, per il fatto che possiamo gestire all'interno del laboratorio mentale di un ipotetico Gedanken-experiment una variazione infinitesimale della velocità di rotazione – tanto da non poter decidere se la piattaforma è ferma o in moto – o del raggio del disco sempre crescente e tendente all'infinito, e per questo simulante moti inerziali, ma mai realmente tali. In altri termini, così come la variazione continua delle dimensioni della massa della palla permise a Leibniz di giocare sul passaggio "più grande" – "meno grande", mettendo in ridicolo che una variazione di un miliardesimo di miliardesimo di grammo potesse cambiare tutte le carte in tavola per la quantità di moto, così Selleri mette in ridicolo le affermazioni di Einstein e dei relativisti che affermano di passare da una relatività all'altra a seconda se i moti siano inerziali o meno. Si tratta di un potentissimo FLOP – così come egli stesso era grato di poterlo chiamare e come soleva ringraziare la mia costruzione concettuale in tutti i suoi ultimi lavori – contro la relatività immaginata da Einstein.

«Gran parte della fisica moderna non si fonda su misurazioni ma su esperimenti mentali. Einstein non effettuò misurazioni in un ascensore in rapida discesa, né Schrödinger mise davvero il suo gatto in una scatola in compagnia di un sasso radioattivo; in entrambi i casi le mere ipotesi erano più che sufficienti. Il fatto è che gli esperimenti mentali sono possibili tanto quanto quelli pratici, ma svolgerli empiricamente non servirebbe a niente: tutte le informazioni necessarie sono già presenti nei recessi oscuri della coscienza. E in realtà Galileo, Newton, Darwin e Einstein li usavano con grande successo...»[42]. Dunque la scienza moderna poggia in maniera

---

[42] M. COHEN, op. cit., pp. 17-18.

sostanziale sul Gedankenexperiment. Questo fa ascendere il concetto di FLOP al gradino più alto.

3 – Il Gedankenexperiment del treno di Einstein e i suoi FLOP

L'esperimento mentale del treno immaginato da Einstein fu il mio "primo amore" nella fanciullezza e il mio primo "attacco alla relatività" nella maturità. Siamo nel lontano '96 – 20 anni fa – quando arrivai alla conclusione, dopo lustri di riflessioni e combattimenti, che il Gedankenexperiment di Einstein ritenuto il più importante della storia del pensiero scientifico di tutti i tempi era errato dal punto di vista logico e filosofico. In verità sapevo da anni che era "bucato", ma non ero riuscito fino allora a trovare un FLOP, un *falsificatore logico* all'altezza della semplicità ed eleganza della formulazione einsteiniana. Dopo una serie di tentativi infruttuosi, la soluzione venne a galla di colpo come succede con un'*insight*[43].

L'insight consiste nella comprensione improvvisa e subitanea della strategia utile ad arrivare alla soluzione di un problema o della soluzione stessa. Si tratta di una sorta di "Eureka!" attribuita ad Archimede di Siracusa nel momento in cui scoprì (tramite un *insight*) il suo noto principio. A differenza del cosiddetto *problem solving*, dove la soluzione del problema è raggiunta tramite una costruzione analitica e consequenziale, l'insight avviene in un unico passo e compare inaspettatamente nella mente del solutore, spesso come risultato di una ristrutturazione degli elementi del problema. Un bell'esempio di insight è l'intuizione improvvisa avuta da Enrico Fermi durante la scoperta dell'effetto dei neutroni lenti sulla radioattività indotta. Ecco il racconto della scoperta, che Fermi fece al premio Nobel indiano per la fisica Chandrasekhar: «Le dirò come giunsi a fare la scoperta che ritengo la più importante che io abbia mai fatto. Stavamo lavorando col massimo impegno sulla radioattività indotta da neutroni, e i risultati che ottenevamo non davano alcun senso. Un giorno, arrivando in laboratorio, mi venne in mente di mettere un pezzo di piombo davanti ai neutroni incidenti e di esaminarne l'effetto. Contrariamente al solito, mi impegnai molto per far sì che il pezzo di piombo fosse lavorato con ogni cura. Ero chiaramente insoddisfatto di qualcosa: cercavo ogni scusa per evitare di mettere in posizione il pezzo di piombo. Quando infine, con una certa riluttanza, mi accinsi a sistemarlo, dissi a me stesso: "No, non voglio qui questo pezzo di piombo; quello

364

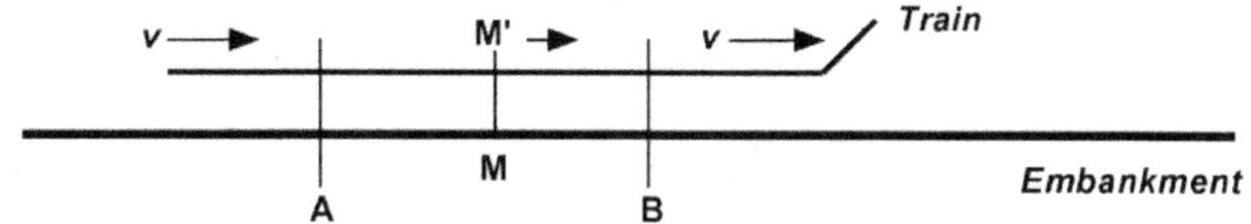

Figura 1. Treno di Einstein

La *figura 1* mostra il disegno originale di Einstein diventato ormai famoso come "l'esperimento mentale del treno di Einstein", dove il padre della Relatività dimostra la sua tesi: «*la relatività della simultaneità*»[44]. «Supponiamo che un treno molto lungo – scrive Einstein – viaggi sulle rotaie con velocità costante [...]. Due eventi (per esempio i due colpi di fulmine *A* e *B* [prossimi alle due estremità del treno]) che sono simultanei rispetto alla banchina ferroviaria saranno tali anche rispetto al treno? Mostreremo subito che la risposta deve essere negativa»[45]. La prova che la simultaneità è relativa – secondo Einstein – sta nell'indagine diretta *all'osservazione dei lampi* dei due fulmini: se i due lampi *appaiono* simultanei alla banchina, non possono più *apparire* simultanei all'osservatore ancorato alla parte centrale del treno (per principio, visto che il treno ha una sua velocità rispetto alla banchina: nel momento che uno dei lampi si avvicina al punto centrale del treno, quest'ultimo si allontana o si avvicina a

---

che ci voglio è un pezzo di paraffina". Fu proprio così, senza alcun preavviso, senza alcun ragionamento cosciente. Subito presi qualche pezzo di paraffina e lo situai dove avrei dovuto mettere il piombo» (S. CHANDRASEKHAR, *Truth and Beauty: Aesthetics and Motivations in Science*, 1987, tr. it. di L. Sosio, *Verità e bellezza. Le ragioni dell'estetica nella scienza*, present. di M. Hack, Milano 1990, pp.48-49).

[44] EINSTEIN, *Relativity: The Special and the General Theory*, 1916, Third Edition, New York 1920, pp. 30 sgg.; A. EINSTEIN, *Über die spezielle und allgemeine Relativitätstheorie-gemeinverständlich*, 1916, tr. it. *Relatività: esposizione divulgativa*, Torino 1967, p. 61; o, anche, A. EINSTEIN, *Opere scelte*, a cura di E. Bellone, Torino 1988, p. 406.

[45] Ibidem.

seconda della direzione del lampo). E siccome il *principio di relatività* esclude ogni sistema di riferimento privilegiato, ne consegue – conclude Einstein – che l'osservatore ancorato al treno ha la stessa autorità di affermare la non simultaneità dei due *fulmini* dell'osservatore posto sulla banchina, il quale può affermarne, al contrario, la perfetta simultaneità. Finisce in questo modo – scrivono i testi sull'argomento di ogni angolo del pianeta – l'inganno di una simultaneità assoluta che ha tiranneggiato per millenni e in barba a innumerevoli pensatori di ogni sorta! Basterebbe questo, in fondo, per concludere col noto storico della fisica Enrico Bellone sulla figura gigantesca di un Einstein: «Il maggior filosofo del Ventesimo secolo»[46]. Si noti che questo è il cuore della relatività speciale di Einstein, il fondamento epistemologico senza il quale sarebbe destinata a crollare. «Questo concetto [la simultaneità] non esiste per il fisico fino a quando egli non ha la possibilità di scoprire nel caso concreto se tale concetto si verifichi oppure no. […] Finché non viene soddisfatto tale requisito, io, come fisico (e lo stesso vale naturalmente per il non fisico), mi abbandono a un inganno, quando immagino di poter attribuire un significato all'affermazione di simultaneità. (Vorrei chiedere al lettore di non procedere oltre finché non sia pienamente convinto su questo punto)»[47]. Parole «perentorie e drammatiche», esclama con sottile ironia l'amico Marco Mamone Capria, uno dei massimi esperti di Relatività: «Si tratta di una dichiarazione estremamente impegnativa: due secoli di fisica (per non dire dei millenni del senso comune) sono trascorsi senza che nessuno si

---

[46] E. BELLONE, *Il maggior filosofo del Ventesimo secolo*, «Le Scienze», n. 435, 2004, p. 5.

[47] EINSTEIN, *Relativity: The Special and the General Theory*, op. cit., p. 26; A. EINSTEIN, *Relatività: esposizione divulgativa*, op. cit., pp. 58-9; A. EINSTEIN, *Opere scelte*, op. cit., p. 404.

accorgesse di un "inganno" implicito in praticamente *tutte* le teorie!»[48].

Un "colpo di genio", potremmo dire a prima vista. La cosa, in effetti, appare fantascientifica: in tre millenni di riflessione filosofica, fatta da menti elevatissime e sottili, sarebbe sfuggita a tutti – senza eccezione alcuna – una siffatta proprietà del tempo: che la simultaneità, cioè, è relativa! Non solo! È proprio nella veste di filosofo che Einstein deriva la *trattazione relativistica della simultaneità*: essa compare infatti all'inizio del saggio del 1905, prima ancora di aver scritto le trasformazioni di Lorentz e aver dato forma matematica alla teoria. Siamo, cioè, in presenza di un vero e proprio Gedankenexperiment, il più significativo di tutta la storia del pensiero scientifico (insieme all'altro chiamato "dell'ascensore" che vedremo più avanti). E quando si è in presenza di un esperimento mentale, spogliato dalle formule e denudato da ogni altro elemento occultante, si ha davanti un *frame immaginario* disarmato e potenzialmente vulnerabile. Sono le condizioni favorevoli alla possibilità teoretica dell'emersione del FLOP, di un Falsificatore Logico capace di smascherare le buche logiche nascoste. Cominciamo col preparare il terreno con alcune considerazioni filosofiche basilari:

[1] – Perché mai la simultaneità dei due eventi (fulmini) deve coincidere con la simultaneità di ricezione dei due *segnali* (lampi)? Inferire la simultaneità dei fulmini (eventi) dall'osservazione della simultaneità dei lampi (segnali) è un errore filosofico gigantesco che uno scienziato non avrebbe dovuto neanche sfiorare. Specialmente in considerazione del tempo asincrono di percorrenza dei segnali, visto che il punto centrale del treno corrisponde al punto centrale di percorrenza dei lampi solo al momento dell'impatto dei fulmini, ma non più successivamente a causa del ritardo di ricezione dei segnali: il treno si muove, trasportando il punto centrale con esso. Un Aristotele

---

[48] M. MAMONE CAPRIA, *La crisi delle concezioni ordinarie di spazio e di tempo: la teoria della relatività*, op. cit., p. 374.

al posto di un Einstein avrebbe concluso che l'attestazione della relatività della simultaneità non può essere sostenuta dalle condizioni date. E ciò anche se un miliardo di esperimenti successivi dovessero in qualche modo avvalorare la troppo affrettata conclusione di Einstein.

[2] – Confondere *l'indeterminazione* sul piano epistemologico con la *relativizzazione* sul piano ontologico è un errore filosofico ancora più grande. Elevare il particolare ad universale è una fallacia che avrebbe fatto rizzare i capelli anche al più insignificante dei logici medievali. Einstein ha commesso l'errore di innalzare semplicemente "ciò che appare" in uno specifico caso in "ciò che è" a livello universale. Di più! Ha addirittura elevato, con un doppio salto mortale – e da un singolo esperimento mentale – "ciò che *non* riesco a misurare" in "ciò che *non è* e mai sarà"! Si rimane a bocca aperta!

[3] – Quelle appena elencate potrebbero essere delle deduzioni erronee fatte da un fanciullo, non da un esperto. Esperto? Ma non lo era affatto quel giovanotto ventiseienne quando ebbe l'idea. Tutto nacque in una notte, dopo aver discusso a lungo col suo amico Michele Besso:

> Era una bellissima giornata a Berna, raccontò più tardi Einstein, quando era andato a prendere il suo miglior amico Michele Besso, l'ingegnere brillante ma dispersivo che aveva conosciuto allorché studiava a Zurigo e che poi aveva fatto assumere all'Ufficio brevetti svizzero a lavorare con lui. Molto spesso facevano insieme a piedi il tragitto verso l'ufficio e in quell'occasione Einstein parlò dell'aporia che lo affliggeva. «Sto per arrendermi» disse a un certo punto. Ma mentre discutevano, raccontò Einstein, «improvvisamente compresi qual era la chiave del problema». Il giorno successivo, quando vide Besso, Einstein era in uno stato di grande eccitazione. Senza neanche salutare l'amico dichiarò immediatamente: «Grazie, ho completamente risolto il problema». Soltanto cinque settimane trascorsero tra il momento dell'eureka e il giorno in cui Einstein spedì il suo

articolo più famoso, L'elettrodinamica dei corpi in movimento. Non conteneva alcuna citazione di memorie altrui, non faceva menzione del lavoro di nessun altro, e non conteneva ringraziamenti eccetto quello incantevole dell'ultima frase: «Per finire vorrei rivolgere un ringraziamento all'amico e collega Michele Besso per avermi assistito mentre lavoravo a questi problemi, fornendomi anche alcuni preziosi suggerimenti»[49].

La relativizzazione della simultaneità fu elaborata da Einstein in una meditazione di qualche oretta e priva dell'esperienza e della mente della maturità. Una soluzione affrettata che in realtà nasconde più di un errore. In particolare i punti appena toccati non possono essere ridotti o annientati, neanche nel caso in cui l'argomentazione einsteiniana dovesse arrivare a localizzare elementi di verità. Ma vediamo da vicino le buche logiche lasciate sul terreno dal geniale giovanotto che attaccò la tradizione in maniera analoga a quella che fece Galileo nel suo tempo, rivoluzionando la fisica e l'immagine del mondo del secolo che abbiamo alle spalle.

L'idea base che si cela all'interno dell'argomentazione einsteiniana è quella *dell'impossibilità* che una condizione – nel nostro caso la simultaneità assoluta ritenuta sicura e onorata per millenni – accada. La prima cosa da indagare è se questa presunta *impossibilità* graviti sul piano *epistemologico* o su quello *ontologico*. Interessa cioè un'impotenza conoscitiva – inerente alla nostra intrinseca possibilità di conoscenza – o è un riflesso della reale condizione di ciò che esiste, di ciò che è? Se la simultaneità assoluta dovesse esistere nella realtà, allora il processo di relativizzazione sarebbe da imputare alle nostre limitate capacità conoscitive, alla conseguenzialità di un *operazionismo* che ci è connaturale fin dalla nascita, che rimane attaccato ai nostri centri neuronali, alle nostre sinapsi, in modo desmodromico, senza alcuna possibilità di svincolo o grado di libertà superiore. La

---

[49] W. Isaacson, *Einstein. La sua vita, il suo universo*, Milano 2008, pp. 97-98.

riflessione interna alla Relatività non ha mai contemplato tale possibilità: la teoria di Einstein postula semplicemente la simultaneità come relativa, per allargare poi tale processo di relativizzazione al tempo e allo spazio. La logica dell'impalcatura relativistica, nei suoi tre passi cardinali, è la seguente: [1] la simultaneità è relativa → [2] il tempo è relativo → [3] lo spazio è relativo[50]. Tuttavia le prove sperimentali si hanno solo all'interno del punto 2, precisamente nell'area della cosiddetta *dilatazione del tempo*. Per cui, per un'inferenza tanto usata quanto fallace, i relativisti adducono la veridicità del punto 1 dal successo sperimentale del punto 2. In ogni caso, se cade il punto 1 crolla l'intera teoria[51]. E visto che il punto 1 riguardante la simultaneità è privo di qualunque "scudo matematico", cioè privo dell'"Hadamard's firewall" menzionato nelle pagine precedenti, esaminiamo da vicino il Gedankenexperiment di Einstein per capire se il campo è libero da Falsificatori Logici Potenziali.

Se, come sostiene Einstein, due eventi simultanei in un sistema inerziale non lo sono più se osservati da un altro sistema inerziale in moto rispetto al primo, allora deve essere impossibile trovare una soluzione che metta d'accordo i due osservatori. *Impossibile per principio.* Ciò significa che un'ipotetica soluzione sarebbe sufficiente a far crollare l'intera costruzione teorica della relatività (questo non significa che le sue formule smetterebbero di funzionare: per quanto possa apparire strano, queste resterebbero valide nonostante il fallimento della teoria. Ciò rivela che il successo sperimentale di una teoria non è una condizione sufficiente della sua correttezza o assenza di coerenza. La teoria tolemaica, ad esempio, era errata nei suoi

---

[50] Sarebbe stato corretto aggiungere un'ulteriore freccia che dal punto 1 facesse capo al punto 3, ma la veste grafica del testo non lo permette.

[51] A differenza del credo di molti relativisti che hanno seguito ciecamente l'analisi errata della simultaneità delle rinomate pagine di Hans REICHENBACH (*The Philosophy of Space and Time*, 1958, tr. It. *Filosofia dello spazio e del tempo*, pref. di L. Geymonat – Intr. di R. Carnap, Bologna 1977, §19: La simultaneità, pp. 146 sgg.). Celebre in particolare la definizione data a p. 150.

fondamenti, nonostante i suoi tabulati relativi alle posizioni planetarie indicassero una perfezione che oggi sappiamo non essere conseguenza della sua base fondazionale. La scienza rischia, oggi come ieri, di fare l'errore di equivocare tra *modus tollens* e *modus ponens*, di cadere cioè nel tranello che se *p* implica *q*, *q* debba implicare a sua volta *p* : niente di più errato! Eppure la storia della scienza ci riserva sorprese continue su quest'argomento[52]).

Il FLOP, se esiste, consiste in questo caso nel trovare un esempio dove i due osservatori sono d'accordo sull'avvenuta simultaneità. E questo, che ciò sia chiaro, non necessariamente per mezzo di raggi luminosi, ma con qualunque sistema che l'immaginazione possa escogitare per arrivare alla meta. Infatti, qualora si dovesse trovare un caso di simultaneità assoluta senza l'uso della luce, il relativista non potrebbe obiettare nulla: scoprire che esiste una simultaneità assoluta mascherata da un travisato sfasamento dei segnali luminosi non sarebbe di conforto né alla scienza di Einstein né alla sua filosofia. Dunque iniziamo la nostra indagine sull'esperimento del treno di Einstein. Chi scrive ha trovato il *falsificatore* fin dal '96, FLOP che è stato esaminato e sviscerato in convegni e pubblicazioni[53]. Il punto essenziale è che bisogna cogliere la simultaneità a livello di *simmetria spaziale* e non tramite *simmetria temporale*, come si è cercato di fare

---

[52] Cfr. R.V. MACRÌ, *La "funziolatria" epistemologica e l'esperimento di Wason*, «Vertigo Fil Rouge», Anno 3, n. 7, 2011. Ubaldo Sanzo, nel sintetizzare il pensiero di Poincaré su questo aspetto scrive: «Due teorie contraddittorie dal punto di vista fisico risultano compatibili con un'unica struttura matematica valida per entrambe: [...] Ne consegue che i dati sperimentali hanno valore solo di base rispetto alla costruzione di una determinata teoria fisica» (U. SANZO, *Introduzione*, in J.H. POINCARÉ, *Scritti di fisica-matematica*, a cura di U. Sanzo, Torino 1993, p. 36). Scrive Poincaré: «Le teorie fisiche sono le ausiliarie indispensabili della scienza ma sono ausiliarie tiranniche delle quali bisogna difendersi, colui che subirà il loro dominio senza reagire non sarà mai capace di essere veramente libero. Egli si metterà un paraocchi e non avrà più la possibilità di liberarsi dalle teorie» (ivi, p. 37).

[53] Si veda, del presente autore, *La realtà del tempo e la ragnatela di Einstein*, op. cit., pp. 131 sgg.

fino adesso. I due fulmini lasciano delle tracce (bruciacchiature o segni permanenti) sui punti *A* e *B* del treno e delle rotaie colpite. Ebbene, al di là delle relative sfasature dei segnali luminosi in arrivo agli osservatori posti al centro del proprio sistema di riferimento – da non prendere assolutamente in considerazione – rimane cartesianamente chiaro e distinto che, se le misure delle distanze effettuate all'interno di ogni sistema (treno e banchina) tra *A* e *B* combaciano, allora la simultaneità è reale e determinata univocamente[54]. La tesi di Reichenbach che «il tempo "assoluto" richiede un processo che si propaghi con velocità infinita»[55] è dunque errata alla base[56].

«Per l'esistenza di un tempo assoluto, ossia di una simultaneità non ambigua, occorrerebbe un mondo nel quale vi fossero segnali veloci non soggetti ad alcun massimo. Ma proprio perché nel nostro universo la velocità della trasmissione causale è limitata, si ha l'esclusione di ogni simultaneità assoluta»[57]. Si analizzi a fondo

---

[54] Si noti che il relativista non può invocare in questo caso la *contrazione di Lorentz* (per "opacizzare" ed appannare la cristallinità dell'esempio appena formulato), in quanto questa viene elaborata nella teoria della relatività a partire dalla relativizzazione della simultaneità, la quale sta a fondamento della prima. E qualora si volesse prendere contraddittoriamente in considerazione la contrazione spaziale, sarebbe facile neutralizzarla: basterebbe confrontare le cosiddette *misure interne*, o misurare la distanza spaziale tra *A* e *B* dell'"altrui" sistema tenendo conto della contrazione suddetta.

[55] H. REICHENBACH, *Relatività e conoscenza a priori*, Roma-Bari 1984, p. 68.

[56] Scrive il filosofo tedesco: «Se esiste una legge fisica che prescrive alle velocità un limite superiore, allora è impossibile anche l'approssimazione al tempo "assoluto"» (ivi, p. 69), ribaltando in questo modo il rapporto causa-effetto. La metafisica operazionista dichiara che senza oggetti non c'è spazio, senza moto non c'è tempo. Un ribaltamento e assoggettamento delle categorie *ontologicamente primarie* dello spazio e del tempo. Se spazio e tempo non fossero altro che puri derivati dovrebbe essere possibile dedurre le loro proprietà da qualcosa di più fondamentale: ma questo si è dimostrato impossibile. È, anzi, vero il contrario: non può costruirsi alcuna fisica senza degli opportuni modelli matematici di spazio e tempo che esprimano parametricamente il divenire delle cose.

[57] H. REICHENBACH, *La nascita della filosofia scientifica*, Bologna 1972, p. 152.

quest'asserzione di Reichenbach: essa riassume in una stringa di poche decine di parole tutto il groviglio sfocato della filosofia di Einstein e dei milioni di cervelli che lo hanno seguito. Si potrebbe facilmente obiettare al grande Reichenbach che il bagliore scaturente dalla sola ipotesi – per assurdo – dell'esistenza di un universo parallelo «nel quale vi fossero segnali veloci non soggetti ad alcun massimo» rende all'istante risibile e fallimentare la presunta logica di una simultaneità ontologicamente relativa: la velocità istantanea della luce potrebbe infatti sì *manifestare* ogni serie di eventi dislocati come universamente simultanei, ma solo come involucro di una realtà che soggiace ai segnali e che è già costituita tale. La contemporaneità non è relativa, esiste già, anche se mascherata nel nostro mondo dai segnali con velocità limitata. Giacché se potessimo usare quei segnali «non soggetti ad alcun massimo» invocati da Reichenbach la vedremmo faccia a faccia, senza sotterfugi.

Ma, in verità, quel tipo di segnali "istantanei" la fisica quantistica del nostro tempo è convinta di poterli usare. Si tratta solo di creare, ancora una volta, un nuovo Gedankenexperiment capace di accerchiare il problema. Se volessimo seguire le esperienze di un Zeilinger[58] sul teletrasporto quantistico, ad esempio, potremmo combinare relatività e meccanica quantistica per un esperimento ideale capace di "renderizzare" quelle poche linee guida invocate da Reichenbach e completare l'intero puzzle di un mondo guidato da segnali istantanei. Scopriremmo allora – così come adesso, visto che non c'è bisogno di eseguirlo nella realtà ma solo nel laboratorio della nostra mente – che non è possibile illuminare e far riflettere un'entità inesistente: di qualunque entità si tratti, per poter essere illuminata, deve prima esistere. La simultaneità assoluta accade, anche se è

---

[58] Anton Zeilinger è un noto fisico austriaco, definito il pioniere nel nuovo campo dell'informatica quantistica e famoso per aver realizzato il teletrasporto quantistico con i fotoni. Si veda A. ZEILINGER, *La danza dei fotoni. Da Einstein al teletrasporto quantistico*, Torino 2012. Molto esplicativo è anche J. AL-KHALILI, *La fisica dei perplessi. L'incredibile mondo dei quanti*, Torino 2014.

normalmente mascherata dalla successione dei bagliori immaginati da Einstein. Ma con un po' di sforzo di immaginazione, volendo, potremmo anche tirarla fuori in modo "pulito", con l'aiuto dei soli raggi luminosi. Ho già indicato nel '99 un metodo per usare la luce (e nient'altro che luce se non due specchi) per smascherare la simultaneità assoluta nascosta, alla maniera di Einstein[59]. Ma si può fare di meglio. Usando due specchi identici in moto l'uno opposto all'altro (ad esempio tramite una carica esplosiva posta all'interno del "sandwich" iniziale, posto esattamente al centro del sistema inerziale, nei pressi dell'osservatore) e con le facce rivolte all'interno, cioè l'una verso l'altra, viene creato un "detector" per la simultaneità assoluta. Infatti a causa della conservazione della quantità di moto si è in presenza di una perfetta simmetria di moto per gli specchi, al di là del movimento dell'intero sistema inerziale. I fondamenti della meccanica ci assicurano che le distanze degli specchi rispetto al centro dove è situato l'osservatore saranno sempre simmetriche e gemelle. A questo punto, dati due punti equidistanti dal centro, A e B, come nell'esperimento mentale originale di Einstein, all'arrivo dei fulmini l'osservatore potrà verificare la loro reale simultaneità grazie al ritardo e sfasamento dei segnali luminosi riflessi dagli specchi e convergenti verso esso. Dall'analisi dei quattro bagliori in arrivo (dagli sfasamenti dei raggi luminosi convergenti) – due per lato – egli potrà inferire, la reale simultaneità o meno, non più relativa[60].

---

[59] R.V. Macrì, *Regarding the Theoretical and Experimental Foundations of Special Relativity*, convegno internaz. «Galileo Back in Italy II», Bologna, 26-28 maggio 1999.

[60] Si noti che, a causa della perfetta simmetria cinematica, il ritardo accumulato tra il segnale in arrivo all'osservatore e il suo riflesso dato dallo specchio in movimento relativi al lato sinistro deve essere identico a quello del lato destro dell'apparato, *se i due eventi accadono simultaneamente*. Quindi la effettiva simultaneità non sarà misurata nel modo immaginato da Einstein, cioè dallo sfasamento o meno dei primi due segnali diretti e non riflessi convergenti verso l'osservatore, ma dal confronto della misura del ritardo di ogni ogni singola coppia (segnale diretto + segnale riflesso, stesso lato): se nel confronto il delta risulterà identico nei due casi (dx e sx) allora –

374

4 – Il Gedankenexperiment dell'ascensore di Einstein e i suoi FLOP

Nel 2002, dopo aver completato il lavoro sui FLOP richiestomi da Franco Selleri per il suo libro *La natura del tempo*[61], emerse nella mia mente l'intuizione di un Falsificatore Logico contro il celeberrimo

e solo allora – si avrà la certezza di misurare una contemporaneità assoluta. Viceversa, un $delta_{sx} > delta_{dx}$, ad esempio, avrà il significato di una precisa indicazione riguardo allo scarto tra l'impatto di un fulmine e l'altro (o qualunque altro evento, come l'accensione di una lampadina nel punto indicato): l'evento sulla parte destra è arrivato prima di quello sulla parte sinistra! Inoltre, dal confronto dei due delta si potrà arrivare alla precisa rilevazione, in termini temporali, del reale sfasamento dei due eventi. Ma c'è di più: il ritardo dei due segnali diretti (o, equivalentemente, dei due segnali riflessi) trasporta l'informazione dell'effettiva velocità del sistema rispetto ad un *aether-frame*. Per catalizzare la comprensione esaustiva di quest'ultimo punto si immagini un sistema inerziale equivalente con due lampade-flash ancorati nei punti A e B al posto dei fulmini. Si supponga che tramite cavi, o trasmissione via etere, l'osservatore posto al centro del sistema possa pilotare la sequenza dei flash e il ritardo desiderato tra l'innesco del flash di sinistra e quello di destra, in modo da far collimare il segnale di sinistra con quello di destra, cioè in modo da avere una simultaneità dei segnali convergenti verso l'osservatore (ecco cosa sarebbe stata la falsa simultaneità invocata da Einstein, la quale ora risulta ai nostri occhi totalmente risibile). Dopo aver sincronizzato la sequenza dei lampi di luce (flash) facciamo in modo di dare un impulso all'intero sistema per portarlo in una nuova condizione di moto inerziale con una velocità variata rispetto a prima. Cosa ci aspettiamo di vedere? Lo afferma Einstein stesso: se i segnali prima arrivavano contemporaneamente, adesso non possono più farlo: uno arriverà prima e uno dopo. Si potrebbe obiettare, a questo punto, che questa stessa discrepanza azzeri la possibilità di poter misurare una effettiva simultaneità. Einstein infatti si arrestò a questo punto e decretò che non esistesse alcun modo di poter rivelare la simultaneità assoluta. E invece no: misurando i delta (sx e dx) scopriremmo che il loro rapporto è indipendente dalla velocità – e dal cambio di velocità – del sistema. Tra le infinite situazioni di questo tipo esiste solo un caso dove i due segnali riflessi potranno arrivare simultanei all'osservatore al seguito di una prima coincidenza dei due segnali diretti: quando il nostro sistema inerziale sarà coincidente con quello dei campi elettromagnetici (luminosi), cioè quando sarà a riposo rispetto ad un *aether-frame*.

[61] F. SELLERI, *La natura del tempo. Propagazioni super-luminali – Paradosso dei gemelli – Teletrasporto*, op. cit.

esperimento mentale dell'ascensore, a fondamento della sua Relatività Generale. Si trattava di mettere insieme le riflessioni di Poincaré con quelle di Reichenbach e shakerarle fino allo scoppio finale. Sono infatti incompatibili. Solo uno dei due può aver ragione: Poincaré.

La teoria einsteiniana impone una sfericità dei fronti d'onda luminosi per ogni sistema inerziale. Ecco, ad esempio, una descrizione coincisa nelle parole di Reichenbach: «Il movimento della luce può venire considerato come un'onda sferica per qualsiasi sistema che si muova uniformemente»[62]. Un Platone o un Aristotele che venisse a contatto con una simile affermazione ne rimarrebbe rabbrividito per lo shock: come può una sfera di luce in espansione rimanere geometricamente inalterata rispetto a infiniti osservatori in moto rispetto ad essa? Non solo: come può restare inalterata se viene mossa? E come fa a rimanere perfettamente identica, sia nel caso venga mossa rispetto all'osservatore, sia nel caso venga mosso quest'ultimo lasciando la sorgente ferma? Qui è necessaria una forte capacità immaginativa. Si tratta, a nostro avviso, di un punto tra i più opinabili e vulnerabili della teoria di Einstein. Per capire la problematica ancora più profondamente non c'è niente di meglio che accedere alle pagine di Bertrand Russell:

> Quando una mosca tocca la superficie d'uno stagno, essa provoca delle increspature che si vanno allargando in cerchi concentrici. In ogni momento, il centro del cerchio è il punto dello stagno toccato dalla mosca. Se la mosca si sposta sulla superficie dello stagno, essa non resta al centro delle onde. Ma se queste onde fossero onde luminose, e se la mosca fosse un bravo fisico, essa constaterebbe di restare sempre al centro del cerchio, indipendentemente dai suoi movimenti. Invece un bravo fisico seduto in riva allo stagno giudicherà che, come nel caso delle onde normali, il centro non è rappresentato dalla mosca ma dal punto dello stagno toccato dalla mosca. Se poi un'altra mosca ha toccato l'acqua nello

---

[62] H. REICHENBACH, *Filosofia dello spazio e del tempo*, op. cit., p. 185.

stesso punto e nello stesso momento, anch'essa constaterà di rimanere sempre al centro del cerchio, anche allontanandosi notevolmente dalla prima mosca. Il caso è esattamente analogo all'esperimento di Michelson e Morley. Lo stagno corrisponde all'etere; la mosca corrisponde alla terra; il contatto tra la mosca e lo stagno corrisponde ai raggi luminosi emessi da Michelson e Morley; le increspature circolari corrispondono alle onde-luce. Un simile stato di cose appare, a prima vista, del tutto impossibile[63].

Si nota chiaramente in questo passo del grande matematico inglese, di come la costruzione teoretica einsteiniana esiga al contempo due condizioni antitetiche: la presenza di uno spazio (*aether-frame*, nell'immagine russelliana "lo stagno") con la proprietà di trasmettere le onde in modo indipendente dall'osservatore in movimento, e la proprietà implicita ma occultata di trasportare con ogni osservatore "l'intero stagno". Solo in questo modo assurdamente antinomico può riuscire la trovata di trasportare il proprio cerchio. Si tratta di un paralogismo che la veste matematica è riuscita ad occultare fino ad oggi. Solo spogliandolo «della ricca veste matematica» – usando ancora una volta le parole del fisico La Rosa – e rivelando «in linguaggio concreto, cioè in idee e concetti, i mirabolanti risultati nascosti nelle formule abbaglianti» possiamo riuscire a mettere in luce i salti concettuali celati all'interno dell'edificio einsteiniano. In ciò ci conforta lo stesso Einstein quando afferma che «la maggior parte delle idee fondamentali della scienza sono essenzialmente semplici e possono generalmente esprimersi nel linguaggio che tutti capiscono»[64].

Passiamo adesso a "sbirciare" per un momento il pensiero del grande matematico, scienziato e filosofo francese Henri Poincaré sull'argomento:

---

[63] B. RUSSELL, *L'ABC della Relatività*, Milano 1995, p. 32.
[64] A. EINSTEIN – L. INFELD, *L'evoluzione della fisica*, Torino 1965, p. 40.

Immaginiamo un corpo luminoso animato da un movimento di traslazione; le onde successive, emanate da questo corpo, avranno una forma sferica; i raggi di queste sfere saranno tanto più grandi quanto più sarà lungo il tempo di emissione dell'onda e quanto maggiore cammino essa avrà di conseguenza percorso; il centro di ogni sfera sarà nel punto che occupa il corpo al momento dell'emissione. Tutte queste sfere sono quindi omotetiche[65] fra loro e il centro comune di omotetia è la posizione del corpo luminoso. Supponiamo ora un osservatore trascinato nella stessa traslazione del corpo luminoso. Questo corpo luminoso gli sembrerà fisso; ma non è tutto. Poiché egli si trova, come abbiamo detto, appiattito nel senso del movimento, come tutti gli oggetti che lo circondano e che sono trascinati con lui nella stessa traslazione, non vi è alcun mezzo di scoprire questo appiattimento, che è comune ai corpi da misurare e agli strumenti di misura. Se per caso un oggetto sfuggisse a questa deformazione, questo gli apparirebbe non appiattito ma al contrario allungato nella direzione della traslazione. Ora, un simile oggetto esiste, sono le superfici d'onda che non si sono deformate e che restano sferiche. Queste superfici d'onda sembreranno quindi al nostro osservatore allungate nel senso del movimento; gli sembreranno degli ellissoidi. Tutti questi ellissoidi saranno omotetici fra loro e il corpo luminoso ne occuperà un fuoco[66].

Nonostante Poincaré accenni, in questo passo, alla contrazione di Lorentz, la sostanza rimane invariata: una superfice d'onda sferica non

---

[65] L'omotetia è una trasformazione di figure geometriche, che si ingrandiscono, lontanandosi da un punto comune detto centro dell'omotetia, o rimpiccioliscono, avvicinandosi ad esso. La loro caratteristica è di essere figure simili, i cui punti corrispondenti hanno una distanza dal centro comune, detto centro dell'omotetia, che si esprime con un rapporto costante.

[66] J.H. POINCARÉ, *La nuova meccanica*, in J.H. POINCARÉ, *Scritti di fisica-matematica*, op. cit., p. 628.

può rimanere tale per ogni osservatore comunque mosso[67]. Da questo appiglio mi balenò l'idea che anche il Gedankenexperiment dell'ascensore, utilizzato da Einstein per il suo principio di

---

[67] Si noti, a rigore, che lo stesso Reichenbach in più occasioni ha insistito sul fatto che all'interno della teoria di Einstein debba sopravvivere pure la contrazione di Lorentz immodificata: una contrazione reale dei regoli in movimento. Si veda, ad esempio, H. REICHENBACH, *Filosofia dello spazio e del tempo*, op. cit., pp. 217 sgg. Ecco uno dei brani illuminanti: «È stata espressa l'opinione che la contrazione di un braccio dell'apparato sia una "ipotesi ad hoc," mentre l'ipotesi di Einstein sarebbe una spiegazione naturale che è conseguenza della relatività della simultaneità. Entrambe le spiegazioni sono errate. La relatività della simultaneità non ha nulla a che vedere con la contrazione nell'esperimento di Michelson, e la teoria di Einstein non riesce a spiegare l'esperimento più di quanto faccia la spiegazione di Lorentz. [...] La contrazione di Einstein spiegherebbe una contrazione del braccio soltanto se questo venisse misurato da un sistema diverso, e pertanto non è sufficiente a spiegare l'esperimento di Michelson. Questo esperimento prova che un regolo, che giace nella direzione del movimento, è più corto di quanto lo sarebbe secondo la teoria classica, *se viene misurato rispetto al sistema in quiete*. In altre parole: il confronto fra le lunghezze in quiete di regoli in movimento non obbedisce alla teoria classica. Se vi fosse uno speciale sistema inerziale I che potesse essere considerato come un sistema in quiete assoluta, e se avessimo in questo sistema due regoli rigidi egualmente lunghi, uno dei quali si comportasse secondo la teoria classica e l'altro secondo la teoria di Einstein, i due regoli cesserebbero di essere egualmente lunghi se venissero portati in un qualsiasi altro sistema inerziale S, purché essi giacciano nella direzione del movimento di S. Il regolo di Einstein risulterebbe più corto. La differenza potrebbe venire misurata nel sistema S come differenza tra le rispettive lunghezze in quiete, e in qualsiasi altro sistema potrebbe venire misurata come differenza tra le lunghezze dei regoli in movimento. La teoria di Einstein, come pure quella di Lorentz, assumono dunque che il comportamento dei regoli rigidi sia diverso, del punto di vista della loro misurabilità, dal comportamento che avrebbero secondo la teoria classica; ma tale differenza non ha nulla a che vedere con la definizione della simultaneità. [...] Parliamo pertanto di una *differenza reale* quando confrontiamo il comportamento reale di certi oggetti con un loro comportamento possibile. Nella spiegazione dell'esperimento di Michelson, esiste questa differenza reale tanto tra la teoria classica e la teoria di Einstein, quanto tra la teoria classica e la teoria di Lorentz, mentre non esiste nessuna differenza tra le teorie di Einstein e di Lorentz; [...] Ne segue che la teoria di Einstein contiene anche una contrazione che è indipendente dalla relatività della simultaneità, ossia la contrazione di Lorentz» (ivi, pp. 217-220).

equivalenza, dovesse contenere delle falle, fosse cioè "floppabile". Ed ecco il risultano che ne scaturì. Partiamo da un disegnino di Reichenbach e da una sua elementare spiegazione:

> Illustreremo la linea di pensiero… mediante la traiettoria della luce; ciò metterà in rilievo la base puramente cinematica dell'inferenza. Immaginiamo un compartimento (fig. [2]) in quiete sulla terra. Relativamente al sistema inerziale locale esso effettuerà un movimento accelerato verso l'alto. Facciamo l'ipotesi che un raggio di luce penetri nel compartimento attraverso una fenditura sul lato sinistro. Possiamo ora determinare il suo tragitto all'interno del compartimento se assumiamo che il sistema inerziale locale è in quiete, e se costruiamo il movimento del raggio di luce relativamente al compartimento sovrapponendo la traiettoria rettilinea del raggio sul movimento accelerato del compartimento. Le differenti posizioni successive assunte dal compartimento sono indicate nella figura [2] dalle parentesi quadre. L'estremità del raggio di luce viene a trovarsi leggermente spostata più a destra ad ogni posizione successiva del compartimento, in corrispondenza dei segni marcati sulla linea punteggiata. Si può ora vedere facilmente che questi segni hanno posizioni differenti rispetto al compartimento nelle sue varie posizioni. Sulla destra abbiamo tracciato lo stesso processo relativamente al compartimento considerato come un sistema in quiete, e questa volta abbiamo marcato i segni nelle loro posizioni relative all'interno del compartimento. La traiettoria del raggio di luce risulta pertanto incurvata relativamente al compartimento. Questo è un effetto puramente cinematico. Esso deriva dal fatto che il movimento orizzontale della luce è uniforme, mentre il movimento verticale del compartimento è accelerato[68].

---

[68] H. REICHENBACH, *Filosofia dello spazio e del tempo*, op. cit., p. 250.

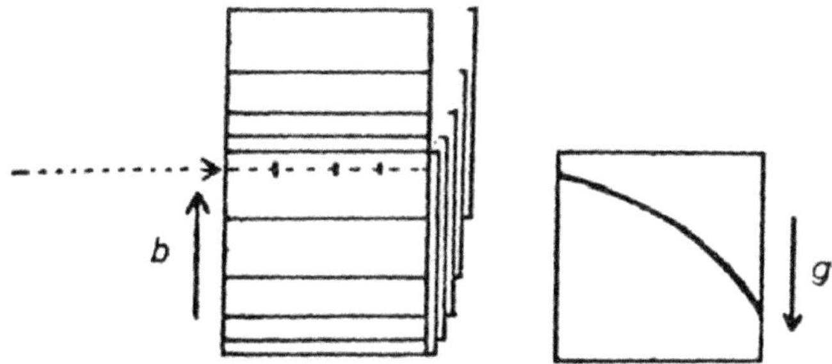

Figura 2. Incurvamento di un raggio di luce come conseguenza del principio di equivalenza.

Un «Effetto puramente cinematico» scrive Reichenbach. Vediamo se è stata colta tutta la sua semplicità o è sfuggito qualcosa. Il raggio di luce trasversale al moto durante l'accelerazione non può rimanere dritto, siamo d'accordo; deve necessariamente subire una flessione verso il basso, in direzione contraria al moto, la cui concavità risulta verso il basso. Ma l'elaborazione di Einstein, nel tentativo di assumere questo particolare come soluzione esatta di un'equivalenza tra moto accelerato e gravitazione, risulta fortemente daltonica. Infatti, in modo subliminale, egli assegna al raggio luminoso una illecita proprietà addizionale per quadrare i conti, mentre al contempo si ferma a contemplare solo la prima metà dell'effetto scaturente da questa nuova situazione. Come abbiamo affermato nelle pagine precedenti, la più grande svista del padre della relatività è di non aver tenuto conto del sistema di riferimento connesso al campo elettromagnetico che sta alla base della trasmissione luminosa[69]. Infatti, la simmetria dei centri dei fronti d'onda che intese un *aether-frame* non può essere relativizzata. Il *forzato* tentativo di relativizzazione provoca incoerenze logiche nei suoi due esperimenti

---

[69] Per un approfondimento dimensionato sull'argomento si veda R.V. MACRÌ, *Asimmetrie antirelativistiche del campo,* in R.V. MACRÌ (a cura di), *Asimmetrie antirelativistiche,* Lecce 2015.

mentali più famosi: l'esperimento mentale del treno, a fondamento della sua Relatività Speciale, e l'esperimento mentale dell'ascensore, a fondamento della sua Relatività Generale.

Fin dal 1881, anno di nascita dell'esperimento interferometrico di Michelson (il chimico Morley avrebbe aggiunto la sua collaborazione in seguito, nel 1887), è rimasta sospesa e non risolta una questione fondamentale relativa all'angolo di riflessione luminosa di uno specchio in moto in un *aether-frame*. La domanda senza risposta e mai prima formalmente espressa è la seguente: cosa succede vettorialmente alla direzione del fascio di luce emesso da una sorgente luminosa in moto trasversale ad esso? E all'angolo di riflessione di uno specchio in moto trasversale al raggio? Si noti come le due domande siano collegate con le onde sferiche di Reichenbach e Poincaré. Rispondere a queste domande significa sapersi orientare nel Gedankenexperiment dell'ascensore e – come vedremo più avanti – nell'*orologio a luce* di Einstein. Focalizziamo adesso la nostra attenzione sul raggio di luce trasversale al moto dell'ascensore. Reichenbach, così come ogni scienziato che ha seguito il ragionamento di Einstein, pone in modo implicito che il raggio si mantenga sempre ortogonale al moto durante le successive fasi di accelerazione. Cioè, per semplificare il discorso, se immaginiamo l'accelerazione dell'ascensore verso l'alto "spacchettata" in una serie di frame aventi velocità crescenti ma sostanti ognuno in moto uniforme dopo un breve impulso intermittente, possiamo capire la fondatezza della seguente domanda: il raggio di luce rimane sempre trasversale al moto? Per aiutare la nostra raffigurazione della scena proposta immaginiamo i fotogrammi di una pellicola contenenti le varie fasi dell'ascensore: fotogramma n. 1, velocità costante e orientamento del raggio in posizione ortogonale al moto; fotogramma n. 2 (dopo un breve impulso dato all'ascensore per aumentare la sua velocità), velocità costante e orientamento del raggio ancora ortogonale; e così via. Quello che è strano in tutto ciò è che il raggio luminoso si comporti esattamente come se volesse seguire anch'esso la traiettoria dei corpi massivi (come ad esempio dei proiettili sparati da una pistola con la canna ortogonale al moto dell'ascensore), come se fosse soggetto anch'esso alla legge della composizione vettoriale delle velocità. Questo, però, non è stato mai esplicitato. Si tratta di una supposizione implicita mai dichiarata. Infatti, secondo la teoria ondulatoria pre-einsteiniana, un raggio di luce scaturente da una sorgente in moto ortogonale al fascio (si pensi ad un piccolo laser) non può "inseguire" la sorgente nella sua corsa dopo una variazione della velocità: se il raggio è una perturbazione dell'etere e la sorgente lo attraversa con un aumento di velocità, il raggio non si lascerà trasportare "incolume" dalla sorgente, bensì rimarrà inchiodato alle "acque" dell'etere. Si "piegherà" all'indietro rispetto al moto trasversale della sorgente. Ciò vuol dire che comparirà un nuovo angolo tra fascio e moto della sorgente diverso da quello di partenza. Questo è il risultato che ci si sarebbe aspettati prima della nascita della Relatività.

Con la teoria di Einstein, invece, il raggio deve *necessariamente* seguire la sorgente: diversamente crollerebbe il primo postulato perché i moti sarebbero discriminabili e la relatività del moto cesserebbe di esistere. È in questo modo che viene spiegato, ad esempio, il noto *orologio a luce* (si veda la figura 3).

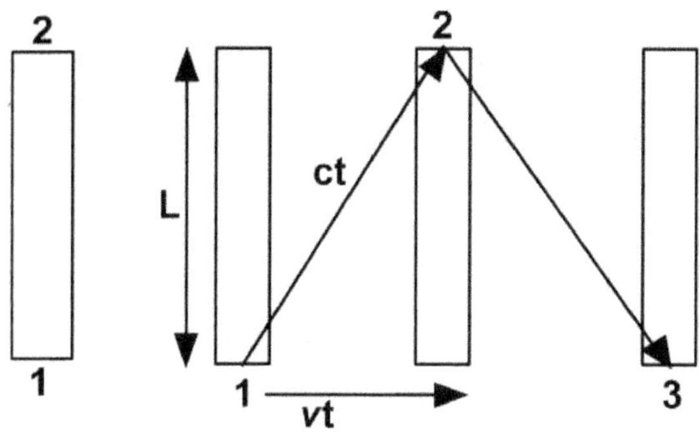

Figura 3. L'orologio a luce di Einstein.

Diamo un'occhiata alla prima parte della figura. L'orologio a luce calcola il tempo attraverso la riflessione di un raggio di luce fra due specchi piani e paralleli. Dallo specchio 1 la luce viene riflessa verso lo specchio 2 il quale la rimanda indietro, e così via. Durante un "ping-pong" di questo tipo, un osservatore che fosse ortogonalmente in moto rispetto alla direzione del raggio luminoso vedrebbe la geometria indicata nella parte destra della figura. Per simmetria la relatività ci impone a pensare che dovrebbe capitare la stessa cosa se viceversa l'osservatore fosse fermo e l'orologio a luce in moto. Ma è questa stessa logica che ci impone di pensare in modo analogo anche nel caso dell'esperimento mentale dell'ascensore. Ecco perché rimane implicito che durante la sua accelerazione il raggio luminoso manterrà la prefissata ortogonalità rispetto al vettore velocità dell'ascensore. Dunque ciò sembrerebbe confermare le riflessioni einsteiniane che lo hanno portato a immaginare il Gedankenexperiment più potente e rivoluzionario che la mente umana abbia mai concepito, insieme a quello del treno, naturalmente. Niente da ridire, si penserà. Bene. Però… Beh, a ben vedere, un problemino ci sarebbe: scrutando più a fondo la cinematica viene fuori una "sottile" differenza tra il "ping-pong" dell'orologio a luce e un ipotetico "ping-pong" all'interno dell'ascensore. Infatti, come abbiamo osservato dalle parole di Reichenbach, l'ascensore non riserva sorprese: si tratta di comporre le velocità come se i fotoni fossero palle da golf. Ma… un momento! Questo è contrario alla logica dell'orologio a luce, il quale è a fondamento dell'intera trattazione relativistica del tempo. Deve essere salvato ad ogni costo. Ma allora non rimane che evidenziare con la matita rossa la descrizione del Gedankenexperiment dell'ascensore fatta da Einstein e seguita passo passo da ogni altro scienziato e studioso da oltre un secolo. Significa che il raggio di luce all'interno dell'ascensore non avrà un identico tempo di transito per ogni fotogramma (si ricordi l'esempio citato precedentemente). Al contrario: ogni fotogramma che succederà al precedente registrerà un tempo di transito da una parete all'altra dell'ascensore sempre più lungo. Ma questo equivale a dire che il punto d'impatto del raggio luminoso non sarà costantemente fisso sulla parete opposta, ma, a differenza di come aveva previsto Einstein e i Reichenbach successivi, lo spot luminoso scenderà sempre più, man mano che l'ascensore acquisterà via via più velocità.

Colpo di scena! Il Gedankenexperiment immaginato da Einstein conteneva un FLOP che fino ad oggi era sfuggito a tutti. Anche questa costruzione crolla dunque, come l'altra del treno. Forse dobbiamo dire addio anche al principio di equivalenza. Ma non è finita qui. Il risultato raggiunto fa emergere tutta la differenza fenomenica tra accelerazione e velocità per quello che viene chiamato "effetto gemelli". Per spiegare l'entità quantitativa di quest'ultimo si è ricorso fino ad oggi a due spiegazioni complementari e indipendenti: la relatività speciale da una parte, che punta sulla velocità, e la relatività generale dall'altra, che punta sull'accelerazione. Fino ad oggi si era in bilico su quale fosse la corretta spiegazione dell'effetto (era incerto pure lo stesso Einstein, che per tutta la sua esistenza saltellò dall'una all'altra). Adesso finalmente sappiamo che l'accelerazione non ha luogo sull'effetto[70]. Se l'ascensore si comporta come un orologio a luce allora bisogna prendere in considerazione anche il minor invecchiamento dell'osservatore interno rispetto ad uno esterno. Più precisamente, proprio nel diretto confronto del trascorrere del tempo tra un osservatore interno all'ascensore e uno esterno ma soggiacente a un'identica accelerazione di gravità viene fuori un'ulteriore prova del fallimento del pensiero più felice di Einstein, un ulteriore FLOP. Infatti all'interno dell'ascensore, a parità di accelerazione, il tempo scorrerà più lentamente per il fatto che la velocità aumenta continuamente. Non solo: mentre in un campo gravitazionale reale il ticchettio di un orologio rallenta sì, ma rimane comunque costante, il ticchettio di un orologio interno all'ascensore è destinato a rallentare continuamente, sempre di più. Basterebbe questo per far saltare il principio di equivalenza.

---

[70] Come aveva da sempre sostenuto il compianto Franco Selleri. Si veda l'ultimo capitolo di R.V. MACRÌ, *La realtà del tempo e la ragnatela di Einstein*, op. cit.

Rimane un'ultima riflessione da fare sull'orologio a luce di Einstein. Qui forse si nasconde un'altra "piccola" svista: la situazione non sembra possedere quel grado di simmetria previsto dalla Relatività. Riguardiamo con più attenzione la dinamica dell'orologio a luce: se è l'orologio a muoversi l'osservatore dovrebbe vedere la geometria del "ping-pong" come è rappresentata nella parte destra della figura 3. Ma anche se è l'osservatore a muoversi, e non l'orologio, dovrebbe verificarsi la stessa identica cosa. È così? Questo è quello che immaginava Einstein, ma in realtà le cose stanno un po' diversamente. Infatti, se a muoversi è l'osservatore, non compare più la dilatazione del tempo di transito, che invece compare quando è l'orologio a muoversi. Ci troviamo esattamente sopra il "tallone" della teoria elaborata da Einstein. La simmetria invocata dal fisico tedesco sembra illusoria, forse non è mai esistita. Per convincersi basta scorgere la differenza cinematica sostanziale tra lo schema A (moto dell'osservatore) e lo schema B (moto dell'orologio a luce). Lo schema A possiede un angolo di aberrazione previsto dalla teoria di Einstein: il raggio di luce, i fotoni, possono essere sovrapposti al "ping-pong" dei corpuscoli massivi. Lo schema B invece non può possedere lo stesso angolo di aberrazione previsto se i fotoni devono arrivare allo stesso punto d'impatto dello stato precedente, rivelando in questo modo l'impossibilità teorica che questi possano essere sovrapposti al tragitto dei corpuscoli materiali. Perché? Perché subentra la condizione della costanza della velocità della luce. I fotoni nel "piegarsi" devono necessariamente rallentare la corsa e allungare il loro tempo di transito. Ecco quello che io chiamo comportamento "semi-balistico". I fotoni cambiano direzione, così come i corpuscoli, ma la loro "imitazione" del vettore velocità si ferma qui. I fotoni possono "imitare" solo in parte la fisica degli oggetti massivi. Infatti, mentre il tempo di volo dei corpuscoli rimane costante, anche imprimendo una spinta ulteriore all'orologio, per i fotoni invece le cose si complicano perché ciò che deve rimanere costante è il loro *vettore velocità*. Ciò significa che la componente della velocità trasversale al moto deve diminuire, a causa dell'aumento della velocità della componente longitudinale. Da ciò consegue un tempo di volo che ha una data proporzionalità con la velocità del moto traslazionale dell'orologio, e un angolo di aberrazione previsto che non è sufficiente a pareggiare i conti: i fotoni non riescono ad arrivare in tempo per rincontrarsi sullo stesso punto: la simmetria prevista da Einstein appare forzata. Anche l'orologio a luce crolla. La spiegazione del ritardo dell'orologio sta interamente nella *semi-balistica* dei fotoni.

Ma questa è un'altra storia...

Bibliografia

AL-KHALILI J., *La fisica dei perplessi. L'incredibile mondo dei quanti*, Torino 2014

ARISTOTELE, *Opere*, Roma-Bari 1973

ARISTOTELE, *Del Cielo*, II 13, 295 b, in ARISTOTELE, *Opere*, volume secondo, Roma-Bari 1973

BARTOCCI U., *La scomparsa di Ettore Majorana: un affare di stato?*, Bologna 1999

BELLONE E., *Filosofia e fisica*, in P. ROSSI (a cura di), *La filosofia – La filosofia e le scienze*, Tomo II, Milano 1996

BELLONE E., *Il maggior filosofo del Ventesimo secolo*, «Le Scienze», n. 435, 2004

BROWN J.R., *What Do We See in a Thought Experiment?*, in M. FRAPPIER - L. MEYNELL - J.R. BROWN (Ed.), *Thought Experiments in Philosophy, Science, and the Arts*, New York 2013

CARTESIO R., *Opere filosofiche*, E. Garin (a cura di), 4 voll., Roma-Bari 1991

CARTESIO R., *Regulae ad directionem ingenii*, 1622, in R. CARTESIO, *Opere filosofiche*, E. Garin (a cura di), vol. I, Roma-Bari 1991

CARTESIO R., *Opere filosofiche*, 4 voll., a cura di E. Garin, Roma-Bari 1995

CARTESIO R., *I principi della filosofia*, 1644, in CARTESIO, *Opere filosofiche*, vol. III, a cura di E. Garin, Roma-Bari 1995

CASTELLANI E., *I viaggi nel tempo sono possibili?*, «Le Scienze», 551, 2014

S. CHANDRASEKHAR, *Truth and Beauty: Aesthetics and Motivations in Science*, 1987, tr. it. di L. Sosio, *Verità e bellezza. Le ragioni dell'estetica nella scienza*, present. di M. Hack, Milano 1990

COHEN M., *Lo scarabeo di Wittgenstein e altri classici esperimenti mentali*, Roma 2006

DI TROCCHIO F., *Le bugie della Scienza. Perché e come gli Scienziati imbrogliano*, Milano 1993

EINSTEIN A., *Über die spezielle und allgemeine Relativitätstheorie-gemeinverständlich*, 1916, tr. it. *Relatività: esposizione divulgativa*, Torino 1967

EINSTEIN A., *Relativity: The Special and the General Theory*, 1916, Third Edition, New York 1920

EINSTEIN A., *Lettera di Einstein a Max Born*, 1952, in A. EINSTEIN - M. BORN, *Scienza e vita. Lettere 1916-1955*, Torino 1973

EINSTEIN A., *Opere scelte*, a cura di E. Bellone, Torino 1988

EINSTEIN A., *L'elettrodinamica dei corpi in movimento (1905)*, in A. EINSTEIN, *Opere scelte*, a cura di E. Bellone, Torino 1988

EINSTEIN A. - BORN M., *Einstein – Born : Scienza e vita. Lettere 1916-1955*, Torino 1973

EINSTEIN A. - INFELD L., *L'evoluzione della fisica*, Torino 1965

FRAPPIER M. - MEYNELL L. - BROWN J.R. (Ed.), *Thought Experiments in Philosophy, Science, and the Arts*, New York 2013

GALILEI G., *Discorsi e dimostrazioni matematiche intorno a due nuove scienze attenenti alla meccanica e i movimenti locali*, Torino 1996

GAMOW G., *La mia linea di universo*, Bari 2008

GIORELLO G., *Prefazione all'edizione italiana*, in G. GAMOW, *La mia linea di universo*, Bari 2008

HAWKING S. - MLODINOW L., *Il grande disegno*, Milano 2011

ISAACSON W., *Einstein. La sua vita, il suo universo*, Milano 2008

KOPFF A., *I fondamenti della relatività einsteiniana*, Milano 1923

KRAUSS L. - ANDERSEN R., *Has Physics Made Philosophy and Religion Obsolete?*, «The Atlantic», aprile 2012

LEIBNIZ G.W., *Scritti filosofici*, 2 voll., Torino 1967

LEIBNIZ G.W., *Saggi di teodicea*, in G.W. LEIBNIZ, *Scritti filosofici*, volume primo, Torino 1967

LUCREZIO CARO T., *De rerum natura*, a cura di F. Vizioli, ed. integrale con testo latino a fronte, Roma 2000

MACH E., *La meccanica nel suo sviluppo storico-critico*, Torino 1977

MACH E., *Über Gedankenexperimente*, «Zeitschrift für den physikalischen und chemischen Unterricht», 10, 1896

MACRÌ R.V., *Regarding the Theoretical and Experimental Foundations of Special Relativity*, convegno internaz. «Galileo Back in Italy II», Bologna, 26-28 maggio 1999

MACRÌ R.V., *La fisica unifenomenica cartesiana e il punto debole dell'IA forte*, «Episteme», 4, 2001

MACRÌ R.V., *Relativismo e pensiero debole: la perdita del fondamento*, «Episteme», 1, 2000

MACRÌ R.V., *Neopitagorismo e Relatività*, «Episteme», 6, 2002

MACRÌ R.V., *I FLOP nella trattazione relativistica del tempo*, in F. SELLERI (a cura di), *La natura del tempo*, Bari 2002

MACRÌ R.V., *La detronizzazione della metafisica secondo Maritain e il nichilismo contemporaneo*, «Sapienza», LV, 4, 2002

MACRÌ R.V., *Cent'anni di relatività. Un punto di vista filosofico*, «Sapienza», LIX, 4, 2006

MACRÌ R.V., *Che cos'è il tempo? Bergson, Maritain, Dingle a confronto con Einstein*, «Sapienza», LXI, I, 2008

MACRÌ R.V., *Da Duhem a Feyerabend: Il messaggio che l'epistemologia lancia alla scienza*, «Vertigo Fil Rouge», Anno 1, 2, 2009

MACRÌ R.V., *Il Test di Turing a testa in giù*, «Vertigo Fil Rouge», Anno 1, 3, 2009

MACRÌ R.V., *Cogito ergo sum*, «Vertigo Fil Rouge», Anno 2, N. 4, 2010

MACRÌ R.V., *La "funziolatria" epistemologica e l'esperimento di Wason*, «Vertigo Fil Rouge», Anno 3, 7, 2011

MACRÌ R.V., *La realtà del tempo e la ragnatela di Einstein*, Lecce 2015

MACRÌ R.V. (a cura di), *Asimmetrie antirelativistiche*, Lecce 2015

MACRÌ R.V., *Asimmetrie antirelativistiche del campo*, 1999, in R.V. MACRÌ (a cura di), *Asimmetrie antirelativistiche*, Lecce 2015

MACRÌ R.V., *Simmetrie forzate e simmetrie infrante nella Relatività Speciale*, in R.V. MACRÌ (a cura di), *Asimmetrie antirelativistiche*, Lecce 2015

MACRÌ R.V., *Il concetto di Falsificatore Logico Potenziale*, in R.V. MACRÌ (a cura di), *Asimmetrie antirelativistiche*, Lecce 2015

MAMONE CAPRIA M. (a cura di), *La costruzione dell'immagine scientifica del mondo*, Napoli 1999

MAMONE CAPRIA M., *La crisi delle concezioni ordinarie di spazio e di tempo: la teoria della relatività*, in M. MAMONE CAPRIA (a cura di), *La costruzione dell'immagine scientifica del mondo*, Napoli 1999

PLATONE, *Opere*, 2 voll., Roma-Bari 1974

PLATONE, *Repubblica*, in PLATONE, *Opere*, volume secondo, Roma-Bari 1974

POINCARÉ J.H., *Scritti di fisica-matematica*, a cura di U. Sanzo, Torino 1993

POINCARÉ J.H., *La nuova meccanica*, in POINCARÉ J.H., *Scritti di fisica-matematica*, a cura di U. Sanzo, Torino 1993

REICHENBACH H, *The Philosophy of Space and Time*, 1958, tr. It. *Filosofia dello spazio e del tempo*, pref. di L. Geymonat – Intr. di R. Carnap, Bologna 1977

REICHENBACH H., *La nascita della filosofia scientifica*, Bologna 1972

REICHENBACH H, *Relatività e conoscenza a priori*, Roma-Bari 1984

RUDNICKI K. (a cura di), *Redshift and Gravitation in a Relativistic Universe*, Montreal 2001

ROSSI P. (a cura di), *La filosofia – La filosofia e le scienze*, Tomo II, Milano 1996

ROVELLI C., *Che cos'è la scienza. La rivoluzione di Anassimandro*, Milano 2011

RUSSELL B., *L'ABC della Relatività*, Milano 1995

SANZO U., *Introduzione*, in J.H. POINCARÉ, *Scritti di fisica-matematica*, Torino 1993

SELLERI F., *Time on a rotating platform* (con F. GOY), «Found. Phys. Lett.», 10:17, 1997

SELLERI F. (a cura di), *Open Questions in Relativistic Physics*, Montreal 1998

SELLERI F., *On the existence of a physical and mathematical discontinuity in relativistic theory*, in F. SELLERI (a cura di), *Open Questions in Relativistic Physics*, Montreal 1998

SELLERI F., *Space and Time are better than Spacetime*, (I e II), in K. RUDNICKI (a cura di), *Redshift and Gravitation in a Relativistic Universe*, Montreal 2001

SELLERI F. (a cura di), *La natura del tempo. Propagazioni super-luminari – Paradosso dei gemelli - Teletrasporto*, Bari 2002

STENGER V.J. - LINDSAY J.A. - BOGHOSSIAN P., *Physicists Are Philosophers, Too*, «Scientific American», May 2015

THOM R., *Parabole e Catastrofi. Intervista su matematica, scienza e filosofia*, a cura di G. Giorello e Morini S., Milano 1980

TIMPANARO CARDINI M. (a cura di), *Pitagorici. Testimonianze e frammenti. Ippocreate di Chio, Filolao, Archita e pitagorici minori*, Firenze 1962

WEINBERG S., *Dreams of a Final Theory*, New York 1992

WITT-HANSEN J., *H.C. Ørsted, Immanuel Kant and the Thought Experiment*, «Danish Yearbook of Philosophy», Vol.13, 1976

ZEILINGER A., *La danza dei fotoni. Da Einstein al teletrasporto quantistico*, Torino 2012.

Sui fondamenti teorici e sperimentali della TRS

Rocco Vittorio Macrì

Esistono dei punti oscuri nella teoria della relatività speciale (TRS): sono i salti concettuali lasciati come orme da Einstein lungo la tela dei fondamenti della teoria ed emergenti come contraddizioni logiche annidate internamente. Ne esamineremo alcuni, essendo altrimenti in numero eccessivo per lo spazio della presente relazione: sarà sufficiente per lo sviluppo di una cartesiana serie di dubbi sulla linearità logica e semantico-epistemica della TRS.

1. Uno dei punti cruciali è la differenza concettuale tra la teoria di Lorentz e quella di Einstein. Queste, a nostro avviso e diversamente da quanto ritenuto fino ad oggi, sono discriminabili sia dal punto di vista teorico che da quello empirico[1]. Nonostante Lorentz avesse creato la sua teoria per "mimetizzare" gli effetti del primo e secondo ordine, e Einstein la sua per spiegare tale mancanza di effetti col minimo di ipotesi, queste sono – usando un termine di Popper – sorprendentemente piene di "falsificatori potenziali": le due teorie non sono solo diverse... ma opposte![2]

Se tutto ciò non è stato mai chiarito fino ad oggi è perché, come chiarisce Dingle, «they did result in the same mathematical equations – those of the Lorentz transformation – and this fact, together with their common name, "relativity", goes a long way towards accounting for their subsequent confusion with one another»[3]. Una confusione

---

[1] Cfr. Macrì (1999a).

[2] È bene meditare, a questo riguardo, anche sulle rispettive strutture concettuali che hanno generato le due teorie: Lorentz prese in considerazione la contrazione fisica degli oggetti in movimento rispetto ad un *aether-frame*, ritenendo la conseguente dilatazione del tempo locale e fittizia: Einstein, viceversa, diede priorità e realtà alla relatività della simultaneità posponendo «la contrazione delle lunghezze» come «conseguenza necessaria della dilatazione dei tempi» (Resnick 1968, p. 68).

[3] Dingle (1972, pp. 166-167).

che ha catalizzato la vittoria della teoria di Einstein e che ha soffocato la presa di coscienza della diversità ontologica oltre che gnoseologica delle due, portando al «mistake of identifying two quite different theories»[4].

Tra i numerosi possibili, prenderemo un esempio estremamente chiarificatore della loro discriminabilità. Utilizzeremo a questo scopo una modifica del sistema ideato da Herzfeld e Smallwood (1951) per selezionare le diverse velocità molecolari di un gas in base al tempo impiegato a percorrere la distanza d (essi lo utilizzarono al fine di poter determinare la frequenza delle velocità molecolari in una verifica delle leggi di distribuzione di Boltzmann). Modificheremo l'apparecchiatura ponendo un laser (o qualunque altra sorgente luminosa) al posto della sorgente di fasci molecolari collimati, e un rivelatore fotonico (come un fotomoltiplicatore o un qualunque altro rivelatore di luminosità) come *detector* (Fig. 1).

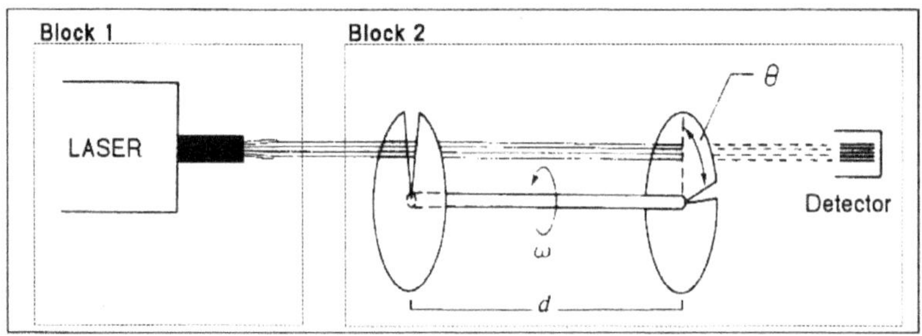

Fig. 1 - *Schematic velocity selector apparatus*

---

[4] Dingle (1972, p. 167). Aggiunge con maggior precisione: "Strictly speaking, the name "relativity theory" should be applied only to a theory that regards motion as a purely relative phenomenon – i.e. a theory that, like Einstein's, allows no ether. Lorentz's theory demanded an ether" (*Ib.* p. 166).

Il raggio laser incontra nel suo cammino una coppia di dischi coassiali rotanti fissati su un'asta avente lunghezza d, sui quali è stata praticata una fenditura. I dischi sono montati in modo che le due fenditure siano sfasate di un certo angolo. Se i dischi ruotano alla velocità di ω giri al secondo e le fenditure sono separate fra loro di ϑ radianti, la seconda fenditura viene a trovarsi nella posizione della prima dopo $\vartheta/(2\pi\omega)$ secondi: per cui solo ad una precisa velocità angolare ω di rotazione dei dischi la luce riuscirà ad attraversare le due fenditure e arrivare al detector (si tratta in pratica di un esperimento sulla scia di quelli di Fizeau). Secondo Einstein questa può essere esclusivamente $\omega = \vartheta c/(2\pi d)$ costante, a causa dell'invarianza (sia dalla sorgente che dall'osservatore) della velocità cinematica della luce. Da ciò consegue che per un osservatore stazionario rispetto al *blocco 2*, ma in moto rispetto al *blocco 1*, la velocità angolare ω non necessita riaggiustamenti affinché si verifichi il passaggio del raggio luminoso fino al *detector*, in quanto c è invariante, così come localmente lo sono ϑ e d. La precisione consentita dall'esperimento non è determinante in quanto stiamo ragionando in linea di principio. Vogliamo invece dimostrare le asimmetrie che la teoria di Lorentz comporta e come queste siano necessarie e violanti la relatività di Einstein, la quale si basa viceversa su un'impalcatura rigidamente simmetrica e simmetrizzante[5], costruita sul principio di ragion sufficiente[6].

Supponiamo che tra il *blocco 1* – costituito dal laser – e il *blocco 2* la distanza aumenti in modo continuo e uniforme: ci sia, in altri termini, un allontanamento dei due blocchi. Secondo la teoria di Einstein è impossibile che si possa decidere quale dei due sia in moto: a causa della simmetria intrinseca della teoria gli effetti sono del tutto identici[7]. Idem se il *blocco 1* e il *blocco 2* si avvicinano ("relatività" sta

---

[5] Un approfondimento si trova in Macrì (1999b e, anche, 1999a).

[6] Si veda Macrì (1999c).

[7] E ciò in contraddizione con la rottura della simmetria nel caso della dilatazione del tempo del famoso "paradosso dei gemelli". In altri termini, da una parte Einstein contraddice la simmetria della sua teoria – oltre che il principio di ragion sufficiente

appunto per impossibilità gnoseologica di decidere quale dei due si muove, e ciò per identità ontologica in quanto l'essenziale sta nel rapporto spaziale – relativo – dei due blocchi, come se fossero le sole cose al mondo esistenti[8]). Cercheremo ora di dimostrare la discriminabilità empirica delle due teorie nonché l'inconsistenza logica della TRS[9].

L1. Partiamo da un sistema di riferimento inerziale con i due blocchi a riposo rispetto ad esso e tarati in modo tale da far rilevare al detector il passaggio del raggio luminoso. Se muoviamo il *blocco 1* in modo da diminuire costantemente la distanza (cioè avvicinandolo) rispetto al *blocco 2*, secondo la struttura concettuale di Lorentz (d'ora in avanti, per brevità, SCL[10]) il *blocco 2* non subisce nessuna

---

sulla quale si basa – nel caso della dilatazione del tempo ("paradosso dei gemelli"), dall'altra sia lui che i relativisti fino ad oggi hanno contraddetto questa rottura della covarianza non realizzando simmetricamente quella della contrazione spaziale (ancora una volta andando a infrangere il principio suddetto, pilastro della teoria). Un'analisi di ciò si trova in Macrì (1999f e 1999g).

[8] Cfr. Macrì (1999a).

[9] Utilizzeremo a tale scopo, più che le formule (le quali possono trarre facilmente in inganno), la struttura concettuale, lo "sfondo descrittivo enorme" (per usare le parole di Bridgman): "Ogni sistema di equazioni può comprendere solo una piccolissima parte della situazione fisica effettiva: dietro le equazioni vi è uno *sfondo descrittivo enorme*, tramite il quale esse stabiliscono legami con la natura" (P.W. Bridgman 1965. pp. 83-84, corsivo aggiunto).

[10] L'SCL (Struttura Concettuale di Lorentz) viene qui presa in considerazione in modo "largo", logico-filosofico-concettuale e non matematico, al fine di evidenziare il "fondo epistemico" sottostante alle teorie in questione. Il cuore della SCL è che esiste una perturbazione del campo in modo del tutto indipendente dalla sorgente e dall'osservatore, dove simmetria e isotropia dei fronti d'onda si verificano unicamente se il sistema di riferimento è ancorato all'*aether-frame*, e che inoltre dei regoli in moto rispetto a quest'ultimo subiscono una contrazione reale in direzione del moto. Che poi la contrazione abbia come coefficiente proprio γ^{-1}, ha significato fisico-matematico ma non filosofico-concettuale. Interpreteremo pertanto la contrazione come capace di "recuperare uno scarto", così come era nelle intenzioni di Lorentz, tenendo comunque presente che è sempre possibile modificare la

396

contrazione spaziale e nessuna dilatazione temporale, ma, semplicemente, spostando la sorgente, la velocità della luce rispetto al *blocco 2* rimane invariata in quanto questa è una perturbazione del campo preesistente. Dal fatto che non esiste variazione di moto relativo tra campo (o etere) e *blocco 2*, la luce possiede l'identica velocità che aveva prima: da cause e circostanze invariate (parametri d, ω e velocità della luce) risultano effetti invariati. Il *detector* continuerebbe a segnalare il passaggio di luce tra le due fenditure. Viene qui sottolineato che le considerazioni appena esposte sono valide sia per un osservatore solidale col *blocco 1* (*Ob.1*), sia per un osservatore stazionario col *blocco 2* (*Ob.2*) che per un terzo osservatore (*Ob.3*)[11].

L2. Se moviamo il *blocco 1* in verso contrario a quello precedente, facendolo allontanare dal *blocco 2*, dovremmo avere – secondo Lorentz – l'identica fenomenologia del punto precedente. *Ob.1*, *Ob.2* e *Ob.3* vedrebbero ancora un'identità di effetti. Il detector continuerebbe a segnalare il passaggio di luce tra le due fenditure.

L3. Moviamo adesso il *blocco 2* tenendo "fermo" il *blocco 1*, in modo che la distanza aumenti. Si ha, a questo punto, una contrazione della distanza d del *blocco 2*. A rigore, secondo la SCL, la dilatazione del tempo non entrerebbe in gioco per le due fenditure: la velocità angolare ω dovrebbe rimanere immutata. Tuttavia prenderemo in considerazione entrambi i casi[12]. Se ω non muta (caso $\omega_e =$

---

taratura dell'esperimento in modo da evidenziare un particolare coefficiente di contrazione pseudo-lorentziano, come verrà chiarito in seguito.

[11] Il lettore non mancherà di notare a questo punto che le cosiddette trasformazioni di Lorentz in chiave relativistica esigono una simmetria che in questo caso risulterebbe non solo forzata ma addirittura in antitesi con la struttura concettuale del loro stesso creatore. Per un approfondimento rinviamo a Macrì (1999b).

[12] Segnaliamo qui un'altra possibilità esterna alle strutture concettuali sia di Lorentz che di Einstein: assenza di contrazione con o senza diminuzione di ω. Bisogna ammettere, come sottolineato da Franco Selleri durante la Conferenza nazionale *Nuove risposte ai problemi della relatività* (Cesena, Centro di Epistemologia,

ω_0 ; $d_e < d_0$) allora si ha ancora una volta il passaggio del raggio luminoso tra le fenditure con la conseguente segnalazione del *detector*. Infatti, l'accrescimento del tempo di transito dei fotoni da una fenditura all'altra a causa del movimento contemporaneo e concorde del blocco 2, viene neutralizzato dalla contrazione della distanza d: si ha così il passaggio del raggio di luce fino al detector. Se, d'altra parte, ω rallenta (caso $\omega_e < \omega_0$), il *detector* non segnalerà più il passaggio del raggio (è questo il risultato anche nel caso in cui $d_e = d_0$ per ω_e minore o uguale a ω_0). Ci preme qui precisare che, in entrambi i casi ($\omega_e = \omega_0$ e $\omega_e < \omega_0$), la velocità della luce rispetto al *blocco 2* è minore di c_0[13]. Se così non fosse non sarebbe necessaria la contrazione della distanza d (caso $\omega_e = \omega_0$). Ciò viene rivelato anche dal fatto che *Ob.1* e *Ob.3* misurano una contrazione per il *blocco 2* (nel caso $d_e < d_0$) contemporaneamente ad una diminuzione della velocità della luce rispetto ad esso, mentre *Ob.2* non avverte nessun cambiamento.

L4. Se mettiamo in moto il *blocco 2* in verso opposto, facendolo cioè avvicinare al *blocco 1*, si ha una fenomenologia totalmente diversa dal caso precedente: sia nel caso $\omega_e = \omega_0$ che nel caso $\omega_e < \omega_0$ (così come nel caso $d_e < d_0$ che in quello $d_e = d_0$) non si avrà passaggio della luce attraverso le due fenditure, a causa dell'aumento della velocità della luce rispetto al *blocco 2* ($\omega_e < \omega_0$ e $d_e < d_0$ in questo caso servono solo a far ingigantire le discrepanze). *Ob.1* e *Ob.3* stavolta misurano una contrazione del *blocco 2* (caso $d_e < d_0$) contemporaneamente ad un aumento della velocità della luce rispetto al *blocco 2*.

15/2/1999), che a tutt'oggi non si ha nessuna dimostrazione incontrovertibile della contrazione di Lorentz. Indicheremo d'ora in avanti questa eventualità come $d_e = d_0$.

[13] A patto che la verifica venga fatta diversamente dal solito metodo. In fondo il nostro dispositivo potrebbe fare da *velocity tester*.

L5. Mettendo in moto ambedue i blocchi in verso, direzione e modulo identici, realizziamo un *co-moving* del tutto non contemplato o fenomenologicamente inerte per la TRS[14]. Supponiamo di mettere in moto l'insieme del sistema *blocco 1* + *blocco 2*, muovendolo verso destra (facendo riferimento alla Fig. 1), ponendo cioè il *blocco 2* "in prua" e il *blocco 1* "in poppa". Per la TRS una tale situazione è priva di significato, in quanto l'unica cosa che conta è il movimento relativo tra i due blocchi. D'altra parte, se esiste un campo o un qualunque concetto di etere, così come avviene nella SCL, esiste un terzo corpo di riferimento indipendente che non si lascia "ingabbiare" da un puro relativismo machiano e, cosa assai importante, si manifesta anti-relativisticamente in situazioni apparentemente inoffensive e simmetriche per la TRS, come nel caso del *co-moving*. A causa dell'indipendenza del campo e delle sue perturbazioni, rispetto alla sorgente e al ricevitore, la SCL prevede per questo tipo di *co-moving* una fenomenologia che somma i punti L1 e L3 visti precedentemente. In sintesi, si deve manifestare un passaggio di fotoni verso il *detector* (caso $d_e < d_0$).

L6. Se il *co-moving* avviene in verso opposto al precedente, con il *blocco 1* "in prua" e il *blocco 2* "in poppa", per la SCL si ha una fenomenologia opposta, data dalla somma dei punti L2 e L4. Nessun passaggio di fotoni verso il detector (e questo qualunque sia d_e e ω_e).

L7. Per completezza descriviamo qui di seguito anche i casi in cui il moto viene impresso ad entrambi i blocchi con verso opposto. Esaminiamo per primo il caso in cui i due blocchi si allontanano tra loro. A causa dell'indipendenza della velocità della luce dalla sorgente, si avrà una fenomenologia identica ai punti L3 e L5: passaggio del raggio luminoso al detector (caso $d_e < d_0$).

L8. Nel caso in cui i due blocchi si avvicinino tra loro, per le stesse ragioni viste nel caso precedente, si ha una fenomenologia identica ai

---

[14] Per un approfondimento del *co-moving* e dei suoi effetti antirelativistici a causa della realtà del *campo* come *terzo corpo* indipendente, si veda Macrì (1999a).

punti L4 e L6: nessun passaggio del raggio luminoso verso il detector (qualunque sia d_e e ω_e).

E1-8. La TRS dovrebbe rilevare in tutti i casi esaminati un'identità di effetti: il passaggio del raggio luminoso verso il detector. Ciò a causa dell'aspetto simmetrizzante della teoria. Infatti questa non prevede differenza alcuna tra moto del *blocco 1* e moto del *blocco 2*. *Ob.2* può sempre pensare che è il *blocco 1* a muoversi. La simmetria, cuore della TRS, porta alla totale indipendenza dal verso della velocità per quanto riguarda contrazione delle lunghezze e dilatazione dei tempi (conseguentemente alle trasformazioni di Lorentz focalizzate dalla struttura concettuale einsteiniana invece che da quella lorentziana[15]). In particolare la fenomenologia del *co-moving* nei casi L5 e L6 traccia un percorso epistemico difficilmente percorribile dalla TRS: a causa della totale indipendenza del moto perturbatorio del campo dalla sorgente e dal ricevitore[16], questo (il campo) assume i contorni di un terzo corpo di riferimento, simile al *corpo Alfa* di C. Neumann. Si veda la Tabella 1 per una visione complessiva dei punti toccati, dove oltre alle voci "SR" (Special Relativity) e "SCL" è stata aggiunta anche "LR" (Lorentz Relativity) al fine di non evidenziare soltanto il carattere concettuale dell'esperimento. Il relativista in disaccordo sui valori della colonna "SR" non ci coglierebbe di sorpresa[17]: ci dovrebbe

---

[15] "Osserviamo che le equazioni [di Lorentz] scritte sono identiche per i due sistemi, se si tiene conto del segno della velocità relativa. Così infatti deve essere, perché il principio di relatività vuole che non sia possibile distinguere tra l'uno e l'altro, ossia decidere quale dei due sia in moto e quale fermo" (Levi 1981, p. 24, corsivo aggiunto).

[16] Cioè a causa della *proprietà beta* del campo, come è stato analizzato in Macrì (1999a), al quale rimandiamo per un approfondimento.

[17] Sono state ricevute risposte contraddittorie, ad esempio, ad alcune domande lanciate via e-mail dal presente autore ai grandi luminari del territorio italiano sul tema "relatività". Sembra che questa sia riuscita a frantumare anche il Mondo 3 di Popper: se la teoria è oggettiva dovrebbe dare risposte univoche; d'altra parte il relativista viene giustificato per l'anti-intuitività data dal "mastery instead of the servitude of mathematics in relation to physics" (Dingle 1972, p. 130). Ci

400

dimostrare però che i nuovi valori non cadono in contraddizione con la logica dell'esperimento. La voce "CLASSIC" identifica i risultati dell'esperimento in assenza assoluta di contrazione lorentziana.

	SR	SCL	LR ($\omega_0 < \varepsilon$)*	LR ($\omega_0 > \varepsilon$)**	CLASSIC
L1 B1→ ■B2	on	on	off	off	on
L2 ←B1 ■B2	on	on	off	off	on
L3 B1■ B2→	on	on	on	off	off
L4 B1■ ←B2	on	off	off	on	off
L5 B1→ B2→	on	on	on	off	off
L6 ←B1 ←B2	on	off	off	on	off
L7 ←B1 B2→	on	on	on	off	off
L8 B1→ ←B2	on	off	off	on	off

Tabella 1 - *Risultati qualitativi del passaggio di luce al detector*

* La velocità angolare ω viene posta minore di ε (dove con ε si intende il valore di ω necessario affinché il raggio luminoso passi fino al *detector* nelle condizioni di settaggio iniziale) in modo da far passare il raggio ad una determinata velocità di allontanamento (del nostro *velocity selector* o del solo *blocco 2*) dal *centro dei fronti d'onda* (CFO). Si noti che la velocità angolare ω non viene misurata (ad esempio tramite orologi) né riaggiustata (l'utilizzo di un motore per ottenere ω porterebbe a nuove problematiche): in altri termini, l'importante qui è rilevare soltanto se il detector segnala passaggio di luce oppure no.

** La velocità angolare ω, contrariamente alla voce precedente, viene posta maggiore di ε, in modo da far passare il raggio luminoso ad una determinata velocità di avvicinamento del *blocco 2* o dell'intero *velocity selector* rispetto al CFO.

---

chiediamo se questa "Physics in the shadow of Mathematics" (Pyenson 1985, p. 101) non porti anche ad un affievolimento della semantica tale da far credere di aver capito ciò che invece sarebbe incomprensibile.

Si noti la comparsa di un "terzo corpo" di riferimento antirelativistico: il centro dei fronti d'onda (CFO)[18].

La discriminabilità appena analizzata tra teoria di Lorentz e teoria di Einstein crea un terreno epistemico capace di evidenziare elementi di auto-contraddittorietà in quest'ultima. Per il fatto [1] che per la TRS non esista differenza alcuna tra "movimento del *blocco 1* in un verso" o "movimento del *blocco 2* nel verso opposto", [2] che il movimento di entrambi i blocchi in un verso o nel verso opposto (*co-*

---

[18] Il laser del *blocco 1* va qui concettualizzato come una fonte luminosa emanante fronti d'onda perfettamente sferici e non simmetrici rispetto alla sorgente se non in un *aether-frame*. È questo il contrasto più evidente tra la teoria di Lorentz e quella di Einstein. Possiamo quindi pensare per analogia col *sistema C di riferimento* in meccanica (cioè il sistema di riferimento del centro di massa) ad un centro dei fronti d'onda (CFO), equivalente ad un micro *aether-frame* (sarebbe forse più esatto definire il CFO come il centro dei fronti d'onda in atto di misura, in quanto viene preso in considerazione il centro di quei particolari fotoni che stanno per essere misurati o analizzati nell'istante considerato). Supponiamo che ad uno stesso istante t_1 un doppio-laser sfasato a 180° (in modo da lanciare due fotoni simultaneamente in direzioni opposte) spari due fotoni, uno in direzione del *blocco 2* e uno nel verso opposto. A causa dell'indipendenza della perturbazione del campo dalla sorgente (quello che altrove abbiamo chiamato *proprietà beta* del campo: cfr. Macrì, 1999a) o – che è equivalente – del "volo fotonico" rispetto al laser, possiamo immaginare in un istante t_2 successivo a t_1 che l'intero *velocity selector* riceva un impulso – di durata trascurabile rispetto al tempo di volo del fotone verso il *detector* – nella stessa direzione o in direzione contraria al fotone, in modo da aumentare o diminuire la velocità del *velocity selector* rispetto al CFO. Quale stratagemma possono ipotizzare i relativisti per non ammettere una caduta o un aumento di velocità del fotone rispetto al *blocco 2*? I fotoni successivi, lanciati dopo t_2 nel moto perfettamente inerziale del *velocity selector*, subiranno la stessa sorte dei fotoni lanciati in t_2? Per l'SCL la risposta è sì. Se il relativista risponde no allora il nostro diventa un possibile esperimento cruciale per decidere tra le due teorie: se risponde sì allora dovrà anche ammettere che il CFO non è più simmetrico rispetto alla sorgente, ossia non può più essere identificato con quest'ultima, forzando allora una genesi identificatoria del moto e rimettendo in discussione il cosiddetto sistema di riferimento inerziale come classicamente inteso e relativisticamente sottinteso, oltre che accettare variazioni della velocità della luce rispetto al *blocco 2*. Si rimanda a Macrì (1999e) per un'analisi approfondita sul concetto di *moto gnoseologicamente determinato*.

moving) non abbia per la TRS significatività[19], [3] che il campo con la sua perturbazione (o l'insieme dei fotoni lanciati) sia completamente indipendente sia dal movimento della sorgente che dal ricevitore, [4] che il significato profondo di quest'ultimo punto è la comparsa di un "terzo corpo" di riferimento, sostitutivo localmente dell'ipotetico "corpo Alfa" di C. Neumann[20], [5] che nel tempo di transito dei fotoni dalla prima alla seconda fenditura del *blocco 2* debba anche essere considerato lo spostamento contemporaneo dei due dischi (si pensi ad un "terzo osservatore"[21] ancorato al CFO), [6] che ciò porta a considerare una velocità della luce diversa da quella relativistica e in particolare non invariante[22], la TRS cade in contraddizione per la presunta simmetria che non esiste e non può esistere[23].

2. La realtà del paradosso dei gemelli (che chiameremo effetto gemelli, a causa della probabile fondatezza empirica dell'effetto[24]) porta alla rottura della simmetria relativistica: la rottura della covarianza nel comportamento asimmetrico dei due orologi. Ora ciò porta a delle conclusioni, sfuggite al controllo di Einstein e dei successivi relativisti, che in qualche modo si ritorcono contro

---

[19] La TRS contempla la relazione tra sorgente e osservatore astraendo dal mezzo, considerando cioè quest'ultimo superfluo. In particolare non esiste e non può esistere alcun "terzo corpo" di riferimento per la TRS. Cfr. Einstein (1905) e Macrì (1999a).

[20] Cfr. Macrì(1999a).

[21] Cfr. Macrì (1999e).

[22] R.L. Smith (1970) classifica addirittura 7 diverse velocità. Esisterebbe a nostro avviso un'ottava, cruciale per lo smascheramento dei "salti concettuali" einsteiniani. Si veda, a questo riguardo, Macrì (1999e).

[23] Per un approfondimento si veda Macrì (1999b, 1999c, 1999f). Vogliamo qui rilevare che è possibile ipotizzare l'esistenza di una classe di esperimenti sulla scia di quello sopra analizzato, capaci di mettere in discussione il *principio di equivalenza* di Einstein o, in alternativa, di porre quest'ultimo in "rotta di collisione" con la TRS. Per un'analisi dimensionata su quest'aspetto si rimanda a Macrì (1999i).

[24] Cfr. Selleri (1998), Macrì (1999f, 1999g).

"l'anima" (la *simmetria*) della stessa TRS. A rigore, infatti, questa rottura della covarianza dovrebbe essere presente non solo nel caso della dilatazione del tempo, ma anche nella contrazione delle lunghezze e in tutti gli altri casi, come nell'*effetto Doppler*.

Se fino ad oggi si è pensato che il gemello in partenza su un'astronave sarebbe rimasto più giovane del gemello rimasto sulla Terra, a nessuno è venuto in mente che questa rottura della simmetria delle trasformazioni di Lorentz porti necessariamente ad una diversa fenomenologia sperimentabile dal gemello in moto. Infatti, l'asimmetria determinata dall'accelerazione non è soltanto collegata al gemello fermo o al pianeta Terra, ma a tutti i moti inerziali dell'Universo. Ciò significa che la dilatazione del tempo che avviene per il gemello in moto è oggettiva e universale. Ma questo significa anche che "l'asimmetria inversa" che il gemello in moto avverte, lo porta a "vedere" l'intera "sequenza fenomenica" che cade sotto i suoi sensi con una velocità aumentata, inversamente proporzionale alla dilatazione del tempo (si dovrebbe, a rigore, parlare di *contrazione del tempo* per il sistema di riferimento solidale col gemello in astronave)! In altri termini, a parte l'"ambiente" circostante (la navicella) che ha subìto le stesse accelerazioni, tutto scorre più velocemente agli occhi del gemello in moto! L'asimmetria non è soltanto in una direzione e nel confronto finale fra i *gemelli*, ma in ambedue le direzioni e durante tutto il viaggio[25].

Analogamente, per quanto riguarda la contrazione delle lunghezze, bisogna convenire su un'identica asimmetria: il razzo sarà realmente più corto, e per esso tutto il resto diventerà più lungo (bisognerebbe quindi parlare di *dilatazione delle lunghezze* per un riferimento solidale col *gemello* in moto). Tutto ciò porta ad un'incompletezza di calcolo, oltre che epistemico-semantica, su tutti i paradossi delle contrazioni

---

[25] Un approfondimento si trova in Macrì (1999f e 1999g).

spaziali, come quello dello "sciatore e la buca", o quello dell'"auto e il garage"[26].

Ma l'applicazione più interessante del "doppio senso" dell'asimmetria è sicuramente nel campo dell'effetto Doppler. Il famoso *effetto Doppler trasversale*, vanto della TRS, in realtà è una dimostrazione chiara ed evidente di questo tipo di asimmetria. Infatti bisogna considerare che *si ha una dilatazione del tempo (effetto gemelli) se è la sorgente ad essere in moto*, mentre, viceversa, *si ha una "contrazione del tempo" se è il ricevitore ad essere in moto*. Una conferma di ciò si ha con l'esperimento di Hay, Schiffer, Cranshaw e Egelstaff (1960)[27]: tramite una sorgente di raggi gamma montata nel centro di un rotore e di un assorbitore di tali fotoni posto sul perimetro di questo (e viceversa, assorbitore al centro e sorgente sul perimetro) si eseguono misure in funzione della velocità angolare del rotore. La sorgente radioattiva (nuclei radioattivi di Fe^{57}) viene messa, in un intervallo molto stretto di frequenza tramite *effetto Mössbauer*, in risonanza con l'assorbitore. I risultati di questi esperimenti possono venire facilmente interpretati con quanto appena esposto[28].

Infine, il concetto di velocità deve essere rivisitato. Troppi salti concettuali da Galileo a Einstein![29] Tutto ciò, volendolo sintetizzare in poche parole, significa che "il milione per anno"[30] di conferme sperimentali che i relativisti adducono alla TRS, sono praticamente tutte di "rottura della covarianza", cioè spuntano quando la TRS perde il "cuore": la *simmetria*. Se si aggiunge che l'analisi appena esposta è estensibile fino ai "confini" della teoria, non lasciando intatto nulla (si pensi, ad esempio, alla dinamica relativistica: la massa

---

[26] Si veda, ad esempio, Boniolo-Dorato (1977, § 2.4.2). Si cfr. anche Rindler (1961 e 1977) e Wald (1977). Per un'analisi dettagliata si veda Macrì (1999b).

[27] Si veda anche Bronowski (1963) e Kundig (1963).

[28] Per un'analisi dettagliata si veda Macrì (1999h).

[29] Si rimanda a Macrì (1999e).

[30] Bergia (1980, p. 133).

di un oggetto, per "rottura", aumenta realmente e oggettivamente con la velocità...[31]), e che molte volte i relativisti aggiungono a ciò errori in modo del tutto gratuito (come ad esempio nel calcolo della quantità di combustibile per lanciare un razzo a velocità relativistiche: vengono fuori dai calcoli valori sproporzionati in quanto viene trascurato il fatto che, a rigore, anche il combustibile aumenta di massa durante il moto...), ci si chiede cosa rimane del relativismo machiano-einsteiniano...

3. Il punto fondamentale, anzi fondante per la TRS, è la relatività della simultaneità. I relativisti non si limitano solo ad un semplice uso costruttivo, ma la relatività della simultaneità diventa lo strumento di difesa più potente usato contro ogni possibile attacco. Invalidare questo punto significa far crollare l'intera teoria.

La prima cosa da osservare è che, contrariamente a quanto è stato detto fino ad oggi, la simultaneità non è in rapporto biunivoco con la dilatazione del tempo. Le due cose sono del tutto indipendenti. In particolare, può esistere un tempo locale relativo fianco a fianco con una simultaneità assoluta[32].

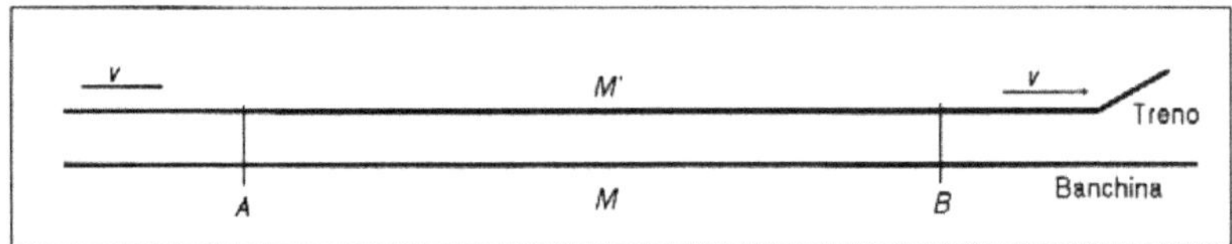

Fig. 2 - *Einstein's train*

Prendiamo in esame l'esperimento mentale del treno più volte proposto da Einstein (si veda Fig. 2). Viene affermato che, siccome l'osservatore sul treno si muove rapidamente verso il raggio di luce che

---

[31] Si veda Macrì (1999b).
[32] Cfr. Macrì (1999d).

proviene da B, quest'ultimo giungerà all'occhio dell'osservatore prima di quello proveniente da A. Ora questo è vero solo a patto di ammettere anche che l'osservatore sul treno avrà "l'impatto" con il bagliore proveniente da B non nel punto M' coincidente con M, ma spostato di una distanza Δs $(= V\Delta t)$ equivalente ad un tempo Δt di anticipo rispetto all'osservatore della banchina[33]. Quando però viene detto che "gli osservatori che assumono il treno come loro corpo di riferimento debbono perciò giungere alla conclusione che il lampo di luce B ha avuto luogo prima del lampo di luce A" si cade, a nostro avviso, in un grave errore. Perché gli osservatori dovrebbero fidarsi del segnale arrivato alle loro retine, a tal punto da inferire che i fulmini (che non sono il segnale) abbiano toccato simultaneamente i punti A e B? Come mai la simultaneità di due eventi deve coincidere con la simultaneità di ricezione dei due segnali?[34]

Vorremmo qui far notare che i segni (le "bruciacchiature") lasciati dai fulmini sulla banchina e sul treno sono prioritari e potenzialmente sufficienti a discriminare una reale simultaneità. Infatti, al di là dei bagliori in arrivo (che chiaramente non possono arrivare simultaneamente per la semplice ragione che gli osservatori si spostano nel frattempo), è sufficiente che esista una velocità relativa tra il treno e la banchina diversa da zero, oltre ai segni A e B (dove A e B in questo caso corrispondono alle bruciacchiature), per poter stabilire l'esistenza di una reale simultaneità a livello ontologico. La sovrapposizione dei punti A e B del treno con quelli della banchina

---

[33] Segnaliamo qui un errore logico di Einstein, mentre nella nota seguente viene evidenziato un errore filosofico. Scrive nel 1916 (Cap. 1, § 9, p. 62) a proposito della relatività della simultaneità: "Proprio quando si verificano i bagliori (giudicato dalla banchina) del fulmine, questo punto M' coincide naturalmente con il punto M".

[34] Ed è questo il tremendo errore semantico-concettuale: "Allorché diciamo che i colpi di fulmine A e B sono simultanei rispetto alla banchina intendiamo: i raggi di luce provenienti dai punti A e B dove cade il fulmine si incontrano l'uno con l'altro nel punto medio M dell'intervallo $A{\to}B$ della banchina." (Einstein, 1916, cap. 1, § 9, pp. 61-2).

(cioè l'identica distanza tra le bruciacchiature del treno e quelle della banchina per un "terzo osservatore") ammette un'unica soluzione: la *simultaneità assoluta*. Si noti che – contrariamente a quanto potrebbe essere pensato dagli epistemologi operazionisti – il *livello ontologico* è sufficiente a "occludere" *a priori* percorsi metodologico-concettuali altrimenti chimericamente aperti (come ad esempio la linea operazionale adottata da Einstein).

Il livello operativo viene raggiunto utilizzando semplicemente le misure delle due distanze $A{\to}B$ del treno e della banchina effettuate da un unico sistema di riferimento, terzo osservatore o treno o banchina che sia. Viene quindi utilizzato per questi ultimi due il confronto tra una misura propria (effettuata all'interno del proprio sistema) e una impropria (effettuata esternamente all'altro sistema): se le misure coincidono siamo allora in presenza di una simultaneità assoluta[35].

Nella Fig. 3 viene proposto un diverso sistema di rilevamento della simultaneità.

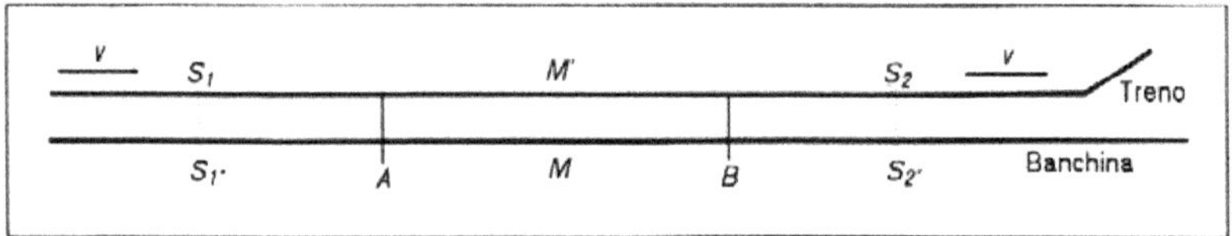

Fig. 3 – *New Einstein's train*

---

[35] Viene evitato il confronto tra le due misure proprie o improprie al fine di eliminare nella misura la possibilità di una contrazione lorentziana dovuta al moto del sistema in questione rispetto ad un *aether-frame*. Si noti che, essendo la simultaneità (e la relativa sincronizzazione degli orologi) a fondamento della misura della contrazione einsteiniana, ciò non sarebbe necessario per la struttura concettuale di Einstein (equivalente in questo caso alla pre-lorentziana assenza di contrazione).

Come si vede, è l'esperimento di partenza suggerito da Einstein con una variante: A e B si trovano questa volta, rispettivamente, nel punto medio dell'intervallo $M' \to S_1$ e $M' \to S_2$ dove S_1 e S_2 sono due specchi posti a identica distanza dal punto medio M'. Per quanto riguarda la loro simmetria, questa può essere ottenuta lanciando due raggi di luce verso i due specchi simultaneamente dal punto medio M' e verificando che ritornino ad M' analogamente in modo simultaneo: infatti per ragioni di simmetria il tempo totale di andata e ritorno di ogni singolo raggio deve essere necessariamente uguale all'altro.

All'arrivo dei due colpi di fulmine nei punti A e B stavolta, oltre allo scarto di tempo (che al limite sarà uguale a zero) dei due segnali in arrivo al punto medio M', che chiameremo Δt_{AB} (specificando di volta in volta se ci riferiamo al Δt_{AB} del treno o a quello della banchina), avremo anche i Δt_A e Δt_B (specificando sempre se appartengono al treno o alla banchina) relativi rispettivamente alla sequenza dei due segnali consecutivi al colpo di fulmine (che d'ora in avanti chiameremo CdF) nel punto A e ai due del fulmine in B (ad es.: quando arriva il CdF in A, il punto medio M' riceverà due segnali relativi ad A. Il primo è quello che parte da A per arrivare ad M' mentre il secondo è quello che da A arriva ad S_1 e consecutivamente a M'. Quindi Δt_A corrisponde all'intervallo di tempo trascorso fra il segnale arrivato ad M' da A e quello che ha percorso $A \to S_1 \to M'$).

La caratteristica peculiare di Δt_A e Δt_B è che il loro rapporto è uguale al rapporto degli intervalli spaziali $A \to S_1$ e $A \to S_2$ indipendentemente dalla velocità del sistema inerziale (nel nostro caso il treno), cosicché se $\Delta t_A / \Delta t_B$ è uguale ad 1 significa, in modo univoco, che le distanze dei due CdF con i relativi specchi sono esattamente uguali (e, in ultima analisi, che $A \to M' = B \to M'$)[36].

Ora, riguardo l'arrivo dei segnali in M' (esattamente in numero di quattro: due relativi ad A e due relativi a B), noi definiamo simultanei

---

[36] Si vedano i relativi calcoli in Appendice.

due eventi i cui segnali in arrivo, sia nel punto medio del treno che in quello della banchina, abbiano $\Delta t_A / \Delta t_B = 1$. Se poi si ha $\Delta t_{AB} = 0$ per uno dei due sistemi di riferimento, significa che questo è equivalente ad un *aether-frame* (o a un *field-frame*[37]). Vorremmo far notare a questo riguardo che per la rivelazione della simultaneità sono necessari i $\Delta t_A / \Delta t_B = 1$ sia del treno che della banchina (a meno di non usare un generatore di impulsi luminosi localizzato nel punto medio del sistema inerziale analizzato[38]). Inoltre, se ad esempio il treno misura $\Delta t_{AB} = 0$ ma $\Delta t_A / \Delta t_B$ diverso da 1, necessariamente i CdF non sono alla stessa distanza da M' e questo invalida la simultaneità. Si comprende con chiarezza così come il ragionamento di Einstein cade: infatti non ha senso definire simultanei due eventi perché i loro segnali in arrivo lo sono. La simultaneità dei due segnali non garantisce quella dei due eventi (e viceversa, la simultaneità dei due eventi non garantisce quella dei due segnali). Errore logico-filosofico[39] non indifferente quello di non considerare che l'effettiva simultaneità di due eventi ha la caratteristica di poter essere analizzata anche non necessariamente "all'istante", di poter essere discriminata cioè a posteriori, in un secondo momento (la velocità dei segnali, in altre parole, non è essenziale per confermare o confutare la simultaneità).

"Numerous so-called tests [about relativity] have been made, and have all given results which have been held to prove the truth of the postulate. The failure to perceive that they are all invalid is, I think, one of the most remarkable examples of the paralysis of the intellect by which physics has been afflicted through the abandonment by the "experimenters" of the use of their intelligence and their submission to the dictation of "mathematicians", for the invalidity of these "tests"

---

[37] Cfr. Macrì (1999a).

[38] Cfr. Macrì(1999d).

[39] Cfr. Macrì(1999f).

is so easy to see when one looks at them with an unprejudiced mind that it could not possibly have been over-looked by anyone of even moderate intelligence had he used that modest gift"[40].

Se l'affermazione di Herbert Dingle appena citata risultasse vera anche solo in parte, avremmo davanti un caso clamoroso nella storia del pensiero scientifico: una massa sterminata di "cervelli", indagatori di una precisa teoria scientifica - la relatività speciale - sarebbe stata affetta da una sorta di "daltonismo cognitivo", quasi un virus paralizzante annidato tra i "files nascosti" della matematica "asemantica", che avrebbe immobilizzato la facoltà di giudizio degli scienziati di questo secolo. Dovremmo allora dire insieme a Dingle che: "Unless faith in reason is restored, and prejudice determinedly uprooted, the outlook in the present age is black indeed".

---

[40] H. Dingle (1972, p. 205).

Appendice

Calcoliamo il tempo necessario affinché il raggio di luce arrivi direttamente da A a M':

$$t_{A \to M'} = \frac{\overrightarrow{AM'}}{c} + \frac{v}{c} t_{A \to M'} = \frac{\overrightarrow{AM'}}{c - v}$$

Per quanto riguarda l'equivalente del punto S sarà invece:

$$t_{B \to M'} = \frac{\overrightarrow{BM'}}{c} - \frac{v}{c} t_{B \to M'} = \frac{\overrightarrow{BM'}}{c + v}$$

Definiamo l'intervallo di tempo tra i primi due lampi diretti che arrivano ad M e M' (specificheremo di volta in volta) come:

$$\Delta t_{AB} = t_{A \to M'} - t_{B \to M'}$$

Risulta evidente che qualora esista una simultaneità dei segnali nel punto M' o M allora $\Delta t_{AB} = 0$. Per calcolare il tempo impiegato dal secondo raggio riflesso dallo specchio sommeremo i singoli tempi dei due stadi. Per $A \to S_1 \to M'$ sarà

$$t_{A \to S_1} = \frac{\overrightarrow{AS_1}}{c} - \frac{v}{c} t_{A \to S_1} = \frac{\overrightarrow{AS_1}}{c + v}$$

$$t_{S_1 \to M'} = \frac{\overrightarrow{S_1 M'}}{c} + \frac{v}{c} t_{S_1 \to M'} = \frac{\overrightarrow{S_1 M'}}{c - v}$$

$$t_{A\to S_1\to M'} = t_{A\to S_1} + t_{S_1\to M'} = \frac{\overrightarrow{AS_1}}{c+v} + \frac{\overrightarrow{S_1M'}}{c-v}$$

$$= 2\,\frac{\overrightarrow{AS_1}}{c}\,\frac{1}{1-\beta^2} + \frac{\overrightarrow{AM'}}{c-v}$$

dove abbiamo posto $\beta = \dfrac{v}{c}$

Per quanto riguarda il punto B analogamente:

$$t_{B\to S_2} = \frac{\overrightarrow{BS_2}}{c} + \frac{v}{c}t_{B\to S_2} = \frac{\overrightarrow{BS_2}}{c-v}$$

$$t_{S_2\to M'} = \frac{\overrightarrow{S_2M'}}{c} - \frac{v}{c}t_{S_2\to M'} = \frac{\overrightarrow{S_2M'}}{c+v}$$

$$t_{B\to S_2\to M'} = t_{B\to S_2} + t_{S_2\to M'} = \frac{\overrightarrow{BS_2}}{c-v} + \frac{\overrightarrow{S_2M'}}{c+v}$$

$$= 2\,\frac{\overrightarrow{BS_2}}{c}\,\frac{1}{1-\beta^2} + \frac{\overrightarrow{BM'}}{c+v}$$

Quindi l'intervallo di tempo in relazione a M' o M (verrà specificato di caso in caso) tra il raggio diretto e quello riflesso rispettivo ad A è

$$\Delta t_A = t_{A \to S_1 \to M'} - t_{A \to M'} = 2\frac{\overrightarrow{AS_1}}{c}\frac{1}{1-\beta^2} + \frac{\overrightarrow{AM'}}{c-v} - \frac{\overrightarrow{AM'}}{c-v}$$

$$= 2\frac{\overrightarrow{AS_1}}{c}\frac{1}{1-\beta^2}$$

rispetto a B risulta

$$\Delta t_B = t_{B \to S_2 \to M'} - t_{B \to M'} = 2\frac{\overrightarrow{BS_2}}{c}\frac{1}{1-\beta^2} + \frac{\overrightarrow{BM'}}{c+v} - \frac{\overrightarrow{BM'}}{c+v}$$

$$= 2\frac{\overrightarrow{BS_2}}{c}\frac{1}{1-\beta^2}$$

In particolare risulta $\frac{\Delta t_A}{\Delta t_B} = 1$ quando A e B e i due specchi S_1 e S_2 sono posti simmetricamente rispetto a M. Se A risulta spostato rispetto all'immagine speculare di B (rispetto ad M) allora necessariamente sarà $\Delta t_A \neq \Delta t_B$

Da notare infine che qualora assumessimo le velocità dei sistemi inerziali rispetto al sistema dei CFO (= *aether-frame*), allora sarebbe valida anche

$$v = \frac{\Delta t_{AB}}{\Delta t_A}c$$

dove v è la velocità del sistema inerziale rispetto a questo, a patto che si sia verificata una simultaneità "reale".

414

Bibliografia

BARTOCCI U. - MACRÌ R.V., *Il linguaggio della matematica*, preprint 1999.

BERGIA S., *Einstein e la relatività*, Roma-Bari 1980.

BONIOLO G. - DORATO M., *Dalla relatività galileiana alla relatività generale*, in *Filosofia della fisica*, Boniolo (Ed.), Milano 1997.

BRIDGMAN P.W., *The Logic of Modem Physics*, New York 1927 (citazioni prese dalla trad. italiana *La logica delia fisica moderna*, Torino 1965).

BRONOWSKI J., *The Clock Paradox*, "Scientifican American". Feb. 1963.

R. DESCARTES, *Regulae ad directionem ingenii*, 1622, in Cartesio, *Opere filosofiche*, E. Garin (ed.), 4 voll., Vol. I, Roma-Bari 1991.

H. DINGLE, *The case against Special Relativity*, "Nature", October 14, 1967, riportato in Dingle (1972).

H. DINGLE, *The case against the Special Theory of Relativity*, "Nature", January 6, 1968.

H. DINGLE, *Science at the Crossroads*, London 1972.

A. EINSTEIN, *Zur Elektrodynamik bewegter Korper*, "Annalen der Physik", XVII, 1905, pp. 891-921.

A. EINSTEIN, *Uber die spezielle und allgemeine Relativitatstheorie*, 1916 (citazioni prese dalla trad. italiana *Relatività: esposizione divulgativa*, Torino 1967).

J.J. HAY - J.P. SCHIFFER - T.E. CRANSHAW - P.A. EGELSTAFF, «Phys. Rev. Letters», 4, 165, 1960.

K.F. HERZFELD - H. SMALLWOOD, *A Treatise on Physical Chemistry*, 3ª ed., Vol. 2, Princenton, New Jersey 1951.

W. KUNDIG, "Phys, Rev. ", 129, 2371, 1963.

F.A. LEVI, *Esplorazione del tempo e dello spazio*, Milano1981.

R.V. MACRÌ, *Asimmetrie antirelativistiche del campo* (*Field's Relativity-violating Asymmetries*), preprint 1999a.

R.V. MACRÌ, *Simmetrie forzate e simmetrie infrante nella Teoria di Einstein* (*Forced Symmetries and Broken Symmetries in Einstein's Theory*), in prep. 1999b.

R.V. MACRÌ, *Einstein e il principio di ragion sufficiente* (*Einstein and the Sufficient Reason Principle*), in prep. 1999c.

R.V. MACRÌ, *Simultaneità assoluta e tempo locale relativo* (*Absolute Simultaneity and Relative Local Time*), in prep. 1999d.

R.V. MACRÌ, *Il terzo osservatore: analisi critica di relatività del moto e di sistema inerziale* (*The Third Observer: Critical Analysis of Motion Relativity and Inertial Frame*), in prep. 1999e.

R.V. MACRÌ, *Sillogismo di Dingle, "Twin and Clock Paradoxes" e analfabetismo filosofico* (*Dingle's Syllogism, "Twin and Clock Paradoxes" and Philosophical Illiteracy*), in prep. 1999f.

R.V. MACRÌ, *Effetto gemelli: il "cavallo di Troia" della teoria della relatività speciale* (*Twin Effect: The Troy Horse of Special Relativity Theory*), in prep. 1999g.

R.V. MACRÌ, *L'effetto Doppler antirelativistico* (*The Antirelativistic Doppler Effect*), in prep. 1999h.

R.V. MACRÌ, *Sul principio di equivalenza di Einstein* (*On the Einstein's Principle of Equivalence*), in prep. 1999i.

L. PYENSON, *The young Einstein - The advent of relativity*, Bristol and Boston 1985.

M. POLANYI, *Personal Knowledge. Towards a Post-Critical Philosophy*, London 1958.

R. RESNICK, *Introduction to Special Relativity*, New York-London 1968 (citazioni prese dalla trad. italiana *Introduzione alla relatività ristretta*, Milano 1979).

W. RINDLER, *Length contraction paradox*, "Am. J. Phy.", pp. 365-366, 1961.

W. RINDLER, *Essential relativity*, New York 1977.

G. RIZZI, *Dalla cinematica classica a quella relativistica: nascita di un paradigma*, relaz. del conv. *Nuove risposte ai problemi della relatività*, Cesena 15 febbraio 1999.

F. SELLERI, *Preface*, in *Open Questions in Relativistic Physics*, F. Selleri (Ed.). Montreal 1998.

R.L. SMITH, *The Velocities of Light*, "Am. J. Phy.", Vol. 38, N. 8, August 1970.

R. WALD, *Space, time and gravity*, Chicago 1977.

POSTFAZIONE

Il Cosmo dopo Einstein

Alberto Bolognesi

Nel cosmo post-einsteiniano la maggioranza dei premi Nobel ci rassicura che siamo "sostanzialmente" qui perché ci fu un Big Bang propiziato da una specialissima particella che se non ci fosse bisognerebbe inventarla e che per caso finì per essere il bosone che non poteva essere lì a caso. Inverosimile riffa della contingenza, "il robusto scenario" fece esplodere da un punto (che precedentemente non esisteva) il tempo e lo spazio, le stelle e le galassie, lo spaziotempo di Minkowski e via via i dottori Higgs, Englert e Brout, l'autore di questo articolo e Peppa Pig. Dalla scalmanata Palla di Fuoco che si gonfia più-veloce-della luce al flusso "quieter" di Hubble, dalla "esotica" ed elusiva "dark matter" che nessuno sa cos'è alla ancor più fantasmatica "Energia Oscura", capace perfino di accelerare l'espansione per far tornare i conti, TUTTO MA PROPRIO TUTTO era già iscritto nelle condizioni iniziali, che emergono come palizzate sul ciglio del nulla 13,8 miliardi di anni fa.

La domanda è: come è potuto accadere? Come è potuto accadere che una teoria così ridicola si sia impadronita delle Università più famose, dei Centri di Ricerca più avanzati, dei più potenti mezzi di comunicazione e che sia stata fatta passare per una scoperta a 5 sigma in grado di attingere a vertiginose quantità di denaro pubblico? Può sembrare incredibile ma è esattamente questa bazzecola da cui tutto ebbe inizio che alimenta la raffinatissima caccia alle particelle simmetriche del "fiat lux". Ventisette chilometri di sottosuolo franco svizzero, a partire dal costo base di svariati miliardi di euro scavati all'interno di una superstizione popolare, mentre è già pronto il progetto di un acceleratore di 100 chilometri "per spingerci oltre i limiti della conoscenza" (CERN).

Questo supertecnologico ipogeo di Ginevra si propone di sciogliere, uno ad uno, gli ultimi misteri della materia cosmica. Là sotto nel toboga magnetico qualcuno ha finalmente deciso che le teorie sono già scienza, che gli epicicli sono dopotutto matematica virtuosa e magnifica geometria, e che anche per la conoscenza vale la regola moderna di Mc Luhan secondo cui l'evento domina sul contenuto. Dunque è tutto vero, gente, l'universo è esploso tredici virgola otto miliardi di anni fa da un luogo piccolissimo e caldissimo che precedentemente non esisteva. È esattamente per questo che siamo qua.

Ma poi i soliti guastafeste si sono accorti che i conti non tornavano, che così si poteva spiegare sì e no il due o il tre per cento di quel che constatiamo nelle condizioni reali. E allora per non dichiararci antropologicamente sconfitti rispetto alla Natura che ci ha prodotto, abbiamo cominciato a indicare in percentuali di "particelle sconosciute e invisibili" la misura della nostra ignoranza. Particelle che nessuno vede - beninteso - e che nemmeno le nostre apparecchiature più sofisticate riescono a rivelare, ma che devono pur esserci da qualche parte, boia d'un mondo, perché se no come li giustifichiamo i costi spropositati di questo sparo nel buio?

Abbiamo disperato bisogno della "materia oscura". Abbiamo avidamente bisogno di "wimps", di neutralini, fotini, assioni, dilatoni etc. C'è però una nube nerissima che si gonfia all'orizzonte, propiziata a quanto pare dalla caparbietà dei soliti duri e puri. La materia oscura è smentita di fatto dalle osservazioni astronomiche. Non c'è proprio, non ve n'è alcuna traccia. Sono stati esaminati con accuratezza certosina i moti di un gran numero di stelle a volumi di distanza crescente dal Sole senza il menomo indizio di interazioni, deviazioni o perturbazioni che invece sarebbero dovute puntualmente emergere come equivalente della massa mancante. Semplicemente non c'è nulla. "La quantità coincide perfettamente con ciò che osserviamo – dichiara sbigottito il Direttore del team dell'ESO che ha effettuato le misurazioni a La Silla (Cile) , Moni Bidin – "Questo non lascia spazio a particelle esotiche di alcun genere, alla cosiddetta materia oscura che ci aspettavamo. I nostri calcoli mostrano che avrebbero dovuto apparire in modo chiarissimo nelle scansioni. Se una simile sostanza ci fosse, avrebbe dovuto mostrarsi. Ma non c'era proprio" (ESO 1217 it) .

E allora, o tutto è davvero un insensato ologramma o la più penetrante conquista dell'umanità che ci distingue e ci eleva rispetto alle altre forme di vita conosciute dalle scimmie ai cani, ai cavalli, alle piante, ai microrganismi, ai virus è – se non ci scappa da ridere – la consapevolezza che veniamo dal nulla per mezzo di un'esplosione prodotta dal caso. Un po' poco per alzare i calici: Dio è caso, il caso è un'esplosione ed entrambi vengono dal nulla. I fisici delle alte energie possono staccare serenamente la spina ai loro ottovolanti grandi come contee e ai loro magneti alti come palazzi: al di là dell'ultima particella non troveranno che il nulla.

OPPURE. Oppure anche al CERN gli scienziati potrebbero sorprenderci, ammettere che la teoria del Big Bang non vale un centesimo e che l'assunzione fondamentale che mantiene "in espansione" l'universo – i.e. che i redshift delle galassie lontane misurino velocità proporzionali a distanze – è il più grossolano epiciclo mai introdotto dall'astrofisica moderna. Una geniale americanata alla Dan Brown, si potrebbe commentare, sfociata nella ricerca della particella "finale" definita "di Dio" e "recentemente scoperta" secondo il CERN e centri collegati, ma apertamente contestata da un gran numero di Università americane.

La storia della "scoperta" dell'espansione dell'universo ha una logica così tormentata e uno sviluppo così inverosimile che se l'astrofisica attuale fosse ancora quel rispettabile magistero dei tempi di Hubble, non solo la "scoperta" non sarebbe mai stata avallata (in effetti non fu mai rivendicata da nessuno), ma alla luce delle successive osservazioni astronomiche avrebbe dovuto essere dichiarata sperimentalmente "falsificata" e quindi smentita. Il commento dello stesso Hubble diciotto anni dopo l'annuncio sensazionalistico del

New York Times "We live in an expanding universe" è illuminante: "It seems likely that redshift may not be due to an expandin universe, and much of the speculations on the structure of the universe may require re-examination".

Ecco qua nell'opinione di Fred Hoyle e dei coniugi Burbidge la storia condensata dell'irresistibile ascesa della teoria del Big Bang, costruita quasi sistematicamente su estrapolazioni e simulazioni al computer presentate come scoperte scientifiche, ma contraddette empiricamente nel modo più severo dai cosiddetti "redshift anomali", dalle impossibili "superluminosità dei quasar", dalle inverosimili "dita di Dio", dalle stravaganti "accelerazioni simultanee dell'universo". Un contenzioso terrificante che basterebbe a bollare "il paradigma della Grande Esplosione come l'età delle forze oscure", dove ciò che non si vede e non si può provare serve a provare ciò che si vede e che si può provare. O le diecimila galassie con blueshifts catalogate nel NASA Extragalactic Database sono tutte "errori di algoritmo" o l'universo non si espande. O sciami di "stelle iperveloci" stanno congedandosi dalla Via Lattea per emigrare nello spazio profondo o i loro spostamenti spettrali non hanno a che vedere con le velocità di fuga. O le innumerevoli discordanze dei redshift extragalattici rilevate da astronomi prestigiosi sono invariabilmente "accidenti di prospettiva" o la legge di Hubble è abrogata nei fatti. O il quasar "più distante" e più spostato verso il rosso – che deve recedere radialmente a velocità prossima a quella della luce – ci "sferza" con flussi controcorrente di particelle spostate verso il blu (U.F.O.) o l'effetto Doppler non c'entra. O "l'arazzo" di 93 quasar (aka Huge - LQG e aka CCLQG) individuato fra Hercules e Corona Borealis con redshift medio z 1.3 ha un diametro e una distanza di 10 miliardi di anni luce – e allora l'età dell'universo è confutata empiricamente – oppure i quasar sono semplicemente oggetti piccoli, vicini e poco luminosi, associati fisicamente con le galassie di primo piano.

Burbidge ha fornito una delle evidenze empiriche più impressionanti proprio a favore di quei redshift "anomali" che il suo modello non riusciva a spiegare. Immettendo nel classico diagramma di Hubble redshift-magnitudine apparente numeri sempre più alti di quasar, poté rapidamente constatare l'assoluta impossibilità di correlarli in termini di distanza. «Non c'è il minimo appiglio per collegare i redshift e le magnitudini con le distanze. O i quasar possiedono il più strabiliante campionario di luminosità assolute – conclude Geoff – o i loro spostamenti verso il rosso non hanno alcuna proporzionalità con le distanze che li separano dalla Via Lattea». Come per ogni grande scienziato, i migliori epitaffi di Burbidge si trovano nei suoi innumerevoli lavori, nei suoi testi fondamentali sulla sintesi degli elementi, nella moltitudine di iniziative da lui intraprese a favore della ricerca e della divulgazione astronomica. La sua fama di "fisico teorico" sarebbe però fortemente riduttiva e del resto contraddetta dai fatti reali, che lo videro anche Direttore dal 1978 al 1984 dell'Osservatorio Kitt Peak in Arizona, dotato del notevole riflettore Mayall di 4 metri, per lungo tempo il secondo strumento per apertura degli Stati Uniti, il cui gemello "cupoleggia" al Cerro Tololo sulle Ande cilene.

La compagnia degli orologiai ciechi che con un po' di Darwin, di Big Bang, di "memi" di Dawkins e di bosoni "di Higgs" ha mandato in scena l'universo come "fenomeno naturale" sta vivendo la sua crisi più profonda: «Sappiamo tutti che il Big Bang è una teoria sbagliata – ha dichiarato un celebre cosmologo del Regno Unito – ma se non viene fuori un'alternativa credibile dobbiamo tenercelo». Oppure potrebbero autosospendersi. Che cosa ce ne facciamo di una teoria sbagliata? Gli astronomi del finanziamento pubblico ricevono di norma un compenso per impartirci che un'enorme esplosione (tecnicamente "La Palla di Fuoco") ha dato inizio a tutte le cose 13,8 miliardi di anni fa. Ma nessun premio Nobel dello spazio metrico "accelerato" e della nucleosintesi "primordiale" ha la minima idea da dove provenga l'idrogeno di cui son formate le stelle o perché il tempo debba avere un inizio: l'indecente conclusione è che l'uno e l'altro siano schizzati fuori dal nulla. Con poche eccezioni, filosofi e intellettuali non hanno alcuna intenzione di aprire un contenzioso irto di insidie matematiche con i loro colleghi dell'empireo, e così la sciocchezza del Big Bang resta ancora in vita. "Primum non nocere".

Ancora più inspiegata è l'esistenza della vita. Nessuno è stato ancora in grado di dettagliarci le "pressioni selettive" che avrebbero condotto la materia inanimata a farsi consapevole e ad autoreplicarsi: e meno ancora di descriverci il colpo di dadi ereditario che decide dei nostri grifi (e forse dei nostri stati d'animo), bocche, nasi, occhi, orecchi e artigli insanguinati". Come si fa a credere che il cuore batta e che il sistema nervoso elabori perché all'improvviso, nel mezzo del nulla, a qualcuno è venuta fame?

Una solida affermazione di principio (Fred Hoyle) è che gli esseri viventi non provengono dalla casualità o dalle "forze cieche": le fragili ma stabilissime cellule della vita con la loro biochimica forzata e le spettacolari macromolecole con tanto di ...micce biologiche autoinnestate e programmate come fuochi d'artificio, tramandabili per mezzo di geni "passaparola" e di codici "autoprotetti", sono l'ossimoro personificato del caso e della necessità. Si può essere bravi biologi e non capire nulla della vita: l'inverosimile qualità del tutto illogica in quanto logica è il destino non casuale che ci recluta e ci estingue senza pietà: siamo fatti per esistere, non per durare.

È tempo di ufficializzarlo senza animosità. La sintesi materialistica ("moderna") dell'impostazione darwiniana è smentita "live", microsecondo per microsecondo, dalle reazioni biochimiche della Natura più che dagli scienziati "cristiani". Niente sembra distogliere il vivente dal suo febbrile progetto: si tenta di dire che la strategia della vita consiste essenzialmente nel riconoscere il pericolo e nel cercare di eluderlo per poi consolidarsi e moltiplicarsi. "Come un virus che nessuno sa se è vivo", "come un insieme fortuito di combinazioni forzate della materia morta": un robot parassita grattato dalla contingenza, un incidente stocastico che avrebbe potuto anche non verificarsi.

"Superstite per caso o predestinato?" – si sarebbe certamente chiesto Bram Stoker – "Biochimica d'acquitrino che lotta per la sua anima"? La risposta anche per lui è che la vita ci preesiste e ci seguita. C'è forse qualcosa di più volontario di una proteina che sorveglia se stessa per intervenire – quando serve – nella riparazione di un acido nucleico?

I neodarwinisti non insorgano. Nessuno dubita più che l'evoluzione, punteggiata o no, si verifichi e che non smetta di verificarsi, siamo tutti un po' darwiniani se è questo che vogliono sentirsi dire. Chiunque si interessi di scienza non ha difficoltà a riconoscere questo comprimario irriducibile, questo scalpellino compulsivo, questa inquietante zebra a pois che incombe hip hop sui nostri connotati: ma far discendere la vita dall'adattamento di materia non vivente o peggio, da una prima cellula accidentale – un'idea che faceva orrore agli stessi Wallace e Darwin – è come attribuire l'origine delle montagne ai fenomeni carsici o ai bosoni del dottor Higgs.

L'esplorazione ottica e strumentale del cielo – che deve continuare ad ogni costo – non ha certo sciolto gli enigmi. Li ha invece spaventosamente complicati. La "legge" di Hubble, puntellata con infiniti aggiustamenti e congetture ad hoc per far fronte a discordanze osservative sempre più plateali (Halton Arp, Margaret e Geoffrey Burbidge), è ora abrogata nei fatti dall'impressionante fenomeno spettrale che accomuna gli oggetti con i più elevati redshift a concomitanti, paradossali, evidentissimi blueshift! Questa lacerante bipolarità, emersa in maniera massiccia nei dettagli spettrali di galassie attive e di quasar tradizionalmente ritenuti ai confini dell'universo osservabile, elimina la possibilità che questi oggetti possano trovarsi alle smisurate distanze, alle spropositate brillanze e alle contrapposte velocità radiali implicate dal paradigma che sostiene tutta la cosmologia.

Dunque il rapporto riservato che non deve passare la barriera ematoencefalica è che non sappiamo nemmeno DOVE siamo. Una interminata voragine oscura – "sublime" all'occhio ma "orrida" al telescopio – che sprofonda in tutte le direzioni in un vagolare di stelle, di girandole di gas e di possibili forme di vita. È l'esperienza sensibile dell'ignoto, la "dannata" evidenza di un ordine di grandezza superiore senza che per questo ci sia concessa la visione ultima o "più panoramica" della globalità.

Sembra che non si possa convivere a lungo col "mistero": i sociologi dei Presidenti sono del parere che favorisca un incontrollabile edonismo o il ritorno ai più dilanianti mostri della superstizione spianandoci così la scorciatoia all'estinzione. Come scriveva Edgar Poe, il mistero deve essere lasciato in pace, altrimenti per noi è finita. Così, se si prescinde dai testimoni della radiazione "fossile" a 2,7 K°, la mancanza di qualsiasi discontinuità al fondo dell'universo osservabile rafforza la percezione che il TUTTO non possa essere colto né dall'occhio né dalla mente e meno che mai dal metodo scientifico.

Fine del saggio. La conclusione eminentemente astrofisica è che non siamo in grado di dire alcunché sulla reale natura del Macrocosmo, da dove viene e dove va. È l'insuperabile condizione della migliore filosofia: in generale dobbiamo avere l'onestà intellettuale di riconoscere che non ne sappiamo niente, niente di niente e che possiamo sperare di fare progressi solo all'interno dell'indecidibile. È certamente terribile da accettare, ma ciò che osserviamo in cielo potrebbe essere parte non necessariamente rappresentativa...di qualsiasi cosa. Nessuno può dire che cos'è il cielo.

D'altra parte il ballottino fondativo della cosmologia deduttiva proposto da Einstein è palesemente ridicolo: «Se fosse possibile considerare il Mondo come continuum chiuso relativamente alle sue dimensioni spaziali – scrive nelle famose Considerazioni Cosmologiche del 1917 – allora non sarebbe necessaria alcuna condizione». Visto che non si può dialogare con un universo infinito, facciamo finta che sia finito: se mia nonna avesse le ruote lo spazio si chiuderebbe su se stesso e noi avremmo la sospirata "visione panoramica".

A parziale consolazione possiamo soltanto dire che il Mondo non è vuoto. La buona notizia è che l'inspiegabile non ci impedisce, almeno a livello locale, di continuare a far scienza. Permaniamo nelle condizioni indicate negli anni Cinquanta dall'astronomo armeno Viktor Ambartsumian per il quale la "totalità" non è altro che un mito o una grossolana mistificazione: se ci si riferisce alle regioni esplorabili della struttura cosmica, questa dovrebbe essere chiamata tutt'al più "metagalassia" e non "universo", «il che esclude in ogni caso lo schema immaginario di un universo in espansione» (1959).

Facciamo progressi locali. Caduto il redshift cosmologico come indicatore della profondità spaziale, non resta che assumere che per quasi cent'anni abbiamo dato le risposte sbagliate a tutte le domande cruciali: distanze sbagliate di un fattore superiore a 100, masse e luminosità sbagliate di un fattore 10.000, età sbagliate di fattori comparabili a 10^{10} e più, oltre al mancato apprezzamento della più importante di tutte le evidenze, id est l'età estremamente variegata delle galassie e dunque la sconvolgente conseguenza che la formazione di NUOVA materia ha luogo continuamente in tutto l'universo osservabile. Si tratta della più grande scoperta astronomica di tutti i tempi. La sua portata epistemologica è immensa ed è da qui che si può forse sperare di ricominciare.

Inoltre – come abbiamo visto – gli inattesi spostamenti bipolari verso il blu e verso il rosso di un gran numero di quasar e galassie attive che fino a ieri collocavamo "ai confini dell'universo" (e "solo prospetticamente nel campo di galassie prossime a noi"), ci forniscono ulteriore evidenza di quelle connessioni fisiche e "ponti di materia" che per più di mezzo secolo si è cercato di mascherare.

Una rilevante conseguenza di questo cosmico ridimensionamento delle distanze è che il cosiddetto "Superammasso Locale" diventa assai più denso e popoloso di oggetti, di quegli stessi oggetti che si supponeva incredibilmente remoti ("a ridosso del Big Bang") e che ora devono essere considerati parte integrante della più estesa concentrazione di masse di tutto il cielo osservabile. Questo punto avrà bisogno delle più accurate indagini perché tende a rafforzare l'antico sospetto che non vediamo molto lontano nello spazio, il che fornirebbe per altra via la soluzione al paradosso del cielo buio.

Liquidata la "Palla di Fuoco" e l'età dell'universo, tutti vorrebbero sapere cosa c'è al di là dell'ultima galassia, se si apre uno sterminato oceano di vuoto e di solitudine o se vi sono altri remotissimi sistemi assoggettati alle regole dell'ignoto. La geometria di Mandelbrot offre le suggestioni per macrostrutture non caotiche, che si ripetano senza soluzione di continuità su scale sempre più grandi. Escher non ha fatto in tempo a cimentarvisi, ma alcuni artisti di olomorfi e videogame stanno tentando di disegnare paradossali "extra orbite" che dovrebbero appiattirsi man mano nell'atto di disporsi intorno all'infinito. Se esistono insiemi di Superammassi di galassie distribuiti "a macchia di leopardo" nel grande universo, come già aveva ipotizzato lo svedese Charles Charlier agli inizi del Novecento, ecco pane per gli affilatissimi denti dell'astronomia contemporanea e nuove donchisciottesche sfide per i cosmologi e per i filosofi che non si rassegnano al limite di Kant.

Titolo:
La realtà del tempo e la ragnatela di Einstein
Sottotitolo:
I passi falsi di un genio contro la Time Reality
Edizione: Youcanprint 2015
Formato: 14x21
Stampa: bianco e nero
Pagine totali: 180
Copertina: patinata lucida 300gr
Plastificazione copertina: opaca
Rilegatura: brossura fresata
Interno: patinata opaca 115gr
Prezzo formato cartaceo: € 14,00
Prezzo formato eBook: € 4,99

Titolo:
Asimmetrie antirelativistiche
Sottotitolo:
Einstein, la Relatività e i suoi FLOP
Edizione: Youcanprint 2015
Formato: 15x21
Stampa: bianco e nero
Pagine totali: 188
Copertina: patinata lucida 300gr
Plastificazione copertina: lucida
Rilegatura: brossura fresata
Interno: patinata opaca 115gr
Prezzo formato cartaceo: € 18,00
Prezzo formato eBook: € 6,99

Finito di stampare nel mese di Giugno 2016
per conto di Youcanprint *Self-Publishing*